清華大學 计算机系列教材

张尧学 任炬 卢军 编著

计算机操作系统教程

（第5版）

清華大學出版社
北 京

内 容 简 介

操作系统是现代计算机系统必不可少的核心基础软件，计算机专业的学生和计算机研究及应用人员必须掌握操作系统的知识。本书是编者在多年教学和科研的基础上对第4版改编而成的。全书共10章，主要内容包括操作系统简介、用户界面、进程和线程、CPU调度、内存管理、文件系统、设备管理、Linux操作系统，本次改版新增了虚拟化技术和操作系统结构演进趋势等内容。与第4版相比，本书加强了对操作系统基本原理及发展趋势的介绍。

本书可作为高等院校计算机科学与技术及相关专业操作系统课程的教材，也可供有关科技人员自学或参考。

图书在版编目(CIP)数据

计算机操作系统教程：第5版/张尧学，任炬，卢军编著. —北京：清华大学出版社，2023.1（2025.1重印）
清华大学计算机系列教材
ISBN 978-7-302-60891-2

Ⅰ. ①计…　Ⅱ. ①张…　②任…　③卢…　Ⅲ. ①操作系统—高等学校—教材　Ⅳ. ①TP316

中国版本图书馆CIP数据核字(2022)第083229号

责任编辑：白立军　战晓雷
封面设计：常雪影
责任校对：郝美丽
责任印制：宋　林

出版发行：清华大学出版社
网　　址：https://www.tup.com.cn，https://www.wqxuetang.com
地　　址：北京清华大学学研大厦A座　　**邮　　编**：100084
社 总 机：010-83470000　　**邮　　购**：010-62786544
投稿与读者服务：010-62776969，c-service@tup.tsinghua.edu.cn
质量反馈：010-62772015，zhiliang@tup.tsinghua.edu.cn
课件下载：https://www.tup.com.cn，010-83470236
印 装 者：三河市人民印务有限公司
经　　销：全国新华书店
开　　本：185mm×260mm　　**印　　张**：19　　**字　　数**：460千字
版　　次：2023年1月第1版　　**印　　次**：2025年1月第6次印刷
定　　价：59.00元

产品编号：087988-01

第5版前言

计算机技术的发展日新月异。近十年来，以云计算、人工智能、物联网及大数据等为代表的新型技术推动了信息技术产业快速迭代和升级，也为传统行业的信息化发展带来新的机遇和挑战。习近平总书记在中国共产党第二十次全国代表大会上的报告中指出：要推动战略性新兴产业融合集群发展，构建新一代信息技术、人工智能、生物技术、新能源、新材料、高端装备、绿色环保等一批新的增长引擎。以计算机为基础的新一代信息技术及人工智能技术成为我国建设科技强国的引路标。

操作系统作为计算机的核心基础软件，对支持和促进新型计算机技术及应用的发展起到了至关重要的作用。无论是对计算机等信息技术专业的学生或研究人员，还是对一般计算机应用人员而言，操作系统的原理学习和系统实践都是尤为重要的。

本书自1993年出版以来，已历经4次改版。每一版都得到了广大读者的支持和厚爱。本次改版是在第4版教材的基础之上，结合近10年来操作系统的主要发展趋势，对全书内容进行了较为全面的修订，新增了操作系统启动、虚拟化技术和操作系统结构演进趋势等内容。

本次改版主要基于以下几个出发点：

(1) 随着云计算的飞速发展和广泛应用，系统虚拟化技术已成为操作系统的核心技术之一。本书第9章详细介绍了系统虚拟化的基本原理和关键技术，特别介绍了以容器为代表的轻量级虚拟化技术原理。

(2) 应用需求和硬件体系结构的变化驱动着操作系统不断向前演进，经典操作系统的抽象背后隐藏着很多不符合现代硬件架构和网络环境的功能及设计。本书第10章详细介绍了当前操作系统结构演进的新趋势，重点讲解了以微内核、外核和库操作系统为代表的新型操作系统结构。

(3) 增加了对操作系统启动过程的介绍以及相关课程实验，便于读者理解操作系统在启动过程中的细节和BIOS的工作原理。

(4) 鉴于代码开源对操作系统学习的重要影响，本书删减了Windows系列操作系统的实现技术，重点介绍了Linux操作系统的实现技术，便于读者参考Linux的具体实现代码理解操作系统基本原理。

本书共10章。第1章简要介绍操作系统的基本概念、功能、分类、启动原理以及发展历史等。第2章主要介绍操作系统的两种界面和操作方法。第3章主要介绍进程和线程管理的有关概念和技术。第4章主要介绍CPU管理与调度策略。第5章主要介绍内存管理，包括分区、分页、分段和段页式管理等。第6章和第7章分别介绍文件系统及设备管理技术。第8章介绍Linux操作系统在进程与存储管理、文件系统及设备管理方面的实现技术。第9章介绍虚拟化的基本原理与关键技术。第10章介绍操作系统结构演进趋势。

对于非计算机专业的本科生，课程的教学内容以第1～8章为主，重点理解操作系统的基本技术原理；对于计算机专业的本科生，可在第1～8章的基础上补充讲解第9章；而对于计算机专业的研究生，第9章和第10章可作为教学的重点内容。 本书第1章的1.6节、第9章及第10章由清华大学任炬和中南大学卢军共同编写，其他章节由清华大学张尧学编写。在本书的编写过程中，中南大学透明计算实验室的高迎港、丁标、郭旭城、瞿沁麒、左倩、王恒宇、彭许红、黄旺、李依伦、向侃、谢禹以及清华大学的刘佳妮、李耀等同学为本书新增内容做了大量工作，编者对他们的辛苦工作表示感谢！

限于编者水平，书中难免有错误和不妥之处，恳请广大读者批评指正。

编　者

2023年6月

目　录

第1章 绪 论

计算机发展到今天,从个人计算机到巨型计算机,毫无例外都配置了一种或多种操作系统。对于什么是操作系统、它具有什么样的功能等问题,本章中将会作简要阐述。为了阐明这些问题,扼要地回顾操作系统的形成和发展过程是必要的。同时,为便于今后的学习,本章还将介绍操作系统的类型和特点以及关于操作系统研究的几种观点。

1.1 操作系统概念

什么是操作系统

迄今,任何一个计算机系统都配置了一种或多种操作系统。

计算机系统由两部分组成:硬件和软件。

计算机硬件通常由中央处理器(运算器和控制器)、存储器、输入设备和输出设备等部件组成,它构成了系统本身和用户作业赖以活动的物质基础和工作环境。

计算机软件包括系统软件和应用软件。系统软件包括操作系统、多种语言处理程序(汇编和编译程序等)、连接装配程序、系统实用程序、多种工具软件等;应用软件是为应用编制的程序。

没有任何软件支持的计算机称为裸机(bare machine),它仅仅构成了计算机系统的物质基础。在操作这样的裸机时,人们不可能对其进行较为复杂的操作。如何在帮助人们更为方便地使用计算机的同时,又可以提高计算机使用效率呢?这就需要在裸机上引入能够管理和共享资源的计算机操作系统。操作系统负责共享和管理计算机的各种软硬件资源。操作系统与软硬件的关系如图1.1所示。

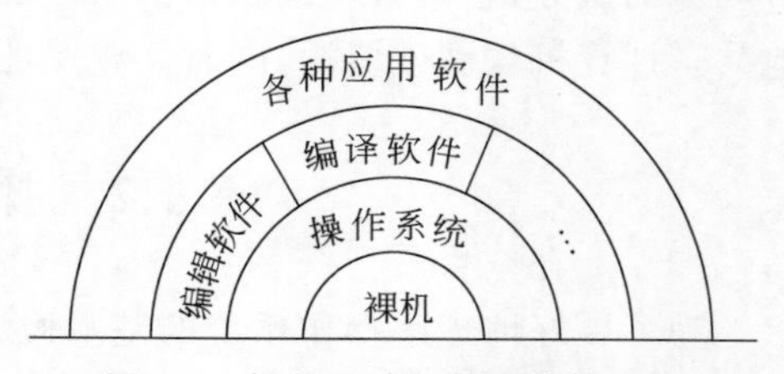

图1.1 操作系统与软硬件的关系

由图1.1可看出,计算机的硬件、系统软件以及应用软件之间是一种层次结构的关系。裸机在最里层;它的外面是操作系统;利用操作系统提供的资源管理功能和方便用户的各种服务功能,把裸机改造成为功能更强、使用更为方便的机器,通常称为虚拟机(virtual machine)或扩展机(extended machine);而各种程序运行在操作系统之上,它们以操作系统作为支撑环境,同时又向用户提供完成其作业所需的各种服务,这样一来,人们便可以高效地使用计算机了。

为了使人们更高效地使用计算机,计算机科学家引入了操作系统。操作系统概念的提出,最早可以追溯到1959年的IBM 7094计算机。当时,美国密歇根大学的格雷厄姆和阿登特提出了MAD/UMES来管理计算的中间结果,以便提高计算机的计算速度。

1960年,为了使计算机CPU的计算速度和计算机的I/O速度更加匹配(它们之间的速度差距巨大),IBM 公司又进一步研制了 OS/360 系统。

1969 年,汤姆森和里奇研制了分时操作系统 UNIX,从而使操作系统真正成为计算机的大脑与灵魂,打下了现代计算机和网络系统发展的基础。可以说,无论是曾经风靡全球的 Windows 系列操作系统,还是当代的安卓系统、Linux 系列操作系统和苹果的 iOS 系统,都深受 UNIX 系统的影响。

具体来讲,引入操作系统的目的有以下 3 方面:

(1) 从用户的观点看,计算机是为用户提供服务的,计算机完成的任何工作都是为了满足用户的计算或处理需求。因此,引入操作系统是让计算机为用户提供最好的服务,构建用户和计算机之间的和谐交互环境。这要求计算机有一个良好的用户界面,使用户无须了解许多有关硬件和系统软件的细节,能够方便灵活地使用计算机。同时,计算机还能提供服务管理,以保证用户得到可靠和安全的服务。

(2) 从系统管理人员的观点看,引入操作系统是为了合理地组织计算机工作流程,管理和分配计算机系统硬件及软件资源,使之能为多个用户高效率地共享,同时又能保证用户和计算机系统安全。因此,操作系统是计算机资源的管理者。

(3) 从发展的观点看,引入操作系统是为了给计算机系统的功能扩展提供支撑平台,使之在追加新的服务和功能时更加容易,并且不影响原有的服务与功能。

操作系统可以这样定义:它是计算机系统中的一个最基础的系统软件。它是这样一些程序模块的集合——管理和控制计算机系统中的硬件及其他软件资源,合理地组织计算机工作流程,以便有效地利用这些资源为用户提供具有足够的功能、使用方便、可扩展、安全和可管理的工作环境,从而在计算机与用户之间起到接口的作用。

操作系统的主要特点是:它是一个管理计算机软硬件资源的系统软件,为用户提供尽可能多的服务;它的管理过程根据用户要求的不同而有所不同,但主要是为了让用户高效率地共享计算机软硬件资源,同时又要保证其可靠性、安全性、可用性和可管理性。

1.2 操作系统的历史

为了更好地理解操作系统的基本概念、功能和特点,同时阐明操作系统出现的必要性,本节首先回顾操作系统形成和发展的历史过程。

操作系统是由于客观的需要而产生的,它伴随着计算机技术本身及其应用的日益发展而逐渐发展和不断完善。它的功能由弱到强,在计算机系统中的地位不断提高。至今,它已成为计算机系统中的大脑、核心和灵魂。

操作系统历来与计算机组成和体系结构紧密相关,因此下面首先考察各代计算机,看看它们的操作系统是什么样子,具有哪些功能和特征。

人们通常按照器件工艺的演变把计算机发展过程分为 4 个阶段。

从 1946 年计算机诞生到 20 世纪 50 年代末为第一代,即电子管时代,没有操作系统。

从 20 世纪 50 年代末到 20 世纪 60 年代中期为第二代,即晶体管时代,采用批处理操作系统。

从 20 世纪 60 年代中期到 20 世纪 70 年代中期为第三代,即集成电路时代,采用多道程序设计操作系统。

从20世纪70年代中期到20世纪末为第四代，即大规模和超大规模集成电路时代，采用分时操作系统。

从21世纪初开始，以移动、分布和网络计算为代表，现代计算机正向着普适计算、网格计算以及巨型、微型、并行、分布、网络化、智能化和生物信息化发展，这个时期的操作系统为移动操作系统、网络操作系统、嵌入式操作系统以及分布式操作系统。21世纪，操作系统的发展已经由操作系统技术转向操作系统生态圈。

对应计算机的发展过程，操作系统的发展过程可以分为手工操作、批处理系统、多道程序系统、分时操作系统、通用操作系统以及当前的网络操作系统、分布式操作系统以及以生态圈为主的操作系统等阶段，尽管在操作系统的发展过程中出现了各种各样的变化和挑战，但操作系统的基本原理和方法依旧值得借鉴。操作系统的发展历史实际上是信息化发展的历史。

1.2.1 手工操作阶段

第一代计算机的主要元器件是电子管，计算机运算速度慢（每秒几千次），没有操作系统，甚至没有任何软件。用户直接用机器语言编制程序，并在上机时独占全部计算机资源，用户既是程序员，又是操作员。用户上机时完全是手工操作：先把程序纸带（或卡片）装到输入机中，然后启动输入机，把程序和数据送入计算机，接着通过控制台开关启动程序运行。计算完毕，打印机输出计算结果，用户取走纸带（或卡片）。第二个用户程序上机，照此办理。这种由一道程序独占计算机且由人工操作的方式，在计算机速度较慢时是允许的，因为此时计算所需时间较长，手工操作时间所占比例还不很大，此时，操作系统的必要性还没有显现出来。

20世纪50年代后期，计算机的运行速度有了很大提高，从每秒几千次至几万次发展到每秒几十万次至上百万次。这时，手工进行输入输出的低速度和计算机指令运行的高速度之间形成了巨大矛盾，计算机必须花大量的时间等待用户手工输入输出指令，这种矛盾已经到了不能容忍的地步。唯一的解决办法是摆脱人的手工操作，实现指令的自动输入输出。这样就出现了批处理系统。

1.2.2 批处理系统阶段

在计算机发展的早期，用户上机时需要自己建立和运行作业，并进行结束处理。由于没有任何用于管理的软件，所有的运行管理和具体操作都由用户自己完成。如果把用户需要完成的每一件事情称为一个作业，则每个作业都可以看作由许多作业步组成的。在计算机上，任何一个作业步的错误操作都可能导致该作业从头开始。这对计算机资源而言是巨大的浪费。在当时，计算机的价格是极其昂贵的，CPU的时间是非常宝贵的，尽可能提高CPU的利用率成为十分迫切的任务。

解决这一问题的途径有两个：一是给每台计算机配备多名专门的计算机操作员，使用户不再直接操作计算机，减少用户操作计算机的错误；二是增加计算机操作系统，使其能够进行批处理。即用户首先把指令编辑成一个个作业，计算机操作员再把用户提交的作业分类，并把每个作业放入相应的执行序列，由一个专门的监督程序自动地依次处理这些作业。

早期的批处理可分为联机和脱机两种方式。

1. 联机批处理

慢速的输入输出设备和主机直接相连。作业的执行过程如下：

(1) 用户提交作业，包括作业程序、数据和用作业控制语言编写的作业说明书。

(2) 作业被做成穿孔纸带或卡片。

(3) 计算机操作员有选择地把若干作业合成一批，通过输入设备(纸带输入机或读卡机)把它们存入磁带。

(4) 监督程序读入一个作业(若系统资源能满足该作业要求)。

(5) 从磁带调入汇编程序或编译程序，将用户作业源程序翻译成目标代码。

(6) 连接装配程序把编译后的目标代码及所需的子程序装配成一个可执行程序。

(7) 启动执行。

(8) 执行完毕，由善后处理程序输出计算结果。

(9) 再读入一个作业，重复(5)～(9)。

(10) 一批作业完成，返回(3)，处理下一批作业。

联机批处理方式解决了作业自动转接问题，从而减少了作业建立和人工操作时间。但是，在作业的输入和执行结果的输出过程中，CPU 仍处在停止等待状态，这样，慢速的输入输出设备和快速的 CPU 之间仍处于串行工作，CPU 的时间仍有很大的浪费。

2. 脱机批处理

脱机批处理方式的显著特征是增加一台不与主机直接相连而专门与输入输出设备打交道的卫星机。脱机批处理系统模型如图 1.2 所示。

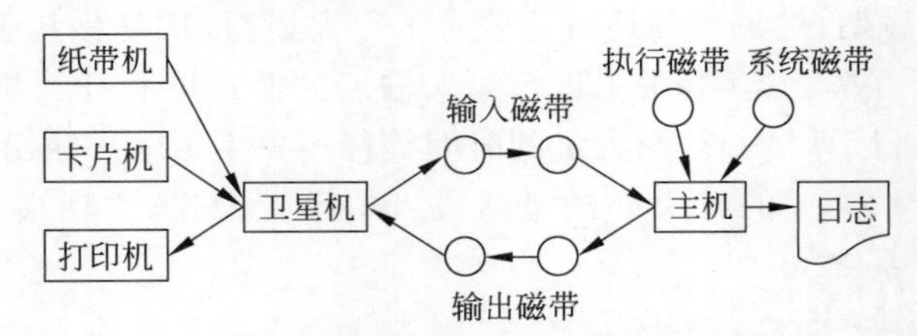

图 1.2 脱机批处理系统模型

卫星机的功能如下：

(1) 输入设备通过它把作业输入到输入磁带。

(2) 输出磁带通过它将作业执行结果输出到输出设备。

这样，主机不直接与慢速的输入输出设备打交道，而与速度较快的卫星机发生关系。主机与卫星机可以并行工作，二者分工明确，以充分发挥主机的高速计算能力。因此，脱机批处理和联机批处理相比大大提高了系统的处理能力。

批处理系统出现于 20 世纪 50 年代末到 60 年代初，它是为了提高主机的使用效率，在解决主机的高速度和输入输出设备的低速度的矛盾的过程中逐步发展起来的。它的出现促进了软件的发展。其中特别重要的是监督程序，它管理作业的运行，负责装入和运行各种系统处理程序，如汇编程序、编译程序、连接装配程序、程序库(如输入输出标准程序等)，并完成作业的自动过渡。同时，也出现了程序覆盖等程序设计技术。

批处理系统克服了手工操作的缺点，实现了作业的自动过渡，提高了 CPU 的利用率，增强了计算机系统的处理能力。

但是，批处理系统的局限性又暴露出来：磁带需人工拆装，既麻烦又易出错。另一个更重要的问题是系统的保护。下面分析在监督程序管理下的解题过程，如图 1.3 所示。

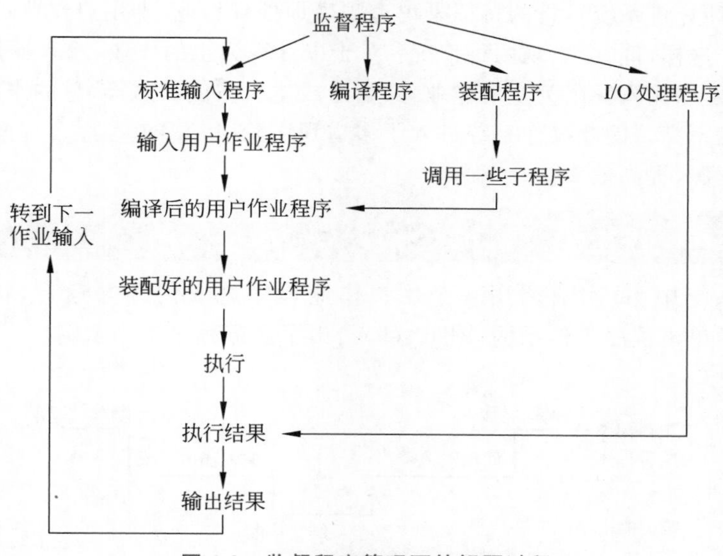

图 1.3 监督程序管理下的解题过程

在批处理过程中，监督程序、系统程序和用户程序之间存在着调用关系，任何一个环节出问题，整个系统都会停顿。用户程序也可能会破坏监督程序和系统程序，这时，只有操作员干预才能恢复。

20 世纪 60 年代初期，计算机硬件有了两个进展——通道和中断技术，使操作系统进入执行系统阶段。

通道是一种专用处理部件，它能控制一台或多台输入输出设备工作，负责输入输出设备与主存之间的信息传输。它一旦被启动就能独立于 CPU 运行，这样可使 CPU 和通道并行操作，而且 CPU 和多种输入输出设备也能并行操作。

中断是指：当主机接到外部信号（如输入输出设备完成信号）时，马上停止原来工作，转去处理这一事件；处理完毕后，主机回到原来的断点继续工作。

借助通道和中断技术可在主机控制下完成批处理。这时，原来的监督程序的功能扩大了，它不仅要负责作业运行的自动调度，而且要提供输入输出控制功能。这个发展了的监督程序常驻内存，称为执行系统（executive system）。执行系统实现的也是输入输出联机操作。和早期批处理系统不同的是，执行系统的输入输出工作是由在主机控制下的通道完成的。主机和通道、主机和输入输出设备都可以并行操作。用户程序的输入输出工作都是由系统执行的，而没有人工干预，由系统检查其命令的合法性，以避免不合法的输入输出命令对系统造成的影响，从而提高系统的安全性。此时，除了输入输出中断外，其他中断（如算术溢出和非法操作码中断等）可以解决错误停机问题，而时钟中断可以解决用户程序中出现的死循环问题等。

许多成功的执行系统在20世纪50年代末至60年代初出现，典型的执行系统是FMS(FORTRAN Monitor System，FORTRAN监督系统)和IBM/7094机上的IBSYS。执行系统实现了主机、通道和输入输出设备的并行操作，提高了系统效率，方便了用户对输入输出设备的使用。

但是，这时计算机系统运行的特征是单道顺序地处理作业，即用户作业仍然是一道一道按顺序处理的。这样可能会出现两种情况：对于以计算为主的作业，输入输出量少，外围设备空闲；然而对于以输入输出为主的作业，又会造成主机空闲。这样，总的来说，计算机资源的使用效率仍然不高。因此操作系统进入了多道程序阶段。多道程序合理搭配，交替运行，能够充分利用资源，提高效率。

1.2.3 多道程序系统阶段

在批处理系统中，每次只调用一个用户作业程序进入内存并运行，称为单道运行。图1.4(a)给出了单道程序工作示例，图1.4(b)给出了多道程序工作示例。

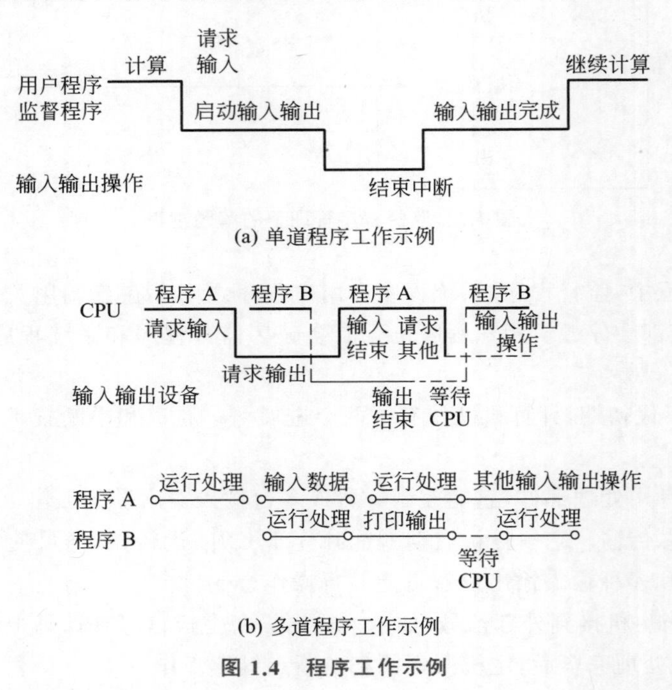

图1.4 程序工作示例

在单处理机系统中，多道程序运行的特点如下：

(1) 多道。计算机内存中同时存放相互独立的几道程序。

(2) 宏观上并行。同时进入系统的几道程序都处于运行过程中，即它们先后开始各自的运行，但都未运行完毕。

(3) 微观上串行。实际上，各道程序轮流使用CPU，交替执行。

在批处理系统中采用多道程序设计技术，就形成了多道程序系统。要处理的许多作业存放在外部存储器中，形成作业队列，等待运行。当需要调入作业时，由操作系统中的作业调度程序根据作业对资源的要求和一定的调度原则从外存中将几个作业调入内存，让它们交替运行。当某个作业完成后，再调入一个或几个作业。采用这种处理方式，在内存中总是同时存在几道程序，系统资源能够得到比较充分的利用。

在多道程序系统中，要解决以下技术问题：

(1) 并行运行的程序要共享计算机系统的硬件和软件资源，既要竞争资源，又要相互同步。因此，同步与互斥机制成为操作系统设计中的重要问题。

(2) 随着多道程序的增加，出现了内存不够用的问题，提高内存的使用效率也成为关键。因此，出现了覆盖技术、对换技术和虚拟存储技术等内存管理技术。

(3) 由于多道程序存在于内存中，为了保证系统程序内存和各用户程序内存的安全可靠，提出了内存保护的要求。

多道程序系统标志着在操作系统渐趋成熟的阶段实现了作业调度管理、处理机管理、内存管理、外围设备管理、文件系统管理等功能。

1.2.4 分时操作系统阶段

在批处理方式下，用户以脱机操作方式使用计算机，用户在提交作业以后就完全脱离了自己的作业，在作业运行过程中，不管出现什么情况，都不得干预，只有等该批作业处理结束，用户才能得到计算结果，根据结果再作下一步处理。若有错，还得重复上述过程。它的好处是计算机效率高。

不过，用户十分留恋手工操作阶段的联机工作方式，独占计算机，并直接控制程序运行。但独占计算机方式会造成资源效率低。既能保证计算机效率，又能方便用户操作，成为一种新的追求目标。20 世纪 60 年代中期，计算机技术和软件技术的发展使这种追求成为可能。

由于 CPU 速度不断提高和采用分时技术，一台计算机可同时连接多个用户终端，而每个用户可在自己的终端上联机使用计算机，好像自己独占计算机一样。

所谓分时技术，就是把处理机的运行时间分成很短的时间片，按时间片轮流把处理机分配给各联机作业使用。若某个作业在分配给它的时间片内不能完成其计算，则该作业暂时中断，把处理机让给另一作业使用，等待下一轮时再继续运行。由于计算机速度很快，作业运行轮转得很快，每个用户都觉得自己独占了一台计算机。每个用户都可以通过自己终端随时向系统发出各种操作控制命令，完成作业的运行。

多用户分时操作系统是当今计算机操作系统中最普遍的一类操作系统。

1.2.5 通用操作系统阶段

多道批处理系统和分时系统的不断改进，实时系统的出现及其应用日益广泛，使操作系统日益完善。在此基础上，出现了通用操作系统。它兼有多道批处理、分时处理、实时处理的功能(或其中两种功能)。例如，将实时处理和批处理相结合，构成实时批处理系统。在这样的系统中，首先保证优先处理的任务，插空进行批作业处理。通常把实时任务称为前台作业，批作业称为后台作业。将分时处理和批处理相结合可构成分时批处理系统。在保证分时用户的前提下，空闲时可进行批量作业的处理。同样，分时用户和批处理作业可按前后台方式处理。

从 20 世纪 60 年代中期开始，国际上开始研制大型通用操作系统。这些系统试图达到功能齐全、可适应各种应用范围和操作方式变化多端的环境的目标。

但是这些系统本身很庞大，不仅在研制时付出了巨大的代价，而且由于系统过于复杂，在可靠性、可维护性、可理解性和开放性等方面都遇到了很大的困难。

相比之下，UNIX操作系统却是一个例外。这是一个通用的多用户分时交互式操作系统。它首先建立的是一个精干的核心，其功能足以与许多大型操作系统相媲美。在核心层以外可以支持庞大的软件系统。UNIX很快得到应用和推广，并不断完善，对现代操作系统有着重大的影响。目前广泛使用的各种工作站级操作系统，例如SUN公司的Solaris、IBM公司的AIX等，都是基于UNIX的操作系统。即使微软公司的Windows系列操作系统，其主要原理也是来源于UNIX系统的。另外，目前广为流传的Linux系统也是从UNIX演变而来的，智能手机上的安卓系统和iOS系统等也都受到了UNIX系统较大的影响。可以说，没有UNIX系统的出现，就没有今天计算机繁荣的大好局面。

UNIX系统的出现使现代操作系统的概念、功能、结构和组成基本形成。

1.2.6 操作系统的进一步发展

20世纪80年代至90年代，随着大规模集成电路工艺技术的飞跃发展，出现了微处理机，掀起了计算机大发展、大普及的浪潮，不仅迎来了个人计算机的时代，同时又开始向计算机网络、分布式处理、巨型计算机和智能化方向发展。20世纪八九十年代可以说是Windows操作系统和UNIX操作系统一起横行天下的时代。

在进入21世纪之后，特别是在移动通信技术和应用大发展、人类进入移动互联网和物联网时代以来，智能手机和各种移动设备的出现带来了操作系统技术和应用的新变化。

首先，操作系统代码开源成为操作系统技术发展和应用的新潮流。安卓系统和Linux系统就是开源带给人类的新成果和典型代表。安卓系统是基于Linux内核开发的。它是由谷歌公司牵头，由多家软硬件公司和电信运营商组建的开放手机联盟负责运营开发的，人们在开源系统上研究各种关于操作系统的新技术和新方法并发布改良后的代码，形成一个共同使用和共同维护的生态圈。这既推进了技术进步，又促进了用户数量的不断增长。

操作系统进步的另一个例子是美国苹果公司研制的iOS。该系统是苹果公司为其手机、平板计算机等移动设备研制的操作系统。与开源的安卓系统相反，iOS采用封闭的技术路线。为了使iOS获得强大的生命力，苹果公司在iOS的应用层创建了一个强大的生态圈——App Store，形成了与安卓系统平分天下的移动操作系统格局。

当前，随着5G、人工智能、大数据以及云计算等通信和计算技术的飞速发展，操作系统技术也在进一步发展变化。例如，我国华为公司研制和推出了鸿蒙操作系统以及openEuler操作系统，谷歌公司研制了飞沙(Fuchsia)操作系统。

1.3 操作系统的基本类型

通过1.2节的讨论，可以看到，随着计算机技术和软件技术的发展，已形成了各种类型的操作系统，以满足不同的应用要求。操作系统根据使用环境和对作业的处理方式可分为以下6个基本类型：

(1) 批处理系统。

(2) 分时系统。

(3) 通用操作系统。

(4) 个人计算机操作系统。

(5) 网络操作系统。

(6) 分布式操作系统。

下面对它们进行概要的说明。

1.3.1 批处理系统

批处理系统是一种早期的大型机操作系统。现代操作系统大都具有批处理功能。

图1.5给出了多道批处理系统中的作业处理步骤及状态。

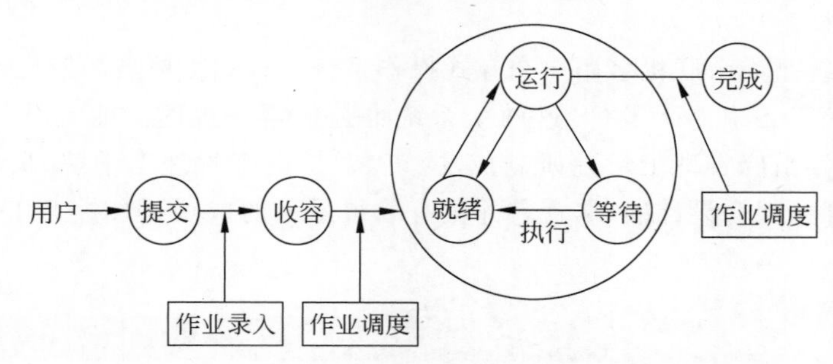

图1.5 多道批处理系统中的作业处理步骤及状态

多道批处理系统的主要特征如下：

(1) 用户脱机使用计算机。用户在提交作业之后,直到获得结果之前都不再和计算机打交道。作业可以直接交给计算中心的操作员,也可以通过远程通信线路提交。提交的作业由系统外存收容,成为后备作业。

(2) 成批处理。操作员把用户提交的作业分批进行处理,由操作系统或监督程序负责对一批作业进行自动调度执行。

(3) 多道程序运行。按多道程序设计的调度原则,从一批后备作业中选取多道作业调入内存并组织它们运行。

在多道批处理系统中,由于系统资源为多个作业所共享,其工作方式是作业之间自动调度执行,并且在运行过程中用户不干预自己的作业,因此大大提高了系统资源的利用率和作业吞吐量。其缺点是无交互性,用户一旦提交了作业,就失去了对其运行的控制能力。另外,由于它采用批处理方式,作业周转时间长,用户使用不方便。

注意,不要把多道程序(multiprogramming)系统和多重处理(multiprocessing)系统相混淆。一般讲,多重处理系统配有多个CPU,因而能真正同时执行多道程序。当然,要想有效地使用多重处理系统,必须采用多道程序设计技术。但是,反之则不然,多道程序设计原则不一定要求多重处理系统的支持。多重处理系统与单处理系统相比,尽管增加了硬件设施,却换来了提高系统吞吐量、可靠性、计算能力和并行处理能力等好处。

1.3.2 分时系统

分时系统一般采用时间片轮转的方式,使一台计算机为多个终端用户服务。它对每个用户能保证足够快的响应,并提供交互会话能力,因此具有下述特点：

(1) 交互性。交互会话工作方式给用户带来了许多好处。首先,用户可以在程序动态运行时对其加以控制,从而加快调试过程,有利于软件开发。其次,用户上机提交作业方便。特别是远程终端用户,不必将其作业交给机房,在自己的终端上就可以提交、调试、运行其程序。最后,分时系统还为用户之间进行合作提供了方便。用户可以通过文件系统、电子邮件或其他通信机制交换数据和信息,共同完成某项任务。

(2) 多用户同时性。多个用户同时在自己的终端上机,共享 CPU 和其他资源,充分发挥系统的效率。

(3) 独立性。由于采用时间片轮转方式使一台计算机同时为多个终端服务,对每个用户的操作命令又能快速响应,因此,用户感觉不到有别人也在使用这台计算机,如同自己独占这台计算机一样。

分时操作系统是一个联机多用户交互式操作系统。UNIX 是当今最流行的一种多用户分时操作系统。CTSS 和 MUTICS 这两个系统也是值得一提的。前者是一个实验性的分时系统,在 1963 年由麻省理工学院研制成功。后者是由麻省理工学院、贝尔实验室和 GE 公司从 1965 年开始联合设计的,尽管它并没有取得最后的成功,但对 UNIX 的研制是有影响的。

1.3.3 通用操作系统

批处理系统、分时系统和实时系统是操作系统的 3 种基本类型,在此基础上后来又出现了具有多种类型操作系统特征的操作系统,称为通用操作系统。它可以同时兼有批处理、分时处理、实时处理和多重处理的功能(或至少两种功能)。

1.3.4 个人计算机操作系统

个人计算机操作系统是联机单用户交互式操作系统,它提供的联机和交互功能与通用分时系统相似。由于它是个人专用的,因此在多用户和分时所要求的对处理机调度、存储保护等方面简单得多。然而,由于个人计算机的应用普及,对于更方便、友好的用户接口的要求会越来越高。

多媒体技术已迅速进入个人计算机系统,多媒体计算机给办公室、家庭、个人提供声、文、图、数据并重的全面的信息服务。它要求计算机具有高速信号处理、大容量内存和外存、大数据量宽频带传输等能力,能同时处理多个实时事件,也就是一个具有高速数据处理能力的实时多任务操作系统。

目前个人计算机操作系统以 Windows 和 Linux 为主。

1.3.5 网络操作系统

计算机网络是通过通信设施将物理上分散的具有自治功能的多个计算机系统互联,实现信息交换、资源共享、可互操作和协作处理的系统。它具有以下特征:

(1) 计算机网络是一个互联的计算机系统的群体。这些计算机系统在物理上是分散的,可在一个房间里,在一个单位里,在一个城市或几个城市里,甚至在全国或全球范围内。

(2) 这些计算机是自治的,每台计算机都有自己的操作系统,独立工作,并在网络协议控制下协同工作。

(3) 系统互联要通过通信设施(硬件、软件)来实现。

(4) 系统通过通信设施执行信息交换、资源共享、互操作和协作处理,实现多种应用要求。互操作和协作处理是计算机网络应用中较高层次的要求,需要有能够支持网络中异种计算机系统之间的进程通信,实现协同工作和应用集成的环境。

网络操作系统的研制开发是在原来的计算机操作系统的基础上,按照网络体系结构的各个协议标准开发的,以实现网络管理、通信、资源共享、系统安全和多种网络应用服务。

由于网络计算的出现和发展,现代操作系统的主要特征之一就是具有上网功能。因此,除了 20 世纪 90 年代初期 Novell 公司的 NetWare 等被称为网络操作系统之外,人们一般不再特指某个操作系统为网络操作系统。

1.3.6 分布式操作系统

粗看起来,分布式系统与计算机网络没有多大区别。分布式系统也可以定义为通过通信网络将物理上分布的具有自治功能的数据处理系统或计算机系统互联,实现信息交换和资源共享,协作完成任务的系统。但是,两者有以下明显的区别:

(1) 计算机网络现在已经有了明确的通信网络协议体系结构及一系列协议族,计算机网络的开发都遵循协议;而各种分布式系统并没有标准的协议。当然,计算机网络也可认为是一种分布式系统。

(2) 分布式系统要求一个统一的操作系统,实现系统操作的统一性。在分布式系统中,为了把数据处理系统的多个通用部件合并成为一个具有整体功能的系统,必须引入一个高级操作系统。各处理机有自己的专有操作系统,必须有一个策略使整个系统融为一体,这就是高级操作系统的任务,它可以有两种形式:一种形式是在每个处理机的专有操作系统之外独立存在,专有操作系统可以识别和调用它;另一种形式是在各处理机专有操作系统的基础上加以扩展。对于各个物理资源的管理,高级操作系统和各专有操作系统之间不允许有明显的主从关系。

在计算机网络中,实现全网统一管理的网络管理系统已成为越来越重要的组成部分。

(3) 系统的透明性。分布式操作系统负责整个分布式系统的资源分配和调度、任务划分、信息传输控制协调工作,并为用户提供统一的、标准的接口,用户通过这一接口进行操作和使用系统资源,至于在哪一台计算机上执行操作或使用哪一台计算机的资源则是系统的事,用户是不用知道的,也就是说系统对用户是透明的。但是,对于计算机网络,若一台计算机的用户希望使用另一台计算机的资源,则必须指明是哪一台计算机。

(4) 分布式系统的基础是计算机网络。它和计算机网络一样具有模块性、并行性、自治性和通用性等特点,但它比计算机网络又有进一步的发展。分布式系统不仅是物理上松散耦合的系统,同时还是逻辑上紧密耦合的系统。分布式系统由于更强调分布式计算和处理,因此对于多机合作和系统重构、鲁棒性和容错能力有更高的要求,系统要有更短的响应时间、更高的吞吐量和更高的可靠性。

(5) 分布式系统还处在研究阶段,目前还没有真正实用的系统;而计算机网络已经在各个领域得到广泛应用。

20 世纪 90 年代出现的网络计算已使分布式系统变得越来越现实。特别是 SUN 公司

的Java语言和运行在各种通用操作系统之上的Java虚拟机和Java OS的出现，进一步加快了这一趋势。另外，软件构件技术的发展也加快了分布式操作系统的实现。

1.4 操作系统的功能

如前所述，操作系统的职能是管理和控制计算机系统中的所有软硬件资源，合理地组织计算机工作流程，并为用户提供良好的工作环境和友好的接口。计算机系统的主要硬件资源有处理机、内存、外存和输入输出设备。软件和信息资源往往以文件形式存储在外存储器中。下面从资源管理和用户接口的观点分5方面来说明操作系统的基本功能。

1.4.1 处理机管理

在单道作业或单用户的情况下，处理机被一个作业或一个用户独占，对处理机的管理十分简单。但在多道程序或多用户的情况下，要组织多个作业同时运行，就要解决处理机分配调度策略、分配实施和资源回收等问题。这就是处理机管理功能。正是由于操作系统对处理机的管理策略不同，其提供的作业处理方式也就不同，例如批处理方式、分时处理方式和实时处理方式，呈现在用户面前，就成为具有不同性质的操作系统。

1.4.2 内存管理

内存管理的主要工作是对内存进行分配、保护、扩充和管理。

(1) 内存分配。在内存中除了操作系统和其他系统软件外，还有一个或多个用户程序。如何分配内存，以保证系统及用户程序的内存互不冲突，就是内存分配问题。

(2) 存储保护。系统中有多个程序在运行，如何保证一道程序在执行过程中不会有意或无意地破坏另一道程序，如何保证用户程序不会破坏系统程序，这就是存储保护问题。

(3) 内存扩充。当用户作业需要的内存量超过计算机系统提供的内存容量时，把内存和外存结合起来管理，为用户提供一个容量比实际内存大得多的虚拟内存，而用户使用这个虚拟内存和使用物理内存一样方便，这就是内存扩充要完成的任务。

1.4.3 设备管理

设备管理包括以下两方面：

(1) 通道、控制器和输入输出设备的分配和管理。现代计算机常常配置了种类很多的输入输出设备，这些设备具有各不相同的操作性能，特别是它们的信息传输和处理速度差别很大，并且它们常常是通过通道、控制器与主机联系的。设备管理的任务就是根据一定的分配策略，把通道、控制器和输入输出设备分配给请求输入输出操作的程序，并启动设备完成实际的输入输出操作。为了尽可能发挥输入输出设备和主机的并行工作能力，常需要采用虚拟技术和缓冲技术。

(2) 设备统一操作管理。输入输出设备种类很多，使用方法各不相同。设备管理应为用户提供统一的操作界面，隐藏具体的设备特性，以使用户能方便、灵活地使用这些输入输出设备。

1.4.4 信息管理

上述 3 种管理都是针对计算机硬件资源的管理。信息管理(文件系统管理)则是对系统软件资源的管理。

程序和数据统称为信息。计算机中的信息通常以文件的形式存在。一个文件在暂时不用时,就被放到外存(如磁盘、磁带、光盘等)上保存起来。这样,外存上保存了大量的文件。对这些文件如果不能很好地管理,就会引起混乱,甚至使信息遭受破坏。这就是信息管理需要解决的问题。

文件的共享、保密和保护也是文件系统要解决的问题。如果系统允许多个用户协同工作,那么就应该允许用户共享文件。但这种共享应该是受控制的,应该有授权和保密机制,还要有一定的保护机制,以免文件被非授权用户调用和修改,即使在意外情况下,如系统失效、用户对文件使用不当,也能尽量保护信息免遭破坏。

1.4.5 用户接口

前述 4 项功能是操作系统对计算机软硬件资源的管理。除此以外,操作系统还为用户提供方便灵活地使用计算机的手段,即提供一个友好的用户接口。一般来说,操作系统为用户提供两种形式的接口。

一种用户接口是程序级接口,即提供一组广义指令(或称系统调用、程序请求)供用户程序和其他系统程序调用。当这些程序要求进行数据传输、文件操作或者有其他资源要求时,通过这些广义指令向操作系统提出申请,并由操作系统代为完成。

另一种用户接口是作业级接口,即提供一组控制操作命令(或称作业控制语言)供用户组织和控制作业的运行。作业控制方式分两大类:脱机控制和联机控制。操作系统提供脱机作业控制语言和联机作业控制语言。

1.5 计算机硬件简介

如前所述,操作系统管理和控制计算机系统中的所有软硬件资源。由于操作系统是运行于硬件之上的系统软件,必须对操作系统运行的硬件环境有所了解。为此,本节简要介绍计算机硬件系统。

1.5.1 计算机的基本硬件元素

构成计算机的基本硬件元素有以下 5 种:处理器、存储器、输入输出控制器与缓冲器、外围设备和总线。这些基本硬件元素的逻辑关系如图 1.6 所示。

处理器控制和执行计算机的指令。一台计算机中可以有多个处理器或一个处理器。多处理器和单处理器的计算机操作系统在设计和功能上有较大区别。本书主要讨论单处理器的操作系统。单处理器也称为 CPU。

存储器用来存储数据和程序。存储器包括内存、外存以及用于暂时存储数据和程序的缓冲器与高速缓存(cache)等。

输入输出控制器与缓冲器主要用来控制和暂时存储外围设备与计算机内存之间交换的

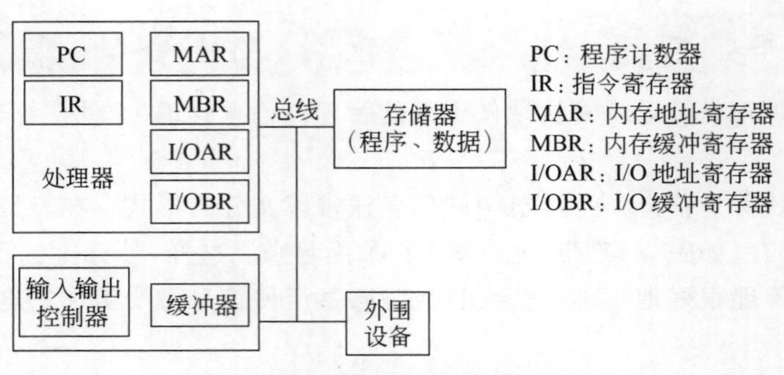

图 1.6 计算机的基本硬件元素

数据和程序。

外围设备范围很广。它们是获取和输出数据与程序的基本设备，包括数字式设备和模拟式设备。不过，模拟式设备要通过模/数转换才能把模拟信号输入计算机，而计算机输出的数字信号则要通过数/模转换才能在模拟设备上显示或输出。

计算机系统的各种设备通过总线互相连接。总线是连接计算机各部件的通信线路。计算机系统的总线结构有单总线和多总线之分。单总线是指把 CPU、外围设备、存储器等连接在一起的总线结构；而多总线则是指系统的 CPU 和内存分别用专门的总线连接，外围设备和外存等也用专门的总线分别连接，分别进行管理和数据传送的总线结构。显然，不同的总线结构对操作系统的设计和性能有不同的影响。

1.5.2 与操作系统相关的主要寄存器

寄存器与操作系统密切相关，因为它们是与 CPU 交换数据的速度比内存更快、体积更小、价格更贵的暂存器件。寄存器从功能上可分为两类，即用户可编程寄存器以及控制与状态寄存器。机器语言或汇编语言的程序员可对用户可编程寄存器进行操作，以获得更高的执行效率。而控制与状态寄存器则用来对 CPU 的优先级、保护模式或用户程序执行时的调用关系等进行控制和操作。

一般来说，用户可编程寄存器和控制与状态寄存器之间没有严格的分界，在不同的系统中，各寄存器的功能和作用不完全相同。

在下面介绍的 8 种寄存器中，前 3 种是用户可编程寄存器，后 5 种是控制与状态寄存器。

1. 数据寄存器

编程人员可以通过程序赋予数据寄存器很多功能。一般来说，任何对数据进行操作的机器指令都允许访问数据寄存器。不过，根据硬件设置的规定，这些寄存器也可能只允许进行某些操作（如浮点运算）。

2. 地址寄存器

地址寄存器用来存放内存中一个数据或指令的地址或者一段数据或指令的入口地址，也可以用来进行更复杂的地址计算。下面几种寄存器都是地址寄存器：

（1）地址标识位寄存器。

(2) 内存管理中使用的各种始址寄存器。

(3) 堆栈指针。

(4) 设备地址寄存器。

3. 条件码寄存器

条件码寄存器也称标志寄存器。条件码寄存器中的位由 CPU 设置。例如,一次算术运算可能导致条件码寄存器被设置为正、负、零或溢出。

4. 程序计数器

程序计数器内装有下一周期要执行的指令的地址。

5. 指令寄存器

指令寄存器内装有待执行指令。

6. 程序状态字寄存器

程序状态字寄存器中的各位代表系统当前的状态与信息,例如执行模式是否允许中断等。

7. 中断现场保护寄存器

如果系统允许不同类型的中断存在,则会设置一组中断现场保护寄存器,以便保存被中断程序的现场以及链接中断恢复处。

8. 过程调用堆栈

过程调用堆栈用来存放过程调用时的调用名、调用参数以及返回地址等。

寄存器广泛应用于计算机系统中,它们与操作系统有非常直接和密切的关系。事实上,操作系统设计人员只有完全掌握和了解硬件厂商提供的各种寄存器的功能和接口,才能进行操作系统设计。

1.5.3 存储器件的访问速度

硬件厂商提供了不同种类的存储器件,这些存储器件包括可移动存储介质(例如 U 盘、磁盘和磁带等)、硬盘、硬盘高速缓存、内存、高速缓存以及寄存器等。设计人员应对各种存储器件的访问速度和性能等有充分了解,才能在设计中以最好的性能价格比设计存储管理系统。

一般来说,容量越大的存储介质,访问速度会越慢,但单位存储成本越低,例如光盘和磁盘;反过来说,存储介质的访问速度越高,则它的单位存储成本也会越高,例如寄存器。

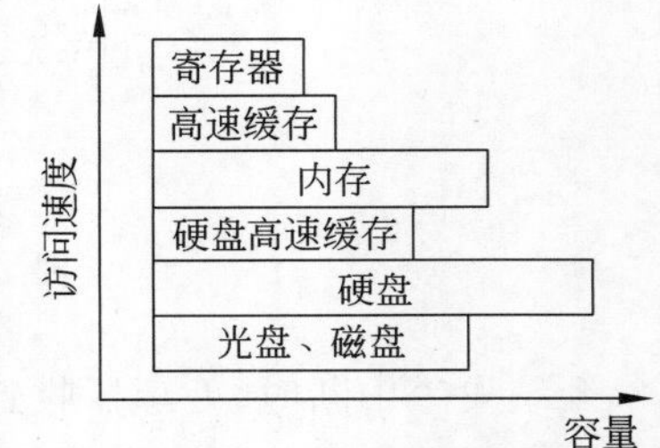

图 1.7 存储器件的访问速度与容量的关系

存储器件的访问速度与容量的关系如图 1.7 所示。

除了上述存储器件之外，与操作系统设计相关的器件还有中断机构和输入输出设备控制部分(例如通道和DMA器件等)。这些部分将在后面相关章节中介绍。

1.5.4 指令的执行与中断

计算机提供的最基本的功能是执行指令。任何应用程序都只有通过指令的执行才能得以完成。执行指令的基本过程分为两步，即处理器从内存读取指令的过程和执行指令的过程。其中，读指令要根据程序计数器所指的地址，而执行的指令存储指令寄存器中。

指令的读取和执行过程称为一个执行周期。指令的执行周期如图1.8所示。

指令的执行涉及处理器与内存之间的数据传输或者处理器与外围设备之间的数据传输。指令的执行也涉及数据处理，例如算术运算或逻辑运算。指令的执行还可以是对其他指令的控制过程。

一条指令的执行可以是上述几种情况的组合。

另外，在指令的执行过程中或指令执行结束时，尽管程序计数器已指明了下一条被访问指令的地址，但是外围设备或计算机内部可能会发来急需处理的数据或其他紧急事件处理信号。这时就需要处理器暂停正在执行的程序，转去处理相应的紧急事件，处理完毕后再返回原处继续执行，这一过程称为中断，如图1.9所示。

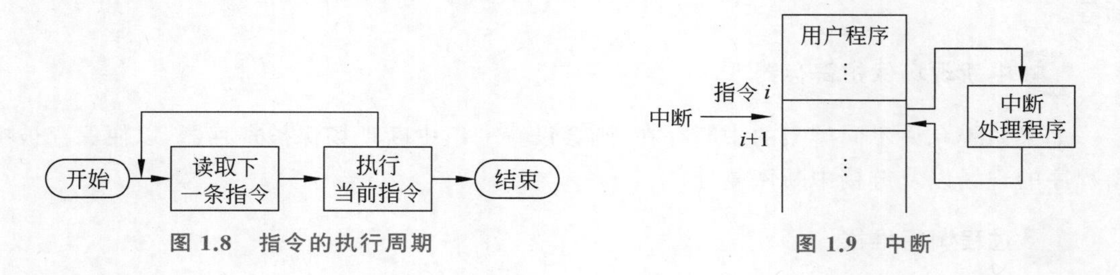

图1.8 指令的执行周期　　**图1.9 中断**

中断给操作系统设计带来了许多好处。首先，中断使得实时处理许多紧急事件成为可能；其次，中断可以提高处理器的执行效率；最后，中断还可以简化操作系统的程序设计。

中断处理时的指令执行过程如图1.10所示。

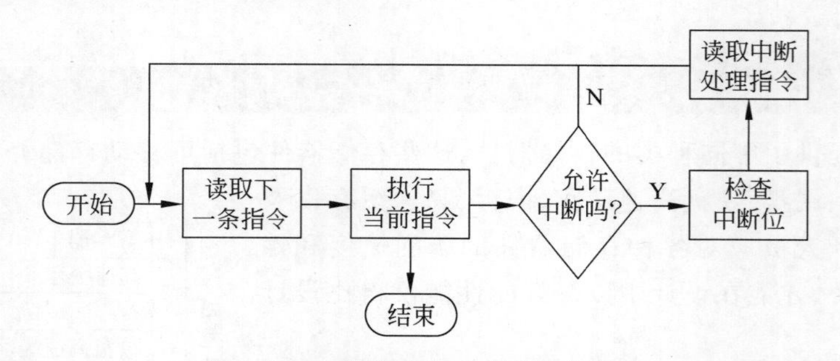

图1.10 中断处理时的指令执行过程

系统发生中断时，处理器收到中断信号，从而不能继续执行程序计数器中所指的下一条指令。这时处理器将保存当前的执行现场(也就是各寄存器中的值)，并调用新的程序到处理器中执行。

1.6 操作系统启动

1.6.1 操作系统启动过程

操作系统一般存储在外存(如硬盘)中,CPU 无法直接对其取指令并执行。因此,如何将操作系统加载到内存并开始执行是计算机系统设计时需要考虑的一个问题。具体来说,操作系统启动需要解决以下两个问题:

(1) 在操作系统正式工作之前,计算机应以何种方式将操作系统加载到内存中并将系统控制权交给操作系统。

(2) 在操作系统装载的过程中应如何确认操作系统存储在硬盘的哪个位置。

计算机在启动时从一个固定的位置读取一小段程序[通常称为 BIOS(Basic Input/Output System,基本输入输出系统)]并运行,进而利用这一小段程序一步步加载操作系统。这个过程被称为系统引导(bootstrapping)过程。BIOS 需要提前被写入 CPU 可直接寻址的位置——内存。在计算机中,基本的内存由 RAM(Random Access Memory,随机访问存储器)和 ROM(Read-Only Memory,只读存储器)组成。BIOS 的存储需要满足掉电不丢失的特性,因此需要利用 ROM 的非易失性来持久地保存 BIOS。在不同体系架构下,CPU 的固化硬件逻辑不同,使得 CPU 上电启动后指定的首次取指的地址可能存在区别。例如,x86 架构 CPU 约定当 CPU 启动后从地址 CS:IP=0xF000:0xFFF0 加载指令执行。因此,存储 BIOS 的 ROM 应根据不同体系架构固化映射到相应的内存地址区域。

以基于 x86 架构的个人计算机为例,系统引导过程如图 1.11 所示。当用户启动计算机的电源时,计算机硬件会自动产生一个中断信号(CPU 复位信号)。这个中断信号触发 CPU 初始化其指令寄存器(例如 x86 架构下的 CS、IP 寄存器),使 CPU 从特定的内存位置(BIOS 所在位置)开始执行。BIOS 先完成加电自检(Power-On Self-Test,POST)和硬件的初始化工作,再到硬盘中寻找一段名为 BootLoader 的程序,由 BootLoader 进一步将操作系统加载到内存中。系统引导过程引入 BootLoader 加载操作系统,而不直接由 BIOS 将操作系统加载到内存,主要是考虑到以下问题:BIOS 作为整个计算机系统启动时执行的第一段程序,应尽量保证其执行的正确性。若将过多的功能集成到 BIOS 中,会导致 BIOS 代码膨胀、复杂性增大而不方便维护。同时,BIOS 固化在 BIOS 芯片中,正常情况下是不对其进行修改的,所以它也无法处理软件不断变化的情况。

BootLoader 存储在硬盘的启动扇区,通常是第 0 条磁道第 1 个扇区。通过在启动扇区中写入特定的字符,可标识该硬盘是可引导的。例如,在 MBR(Master Boot Record,主引导记录)格式下,若启动扇区的 512B 中最后两字节为 0x55 和 0xAA,则标识该设备是可引导的。在确认该硬盘是可引导的设备之后,BIOS 程序就将启动扇区中的 BootLoader 加载到内存的特定位置,进而跳转到 BootLoader 并开始执行,把 CPU 控制权移交给 BootLoader。BootLoader 的基本功能包括:初始化硬件设备,为操作系统准备 RAM 内存,再从硬盘的特定扇区(通常是第 2 个扇区)读入操作系统内核,进而将 CPU 控制权移交给操作系统内核。综上,系统引导过程引入 BootLoader 来加载操作系统,而不直接设计为由 BIOS 将操作系统加载到内存,有以下好处:

BIOS
(1) 计算机从固定位置(例如,CS：IP＝0xF000：0xFFF0)读取 BIOS。 (2) BIOS 完成加电自检,包括检查 CPU、内存、主板和外设等的状态。 (3) BIOS 对系统进行初始化,例如激活显卡、设置中断向量等。0x0000～0x03FF 共 1KB 的空间用于存放中断向量表,一个中断向量占用 4B,共存储 256 个中断向量。
BootLoader

(4) 硬件设备初始化,为操作系统准备 RAM 内存。
(5) 从硬盘的特定扇区(通常是第 2 个扇区)读取操作系统内核,并装入内存特定位置(CS：IP＝0xF010：0x0000)。
(6) 将 CPU 控制权转交给内核,关键代码如下。
C 语言代码：
`((void(*) (void)) (ELFHDR->e_entry))()`
对应的汇编语言代码：
`call *0x10018        ;该地址为 kernel 入口`

图 1.11　系统引导过程

(1) 简化 BIOS 的功能,降低 BIOS 的复杂性,进一步保证系统的稳定性。

(2) 可以为计算机系统提供多操作系统启动的能力。在硬盘上存在多个操作系统(例如 Windows 和 Linux)的情况下,BootLoader 可记录多个操作系统的启动记录,当计算机系统启动时,允许用户选择性地启动单个操作系统。

(3) 增强操作系统启动方式的灵活性。操作系统不仅可以从硬盘加载,还可以从其他存储介质(例如闪存)、USB 设备甚至远程设备加载。BootLoader 通过选择集成各种存储介质的驱动程序或网络驱动程序,可以实现操作系统多存储介质的加载方式。

1.6.2　Linux 操作系统启动实例

以 Linux 操作系统为例,经典 BIOS 引导过程具体如下(感兴趣的读者可自行了解针对 BIOS 的不足而提出的新一代 UEFI 引导方法)。

在计算机上电后,CPU 从 CS：IP＝0xF000：0xFFF0 开始执行指令。这个跳转地址指向 BIOS 的第一条指令。BIOS 在开始运行后,首先进行加电自检,以确认计算机是否可以执行后续步骤。检查的硬件包括 CPU、内存、主板以及显卡等。随后,BIOS 建立中断向量表,并初始化各种设备。中断向量表用于中断指令对中断处理程序寻址。初始化的设备包括 PCI 总线和已在 BIOS 中注册的设备。此后,BIOS 会寻找一个可引导设备,这个设备可以是硬盘、CD-ROM 等。在可引导设备上存储着可以运行的操作系统。在找到可引导设备后,BIOS 会从其中读取 MBR 并向其移交 CPU 控制权。

在 MBR 中,前 446B 是启动代码,启动代码在取得 CPU 控制权后,负责检查分区表是否正确,随后将 CPU 控制权交给 x86 架构计算机 Linux 操作系统所用的主流 BootLoader——GRUB(GRand Unified BootLoader,全面统一引导加载程序);其后的 64B 为分区表,分区表用于硬盘分区,使得每个分区都可安装一个操作系统镜像;最后 2B 用于标识 MBR(若值为 0xAA55,则说明该扇区是 MBR)。

在 GRUB 中,用户可以选择启动哪一个操作系统,从而实现多操作系统启动。当用户选择加载某个操作系统后，GRUB将可执行的操作系统内核映像和内核启动所需的额外信息从存储介质加载到内存中。

为了节省空间，操作系统内核通常以压缩形式存储。因此，在指定的内核被加载到内存中并开始执行后，它必须首先从文件的压缩版本中解压，才能继续进行其他操作。内核在开始运行后，将初始化内部的数据结构，检测系统内存在的各个硬件并激活相应的驱动程序以及挂载根文件系统。

经过以上步骤，应用程序的基本运行环境已经建立，随后第一个运行的应用程序便是init程序，该程序将依据/etc/inittab文件内容进行初始化工作。/etc/inittab文件最主要的作用就是设定Linux的运行等级。例如设定格式为“:id:5:initdefault:”，表明Linux将运行在等级5上，即启动的为常见带图形界面的Linux操作系统。Linux的运行等级的关系如下：0表示关机；1表示单用户模式；2表示无网络支持的多用户模式；3表示有网络支持的多用户模式；4为保留模式，暂未使用；5表示有网络支持和X Window支持的多用户模式；6表示重新引导系统，即系统重启。

在设定运行等级后，Linux操作系统执行的第一个用户程序是/etc/rc.d/rc.sysinit脚本程序，它的功能包括设定环境变量(PATH)、网络配置、启动交换(swap)分区、设定/proc等。最后执行login程序，用户输入账号和密码登录系统，到这一步就进入本书讨论的操作系统了。

1.7 算法的描述

操作系统设计和原理描述中涉及许多算法。一般来说，这些算法可以用自然语言或流程图方式描述。在许多书中也用类Pascal语言或其他形式描述语言描述。本书定义下列关键词描述算法中的有关过程。

(1) begin和end分别表示算法的开头和结束。

(2) 以下表示当条件未被满足时重复执行操作。

```
repeat
    操作
until 条件
```

(3) 以下表示当条件满足时进行相应的操作。关键词do和od分别表示操作的开始和结束。

```
while 条件
do
  操作
od
```

(4) 以下表示满足if的条件时，执行then后的操作，否则完成else后的操作。关键词fi表示条件判断的结束。

```
if 条件
then
```

```
  操作
else
  操作
fi
```

例如,图 1.8 所示的指令执行周期可描述为

```
repeat
  IR←M[PC];
  PC←PC + 1;
  execute[IR];
until CPU halt;
```

其中,M[PC]表示地址为 PC 的内存单元中的指令内容。

再举一个例子,令 p[1:n]为 1 到 n(n>1)的整数置换,设 i=1,2,3,4,5,6,7,用 p[i]=4,7,3,2,1,5,6 描述 p[i]的巡回置换算法。

算法描述如下:

```
begin
  local  x, k;
  k←1;
  while k<=7
  do
    x←k;
    repeat
      print(x);
      x←p[x];
    until x=k;
    k←k+1;
  od
end
```

1.8 操作系统研究的几种观点

前面讨论了操作系统的基本概念、操作系统的发展历史、操作系统的分类和功能以及操作系统所依赖的硬件基础等问题,使我们认识到,操作系统的作用是实现计算机资源的有效使用和为用户提供友好的接口。这实质上代表了操作系统研究的一种观点。

本节简要地讨论操作系统研究中的不同观点,这些观点彼此并不矛盾,只不过是站在不同的角度看待同一事物(操作系统)。每一种观点都有助于理解、分析和设计操作系统。

1. 计算机资源管理的观点

前面已经指出,操作系统是用来管理和控制计算机系统软硬件资源的程序的集合,因此它提供了处理器管理、存储管理、设备管理和信息管理等功能。对于每种资源的管理都可以从资源情况记录、资源分配和资源回收等几方面加以讨论。

2. 用户接口的观点

对于用户来说，对操作系统的内部结构并没有多大的兴趣，他们最关心的是如何利用操作系统提供的服务有效地使用计算机。因此操作系统提供什么样的用户接口成为关键问题，即1.4.5节介绍的程序级和作业级的两种接口。

3. 进程管理的观点

把操作系统作为计算机资源的管理者或向用户的接口实际上是静态的观点，这两种观点没有提出一个程序在系统中运行的本质过程和管理资源的各种子程序的关系。实际上操作系统调用当前程序运行是动态过程。现代操作系统的一个重要特征是并发性，它是指操作系统控制很多能并发执行的程序段。当然这些并发执行的程序在多处理器系统中可能是真正并行执行的，但在单处理器情况下则是宏观并行执行、微观顺序执行的。它们可以完全独立地运行，也可以以间接或直接方式互相依赖和制约。间接制约是指并发程序段竞争同一资源，获得资源者执行，未获得资源者挂起并等待资源。直接制约是指一个程序段等待另一个程序段得到执行的结果后才能执行。因此，并发的程序段不仅会受到其他程序段活动的制约，也会受到系统资源分配情况的制约。一个程序段可能在运行，也可能因等待某些资源或信息处于挂起状态。只用操作系统是资源管理者这一观点不能揭示其在系统中的活动联系及其状态变化，因而研究者引入进程(process)的概念，有时也称之为任务(task)或活动(active)。进程是指并发程序的执行。

用进程观点研究操作系统就是围绕进程运行过程，即并发程序执行过程来讨论操作系统，这样就能讨论清楚这些资源管理程序在系统中进行活动的过程，对操作系统功能就能获得更多的认识。

4. 生态圈的观点

以前，人们总是从操作系统的技术角度评判和研制操作系统，例如UNIX和Windows系统等。在互联网和移动互联网没有大发展和广泛应用时，人们只重视单机的效率，这是可以的；互联网和移动互联网成为人们日常生活一部分之后，还采用这种纯技术观点就不行了，随之而来的是只注重单机系统技术的操作系统也不再受用户青睐。人们不再关心操作系统的技术细节和执行效率，而是把注意力放在如何简捷地构建既能跨软硬件平台、方便管理又能被尽可能多的普通用户轻松使用的操作系统用户生态圈上。可以说，一个有好的用户生态圈的操作系统就是成功的操作系统；一个没有好的用户生态圈的操作系统，哪怕技术再好，也是一个失败的操作系统。目前广泛流行的安卓系统和iOS系统实际上是依靠它们的生态圈获得用户的。

本章小结

计算机系统由硬件和软件组成。操作系统是计算机系统中的系统软件，它能够管理和控制计算机硬件和软件资源，合理组织计算机工作流程，以便有效利用这些资源为用户提供具有足够的功能、使用方便、可扩展、安全和可管理的工作环境，从而在计算机与用户之间起到接口的作用。

随着计算机的发展，操作系统经历了从手工操作到通用操作系统的发展历程。批处理操作系统的主要特征是用户可脱机使用计算机、成批处理及多道程序运行。其优点是共享系统资源，系统资源利用率和作业吞吐量高；缺点是无交互性，作业周转时间长。分时系统采用时间片轮转方式使一台计算机为多个终端用户服务，具有交互性、多用户同时性、独立性等特征。实时系统应用于实时控制和实时信息处理领域，完成对信息的即时分析和处理，其主要特点是即时响应和高可靠性。通用操作系统可以同时兼有批处理、分时处理、实时处理和多重处理的功能(或至少其中两种功能)。个人计算机上的操作系统是联机的交互式单用户操作系统。随着多媒体技术的应用，个人计算机操作系统也成为具有高速数据处理能力的实时多任务操作系统。网络操作系统是通过计算机网络将多个计算机系统互联，可以实现信息交换、资源共享、可互操作和协作处理的系统。分布式操作系统可以通过通信网络将分布于不同地理位置的具有自治功能的数据处理系统或计算机系统互联，实现信息交换和资源共享，协作完成任务。这些都是操作系统的基本类型。

操作系统的基本功能包括处理器管理、存储管理、设备管理、信息管理以及用户接口。这些基本功能的目标是管理和控制计算机系统所有软硬件资源，为用户提供良好的工作环境和友好的接口。计算机最基本的功能是执行指令，指令的执行涉及处理器与内存之间的数据传输或处理器与外围设备之间的数据传输。指令执行过程中，若外围设备或计算机内部发来急需处理的数据或其他紧急事件处理信号时，系统将进入中断处理过程。中断时处理器将保存当前的执行现场，并调用新的程序执行。

研究者对操作系统有不同的观点，如计算机资源管理者的观点、用户界面的观点、进程管理的观点等，这些观点代表对操作系统从不同角度出发的看法，都有助于理解、分析和设计操作系统。

习　题

1.1　什么是操作系统？引入操作系统的目的有哪几个方面？

1.2　操作系统的基本功能有哪些？各功能对应的物理设备分别有哪些？

1.3　什么是批处理、分时和实时系统？它们各有什么特点？

1.4　操作系统的基本类型有哪些？它们与操作系统发展历史有什么联系？

1.5　多道程序设计和多重处理有什么区别？

1.6　讨论操作系统可以从哪些角度出发？如何把它们统一起来？

1.7　写出1.7节中巡回置换算法的执行结果。

1.8　计算机操作系统设计与哪些硬件有关？

1.9　考察一个小的嵌入式系统或物联网系统，写出系统引导和操作系统加载过程。

1.10　以生态圈的观点阐述为何现在不能仅从技术角度评判操作系统。

第2章 用户界面

本章主要从用户使用和系统管理两方面出发，讨论操作系统为用户提供的命令控制接口和编程接口。首先讨论操作系统的管理概念，主要讨论作业和作业组织，然后介绍命令控制接口和系统调用。

2.1 概 述

计算机的软硬件资源都是通过操作系统统一管理和操控的，用户要使用操作系统资源，就必须通过服务请求提交给操作系统。

为了方便用户与计算机之间的交互，操作系统为不同的用户提供了不同的接口，这些接口都可统称为用户界面。

用户界面是用户和操作系统之间信息交互的媒介，也是操作系统的重要组成部分。用户通过用户界面向计算机系统提交服务需求，计算机则通过用户界面向用户提供用户所需的服务。

在本书中，用户既可以是计算机的使用者或程序开发人员，也可以是计算机系统中的键盘、显示器、网卡或其他与计算机系统连接的外围设备。

一般来说，计算机系统的用户可分为两类。

一类用户是使用和管理计算机应用程序的人员，也就是被服务者。这类用户又可进一步分为普通用户（含外围设备用户）和管理员用户。其中，普通用户只使用计算机的应用服务，以解决实际的应用问题，例如事务处理、过程控制、信息传递等；管理员用户则负责计算机和操作系统的正常与安全运行。

另一类用户是程序开发人员。程序开发人员能够使用操作系统提供的编程功能，开发新的应用程序，实现用户要求的功能。

操作系统为普通用户和管理员用户以及程序开发人员提供不同的用户界面。

操作系统为普通用户和管理员用户提供的界面由一组不同形式的操作命令组成，即命令控制接口。其中，每个命令实现和完成用户要求的特定功能和服务，例如上网、在线处理、办公处理等。

不同的计算机操作系统为用户提供的操作命令和表现形式不同，不同时期的操作系统为用户提供的操作命令和表现形式也不同。例如，Windows、Linux 和 UNIX 提供给用户的操作命令是不同的。

另外，即便是普通用户与管理员用户使用同一操作系统，其命令集也是不一样的。普通用户的命令集主要由操作系统的应用服务类命令组成，而管理员用户的命令集则由一系列系统维护命令组成。操作系统为程序开发人员提供的用户界面是系统调用。系统调用是操作系统为程序开发人员提供的唯一的用户界面，每一个系统调用都相当于一个能完成特定功能的子程序。程序开发人员通过系统调用可以访问操作系统的底层服务，并使用相关的软硬件资源。不同的操作系统为程序开发人员提供的系统调用不同。一个或一组系统调用组成编程接口，程序开发人员一般通过编程接口实现系统调用。

2.2 作业和作业组织

要了解计算机是怎样和用户交互的，就必须了解用户怎样使用计算机提供的各种命令，并学会怎样将编制的应用程序变成用户可以使用的命令。

作业(job)或任务(task)是常见于早期批处理系统中的概念。微机操作系统由于大多是分时系统或嵌入式系统，因此没有作业的概念。

2.2.1 作业

首先看一下一般的编程过程，编制一个应用程序要经过图2.1中描述的几步。即，由概念出发，经过功能设计、结构设计以及详细设计过程，编写代码，对代码进行编译、连接和反复调试，形成可执行程序，在执行后输出执行结果，同时建立相应的文档等。

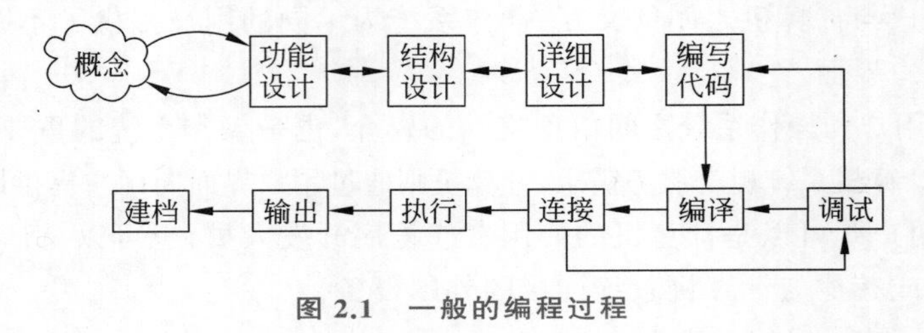

图2.1 一般的编程过程

在图2.1中，直到编写代码为止的各步都是由人工独立完成的(尽管也有许多自动化软件)，而其后各步则是在用户的控制下由计算机完成的。

在应用业务处理过程中，从输入开始，到输出结束，用户要求计算机所做的有关该业务处理的全部工作称为一个作业。作业由若干顺序相连的作业步组成。作业步是在一个作业的处理过程中计算机所做的相对独立的工作。各作业步之间也存在着一定的联系，每一个作业步会产生下一个作业步的输入文件。例如，在图2.1中，编写代码是一个作业步，它产生源代码文件；编译也是一个作业步，它产生目标代码文件。

从系统的角度看，作业是一个比程序更广的概念，它由程序、数据和作业说明书组成。系统通过作业说明书控制文件形式的程序和数据，使之执行和使用。而且，在批处理系统中，作业是抢占内存的基本单位，也就是说，批处理系统以作业为单位，由作业调度程序将程序和数据调入内存以便执行。

2.2.2 作业的组织

如上所述，作业由3部分组成，即程序、数据和作业说明书。一个作业必须至少包含一个程序，否则将不成为作业。作业中包含的程序和数据主要完成用户要求的业务处理工作。作业说明书则体现用户的控制意图，作业说明书在系统中会生成一个称为作业控制块(Job Control Block,JCB)的表。该表是作业在系统中存在的标志，它登记该作业要求的资源情况，预计执行时间和执行优先级等。操作系统可以通过该表了解到作业的要求，并分配资源和控制作业中程序和数据的编译、连接、装入和执行等。

作业说明书主要包含3方面内容，即作业基本描述、作业控制描述和资源要求描述。作业基本描述包括用户名、作业名、使用的编程语言名以及允许的最大处理时间等。作业控制描述则大致包括执行过程中的控制方式(例如是脱机控制还是联机控制)、各作业步的操作顺序以及作业不能正常执行时的出错处理等。资源要求描述包括要求的内存大小、外设类型和数量、处理器优先级、需要的处理时间、需要的库函数或实用程序等。作业说明书的主要内容如图2.2所示。

- 作业基本描述
  - 用户名
  - 作业名
  - 使用的编程语言名
  - 允许的最大处理时间
  - ……
- 作业控制描述
  - 控制方式
  - 操作顺序
  - 出错处理
  - ……
- 资源要求描述
  - 要求的内存大小
  - 外设类型和数量
  - 处理器优先级
  - 需要的处理时间
  - 库函数或实用程序
  - ……

图 2.2　作业说明书的主要内容

一般来说，作业说明书主要用在批处理系统中。各计算机厂家都针对自己的系统定义了具体的作业说明书的格式和内容。作业说明书要根据系统提供的控制命令和有关参数，按照一定的格式进行编写。

另外，在微机系统和工作站系统中，通常采用批处理文件或shell程序的方式编写作业说明书。

2.2.3　输入输出方式

输入输出方式可分为5种，即联机输入输出方式、脱机输入输出方式、直接耦合方式、假脱机系统和网络联机方式。

1. 联机输入输出方式

联机输入输出方式大多用在交互式系统中，用户和系统通过交互会话完成输入输出作业。在联机方式中，外围设备直接和主机连接，一台主机可以连接一台或多台外围设备，这些设备可以是键盘、鼠标、显示器、光电笔和打印机等。

2. 脱机输入输出方式

脱机输入输出方式主要是为了解决设备联机输入输出时速度太慢的问题而提出的。脱机输入输出方式利用个人计算机作为外围处理机进行输入输出处理。脱机输入又称为预输入。在PC上，用户首先通过联机方式把数据和程序输入到后援存储器(例如U盘等)上，然后把装有输入数据的后援存储器装入主机的高速外围设备，和主机连接，从而在较短的时间内完成作业的输入工作。脱机输出过程与之相反。

3. 直接耦合方式

直接耦合方式保留了脱机输入输出方式能够快速输入的优点，又没有脱机输入输出方式需要人工干预的缺点。直接耦合方式把主机和外围机(一般为低档PC)通过一个大容量的公用存储器直接耦合，从而省去了在脱机输入中依靠人工干预来传递后援存储器的过程。在直接耦合方式中，慢速的输入输出过程仍由外围机管理，而对公用存储器中的大量数据的高速读写则由主机完成。直接耦合方式的原理如图2.3所示。

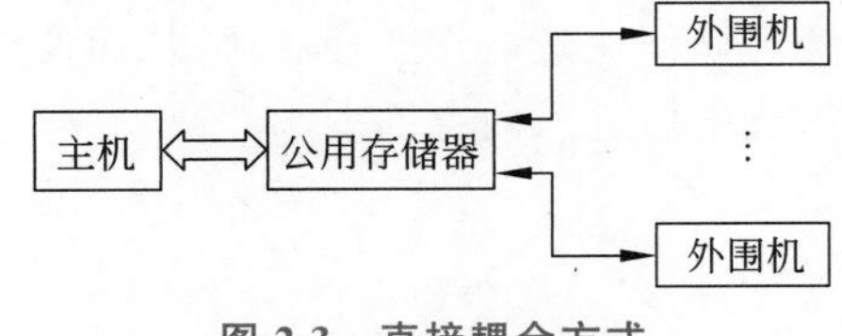

图 2.3　直接耦合方式

直接耦合方式需要用一个大容量的公用存储器把多台外围机和主机连接起来。

4. 假脱机系统

假脱机又可译作外围设备同时联机操作(simultaneous peripheral operation online)。假脱机系统(spooling system)的工作原理如图2.4所示。

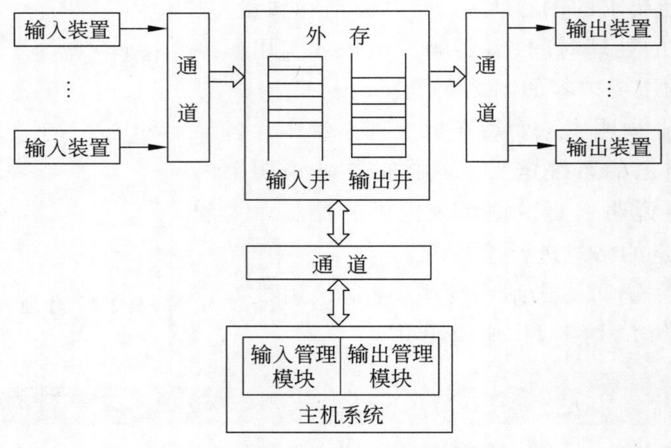

图2.4 假脱机系统的工作原理

在假脱机系统中,多台外围设备通过通道或DMA和主机与外存连接起来。作业的输入输出过程由主机中的操作系统控制。操作系统中的输入程序包含两个独立的过程:一个是读过程,负责从外围设备把信息通过通道读入缓冲区;另一个是写过程,负责把缓冲区的信息写到外存输入井中。这里,外围设备既可以是各种终端,也可以是其他的输入设备,例如纸带输入机或读卡机等。操作系统中的输出程序也是一样。它先把需要写的数据写到缓冲区,再把缓冲区中的数据通过通道输出到输出设备中。

有关通道和DMA的概念,已在计算机原理课中讲过了。通道是独立于CPU的专管输入输出的处理机,它控制外设或外存与内存之间的信息交换。它有自己的通道指令,以驱动外设进行读写操作。不过,这些指令需要CPU执行相应的启动通道指令发来启动信号之后才开始执行。DMA方式类似于通道方式。与通道不同的是,在DMA方式中,信息传送的方向、源地址和目的地址以及长度等都是由CPU而不是DMA控制的。有关通道和DMA方式,还将在第7章中讨论。

假脱机系统的输入方式既不同于脱机方式,也不同于直接耦合方式。在系统输入模块收到作业输入请求信号后,输入程序中的读过程负责将信息从输入装置读入缓冲区;当缓冲区满时,由写过程将信息从缓冲区写到外存输入井中。读过程和写过程反复循环,直到一个作业输入完毕。当读过程读到硬件结束标志之后,系统再次驱动写过程把最后一批信息写入外存并调用中断处理程序结束该次输入。然后,系统为该作业建立作业控制块,从而使输入井中的作业进入作业等待队列,等待被作业调度程序选中后进入内存。

5. 网络联机方式

网络联机方式以上述几种输入输出方式为基础。当用户通过计算机网络中的一台主机对计算机网络中的另一台主机进行输入输出操作时，就构成了网络联机方式。实际上，现在的移动互联网系统等网络系统上的输入输出方式都是网络联机方式。

2.3 命令控制接口

如前所述，操作系统为用户提供两个接口：一个是系统为用户提供的命令控制接口，用户利用其中的操作命令组织和控制作业的执行或管理计算机系统；另一个是编程接口，即系统调用，编程人员使用系统调用请求操作系统提供服务，例如申请和释放外设等资源、控制程序的执行速度等。操作系统的命令控制接口就是用来组织和控制作业运行的。

使用操作命令进行作业控制的主要方式有两种，即脱机方式和联机方式。

所谓脱机方式，即用户将作业的执行顺序和出错处理方法一并以作业说明书或命令文件的方式提交给系统，由系统按照作业说明书或命令文件中规定的顺序控制作业执行。在作业执行过程中，用户无法干预，只能等待作业正常执行结束或出错停止之后查看执行结果或出错信息，以便修改作业内容或控制过程。

脱机控制方式利用作业控制语言编写表示用户控制意图的作业控制程序，也就是作业说明书。作业控制语言的语句就是作业控制命令。不同的批处理系统提供不同的作业控制语言。

联机控制方式不同于脱机控制方式，它不要求用户编写作业说明书，系统只为用户提供一组键盘或其他操作方式的命令。用户使用系统提供的操作命令和系统会话，交互地控制程序执行和管理计算机系统。其工作过程是：用户在系统给出的提示符后输入特定的命令，系统在执行完该命令后向用户报告执行结果，用户再决定下一步的操作。如此反复，直到作业执行结束。凡是使用过 DOS、Windows 或 Linux 系统的读者，对联机控制方式都应该是不陌生的。

与脱机控制方式相比，联机控制方式的命令种类要丰富得多，这些命令可大致分为以下7类。

(1) 环境设置。该类命令用来改变终端用户所在的位置、执行路径等。

(2) 执行权限管理。该类命令用来控制用户访问系统和读、写、执行有关文件的权限。例如，用户只有在其口令经过系统核准之后才能进入系统。

(3) 系统管理。该类命令主要用于系统维护、开机与关机、增加或减少终端用户、计时收费等。该类命令是操作系统提供的最为丰富的一类，且其中的很大一部分为系统管理员使用。

(4) 文件管理。该类命令用来管理和控制终端用户的文件，例如，复制、移动或删除某个文件，显示文件内容，改变文件名字，搜索文件中的特定行或字符，等等。

(5) 编辑、编译、连接和执行。该类命令用来帮助用户编写用户程序。不同的编辑器具有不同的命令集合。编译和连接命令则把用户输入的源代码文件编译成目标代码文件，再连接成可执行文件。执行命令则将连接后的可执行文件送入内存启动执行。

(6) 通信。该类命令在单机系统中用来在主机和远程终端之间执行呼叫、连接以及断开等操作，从而在主机和终端之间建立会话信道。在网络系统中，通信命令除了用来执行有关信道的呼叫、连接和断开等操作之外，还完成主机之间的信息发送与接收、显示、编辑等工作。

(7) 申请资源。用户使用该类命令向系统申请资源，例如申请某台外围设备等。

联机控制方式使用户直接参与控制作业的执行过程,因而大大地方便了用户。但是,在某些情况下,用户反复输入众多的命令也会感到非常烦琐或浪费了许多不必要的时间。例如,在对某个源代码文件进行编译、调试之后,需要重新和多个目标代码文件连接。如果调试和连接不是一次成功(很多情况下是这样的),那么用户的控制过程会非常枯燥和烦琐。显然,在这种情况下,批处理方式要优于联机控制方式。因此,在现代操作系统中,大都提供批处理方式和联机控制方式。这里,批处理方式既指传统的用作业控制语言编写的作业说明书方式,也指把不同的交互命令按一定格式组合成文件的命令文件方式。

近年来,命令控制接口的人机交互方式发生了革命性变化。一个操作系统命令控制接口的好坏成了决定该系统能否受到欢迎的重要因素。例如,无论是 Windows 系列还是 Linux 系列的操作系统,它们的命令控制接口都是由多窗口的按钮式图形界面组成的。在这些系统中,命令已被开发成一个个能用鼠标点击执行的菜单或图标。而且,用户也可以在提示符后用普通字符方式输入各种命令。最近,用声音控制的命令控制接口也已逐步被开发出来。可以预计,计算机系统的命令控制接口将会越来越方便和越来越拟人化。

2.4 Linux 与 Windows 的命令控制接口

现代操作系统的命令控制接口都在朝着多媒体的拟人化方向发展,即普通用户的操作界面都在朝着人类自身的交流方式逼近。Linux 和 Windows 的命令控制接口就是其中最具代表性的两种。

2.4.1 Linux 的命令控制接口

Linux 最大的特点是其源代码的免费和开放,而且为普通用户与程序员提供了通用的命令控制接口。

Linux 的命令控制都是用图形化窗口以及 shell 程序进行的。

Linux 的图形化窗口是 X Window。图 2.5 是 Redhat Linux 9.0 的窗口界面。读者可以从网站 www.kde.org 和 www.gnome.org 中了解 Linux 用户界面的相关知识。

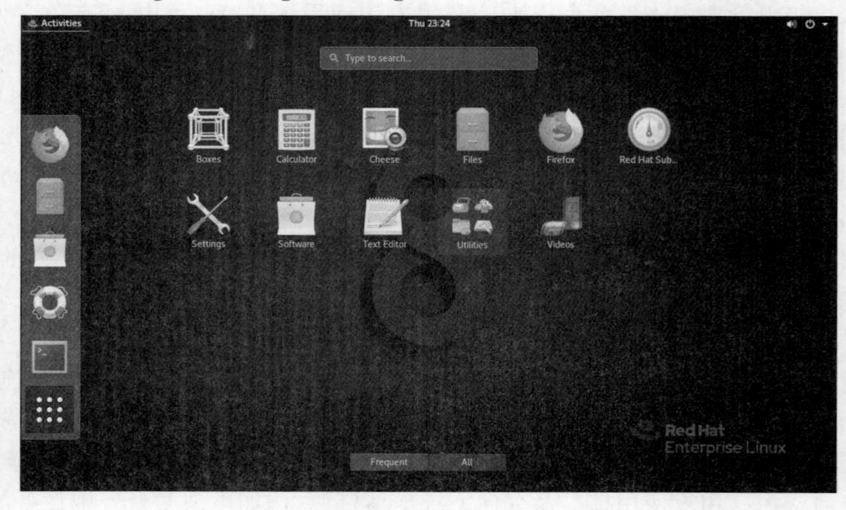

图 2.5 Redhat Linux 9.0 的窗口界面

一般来说,Linux命令主要包括以下9类:

(1) 系统维护及管理命令,例如date、setenv等。

(2) 文件操作及管理命令,例如ls、find等。

(3) 进程管理命令,例如kill、at等。

(4) 磁盘及设备管理命令,例如df、du、mount等。

(5) 用户管理命令,例如adduser、userdel等。

(6) 文档操作命令,例如csplit、sort等。

(7) 网络通信命令,例如netstat、ifconfig等。

(8) 程序开发命令,例如cc、link等。

(9) X Window管理命令,例如startx、XE86Setup等。

用户经常使用的命令大多放在/usr/sbin、/usr/bin、/sbin/bin目录下,使用系统提供的man命令可以显示某一命令的联机帮助。

在Linux中,可以交互式使用命令;也可以编写shell程序,以批处理方式执行命令。

Linux shell是一种交互式命令解释程序,也是一种命令级程序设计语言解释系统,它允许用户编制带形式参数的批命令文件,称作shell程序或shell脚本。在Linux下,可以像执行任何命令一样直接输入名称来执行一个shell程序。一个shell程序由以下6部分组成:

(1) 命令或其他shell程序。

(2) 位置参数。

(3) 变量及特殊字符。

(4) 表达式。

(5) 控制流语句,例如while、case等。

(6) 函数。

例如,把一个目录中的每个文件都在该目录的一个子目录中建立备份,shell程序如下:

```
mkdir backup
for filcin 'ls'
od
    cp $file backup/$file
    if[$>-ne 0] then
        echo "copying $  file error"
    fi
od
```

在这个例子中,首先在当前目录下创建子目录backup,然后在其中循环地建立当前目录下所有文件的备份。其中mkdir、cp、echo等是Linux命令,for是shell的循环语句,$file是自定义变量,$是shell的内部变量,-ne是shell的表达式比较操作符。

Linux shell可定制性强,支持丰富的命令,具有良好的作业控制能力。shell命令可以通过程序的形式被重新组合使用,在设置用户的计算环境时十分方便。但shell程序作为解释执行的程序,执行效率低,操作粒度粗,不适合直接操作计算机的存储设备和输入输出设备。

Linux图形化窗口的命令操作和控制非常简单,它们是以图表等形式显示的命令集合,用户可以用鼠标和键盘方便地和系统进行交互。

2.4.2 Windows的命令控制接口

Windows系统是在DOS、Window 32等系统的基础上不断演化、发展而成的。http://www.microsoft.com/windows/WinHistoryIntro.mspx详细介绍了Windows用户界面及其发展历史。

Windows的命令控制接口可以分为两大部分，即窗口部分和命令解释器部分（相当于Linux的shell）。

Windows窗口部分主要供用户利用鼠标或键盘以直观的方式对图形化界面进行操作。读者可以通过手边的PC体会Windows系统的图形化界面，这里不详细介绍。

Windows通过自带的命令行解释器cmd.exe为用户提供了功能强大的命令行界面，用户可以通过输入命令控制和使用Windows操作系统。这些命令包括从MS-DOS保留下来的一些基本命令以及Windows自有的操作命令，主要分为以下4类：

（1）系统信息命令，例如time、date、mem、driverquery和systeminfo等。

（2）系统操作命令，例如shutdown、runas和taskkill等。

（3）文件系统命令，例如copy、del和mkdir等。

（4）网络通信命令，例如ping、netstat和route等。

这些命令可以按照下面的形式进行组合，从而形成新的命令：

（1）Command1 & Command2：&用来分隔一个命令行中的多个命令。即cmd.exe执行第一个命令，然后执行第二个命令。

（2）Command1 && Command2：只有&&前面的命令成功时，才执行&&后面的命令。

（3）Command1 || Command2：只有在||前面的命令失败时，才执行||后面的命令。

（4）(Command1 & Command2)：用户分组或嵌套多个命令。

（5）Command1 Parameter1;Parameter2：分号(;)用来分隔命令参数。

利用上面的命令或者命令组合，用户就可以获得需要的功能。在使用时，通常有下面两种方式。

（1）直接在命令行输入命令。运行cmd.exe，进入命令行界面，在命令行提示符后输入命令。例如：

```
systeminfo&mem
```

显示当前系统的属性、配置等，然后显示当前内存的使用情况。

（2）使用批处理文件。批处理文件是无格式的文本文件，包含一条或多条命令，其文件扩展名为.bat或.cmd。在命令提示符后输入批处理文件的名称，cmd.exe就会按照该文件中各个命令的顺序来逐个执行它们。例如，用户在当前目录下新建批处理文件exam1.bat，其内容如下：

```
@echo off
mkdir test
echo hello
pause
```

其中，@表示不显示当前命令本身，echo off表示后面的命令都不显示，mkdir test表示在当前目录下新建test文件夹，echo hello表示打印hello字符串，pause表示暂停执行并等待用户响应。

用户可以直接双击 exam1.bat 执行该批处理文件；也可以先运行 cmd.exe，在命令提示符后输入 exam1 执行该批处理文件。该文件中的命令将顺序执行。

批处理文件之间可以相互调用和传递参数，这样，用户就可以将单元功能模块连接起来，完成更复杂的功能，避免了重复输入相应单元功能模块的命令。例如，在当前目录下还有以下两个批处理文件。

exam2.bat 内容如下：

```
@echo off
wmic memorychip> % 1/meminfo.txt
echo generate memoryinfo ok!
```

其中，%1 表示第一个输入参数。exam2.bat 的功能是：将获取的信息（如安装插槽位置、内存容量、设备定位器、速度、生产商）保存到以输入参数 1 为名字的目录下的 meminfo.txt 文件中；如果 meminfo.txt 不存在，则创建该文件。

exam3.bat 内容如下：

```
@echo off
   type %1\* .txt
echo type ok!
```

exam3. bat 的功能是将以输入参数 1 为名字的目录下的所有扩展名为.txt 的文件的内容打印出来。

将前面的 exam1.bat 改写为

```
@echo off
mkdir test
call exam2.bat test
call exam3.bat test
echo call ok!
pause
```

这样，在 exam1. bat 中，对 exam2. bat 和 exam3. bat 进行了调用，在 test 目录下的 meminfo.txt 中保存系统当前的内存使用情况，同时在屏幕上打印出来。

双击 exam1.bat 或者在命令行模式下运行 exam1.bat，运行结果如图 2.6 所示。运行结束后，在当前目录下新建了 test 目录，其下有一个名为 meminfo.txt 的文件，其中存放的文本是系统当前的内存使用情况。

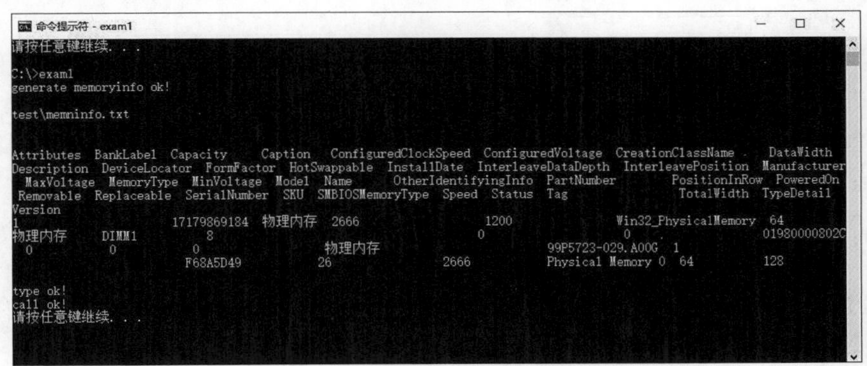

图 2.6 批处理文件相互调用的运行结果

2.5 系统调用

系统调用是操作系统提供给编程人员的唯一接口。

编程人员利用系统调用，在源程序级动态请求和释放系统资源，调用系统中已有的系统功能，以完成与 计算机硬件相关的工作以及控制程序的执行速度等。因此，系统调用像一个黑盒一样，对用户屏蔽了操作系统的具体动作，而只提供有关的功能。事实上，命令控制接口也是在系统调用的基础上开发的。

系统调用大致可分为如下 6 类：

(1) 设备管理。用来请求和释放有关设备以及启动设备操作等。

(2) 文件管理。包括对文件的读写、创建和删除等。

(3) 进程控制。进程是一个在功能上独立的程序的一次执行过程。与进程控制有关的系统调用包括进程的创建、调度、执行、撤销等。

(4) 进程通信。该类系统调用可以在进程之间传递消息或信号。

(5) 存储管理。包括调查作业占据内存区的大小、获取作业占据内存区的起始地址等。

(6) 线程管理。包括线程的创建、调度、执行、撤销等。

不同的操作系统提供了不同的系统调用。一般，一个操作系统为用户提供几十个到几百个系统调用。

为了提供系统调用功能，操作系统内必须有事先编制好的实现这些功能的子程序或过程。同时，为了保证操作系统内部的程序不被用户程序破坏，操作系统一般都不允许用户程序直接访问操作系统内部的程序和数据。编程人员如何调用操作系统内部的程序或数据？这需要有一个类似于硬件中断处理的处理机制：当用户使用系统调用时，产生一条相应的指令，处理器在执行到该指令时发生相应的中断，并发出有关信号给该处理机制；该处理机制在收到了处理器发来的信号后，激活和启动相关的处理程序，抢占处理器，并完成该系统调用要实现的操作。

在一些操作系统中，把控制和处理系统调用的内核处理机构称为陷阱(trap)处理机构。与此相对应，把由于系统调用引起处理器中断的指令称为陷阱指令(或称访管指令)。在操作系统中，每个系统调用都对应一个事先给定的功能号，例如 0、1、2、3 等。在陷阱指令中必须包括系统调用的功能号。而且，在有些陷阱指令中，还带有传递给陷阱处理机构和内部处理程序的有关参数。

为了实现系统调用，操作系统设计人员还必须为实现各种系统调用功能的子程序编制入口地址表，每个入口地址都与相应的系统子程序名对应起来。然后，由陷阱处理机构把陷阱指令中包含的功能号与入口地址表中的有关项对应起来，从而由系统调用的功能号驱动相应的系统子程序执行。

由于在系统调用处理结束之后，用户程序还需利用系统调用的返回结果继续执行，因此，在进入系统调用处理之前，陷阱处理机构还需保存处理机现场。在系统调用处理结束之后，陷阱处理机构还要恢复处理机现场。在操作系统中，处理器的现场一般被保护在特定的内存区或寄存器中。系统调用的处理过程如图 2.7 所示。

有关系统调用的另一个问题是参数传递。不同的系统调用需要传递给系统子程序不同

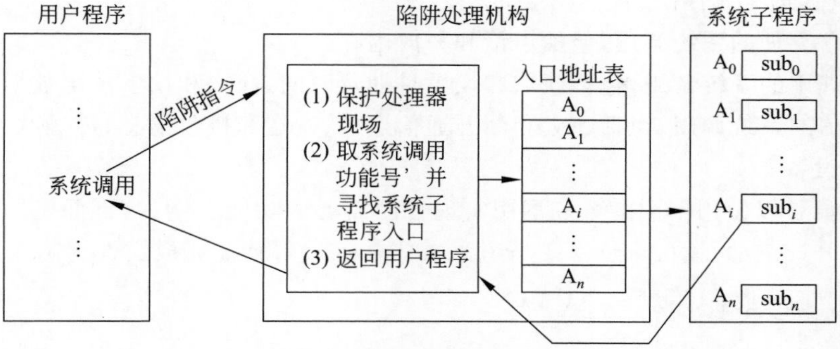

图 2.7 系统调用的处理过程

的参数。而且,系统调用的执行结果也要以参数形式返回给用户程序。那么,怎样实现用户程序和系统子程序之间的参数传递呢?

下面介绍两种常用的实现方法。

一种方法是由陷阱指令自带参数。一般来说,一条陷阱指令的长度总是有限的,而且,该指令还要携带一个系统调用的功能号,从而,陷阱指令只能自带极其有限的几个参数进入系统内部。

另一种方法是使用有关通用寄存器传递参数。显然,这些寄存器应该是系统子程序和用户程序都能访问的。不过,由于寄存器长度也是有限的,也无法传递较多的参数。因此,在系统调用较多的操作系统中,大多在内存中开辟专用堆栈区来传递参数,系统子程序和用户程序都可以访问这些堆栈区以获取参数。

另外,系统在发生访管中断或陷阱中断时,为了不让用户程序直接访问系统子程序,反映 CPU 硬件状态的程序状态字(Program Status Word,PSW)中的相应位要从用户执行模式转换为系统执行模式。这一转换在发生访管中断时由硬件自动实现。在 UNIX 系统中,人们一般把在处理器中执行用户程序称为用户态,而把在处理器中执行系统程序称为系统态。

2.6 Linux 与 Windows 的系统调用

2.6.1 Linux 的系统调用

Linux 提供了丰富的系统调用。每个系统调用由两部分组成:一是内核函数,部分提供实现系统调用功能的共享代码,作为操作系统的内核程序驻留在内存中;二是接口函数,部分提供给应用编程接口,它把系统调用号、入口参数地址传送给相应的内核函数。

Linux 提供多达上百种系统调用,从功能上大致可分为如下 6 类:

(1) 设备管理的系统调用,包括申请设备、释放设备、设备 I/O 和重定向、设备属性获取及设置、逻辑上连接和释放设备。

(2) 文件系统操作的系统调用,包括建立文件、删除文件、打开文件、关闭文件、读写文件、获得和设置文件属性。

(3) 进程控制的系统调用,包括终止或异常终止进程、载入和执行进程、创建和撤销进程、获取和设置进程属性。

(4) 内存管理的系统调用,包括申请和释放内存。

(5) 管理用的系统调用,包括获取和设置日期及时间、获取和设置系统数据。

(6) 通信的系统调用,包括建立和断开通信连接、发送和接收消息、传送状态信息、连接和断开远程设备。

编程人员可以使用不同的系统调用实现自己需要的功能。例如,下面是一个使用系统调用中的打开(open)、读(read)、写(write)、关闭(close)等功能完成文件复制的例子:

```
#include <fentl.h>
#include <sys/stat.h>
#deline SIZE 1
void filecopy(char * infile, char * outfile)
{
    char Buffer[SIZE];
    int in_fh, out_fh, Count;
    if((in_fh = open(infile, O_RDONLY)) == -1)    /* 以只读模式打开输入文件 */
            printf("Opening infile" );
        if((out_fh = open(outfile, (O_WRONLY | OCREAT | O_TRUNC),
    (S_IRUSR | S_IWUSR))=-1)                  /* 以读写模式新建一个文件 */
        printf("Opening Outfile");
    while((count = read(in_fh, Buffer, sizeof(Buffer)))>0)
                                              /* 循环地向缓冲区读入输入文件的内容 */
    if(write(out_fh, Buffer, count) != count) /* 将缓冲区读入的内容写到输出文件中 */
        printf("Writing data");
    if(count == -1)
        printf("Reading data");
    close(in_fh) ;                            /* 关闭输入文件 */
    close(out_fh);                            /* 关闭输出文件 */
}
```

读者可以使用 Linux 的系统调用编写自己的应用程序。

2.6.2 Windows 的系统调用

Windows 操作系统也提供了丰富的系统调用。这些系统调用被进一步编写成不同的库函数后放入动态链接库中。这些库函数构成了 Windows 操作系统提供给程序员的编程接口,这个编程接口被称为应用编程接口(Application Programming Interface,API)。

Windows 从诞生以来,就提供了 API 函数的调用功能。随着 Windows 系统的不断升级,API 函数也不断得到扩充,从 Win16 API 发展到 Win32 API,高版本系统对低版本系统的 API 函数都提供了支持。

常用的 API 函数分为如下 5 类:

(1) 窗口管理类。向应用程序提供创建和管理用户界面的方法,可以使用窗口管理函数的创建、显示输出、提示用户进行输入以及完成其他与用户进行交互所需的工作,大多数应用程序都至少要创建一个窗口。该类 API 函数主要包括按钮函数(Button)、光标函数

(Cursor)和对话框函数(Dialog Box)等。

(2) 图形设备接口(Graphic Device Interface,GDI)类。提供一系列函数和相关的结构,应用程序可以使用它们在显示器、打印机或其他设备上生成图形化的输出结果。使用GDI 函数可以绘制直线、曲线、闭合图形、路径、文本以及位图图像。该类 API 函数主要包括位图函数(Bitmap)、笔刷函数(Brush)和颜色函数(Color)等。

(3) 系统服务类。为应用程序提供访问计算机资源以及底层操作系统特性(例如访问内存、文件系统、设备、进程和线程)的手段。应用程序使用系统服务类 API 函数管理和监视它需要的资源。该类 API 函数主要包括内存管理函数(Memory Management)、文件函数(File)、进程和线程函数(Process and Thread)等。

(4) 国际特性类。帮助用户编写国际化的应用程序,提供将应用程序本地化的一些功能。该类 API 函数主要是 Unicode 和字符集函数(Unicode and Character Set)和输入方法编辑器函数(Input Method Editor)等。

(5) 网络服务类。允许网络中不同计算机的应用程序之间进行通信,帮助用户在网络中的各计算机上创建和管理共享资源,例如共享目录和网络打印机。该类 API 函数主要包括 Windows 网络函数、Windows 套接字(Socket)、NetBIOS、RAS、SNMP、NET 函数等。例如:

- GDI32.DLL 给出了屏幕显示及打印功能的函数集。
- USER32.DLL 给出了鼠标、键盘、通信端口、声音、时钟功能的函数集。
- KERNEL32.DLL 给出了文件及内存管理(内核部分)功能的函数集。
- MPR.DLL 给出了 Win32 网络接口库。

下面是一个使用 Windows API 函数编程的例子。在这个例子中,首先创建一个文件,然后向创建的文件中写入字符串,最后从该文件中将字符串读出来并通过 MessageBox 显示。

```
#include <windows.h>
//入口函数
int WINAPI WinMain(HINSTANCE hInstance, HINSTANCE hPrevInstance,
                    PSTR szCmdLine, intiCmdshow)
{
    HANDLE hFile;
    LPTSTR lpBuffer = " Hello World !" ;
    //创建文件
    hFile = CreateFile("C: \File.txt",GENERIC_READ | GENERIC_WRITE,
        0, NULL, OPEN_ALWAYS, FILE_ATTRIBUTE_NORMAL, NULL);
    CloseHandle(hFile);
    TCHAR szBuf[128];
    DWORD dwRead;
    DWORD dwWritten;
    //打开文件
    hFile = CreateFile("C: \File.txt", GENERIC_READ | GENERIC_WRITE,
        0, NULL, OPEN_ALWAYS, FILE_ATTRIBUTE_NORMAL, NULL);
    //向文件写入一个字符串
```

```
    writeFile(hFile, lpBuffer, strlen(lpBuffer) + 1, &dwRead, NULL);
    setFilePointer(hFile, 0, NULL, FILE_BEGIN);
    //从文件中读出一个字符串并将它显示在对话框中
    if(readFile(hFile, szBuf, strlen(lpBuffer) + 1, &dwWritten, NULL));
    {
        MessageBox(NULL, szBuf, "EXAM", MB_OK);
    }
    closeHandle(hFile);
}
```

在上述程序代码中,使用了 Windows 系统服务类 API 函数中有关文件操作的函数,如 createFile、writeFile 及 readFile 等完成相关的文件操作。

读者可从网站 www.msdn.com 得到关于 Windows API 的更多知识。

本章小结

本章简要介绍了操作系统的用户界面。操作系统的用户界面是评价一个操作系统优劣的重要指标。操作系统的用户界面包括命令控制接口和编程接口两部分。其中,命令控制接口是基于编程接口(也就是系统调用)开发的。

操作系统的命令控制接口已从早期的脱机控制方式(批处理系统)和联机控制方式(分时系统)转向多窗口、菜单、按钮以及声控等图形化、多媒体方式。命令控制接口的革命与进步是操作系统最显著的变化之一。

系统调用是操作系统提供给编程人员的唯一接口。编程人员通过系统调用使用操作系统内核提供的各种功能。系统调用的执行不同于一般用户程序的执行。系统调用是在内核态下执行系统子程序,而用户程序则是在用户态下执行的。一般来说,操作系统提供的系统调用越多,功能也就越丰富,系统也就越复杂。

习　题

2.1　什么是作业、作业步?

2.2　操作系统为普通用户、管理员用户以及程序开发人员分别提供了什么接口?请分别举个例子。

2.3　作业由哪几部分组成?它们各有什么功能?

2.4　作业的输入方式有哪几种?它们各有何特点?

2.5　试述假脱机系统的工作原理。

2.6　操作系统为用户提供了哪些接口?它们的区别是什么?

2.7　作业控制的方式分为脱机和联机两种,这两种方式的区别是什么?

2.8　列举一些 Linux 系统调用,并描述系统调用执行过程中从应用程序到内核的执行流程。

2.9　简述在命令行中执行一条 Linux 命令的流程,如命令的解析、命令的查找、命令的执行等。

2.10 作业控制方式有哪几种？调查你周围的计算机的作业控制方式。

2.11 什么是系统调用？系统调用与一般用户程序有什么区别？系统调用与库函数和实用程序又有什么区别？

2.12 简述系统调用的实现过程。

2.13 为什么说分时系统没有作业的概念？

2.14 Linux 操作系统为用户提供了哪些接口？试举例说明。

2.15 在装有 Linux 系统的计算机上查看有关 shell 的基本命令，并编写一个简单的 shell 程序，完成一个已有数据文件的复制和打印任务。

2.16 用 Linux 文件读写的相关系统调用编写一个复制文件的程序。

2.17 用 Windows 的动态链接库编写复制文件的程序。

2.18 打开一个手机 App，写出使用该 App 后的交互感受。

第 3 章　进程和线程

3.1　进程的概念

在单道批处理系统中，计算机一次只能执行一个程序，该程序完全控制计算机系统的运行。在这样的计算机系统中，所有的系统资源都为该程序使用。这种方式存在资源浪费、系统运行效率低等问题。为了提高资源利用率和系统的吞吐量，现代计算机系统采用多道程序技术，允许同时加载多个程序到内存中，并使之并发执行。在多道程序环境下，由于处理器需要在各程序模块之间来回切换，程序的执行具有间断性。此外，由于并发执行的程序共享系统中的资源，任一程序对这些资源状态的改变都会影响其他程序的运行环境，造成执行中的程序模块之间存在制约关系，甚至改变程序的执行结果。怎样描述程序在执行过程中对计算机资源的需求？这些资源的变化对程序的执行结果有哪些影响？显然，为了解答上问题，只有程序的概念是不够的。程序只是对计算任务和数据的静态描述，无法刻画并发执行过程带来的新特征。为了描述和控制资源共享和竞争对并发执行的程序和执行结果的影响，本章引入进程和线程概念。

3.1.1　程序的顺序执行和并发执行

1. 程序

程序是描述计算机要完成的独立功能，并在时间上按严格次序前后相继的计算机操作序列的集合，是一个静态的概念。它体现了编程人员确定的计算机完成相应功能时应该采取的步骤。

2. 程序的顺序执行

程序只有经过执行才能得到结果。程序的执行可以分为顺序执行和并发执行。计算机 CPU 是通过时序脉冲来控制顺序执行指令的。其执行过程可以描述为

```
repeat IR←M[PC]
  PC←PC+1
  execute (instruction in IR)
until CPU halt
```

这里 IR 为指令寄存器，PC 为程序计数器，M 为存储器。显然，程序的顺序性与计算机硬件的顺序性是一致的。一个具有独立功能的程序独占处理器直至最终结束的过程称为程序的顺序执行。程序的顺序执行具有如下特点：

(1) 顺序性。程序顺序执行时，其执行过程可看作一系列严格按程序规定进行状态转移的过程，即，每执行一条指令，系统将从上一个执行状态转移到下一个执行状态，且上一条

指令的执行结束是下一条指令执行开始的充分必要条件。

(2) 封闭性。程序执行得到的最终结果由给定的初始条件决定,不受外界因素的影响。

(3) 可再现性。程序顺序执行的最终结果与执行速度和环境无关。只要输入的初始条件相同,则无论何时重复执行该程序,都会得到相同的结果。

3. 多道程序系统中程序执行环境的变化

如果计算机在任一时刻都只处理一个具有独立功能的程序,操作系统的设计和功能都将变得非常简单,因为在这样的系统中不存在资源共享、程序的并发执行以及用户执行的随机性问题。但是,在许多情况下,计算机需要能够同时处理多个具有独立功能的程序。批处理系统、分时系统、实时系统、网络系统和分布式系统等都是这样的系统。因此,每个程序在执行时都应考虑其执行环境的变化。多道程序系统中的执行环境具有下述3个特点:

(1) 独立性。在多道程序系统中执行的每道程序都是逻辑上独立的,它们之间不存在逻辑上的制约关系。也就是说,如果有充分的资源保证,则每道程序都可以独立执行,且执行速度与其他程序无关,执行的起止时间也是独立的。

(2) 随机性。在多道程序环境下,特别是在多用户环境下,程序和数据的输入与执行开始时间都是随机的。在实时系统中更是如此,它要在规定的短时间内对随机的输入做出反应。输入与程序执行开始时间的随机性向操作系统提出了同时处理多道程序的客观要求。

(3) 资源的共享与竞争。这里所说的资源,既包括硬件资源,也包括软件资源。硬件资源包括CPU、输入输出设备、存储器等。软件资源除了各种程序之外,还包括各种可共享的数据。显然,任何一个计算机系统中的软硬件资源都是有限的,特别是在单CPU系统中。一般来说,多道程序环境下执行程序的道数超过计算机系统中CPU的个数,单CPU系统更是如此。显然,受CPU个数的限制,由随机性引起的需同时执行的N道($N \geqslant 2$)程序只能共享系统中已有的CPU。在单CPU系统中,则有$N-1$道程序处于等待CPU的状态。同理,输入输出设备、内存等都存在共享与竞争。资源的共享与竞争会制约进程的执行速度,改变其执行环境与执行结果。

4. 程序的并发执行

1) 什么是程序的并发执行

所谓并发执行,是为了增强计算机系统的处理能力和提高资源利用率所采取的一种同时执行技术。程序的并发执行可进一步分为两种。

第一种并发执行是多道程序在执行时由于资源竞争而造成的并发执行。如前所述,在多道程序环境下,每道程序在逻辑上独立,具备了独立执行的条件。而程序与数据输入的随机性以及执行起始时间的随机性又导致了多道程序同时要求计算机系统的资源。由于资源有限,多道程序的同时执行要求必然造成资源的共享与竞争,从而,在一些程序执行时,另外一些程序会等待或抢占正在执行的程序的资源。因此,这种同时执行无法作到在微观上(也就是在指令级上)的同时执行。

第二种并发执行是在某道程序的几个程序段中包含一部分可以同时执行或颠倒顺序执行的代码。例如:

```
read(a);
```

```
read(b);
```

它们既可以同时执行，也可颠倒顺序执行。也就是说，对于这样的语句，同时执行不会改变顺序程序具有的逻辑性质。因此，可以采用并发执行来充分利用系统资源，以提高计算机的处理能力。

综上所述，程序的并发执行可总结为：一组在逻辑上互相独立的程序或程序段在执行过程中，其执行时间在宏观上互相重叠，而在微观上互相竞争、互相等待，即一个程序段的执行尚未结束，另一个程序段的执行已经开始的执行方式。

程序的并发执行不同于程序的并行执行。程序的并行执行是指一组程序按独立的、异步的速度执行。并行执行不等于时间上的重叠。可以将并发执行过程描述为

```
S0
cobegin
    P1; P2; …; Pn
coend
Sn
```

这里，S_0、S_n 分别表示并发程序段 $P_1, P_2, \cdots, P_n$ 开始执行前和并发执行结束后的语句。即，先执行 S_0，再并发执行 $P_1, P_2, \cdots, P_n$；$P_1, P_2, \cdots, P_n$ 全部执行完毕后，再执行 S_n。$P_1, P_2, \cdots, P_n$ 也可以由同一程序段中的不同语句组成。1966 年，Bernstein 提出了两个相邻语句 S_1、S_2 可以并发执行的条件：

将程序中任一语句 S_i 划分为两个变量的集合 $R(S_i)$ 和 $W(S_i)$。其中

$$R(S_i)=\{a_1,a_2,\cdots,a_m\},\quad a_j(j=1,2,\cdots,m)$$

是语句 S_i 在执行期间必须对其进行读写的变量；而

$$W(S_i)=\{b_1,b_2,\cdots,b_n\},\quad b_j(j=1,2,\cdots,n)$$

是语句 S_i 在执行期间必须对其进行修改、访问的变量。

如果对于语句 S_1 和 S_2，有

$$R(S_1)\cap W(S_2)=\varnothing$$
$$W(S_1)\cap R(S_2)=\varnothing$$
$$W(S_1)\cap W(S_2)=\varnothing$$

同时成立，则语句 S_1 和 S_2 是可以并发执行的。

2）程序的并发执行带来的影响

程序的并发执行可以充分地利用系统资源，从而提高系统的处理能力，这是并发执行好的一方面。但是，正如前面提到的那样，由于系统资源有限，程序的并发执行必然导致资源共享和资源竞争，从而改变程序的执行环境和速度。那么，由资源共享和竞争引起的程序执行速度的改变是否会对程序的最终结果带来不利的影响呢？也就是说，是否会保持用户期望的执行结果的封闭性和再现性呢？如果并发执行的各程序段中的语句或指令满足上述 3 个条件，则认为并发执行不会对执行结果的封闭性和再现性产生影响（证明略）。但是，在一般情况下，系统要判定并发执行的各程序段是否满足上述 3 个条件是相当困难的。从而，如果并发执行的程序段不按照特定的规则和方法进行资源共享和竞争，则其执行结果将不可避免地失去封闭性和再现性。下面的例子说明了这一点。

例如，设有堆栈S，栈指针为top，堆栈中存放内存中相应数据块的地址，如图3.1(a)所示。设有两个程序模块getaddr(top)和reladdr(blk)，其中，getaddr(top)从给定的top所指的堆栈中取出相应的内存数据块地址，而reladdr(blk)则将内存数据块地址blk放入堆栈S中。getaddr(top)和reladdr(blk)可分别描述为

```
procedure getaddr(top)
  begin
    local r
    r←(top)
    top←top-1
    return(r)
  end
procedure reladdr(blk)
  begin
    top←top+ 1
    (top)←blk
  end
```

显然，如果getaddr和reladdr这两个程序段采用顺序执行，其执行结果具有封闭性和再现性。但是，如果这两个程序段采用并发执行，则在单处理器系统中，将有可能出现下述情况。

首先，程序段reladdr开始执行，准备将内存数据块地址放入堆栈。然而，当reladdr执行到top←top＋1语句时(如图3.1(b))，程序段getaddr也开始执行且抢占了处理器，从而使程序段reladdr停在top←top＋1处等待处理器，如图3.1(b)所示。getaddr程序段的执行目的是从堆栈指针top所指的堆栈格中取出一个内存数据块地址，显然，由于reladdr程序段的执行将指针top升高了一格且未放进适当的数据，getaddr的执行结果是取数失败，如图3.1(c)所示。另外，如果改变程序段getaddr和reladdr的执行顺序或执行速度，又可得到不同的执行结果。这说明了如下问题：在某些情况下，程序的并发执行使得其执行结果不再具有封闭性和再现性，且可能造成程序出现错误。

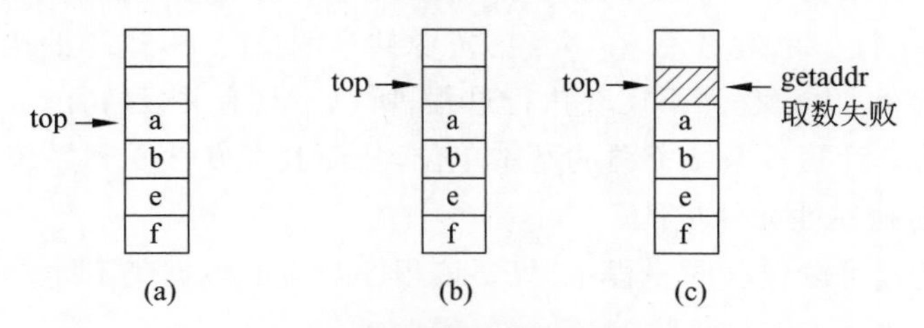

图3.1 堆栈的取数和存数过程

上例中的程序段并发执行出现错误结果是由于两个程序段共享堆栈，从而使得执行结果受执行速度影响。一般情况下，并发执行的各程序段如果共享软硬件资源，都会造成其执行结果受执行速度影响的局面。显然，这是程序设计人员不希望看到的。为了使得在并发执行时不出现错误结果，必须采取某些措施来制约、控制各并发程序段的执行速度。这在操作系统程序设计中尤其重要。为了控制和协调各程序段执行过程中的软硬件资源的共享和

竞争，显然，必须有一个描述各程序段在执行过程中需求和使用资源情况的基本单位。从上述讨论可以看出，由于程序的顺序性、静态性以及孤立性，用程序段无法描述其在执行过程中是否得到了它需要的资源。需要有一个能描述程序的执行过程且能描述在执行过程中在何时何地使用了何种资源的基本单位。这个基本单位被称为进程。

事实上，上述对处理器的竞争造成执行结果发生错误的现象还可以进一步延伸到用管道指令执行的系统。一条指令在一条管道上执行时，如果恰逢另一条指令访问该管道上的数据，则可能产生执行错误。

3.1.2 进程的定义

与作业相比，进程是一个动态概念。它是20世纪60年代初期首先在Multics系统和IBM公司的TSS/360系统中提出的，其目的是把程序的静态状态和动态的执行过程区别开来。从那以来，人们对进程下过许多各式各样的定义。现列举其中几种：

(1) 进程是可以并发执行的计算部分(S.E.Madnick，J.T.Donovan)。

(2) 进程是一个独立的可以调度的活动(E.Cohen，D.Jofferson)。

(3) 进程是一个抽象实体，当它执行某个任务时，将分配和释放各种资源(P.Denning)。

(4) 行为的规则叫程序，程序在处理器上执行时的活动称为进程(E.W.Dijkstra)。

(5) 一个进程是一系列逐一执行的操作，而操作的确切含义则有赖于以何种详尽程度来描述进程(B.Hansen)。

以上关于进程的定义尽管各有侧重，但在本质上是相同的。即注重进程是一个动态的执行过程这一点。也可以这样定义进程：进程是并发执行的程序在执行过程中分配和管理资源的基本单位。

进程和程序是两个既有联系又有区别的概念，简述如下：

(1) 程序是一个静态概念，而进程是一个动态概念。程序是指令的有序集合，没有任何执行的含义。进程则强调执行过程，它动态地被创建，并在被调度执行后消亡。如果把程序比作菜谱，那么进程则是按照菜谱炒菜的过程。

(2) 进程具有并发特征，而程序没有。从进程的定义可知，进程具有并发特征的两方面，即独立性和异步性。也就是说，在不考虑资源共享的情况下，进程的执行是独立的，执行速度是异步的。显然，由于程序不反映执行过程，所以不具有并发特征。

(3) 进程是共享计算机系统资源的基本单位，从而其并发性受到系统的制约。这里，制约是指限制进程的独立性和异步性。

(4) 不同的进程可以包含同一程序，只要该程序对应的数据集不同。

3.2 进程的描述

3.2.1 进程控制块

进程是一个动态概念。系统需要用一个数据结构来描述和管理它，这个数据结构称为进程控制块(PCB)。PCB包含3部分信息：进程的描述信息、进程的控制信息及进程使用的资源信息。有些系统中的PCB还包含进程在调度等待时使用的现场保护区信息。PCB

集中反映一个进程的动态特征。在创建一个进程时,应首先创建其PCB,然后才能根据PCB中的信息有效地管理和控制该进程。当一个进程完成其功能之后,或者需要删除一个进程时,系统会释放或删除PCB,进程也随之消亡。

一般来说,在不同的操作系统中,PCB包含的内容会多少有所不同。但是,下面所示的基本内容是必需的:

(1) 描述信息。主要包括下列3种:

① 进程名或进程标识号。每个进程都有唯一的进程名或进程标识号。在识别一个进程时,进程名或进程标识号代表该进程。

② 用户名或用户标识号。每个进程都隶属于某个用户,用户名或用户标识号有利于资源共享与保护。

③ 家族关系。描述进程之间的关系。在有的系统中,进程之间构成家族关系。因此,在PCB中相应的项描述其家族关系。

(2) 控制信息。主要包括下列5种:

① 进程当前状态。说明进程当前处于何种状态。进程在活动期间可分为初始状态、就绪状态、执行状态、等待状态和终止状态。任一进程在任一时刻只能处于这5种状态之一。这5种状态的含义如下:初始状态表示进程刚刚被创建,还处于只有数据结构的状态;就绪状态表示该进程正准备占有处理器;执行状态表示该进程已经占有处理器,正在执行;等待状态则表示进程因某种原因而暂时不能占有处理器,处于等待占有处理器的过程中;终止状态的进程则等待释放进程占有的所有资源,并等待系统将自己删除。在有的系统中,等待状态会进一步划分为不同原因或不同地点(内存或外存)的等待。有关进程的状态将在3.3.3节中进一步讨论。

② 进程优先级。是选取进程占有处理机的重要依据。与进程优先级有关的PCB表项有以下几个:

- 占有CPU时间。
- 进程优先级偏移。
- 占有内存时间等。

③ 程序开始地址。规定该进程的程序从此地址开始执行。

④ 各种计时信息。给出进程占有和利用资源的有关情况。

⑤ 通信信息。说明该进程在执行过程中与其他进程之间的信息交换情况。

(3) 资源管理信息。PCB中包含得最多的是资源管理信息,包括有关存储器的信息、使用输入输出设备的信息、有关文件系统的信息等。这些信息具体如下:

① 占用内存大小及其管理用数据结构指针,例如5.3.2节介绍的进程页表指针等。

② 在某些复杂系统中,还有关于内存中的程序或数据覆盖与交换的有关信息,如交换程序模块长度、交换区地址等。这些信息在进程申请和释放内存时使用。有关程序的覆盖与交换,将在5.5节中讲述。

③ 共享程序段长度及起始地址。

④ 输入输出设备的设备号、要传送的数据长度、缓冲区地址、缓冲区长度及所用设备的有关数据结构指针等。这些信息在进程申请和释放设备以进行数据传输时使用。

⑤ 指向文件系统的指针及有关标识等。进程可使用这些信息对文件系统进行操作。

(4) CPU 现场保护区。当前进程因等待某个事件而进入等待状态或因某种事件发生而中止 CPU 的执行时,为了以后该进程能回到被中止处恢复执行,就需要保护当前进程的 CPU 执行现场。PCB 中设有专门的 CPU 现场保护区,以存储 CPU 中止执行时的进程现场。

PCB 是操作系统感知进程存在的唯一实体。通过对 PCB 的控制和管理,操作系统为有关进程分配资源,调度有关进程执行。当进程执行结束时,则通过删除 PCB 来释放进程占有的各种资源。

由于 PCB 中包含较多的信息,因此,一个 PCB 往往要占据较大的存储空间(一般占几百到几千字节)。在有的系统中,为了减少 PCB 对内存的占用量,只允许 PCB 中最常用的部分,如 CPU 现场保护信息、进程描述信息、进程控制信息等常驻内存;PCB 结构中的其他部分则存放于外存之中,待该进程将要执行时才与其他数据一起装入内存。

3.2.2 进程上下文及其切换

进程是一个动态概念,但它也有自己的静态描述。进程的静态描述由 PCB、进程使用的有关程序段和数据集组成。上面已经介绍了 PCB,本节介绍进程使用的程序段和数据集。如果把进程的执行过程从头至尾地记录下来,在每条指令的前后就形成了静态的上下文关系。

进程上下文实际上是供进程切换用的。它是一个与进程调度和处理器状态变化有关的概念。在进程执行过程中,由于中断、出错等原因造成进程被悬挂,这时操作系统需要知道和记忆进程已经执行到什么地方或新的进程将从何处执行。另外,进程执行过程中还经常出现一个程序调用其他程序的情况,这时也需要保存和记忆进程的当前状态。

已执行的进程指令和数据在寄存器与堆栈中的内容称为上文,正在执行的指令和数据在寄存器与堆栈中的内容称为正文,待执行的指令和数据在寄存器与堆栈中的内容称为下文。

在不发生进程调度时,进程上下文的改变都是在同一进程内进行的。此时,一条指令的执行对进程上下文的改变较小,一般反映为指令寄存器、程序计数器以及用于保存调用子程序返回接口的堆栈值等的变化。

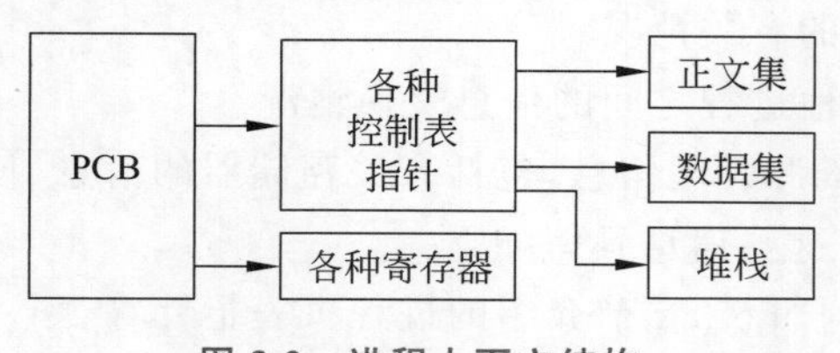

图 3.2 进程上下文结构

同一进程的上下文的结构由与执行该进程有关的各种寄存器中的值、程序段经过编译后形成的机器指令代码集(或称正文集)、数据集及各种堆栈值与 PCB 构成,如图 3.2 所示。

这里,有关寄存器和堆栈的内容是重要的。例如,没有程序计数器(PC)和程序状态寄存器(PS),CPU 将无法知道下一条待执行指令的地址,无法控制有关操作。

图 3.3 是 UNIX System Ⅴ的进程上下文组成示例。在 UNIX System Ⅴ中,进程上下文由用户级上下文、寄存器上下文以及系统级上下文组成。

进程的用户级上下文由进程的用户程序段部分编译而成的正文段、数据、栈等组成。

进程的寄存器上下文由 PC、PS、栈指针和通用寄存器的值组成。其中,PC 给出 CPU 将要执行的下一条指令的虚地址;PS 给出计算机与该进程相关联时的硬件状态,例如当前

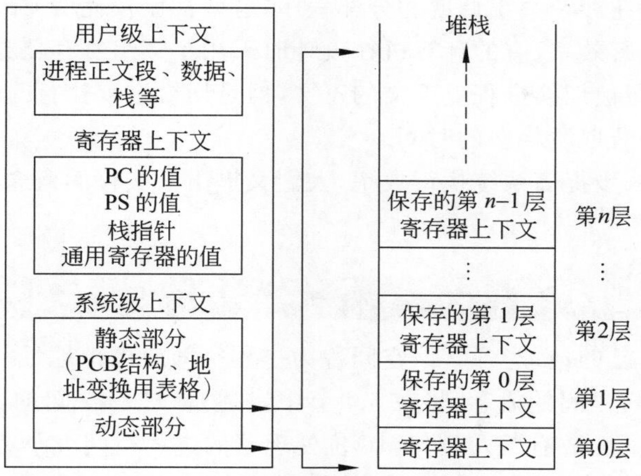

用户级上下文
进程正文段、数据、栈等
寄存器上下文
PC的值
PS的值
栈指针
通用寄存器的值
系统级上下文
静态部分（PCB结构、地址变换用表格）
动态部分

堆栈
保存的第 $n-1$ 层寄存器上下文 第n层
⋮
保存的第 1 层寄存器上下文 第2层
保存的第 0 层寄存器上下文 第1层
寄存器上下文 第0层

图 3.3　UNIX System Ⅴ进程上下文组成

执行模式、能否执行特权指令等；栈指针指向下一项的当前地址；通用寄存器用于不同执行模式之间的参数传递等。

进程的系统级上下文又分为静态部分与动态部分。这里的动态部分不是指程序的执行，而是指在进入和退出不同的上下文层次时，系统为各层上下文中相关联的寄存器值所保存和恢复的记录。

系统级上下文的静态部分包括 PCB 结构、用于将进程的虚地址空间映射到物理空间的有关表格和内核堆栈。这里，内核堆栈主要用来装载进程中使用的系统调用的序列。

系统级上下文的动态部分是与寄存器上下文相关联的。进程上下文的层次概念主要体现在系统级上下文的动态部分中，即系统级上下文的动态部分可看成由一些数量变化的层次组成。其变化规则满足先进后出的堆栈方式，每个上下文层次在堆栈中各占一项。

进程上下文切换发生在不同的进程之间，而不是发生在同一个进程内。

如果操作系统的内核态（操作系统内核状态）程序执行和用户态（非操作系统内核状态）程序执行在一个进程中完成，则同一进程内内核态和用户态之间的转换也会发生进程上下文切换。

进程上下文切换过程一般包含 3 部分，并涉及 3 个进程。

第一部分是保存被切换进程的正文部分（或当前状态）至有关内存，例如该进程的 PCB 中。

第二部分是操作系统进程中有关的调度和资源分配程序执行，并选取新的进程。

第三部分是将被选中进程原来被保存的正文部分从有关内存中取出，并送至有关寄存器与堆栈中，激活被选中进程执行。

进程上下文切换过程如图 3.4 所示。

进程上下文的切换过程涉及由谁来保护和获取进程的正文的问题，也就是如何使寄存器和堆栈中的数据流入、流出 PCB 的内存。

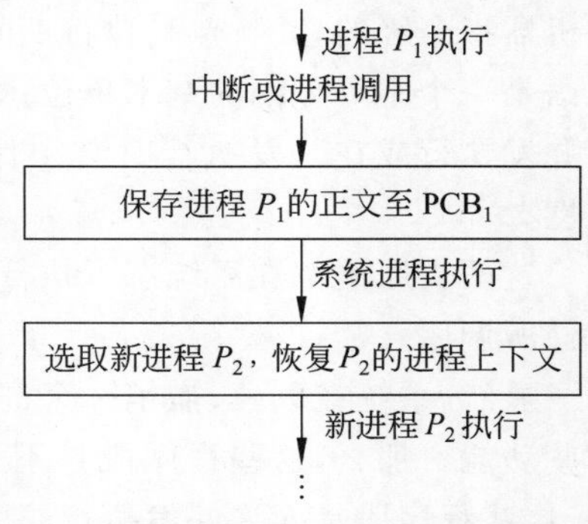

图 3.4　进程上下文切换过程

进程上下文切换还涉及系统调度和分配程序，这些都比较耗费CPU时间。

为了提高系统执行效率，有的计算机在设计时采用了多组寄存器技术。即，在进行进程上下文切换时，不保留被切换进程上下文的正文，但是切换进程执行时使用的寄存器。这样就减少了数据保存和获取所耗费的时间。

近年来，为了进一步提高系统执行效率，人们又提出了线程的概念。有关线程的内容将在3.8节中讲述。

3.2.3 进程空间和大小

任一进程都有自己的地址空间，该空间称为进程空间或虚拟地址空间(有关虚拟地址空间的概念，将在5.4节中讲述)。进程空间的大小只与处理器的位数有关。例如，16位处理器的进程空间大小为2^{16}，而32位处理器的进程空间大小为2^{32}。程序的执行都在进程空间内进行。用户程序、进程的各种控制表格等都按一定的虚拟地址结构排列在进程空间中。另外，在早期的UNIX以及Linux等操作系统中，进程空间还被划分为用户空间和系统空间两大部分，如图3.5所示。

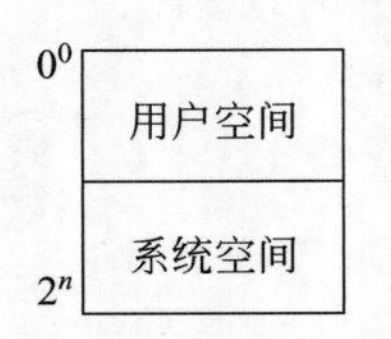

图3.5 进程空间的划分

在进程空间被划分为两大部分后，用户程序在用户空间内执行，而操作系统内核程序则在进程的系统空间内执行。

另外，为了防止用户程序访问系统空间，造成访问出错，计算机系统还通过程序状态寄存器等设置不同的执行模式，即用户执行模式和系统执行模式来进行保护。人们也把用户执行模式和系统执行模式分别称为用户态和系统态。由于用户空间和系统空间的地址之间不能简单地连续访问，因此，当进程中的程序在用户态和系统态之间转换时，也会发生进程上下文切换。

3.3 进程控制

进程和处理器管理的一个重要任务是进程控制。所谓进程控制，就是系统使用一些具有特定功能的程序段来创建、撤销进程以及完成进程各状态间的转换，从而达到多个进程高效率并发执行和资源共享的目的。

在系统态下执行的某些具有特定功能的程序段称为原语。原语可分为两类：一类原语是机器指令级的，其特点是执行期间不允许中断，正如物理学中的原子一样，在操作系统中，原语是一个不可分割的基本单位；另一类原语是功能级的，其特点是作为原语的程序段不允许并发执行或在并发执行时必须保证其顺序执行的结果，使其执行结果具有封闭性和再现性。

这两类原语都在系统态下执行，而且都是为了完成某个系统管理所需的功能并被高层软件所调用。

显然，系统在创建、撤销一个进程以及改变进程的状态时，都要调用相应的程序段完成这些功能。那么，这些程序段是不是原语呢？如果它们不是原语，则由上述原语的定义可知，这些程序段是允许并发执行的。然而，如果不加控制和管理地让这些控制进程状态转换及创建和撤销进程的程序段并发执行，则会使得其执行结果失去封闭性和再现性，从而达不到进程控制的目的。反过来，如果对这些程序段采用下面几节中所述的控制方法使其在并发执行过程中也能完成进程控制任务，将会大大增加系统的开销和复杂度。因此，在操作系统中，通常用原语控制进程。用于进程控制的原语有创建原语、撤销原语、阻塞原语、唤醒原语等。

3.3.1 创建与撤销

1. 进程创建

进程创建方式有以下几种：

(1) 由系统程序的原语创建。例如，在批处理系统中，由操作系统的作业调度程序(原语)为用户作业创建相应的进程，以完成用户作业所要求的功能。

(2) 由父进程创建。例如，在进程家族是层次结构的系统中，父进程创建子进程以完成并行工作。

由系统原语创建的进程之间的关系是平等的，它们之间一般不存在资源继承关系。而在父进程和由其创建的子进程之间则存在隶属关系，且构成树状结构。属于某个家族的进程可以继承和使用其父进程拥有的资源。另外，无论采用哪一种方式创建进程，在操作系统被引导进入内存时，都必须创建承担系统资源分配和管理工作的系统进程。

无论是系统创建方式还是父进程创建方式，都必须调用创建原语来实现。创建原语扫描系统的 PCB 链表，在找到空的 PCB 之后，填入调用者提供的有关参数，最后形成代表进程的 PCB 结构。这些参数包括进程标识、进程优先级、进程正文段起始地址、资源清单等。其实现过程如图 3.6 所示。

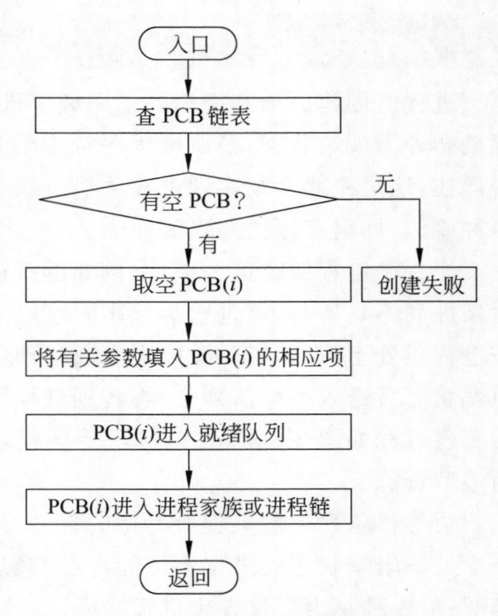

图 3.6 创建原语的实现过程

2. 进程撤销

以下几种情况导致进程被撤销：

(1) 进程已完成其功能而正常终止。

(2) 由于某种错误导致进程非正常终止。

(3) 祖先进程要求撤销某个子孙进程。

无论哪一种情况导致进程被撤销，进程都必须释放它占有的各种资源和 PCB 结构本身，以利于资源的再利用。当然，一个进程占有的某些资源在使用结束时可能早已释放。另外，当一个祖先进程撤销某个子孙进程时，还需要审查该子孙进程是否还有自己的子孙进程。若有，还需撤销其子孙进程的 PCB 结构并释放它们占有的资源。

撤销原语首先检查 PCB 链表或进程家族，寻找要撤销的进程是否存在。如果找到了要撤销的进程的 PCB，则撤销原语释放该进程占有的资源之后，把对应的 PCB 从进程家族中摘下并将其返回给空 PCB 队列。如果被撤销的进程有自己的子进程，则撤销原语先撤销其子进程的PCB并释放该子进程占有的资源之后，再撤销当前进程的PCB并释放其占用的资源。撤销原语的实现过程如图3.7所示。

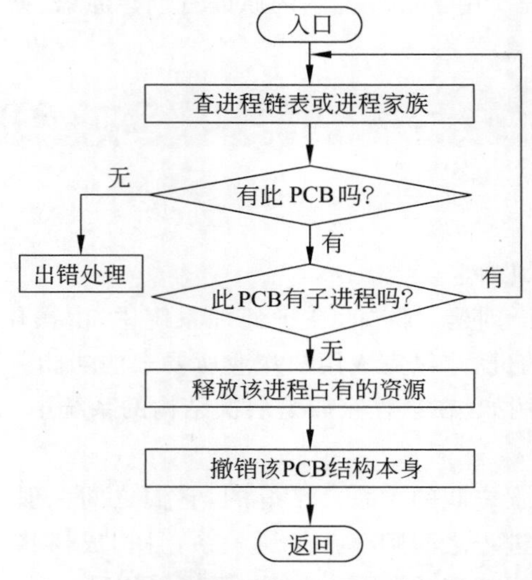

图3.7 撤销原语的实现过程

3.3.2 阻塞与唤醒

进程的创建原语和撤销原语完成了进程从无到有、从存在到消亡的变化。被创建的进程最初处于就绪状态，经调度程序选中后进入执行状态。有关进程调度的内容将在4.3节中详述，这里主要介绍实现进程从执行状态到等待状态和从等待状态到就绪状态的转换的两种原语，即阻塞原语与唤醒原语。

当一个进程期待某一事件(例如键盘输入数据、写盘、其他进程发来数据等)发生，但发生条件尚不具备时，该进程会调用阻塞原语来阻塞自己。阻塞原语在阻塞一个进程时，由于该进程正处于执行状态，故应先中断处理器并保存该进程的现场。然后将被阻塞进程置为阻塞状态后送入等待队列中，再转到进程调度程序，选择新的就绪进程投入运行。阻塞原语的实现过程如图3.8所示。这里，转进程调度程序是很重要的，否则，处理器将会出现空转而浪费资源。

当等待队列中的进程所等待的事件发生时，等待该事件的所有进程都将被唤醒。显然，一个处于阻塞状态的进程不可能自己唤醒自己。唤醒进程有两种方法：一种是由系统进程唤醒；另一种是由事件发生进程唤醒。

当由系统进程唤醒等待进程时，系统进程要了解和掌握计算机中所有事件的发生。系统进程收到与将要唤醒的进程有关的事件后，将“事件发生”这一消息通知等待进程。从而使得该进程因等待事件已发生而进入就绪队列。

等待进程也可由事件发生进程唤醒。此时，事件发生进程和被唤醒进程之间是合作关系。因此，唤醒原语既可被系统进程调用，也可被事件发生进程调用。我们称调用唤醒原语的进程为唤醒进程。唤醒原语首先将被唤醒进程从相应的等待队列中摘下，并将被唤醒进程置为就绪状态，送入就绪队列。在把被唤醒进程送入就绪队列之后，唤醒原语既可以返回原调用程序，也可以转向进程调度程序，以便让进程调度程序有机会选择一个合适的进程执行。唤醒原语的实现过程如图 3.9 所示。

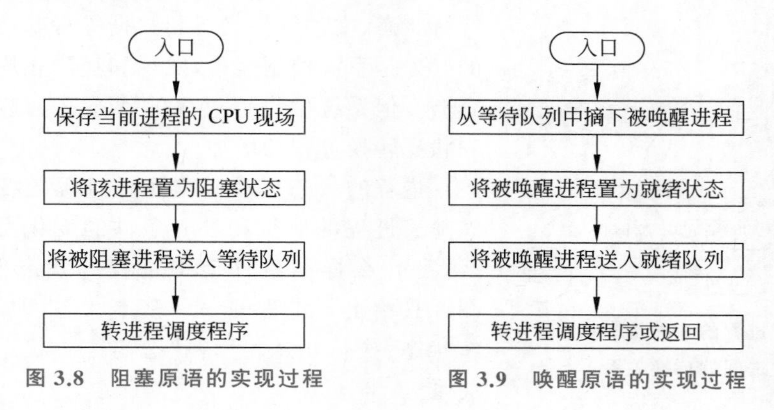

图 3.8 阻塞原语的实现过程　　图 3.9 唤醒原语的实现过程

3.3.3 进程状态及其转换

如上所述，进程是一个动态概念。它有自己的生命周期。一个进程的生命周期可以用一组状态来描述，这些状态刻画整个进程的活动过程。进程在不同运行状态时，分别用不同的状态字描述。这些状态字存放在进程的 PCB 结构中。系统根据 PCB 结构中的状态字控制进程运行。前面已介绍过，一个进程在并发执行中，由于资源共享与竞争，有时处于执行状态，有时则因等待某种事件发生而处于等待状态。当一个处于等待状态的进程在等待事件发生后会被唤醒，又因没有立即得到处理器而进入就绪状态。进程刚被创建时，如果还未给它分配必要的资源，它只能处于初始状态。如果初始状态的进程得到了相关资源，可以抢占处理器，但由于其他进程正占有处理器而抢不到，它就会进入就绪状态。

处于就绪状态的进程由调度得到处理器，便可立即执行。

进程因等待某个事件发生而放弃处理器进入等待状态。进程在执行结束后，将退出执行而被终止，这时进程处于终止状态，释放其占有的资源。

因此，在进程的生命期内，一个进程至少具有 5 种基本状态，分别是初始状态、就绪状态、执行状态、等待状态和终止状态。

在有些系统中，为了有效地利用内存，就绪状态又可进一步分为内存就绪状态和外存就绪状态。在这样的系统中，只有处于内存就绪状态的进程在得到处理器后才能立即投入执行；而处于外存就绪状态的进程只有先进入内存就绪状态，才可能被调度执行。这种方式明显地提高了内存的利用效率，但是增加了系统开销和复杂度。

在单 CPU 系统中，处于执行状态的进程只能有一个。处于就绪状态的进程经调度选中之后才可进入执行状态。

在某些操作系统中，一个进程在其生命周期内的执行过程中，总要涉及用户程序和操作系统内核程序两部分。因此，进程的执行状态又可进一步划分为用户执行状态（简称用户态）和系统执行状态（简称系统态或内核态）。一个进程的用户程序段在执行时，该进程处于用户态；而一个进程的系统程序段在执行时，该进程处于系统态。

为什么要划分用户态和系统态呢？一个最主要的目的是要把用户程序和系统程序区分

开来，以利于系统程序的共享和保护。显然，这也是以增加系统开销和复杂度为代价的。

等待状态可根据等待事件的种类进一步划分为不同的子状态，例如内存等待状态、设备等待状态、文件等待状态和数据等待状态等。这样做的好处是系统控制简单，发现和唤醒相应的进程较为容易。但系统中设置过多的状态又会造成系统参数和状态转换过程的增加。

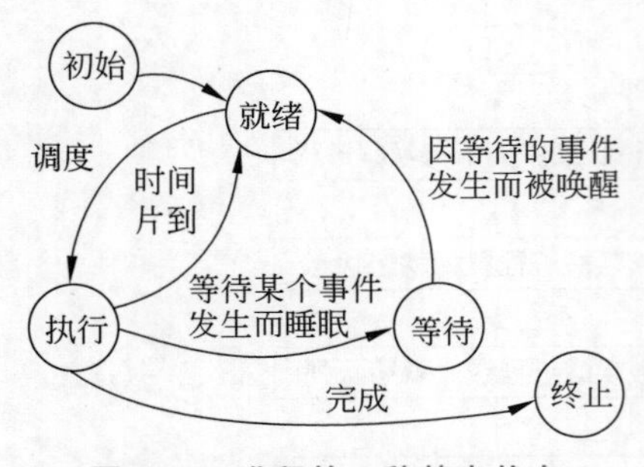

图 3.10 进程的 5 种基本状态之间的转换关系

进程的状态反映进程执行过程的变化。这些状态随着进程的执行和外界条件的变化发生转换。那么，是什么样的条件使得进程各状态发生转换呢？图 3.10给出了进程的 5 种基本状态，即初始状态、就绪状态、执行状态、等待状态与终止状态之间的转换关系。

事实上，进程的状态转换是一个非常复杂的过程。从一个状态到另一个状态的转换除了要使用不同的控制过程，有时还要借助于硬件触发器才能完成。例如，在 UNIX 系统中，从系统态到用户态的转换要借助硬件触发器完成。

3.4 进程互斥

3.4.1 概念

在介绍进程的概念时，已经介绍过进程具有独立性和异步性等特征。由于资源有限，进程对资源的竞争又导致其独立性和异步性受到制约。那么，在进程的并发执行过程中存在哪些制约呢？下面讨论这个问题。

1. 临界区

人们在描述一个程序或算法时，总是认为程序或算法可以按照规定的步骤执行，并且每次执行都可以得到相同的结果。事实上，在实际的系统中往往不是这样。一般来说，编写程序时使用的都是高级语言。程序中的一条语句往往是由多条执行指令构成的。例如，程序中有以下赋值语句：

```
X=X+1;
```

在用汇编语言书写时，就变成了以下 3 条语句：

```
LOAD A, X
ADDI A, 1
STORE A, X
```

这里 A 代表累加器。根据系统的设计和要求，在这 3 条语句执行期间，也有可能发生中断或调度，从而使得与当前进程无关的程序得以执行，改变累加器中的内容。为了保证程序执行最终结果的正确性，必须对并发执行的各程序段进行制约，以控制它们的执行速度和对资源的竞争。在 3.1.1 节中已经介绍了进程中两条相邻语句可以并发执行的 3 个条件。可是，在实际系统中，要检验即将执行的两条相邻语句是否满足这3个条件需要巨大的系统开销。那么，是否有更简单的办法能够检查出需要对程序的哪些部分进行制约才能保证其执行结果的正确性呢？下面看一个例子。

设有两个计算进程PA、PB共享内存MS，其中MS分为3个领域，即系统区、进程工作区和数据区，如图3.11所示。这里数据区被划分大小相等的块，每个块中既可能存放了数据，也有可能没有数据。系统区主要是堆栈，其中存放空数据块的地址。

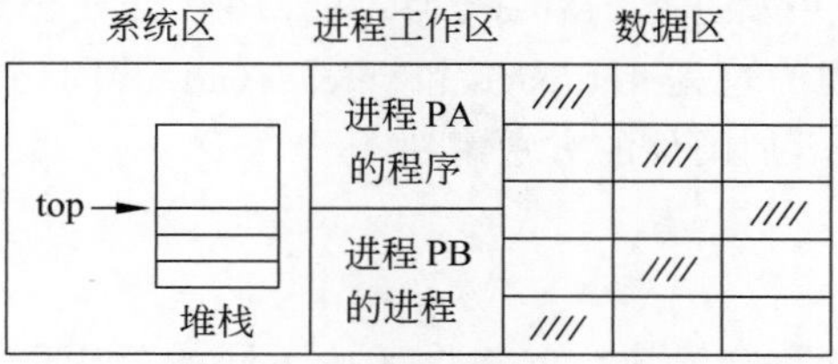

图3.11　两个进程共享内存

当进程PA或PB要求使用空数据块时，从堆栈顶部(top指针所指的位置)取出所需数据块地址。当进程PA或PB释放数据块时，则把释放的数据块的地址放入堆栈顶部。getspace为取空数据块地址过程。release(ad)为释放数据块过程，这里，ad为待释放数据块的地址。如果堆栈非空，进程PA或PB可以按任意的顺序释放和获取数据块地址。执行getspace就是获取一个空数据块地址，而执行release(ad)就是释放一个地址为ad的数据块。然而，由下面的描述可以看到，在进程并发执行时，getspace或release(ad)有可能完不成任务。

getspace和release(ad)可进一步描述如下：

```
getspace: begin local g
  g←stack[top]
  top←top-1
end
release(ad): begin
  top←top+1
  stack[top]←ad
end
```

设时刻t0时top=h0，则getspace和release(ad)可能按以下顺序执行。

首先，release(ad)的第一句执行：

```
t0: top←top+1 →top=h0+1;
```

其次，getspace执行：

```
t1: g←stack[top]→g=stack[h0+1];
t2: top←top-1 →top=h0;
```

最后，release(ad)的第二句执行：

```
t3: stack[top]← ad→stack[h0]←ad;
```

其结果是调用 getspace 的进程取到的是 h0+1 中的一个未定义值，而调用 release(ad)的进程把释放的空数据块地址 ad 重新放入了 h0 中。

怎样保证上述执行结果的正确性呢？一个明显的答案是：如果把 getspace 和 release(ad)抽象为两个各以一个动作完成的顺序执行单位，那么执行结果的正确性是可以保证的。

把不允许多个并发进程交叉执行的一段程序称为临界区(critical region)或临界部分(critical section)。

临界区是由属于不同并发进程的程序段共享公用数据或公用数据变量而产生的。例如，上例中的临界区就是因为过程 getspace 和 release(ad)共同访问堆栈中的数据块地址而产生的。临界区不可能用增加硬件的方法解决。

2. 间接制约

一般来说，可以把不允许交叉执行的临界区按不同的公用数据划分为不同的集合。在上例中，按公用数据堆栈划分的临界区集合是{getspace，release}。把这样的集合称为类(class)。显然，对类给定一个唯一的标识名，系统就能够区分它们。在程序的描述中，可用下列标准形式来描述临界区：

```
when <类名> do <临界区> od
```

设类{getspace，release}的类名为 sp，则 getspace 和 release(ad)可重新描述为

```
getspace: when sp do getspce←stack[top]
top←top-1 od
release(ad): when sp do top←top+1
stack[top]←ad od
```

把这种由于共享某一公有资源而引起的在临界区内不允许并发进程交叉执行的现象称为由共享公有资源造成的对并发进程执行速度的间接制约，简称间接制约。这里，"间接"主要是指各并发进程的速度受公有资源制约，而不是进程间直接制约的意思。

这里，受间接制约的类中各程序段在执行顺序上是任意的。

显然，对于每一类，系统要有分配和释放相应的公有资源的管理办法，以制约并发进程。这就是互斥。

3. 什么是互斥

综上所述，可以把互斥定义为：一组并发进程中的多个程序段因共享某一公有资源而导致它们必须以一个不允许交叉执行的单位执行。也就是说，互斥是指不允许两个或两个以上的共享该资源的并发进程同时进入临界区。

这里，考虑类中只有一个元素，也就是只有一个程序段的情况是很有意思的。这时该程序段本身作为公有资源被并发进程共享。一般情况下，作为程序段的一个过程不允许多个进程同时访问它；但是，如果该过程是纯过程，则各并发进程可以同时访问它。什么是纯过程？它是在执行过程中不改变自身代码和执行结果的过程。通常，在计算机系统中，有许多过程(例如编辑程序、编译程序等)是被多个并发进程同时访问的。把一个过程编写成纯过程有利于多个进程共享，但由于编制纯过程必须对有关变量和工作区作相应的处理，从而其

执行效率往往会受到一定的影响。

一组并发进程互斥执行时必须满足如下准则：

(1) 不能假设各并发进程的相对执行速度。各并发进程享有平等、独立地竞争共有资源的权利，而且在不采取任何措施的条件下，在临界区内任一指令结束时，其他并发进程可以进入临界区。

(2) 并发进程中的某个进程不在临界区中时，不阻止其他进程进入临界区。

(3) 并发进程中的若干进程申请进入临界区时，只允许一个进程进入临界区。

(4) 并发进程中的某个进程申请进入临界区后，应在有限时间内得以进入临界区。

这里，准则(1)～(3)保证各并发进程享有平等、独立地竞争和使用公有资源的权利，且保证每一时刻至多只有一个进程在临界区中。准则(4)是并发进程不发生死锁的重要保证。否则，由于某个并发进程长期占有临界区，其他进程就会因为不能进入临界区而处于互相等待状态。

在一组并发执行的进程中，除了因为竞争公有资源而引起的间接制约之外，还存在因为并发进程互相共享对方的私有资源而引起的直接制约。直接制约将使得各并发进程同步执行。下面讨论互斥的实现方法。

3.4.2 互斥锁

在3.4.1节中，给出了临界区的描述方法和并发进程互斥执行时必须遵守的准则，但是并没有给出怎样实现并发进程的互斥。人们可能认为，只需把临界区中的各个过程按不同的时间排列，依次调用就行了。但事实上这是不可能的，因为这要求该组并发进程中的每个进程事先知道其他并发进程与系统的动作，由用户程序执行开始的随机性可知，这是不可能的。

一种可能的办法是对临界区加锁以实现互斥。当某个进程进入临界区之后，它将锁上临界区，直到它退出临界区时为止。并发进程在申请进入临界区时，首先测试该临界区是否是上锁的。如果该临界区已被锁住，则并发进程要等到该临界区开锁之后才有可能获得临界区。设临界区的类名为S。为了保证每一次临界区中只能有一个程序段被执行，设锁定位为key[S]，表示该锁定位属于类名为S的临界区。加锁后的临界区程序描述如下：

```
lock(key[S])
<临界区>
unlock(key[S])
```

设key[S]=1时表示类名为S的临界区可用，key[S]=0时表示类名为S的临界区不能用，则解锁程序unlock(key[S])只用一条语句即可实现：

```
key[S]←1
```

不过，由于lock(key[S])必须满足key[S]=0时不允许任何进程进入临界区，而key[S]=1时仅允许一个进程进入临界区的准则，因而实现起来较为困难。

一种简便的实现方法是

```
lock(x)=begin local v
    repeat
```

```
        v←x
    until v=1
    x←0
end
```

不过,这种实现方法不能保证并发进程互斥执行所要求的准则(3)。因为当同时有几个进程调用 lock(key[S])时,在 x←0 语句执行之前,可能已有两个以上进程由于 key[S]=1 而进入临界区。为了解决这个问题,有些计算机在硬件中设置了“测试与设置”(test and set)指令,从而保证第一步和第二步执行的不可分离性。

这里,有一点需要注意:在系统实现时,锁定位 key[S]总是设置在公有资源对应的数据结构中的。

3.4.3 信号量与 P、V 原语

1. 信号量

尽管用加锁的方法可以实现进程之间的互斥,但这种方法仍然存在一些影响系统可靠性和执行效率的问题。例如,循环测试锁定位将耗费较多的 CPU 计算时间。如果一组并发进程的数量较多,在极端情况下,所有进程可能同时申请进入临界区,每个进程都要对锁定位进行测试,这时系统的开销是很大的。

另外,使用加锁方法实现进程间互斥时,还将导致在某些情况下出现不公平现象。考虑以下进程 PA 和 PB 反复使用临界区的情况。

PA:

```
A: lock(key[S])
     <S>
   unlock(key[S])
   goto A
```

PB:

```
B: lock(key[S])
     <S>
   unlock(key[S])
   goto B
```

假设进程 PA 已通过 lock(key[S])过程进入临界区。显然,在进程 PA 执行 unlock(key[S])过程之前,key[S]=0,而且进程 PB 没有进入临界区的机会。然而,当进程 PA 执行完 unlock(key[S])过程之后,由于紧接着是一条转向语句,进程 PA 将又一次立即执行 lock(key[S])过程。此时,由于 unlock(key[S])过程已将 key[S]的值置为 1,也就是开锁状态,从而进程 PA 又可进入临界区 S。这时,系统将进入死循环状态。只有当进程 PA 执行完 unlock(key[S])过程之后、执行 goto A 语句之前的瞬间发生进程调度,才可能使进程 PA 把处理器转让给进程 PB,进程 PB 才有可能得到执行。然而,这种可能性是非常小的。因此,进程 PB 将处于永久的饥饿(starvation)状态。

怎样解决上述问题呢?首先,必须找到产生上述问题的原因。显然,在用加锁法解决进

程互斥的问题时，一个进程能否进入临界区是依靠进程自己调用 lock 过程测试相应的锁定位。这样，没有获得执行机会的进程当然无法判断，从而出现不公平现象；而获得了执行机会的进程又因为需要测试而损失一定的 CPU 时间。这正如某个学生想使用某个人人都可借用且不规定使用时间的教室时一样，他必须首先申请获得使用该教室的权利，然后再看该教室是不是被锁上了。如果该教室被锁上了，他只好下次再来看该教室的门是否已被打开。这种重复的活动将持续到他进门后为止。从这个例子中可以得到解决加锁法所带来的问题的方法。一种最直观的办法是设置一个教室管理员。如果有学生申请使用教室而未能如愿，教室管理员记下他的名字，等教室门一打开就通知该学生进入。这样，既减少了学生多次来教室检查门是否被打开的时间，又减少了因为学生自发地检查造成的不公平现象（有的学生可能来几十次也进不了教室门；但有的学生可能一次就进去了，或不断地出出进进）。在操作系统中，这个管理员就是信号量（semaphore）。信号量管理相应临界区的公有资源，它代表可用资源实体。

信号量的概念和下面所述的 P、V 原语是荷兰科学家 E.W.Dijkstra 提出的。信号是铁路交通管理中的一种常用方法，铁路交通管理人员利用信号颜色的变化来实现铁路交通管理。在操作系统中，把信号量定义为 sem。它是一个整数。sem 大于或等于 0 时表示可供并发进程使用的资源实体数，sem 小于 0 时则表示正在等待使用临界区的进程数。显然，用于互斥的信号量 sem 的初值应该大于 0。建立一个信号量时必须说明该信号量的意义，并赋予它初始值。然后，还要建立相应的数据结构，以便和等待使用该临界区的进程关联起来。

2. P、V 原语

信号量的数值仅能由 P、V 原语操作来改变（P 和 V 分别是荷兰语 Passeren 和 Verhoog 的第一个字母，相当于英语的 pass 和 increment 的意思）。采用 P、V 原语，可以把类名为 S 的临界区描述为

```
when S do P(sem) 临界区 V(sem) od
```

这里，sem 是与临界区内使用的公用资源有关的信号量。一次 P 原语操作使得信号量 sem 减 1，而一次 V 原语操作使得信号量 sem 加 1。必须强调的是，当某个进程正在临界区内执行时，其他进程如果执行了 P 原语操作，则该进程并不像调用 lock 时那样因进不了临界区而返回到 lock 的起点并等以后重新执行测试，而是在等待队列中等待其他进程执行 V 原语操作释放资源后进入临界区，这时，P 原语的执行才算真正结束。另外，当有好几个进程执行 P 原语操作未通过而进入等待状态之后，如有某个进程执行了 V 原语操作，则等待进程中的一个可以进入临界区，但其他进程必须继续等待。

P 原语操作的主要动作如下：

（1）sem 减 1。

（2）若 sem 减 1 后大于或等于 0，则 P 原语返回，该进程继续执行。

（3）若 sem 减 1 后小于 0，则该进程被阻塞后进入该信号的等待队列，然后转进程调度程序。

P 原语操作的功能框图如图 3.12 所示。

V原语的操作主要动作如下：

(1) sem加1。

(2) 若sem加1后大于0，V原语停止执行，该进程返回调用处继续执行。

(3) 若sem加1后小于或等于0，则从该信号的等待队列中唤醒一个等待进程，然后返回原进程继续执行或转进程调度程序。

V原语操作的功能框图如图3.13所示。

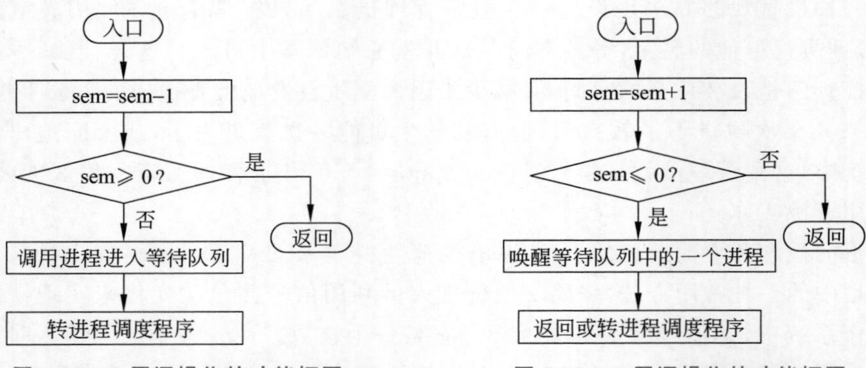

图3.12 P原语操作的功能框图　　图3.13 V原语操作的功能框图

有了加锁法的基础，就容易理解P、V操作要以原语实现的原因。否则，如果多个进程同时调用P操作或V操作，则有可能在P操作刚执行sem减1而未把对应进程送入等待队列时，V操作就开始执行了。此时，V操作将无法发现等待进程而返回。因此，P、V操作都必须以原语实现，且在P、V原语执行期间不允许中断发生。

P、V原语的实现有许多方法。这里介绍一种使用加锁法的软件实现方法，其实现过程描述如下：

P(sem)：

```
begin
    lock(lockbit)
    val[sem]=val[sem]-1
    if val[sem]<0
        保护当前进程CPU现场
        当前进程状态置为"等待"
        将当前进程插入信号sem的等待队列
        转进程调度程序
    fi
    unlock(lockbit)
end
```

V(sem)：

```
begin
    lock(lockbit)
    val[sem]=val[sem]+1
    if val[sem]≤0
```

```
        local k
        从 sem 的等待队列中选取一个等待进程,将其指针置入 k 中
        将 k 插入就绪队列
        将进程 k 的状态置为"就绪"
    fi
    unlock(lockbit)
end
```

在以上过程中,lock(lockbit)和 unlock(lockbit)分别为关闭中断和开放中断。

3. 用 P、V 原语实现进程互斥

利用 P、V 原语和信号量 sem,可以方便地实现并发进程的互斥,而且不会产生使用加锁法实现互斥时出现的问题。

设 sem 是用于互斥的信号量,且其初值为 1,表示没有并发进程使用该临界区。由前面的讨论可知,只要把临界区置于 P(sem)和 V(sem)之间,即可实现进程间的互斥。

其实现过程是:当一个进程要进入临界区时,它必须先执行 P 原语操作,将信号量 sem 减 1;当一个进程完成对临界区的操作之后,它必须执行 V 原语操作,释放它占用的临界区。由于信号量初始值为 1,所以,进程在执行 P 原语操作之后将 sem 的值变为 0,表示该进程可以进入临界区。在该进程未执行 V 原语操作之前如果有另一进程要进入临界区,它也应先执行 P 原语操作,从而使 sem 的值变为−1,因此,第二个要进入临界区的进程将被阻塞。直到第一个进程执行 V 原语操作之后,sem 的值变为 0,即可唤醒第二个进程进入就绪队列,经调度后再进入临界区。在第二个进程执行完 V 原语操作之后,如果没有其他进程申请进入临界区,则 sem 又恢复到初始值。

这里有一个要注意的问题,即 sem 信号值为 0 时,如果在临界区等待队列中有一个进程处于等待状态,则该进程会被调度选中执行,但 sem 信号的值不会改变。如果在临界区等待队列中没有等待进程,则 sem 信号的值为 0 时不会有新的进程执行临界区程序。

用信号量实现两并发进程 PA、PB 互斥的描述如下:

设 sem 为互斥信号量,其取值为{1,0,−1}。其中,sem=1 表示进程 PA 和 PB 都未进入类名为 S 的临界区;sem=0 表示进程 PA 或 PB 已进入类名为 S 的临界区,sem=−1 表示进程 PA 和 PB 中,一个进程已进入临界区,而另一个进程等待进入临界区。

PA:

```
P(sem)
<S>
V(sem)
⋮
```

PB:

```
P(sem)
<S>
V(sem)
⋮
```

3.5 进程同步

3.5.1 概念

3.4 节中,由并发进程同时访问公有数据和公有变量等对公有资源的竞争引出了进程互斥的概念以及互斥的实现方法。那么,除了对公有资源的竞争而引起的间接制约之外,并发进程之间是否还存在着其他影响执行速度的制约关系呢?现在来看下面的例子。

设有计算进程 Pc 和打印进程 Pp 使用同一缓冲区 Buf,计算进程反复地把每次计算的结果放入 Buf 中,而打印进程则把计算进程每次放入 Buf 中的数据通过打印机输出。如果不采取任何制约措施,这两个进程的执行起始时间和执行速度都是彼此独立的,其相应的控制段可以描述如下:

Pc:

```
A: local Buf
repeat
    Buf←Buf
until Buf=空
计算
得到计算结果
Buf←计算结果
goto A
```

Pp:

```
B: local Pri
  repeat
    Pri←Buf
  until Pri≠空
  打印 Buf 中的数据
  清除 Buf 中的数据
  goto B
```

这里,假定进程 Pc 和 Pp 对公用缓冲区 Buf 已采取了互斥措施。

显然,如果按上面的描述并发执行进程 Pc 和 Pp,则会造成 CPU 时间的极大浪费(因为其中包含两条反复测试语句)。这是操作系统设计要求不允许的。CPU 时间的浪费主要是进程 Pc 和 Pp 的执行互相制约引起的。Pc 的输出结果是 Pp 的执行条件;反过来,Pp 的执行结果也是 Pc 的执行条件。这种现象在操作系统和用户进程中大量存在。这与 3.4 节中讲述的进程互斥是不同的,进程互斥时它们的执行顺序可以是任意的。用互斥的办法解决这种互为执行条件的问题,可能会导致 CPU 的长时间等待,从而降低系统效率。

一组在异步环境下的并发进程,如果各自的执行结果互为执行条件,从而限制各进程的执行速度,称为并发进程间的直接制约。这里的异步环境主要指各并发进程的执行起始时间具有随机性且执行速度具有独立性。一种简单和直观的方法是进程之间互相发送执行条件已经具备的信号。这样,受到制约的进程可以省去对执行条件的测试,它只要收到了制约它执行的进程发来的信号便开始执行，而在未收到制约它执行的进程发来的信号时便进入等待状态。

一组在异步环境下的并发进程，由于受到直接制约而互相发送消息、互相等待，使得各个进程能够按一定的速度执行，称为进程间的同步。具有同步关系的一组并发进程称为合作进程，合作进程间互相发送的信号称为消息或事件。如果对一个消息或事件赋予唯一的消息名，则可用以下过程表示一个进程等待合作进程发来的消息：

```
wait(消息名)
```

而用以下过程表示一个进程向合作进程发送消息：

```
signal(消息名)
```

利用过程 wait 和 signal，可以简单地描述上面例子中的计算进程 Pc 和打印进程 Pp 的同步关系如下：

（1）设消息名 Bufempty 表示 Buf 空，消息名 Buffull 表示 Buf 满。

（2）初始化 Bufempty＝true，Buffull＝false。

（3）Pc 和 Pp 描述如下：

Pc：

```
A: wait(Bufempty)
    计算
    Buf←计算结果
    Bufempty←false
    signal(Buffull)
    goto A
```

Pp：

```
B: wait(Buffull)
    打印 Buf 中的数据
    清除 Buf 中的数据
    Buffull←false
    signal(Bufempty)
    goto B
```

过程 wait 的功能是等待到消息名为 true 的进程继续执行，signal 的功能是向合作进程发送其需要的消息名，并将消息的值置为 true。

3.5.2 同步的信号量实现

上面用 wait(消息名)与 signal(消息名)的方式描述了进程同步的一种实现方法。事实上，使用 3.4 节介绍的信号量的方法也可实现进程间的同步。

一般来说，也可以把各进程相互发送的消息作为信号量看待。与进程互斥时不同的是，这里的信号量只与制约进程及被制约进程有关，而不是与整组并发进程有关。因此，称该信号量为私有信号量(private semaphore)。一个进程 P_i 的私有信号量 sem_i 是从制约进程发送来的进程 P_i 的执行条件所需的消息。与私有信号量相对应，称互斥时使用的信号量为公共信号量。

有了私有信号量的概念，就可以使用P、V原语操作实现进程间的同步。利用P、V原语实现进程同步的方法与利用wait和signal过程时相同，也是分为三步。首先为各并发进程设置私有信号量，然后为私有信号量赋初值，最后利用P、V原语和私有信号量规定各进程的执行顺序。

例如，进程PA和PB通过缓冲区队列传递数据，如图3.14所示。PA为发送进程，PB为接收进程。PA发送数据时调用发送过程deposit(data)，PB接收数据时调用接收过程remove(data)。数据的发送和接收过程满足如下条件：

(1) 在PA至少将一块数据放入一个缓冲区之前，PB不可能从缓冲区中取出数据(假定数据块长等于缓冲区长度)。

(2) PA向缓冲区队列发送数据时，至少有一个缓冲区是空的。

(3) 由PA发送的数据在缓冲区队列中按先进先出方式排列。

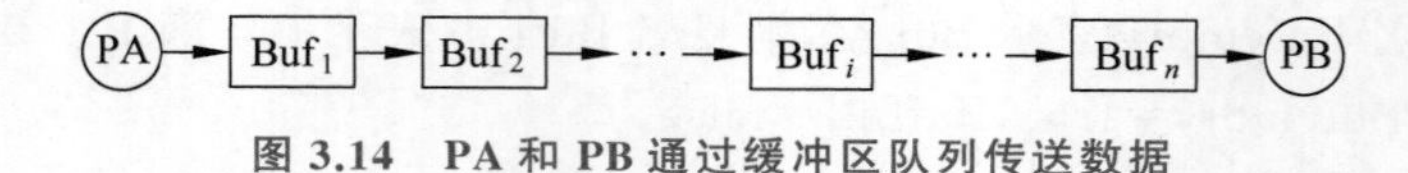

图3.14 PA和PB通过缓冲区队列传送数据

由上述条件可知，PA调用的过程deposit(data)和PB调用的过程remove(data)必须同步执行，因为过程deposit(data)的执行结果是过程remove(data)的执行条件，而当缓冲区队列全部装满数据时，remove(data)的执行结果又是deposit(data)的执行条件，满足同步的定义。

按以下3步实现过程deposit(data)和remove(data)：

(1) 设Bufempty为进程PA的私有信号量，Buffull为进程PB的私有信号量。

(2) 设Bufempty的初始值为n(n为缓冲区队列的缓冲区个数)，Buffull的初始值为0。

(3) 发送和接收过程描述如下：

PA：

```
deposit(data):
begin local x
    P(Bufempty)
    按先进先出方式选择一个空缓冲区 Buf(x)
    Buf(x)←data
    Buf(x)置满标记
    V(Buffull)
end
```

PB：

```
remove(data):
begin local x
    P(Buffull)
    按先进先出方式选择一个装满数据的缓冲区 Buf(x)
    data←Buf(x)
    Buf(x)置空标记
```

```
    V(Bufempty)
end
```

这里,局部变量 x 用来指明缓冲区的编号,给 Buf(x)置标志位是为了便于识别和搜索空缓冲区及非空缓冲区。

思考:在该例中需要考虑互斥吗?为什么?如果每次只允许一个进程对缓冲区队列进行操作怎么办?

3.5.3 生产者-消费者问题

把并发进程的同步和互斥问题一般化,可以得到抽象的一般模型,即生产者-消费者问题。计算机系统中,每个进程都申请使用和释放各种类型的资源,这些资源既可以是外设、内存及缓冲区等硬件资源,也可以是临界区、数据、例程等软件资源。把系统中使用某一类资源的进程称为该类资源的消费者,而把释放某一类资源的进程称为该类资源的生产者。例如,在 3.5.1 节的计算进程 Pc 与打印进程 Pp 共用一个缓冲区的例子中,计算进程 Pc 把数据送入缓冲区,打印进程 Pp 从缓冲区中取数据并输出,Pc 进程相当于数据资源的生产者,而 Pp 进程相当于数据资源的消费者。

下面讨论生产者-消费者问题。把一个长度为 n 的有界缓冲区($n>0$)与一组生产者进程 $P_1, P_2, \cdots, P_m$ 和一组消费者进程 $C_1, C_2, \cdots, C_k$ 联系起来,如图 3.15 所示。

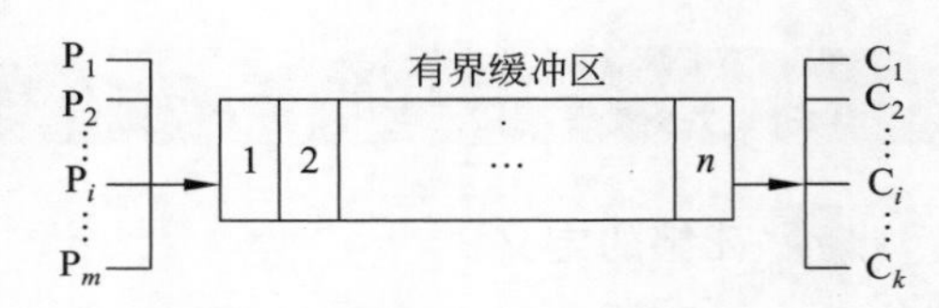

图 3.15 生产者-消费者问题

设生产者进程和消费者进程是等效的。下面对各生产者进程使用的过程 deposit(data)和各消费者进程使用的过程 remove(data)进行分析。

首先,可以看到,生产者-消费者问题是一个同步问题,即生产者进程和消费者进程满足如下条件:

(1) 消费者进程要接收数据时,有界缓冲区中至少有一个单元是满的。

(2) 生产者进程要发送数据时,有界缓冲区中至少有一个单元是空的。

其次,由于有界缓冲区是临界资源,因此,各生产者进程和各消费者进程之间必须互斥执行。

基于以上分析,设公共信号量 mutex 保证生产者进程和消费者进程互斥,设 avail 为生产者进程的私有信号量,full 为消费者进程的私有信号量。信号量 avail 表示有界缓冲区中的空单元数,初值为 n;信号量 full 表示有界缓冲区中的非空单元数,初值为 0。信号量 mutex 表示可用有界缓冲区的个数,初值为 1。

deposit(data)过程和 remove(data)过程描述如下:

deposit(data):

```
begin
    P(avail)
    P(mutex)
    数据送入缓冲区某单元
    V(full)
```

```
    V(mutex)
end

remove(data):

begin
    P(full)
    P(mutex)
    取出缓冲区某单元中的数据
    V(avail)
    V(mutex)
end
```

由于一个过程中包含几个信号量,因此,对P、V原语的操作次序要非常小心。一般来说,由于V原语是释放资源的操作,所以可以以任意次序出现;但P原语则不然,如果次序混乱,会造成进程之间的死锁。

3.6 死 锁

3.6.1 概念

1. 死锁的定义

多个进程使用系统资源时,应注意系统可能产生的死锁问题。所谓死锁,是指一组并发进程中的每一个进程都等待其余进程中的某个进程拥有的资源,且这些并发进程在得到自己需要的资源之前不会释放自己拥有的资源,从而造成所有并发进程都想得到资源而又都得不到资源,各并发进程均不能继续向前推进的状态。图3.16是两个进程发生死锁的例子。

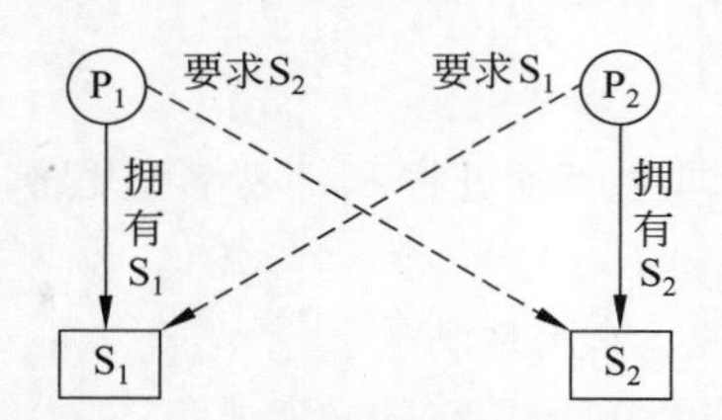

图3.16 两个进程发生死锁的例子

下面以生产者-消费者问题为例,进一步看看死锁的概念。设生产者进程已获得对缓冲区队列的操作权,生产者进程进一步要求对缓冲区队列内的某一空缓冲区进行置入消息操作。然而,设此时缓冲队列内所有缓冲区都是满的,即只有消费者进程才能对它们进行取消息操作。因此,生产者进程进入等待状态。反过来,消费者进程拥有对各缓冲区的操作权,为了对各缓冲区进行操作,它又要申请对缓冲区队列的操作权。由于对缓冲队列的操作权被生产者进程获得,且生产者进程不会自动释放它,从而消费者进程也只能进入等待状态。此时,两个进程陷入死锁。

一般可以把死锁描述为:并发进程$P_1,P_2,\cdots,P_n$共享资源$R_1,R_2,\cdots,R_m$($n>0,m>0,n\geqslant m$)。其中,P_i($1\leqslant i\leqslant n$)拥有资源R_j($1\leqslant j\leqslant m$),直到不再有剩余资源。同时,P_i又在不释放R_j的前提下要求得到R_k($k\neq j,1\leqslant k\leqslant m$),从而造成对资源的永久占有和永久等待。在没有外来驱动的情况下,该组并发进程停止推进,陷入死锁。

2. 死锁的起因

死锁的起因是并发进程的资源竞争。产生死锁的根本原因在于系统提供的资源个数少于并发进程要求的资源个数。显然，由于资源的有限性，不可能为所有申请获得资源的进程无限制地提供资源。但是，可以采用适当的资源分配算法，以达到消除死锁的目的。为此，先看看产生死锁的必要条件。

3. 产生死锁的必要条件

从死锁的概念可以得到产生死锁的必要条件：

(1) 互斥。资源是不能同时被两个以上进程使用或操作的，进程对它需要的资源实行排他性控制。

(2) 不可剥夺。进程获得的资源在未使用完毕之前不能被其他进程剥夺，而只能由获得该资源的进程自己释放。

(3) 部分分配。进程每次申请它需要的资源，在等待新资源的同时，继续占用已分配到的部分资源。

(4) 存在环路。发生死锁的一组进程构成一条循环链，链中每一个进程已获得的资源同时被下一个进程所请求。

显然，只要使上述 4 个必要条件中的某一个不满足，则死锁就可以消除。

3.6.2 死锁的排除方法

解决死锁的方法一般可分为预防、避免、检测与恢复 3 种。预防是指采用某种策略，限制并发进程对资源的请求，从而使得死锁的必要条件在系统执行的任何时间都不满足。避免是指系统在分配资源时，根据资源的使用情况做出预测，从而避免死锁的发生。检测与恢复是指系统设有专门的机构，当死锁发生时，该机构能够检测到死锁发生的位置和原因，并能消除破坏死锁发生的必要条件，从而使得并发进程从死锁状态中恢复出来。

一般而言，由于操作系统的并行与共享以及随机性等特点，通过预防和避免的方法达到消除死锁的目的是十分困难的。这需要较大的系统开销，甚至不能充分利用资源。死锁的检测和恢复则与此相反，不必花费多少执行时间就能发现死锁和从死锁中恢复出来。因此，在操作系统中大都使用检测与恢复的方法排除死锁。

1. 死锁预防

预防死锁有 3 种方法。

第一种方法是消除资源的互斥和不可剥夺这两个条件，例如允许进程同时访问某些资源等。然而，这种方法不能解决不允许同时访问的资源(例如打印机等)带来的死锁问题。

第二种方法是消除资源的部分分配这个死锁产生的必要条件。即预先分配各并发进程所需的全部资源。如某个进程的资源得不到满足，则安排一定的等待次序，让其他进程释放资源。但是，这种方法有如下缺点：

(1) 在许多情况下，一个进程在执行之前不可能确定它需要的全部资源。

(2) 无论所需资源何时用到，一个进程只有在所有资源要求都得到满足之后才开始执行。

(3) 对于那些不经常使用的资源，进程在其生命周期一直占用它们是一种极大的浪费。

(4) 这种方法降低了进程的并发性。

第三种方法是打破死锁的环路条件。即把资源分成不同的级别，使进程在申请、保持资源时不形成环路。例如，有 m 种资源，则规定资源的级别顺序为 $R_1<R_2<\cdots<R_m$。若进程 P_i 获得了资源 R_i，则它只能申请比 R_i 级别更高的资源 R_j（$R_i<R_j$），而在释放资源时必须是 R_j 先于 R_i 被释放，从而避免环路的产生。这种方法的缺点是限制了进程对资源的请求，而且对资源的分级排序也要耗费一定的系统开销。

2. 死锁避免

死锁避免也可称为动态预防。当采用这种方法时，操作系统动态地分配资源，在分配过程中预测死锁发生的可能性并加以避免。

死锁避免的基本模式是将进程分为多步，其中每一步使用的资源是固定的，且在一步内进程保持的资源数不变，即进程的资源请求、使用与释放要依靠不同的步完成。

设并发进程 $P_1,P_2,\cdots,P_n$（$n\geqslant 2$）共享不同类型的资源 $R_1,R_2,\cdots,R_m$（$m\geqslant 1$），R_i 有固定的数量 C_i（$1\leqslant i\leqslant n$）。系统按一定的资源分配算法给各进程分配资源。

可以用矩阵 $\boldsymbol{W}$、$\boldsymbol{A}$、$\boldsymbol{B}$ 和向量 $\boldsymbol{F}$ 来描述各进程的资源请求和获得系统空闲资源的状况。

$\boldsymbol{W}=(\boldsymbol{w}_1,\boldsymbol{w}_2,\cdots,\boldsymbol{w}_n)$是一个 $n\times m$ 的矩阵，n 表示并发进程数，m 表示资源类型数，$w_{ij}=\boldsymbol{w}_i(j)$是进程 P_i 在执行某一步时为完成任务请求追加的资源 R_j 的数量。$\boldsymbol{w}_i$ 被称为进程 P_i 的请求向量。

$\boldsymbol{A}=(\boldsymbol{a}_1,\boldsymbol{a}_2,\cdots,\boldsymbol{a}_n)$是 $n\times m$ 的分配矩阵，$a_{ij}=\boldsymbol{a}_i(j)$是系统分配给进程 P_i 的资源 R_j 的数量，$\boldsymbol{a}_i$ 被称为分配向量。

$\boldsymbol{B}=(\boldsymbol{b}_1,\boldsymbol{b}_2,\cdots,\boldsymbol{b}_n)$是 $n\times m$ 的释放矩阵，$b_{ij}=\boldsymbol{b}_i(j)$是进程 P_i 释放的资源 R_j 的数量。

$\boldsymbol{F}=(f_1,f_2,\cdots,f_m)$是空闲资源向量。

设 $\boldsymbol{C}=(c_1,c_2,\cdots,c_m)$为系统能力向量，则有

$$f_j=c_j-\sum_{i=1}^{n}\boldsymbol{a}_i(j)$$

即 R_j 类资源的空闲数量是总数量减去已分配给各进程的数量。

设进程 P_i 可被分为 k 步：$P_i(1),P_i(2),\cdots,P_i(k)$，其中，$P_i(1)$ 为初始步，$P_i(k)$为终止步。进程在每一步执行中保持资源并请求资源；在每一步执行结束后，进程释放资源，系统重新分配资源。若对于 $P_i(1),P_i(2),\cdots,P_i(k)$有

$$\boldsymbol{w}_i(1)\leqslant F$$

且

$$\boldsymbol{w}_i(r)\leqslant F+\sum_{j=1}^{m}\boldsymbol{b}_i(j)$$

成立，则进程 P_i 在结束序列中。如果所有并发进程都在结束序列中，则系统是安全的（无死锁）。也就是说，进程请求的资源数量不能大于空闲资源数量和该进程准备释放的资源数量。这里 $\boldsymbol{w}_i(r)$表示进程 P_i 第 r 步时的请求向量。

显然，如果对每一次资源分配都进行一次上述计算，则死锁避免方法需要耗费较大的系

统开销。

3. 死锁的检测和恢复

死锁的检测和恢复耗费的系统开销最小。当进程请求资源时，死锁检测算法检查相关的并发进程是否构成资源的请求和保持环路。有限状态转移图和 PetriNet 等技术可用来有效地判断死锁发生。死锁的恢复办法较多。最简单的办法是终止各死锁进程，或按一定的顺序终止某些进程，直至释放足够的资源来完成剩下的进程时为止。另外，也可以从被锁住的进程强行剥夺资源以解除死锁。

3.7 进程间通信

本节介绍进程间互相传递信息的方法和原理。通信意味着在进程间传送数据。操作系统可以被看作是由各种进程（例如用户进程、计算进程、打印进程等）组成的。这些进程具有各自的独立功能，且大多数由于外部需要而启动执行。一般来说，进程间的通信根据通信内容可以划分为两种，即控制信息的传送与大批量数据的传送。有时，也把进程之间的控制信息传送称为低级通信，而把进程之间的大批量数据传送称为高级通信。前面介绍的进程间同步或互斥也是使用锁或信号量进行通信来实现的。低级通信一般只传送一字节或几字节的信息，以达到控制进程执行速度的目的。高级通信则要传送大量数据，其目的不是控制进程的执行速度，而是交换信息。

3.7.1 进程间通信的方式

在单机系统中，进程间通信可分为 4 种方式：

（1）主从方式。

（2）会话方式。

（3）消息或邮箱方式。

（4）共享内存方式。

采用主从方式的通信系统的主要特点如下：

（1）主进程可自由地使用从进程的资源或数据。

（2）从进程的动作受主进程的控制。

（3）主进程和从进程的关系是固定的。

主从方式的典型例子是大型机中的终端控制进程和终端进程之间的通信。

在会话方式中，通信进程双方可分别称为使用进程和服务进程，使用进程接受服务进程提供的服务。该方式具有如下特点：

（1）使用进程在接受服务进程提供的服务之前必须得到服务进程的许可。

（2）服务进程根据使用进程的要求提供服务，但对服务的控制由服务进程自身完成。

（3）使用进程和服务进程在通信时有固定连接关系。

用户进程与磁盘管理进程之间的通信是会话方式的一个例子。各用户进程向磁盘管理进程提出使用要求并得到许可之后，才可以使用相应的内存。而且，由磁盘管理进程自身完成对磁盘内存的管理和控制。另外，用户进程与磁盘管理进程之间只有在用户进程要求使用磁盘内存时才建立通信关系。

在消息或邮箱方式中,无论接收进程是否已准备好接收消息,发送进程都会把要发送的消息送入缓冲区或邮箱。这里,消息(message)是区别于命令(command)或指令(instruction)的术语,它除了表示交换的数据传递了大量信息之外,还具有通信的进程地位平等的意思。消息一般由4部分组成,即发送进程名、接收进程名、操作和数据,如图3.17所示。

消息或邮箱方式的特点如下:

(1) 只要存在空缓冲区或邮箱,发送进程就可以发送消息。

(2) 与会话方式不同,在消息或邮箱方式中,发送进程和接收进程之间无直接连接关系,接收进程可能在收到某个发送进程发来的消息之后,又转去接收另一个发送进程发来的消息。

(3) 发送进程和接收进程之间存在缓冲区或邮箱,其通信结构如图3.18所示。缓冲区和邮箱用来存放被传送的消息。

图 3.17 消息的组成

图 3.18 缓冲区或邮箱通信结构

与前面3种方式不同,共享内存方式没有数据移动。两个需要交换信息的进程通过对同一共享内存(shared memory)的操作来达到互相通信的目的。这个共享内存是每一对互相通信的进程的组成部分。

以上几种通信方式都可用于大量数据传送,而且,由于通信方式不同,需要使用不同的控制方式来达到通信进程之间同步或互斥的目的。

下面,首先介绍进程通信中较为常用的消息与邮箱方式,然后再介绍几个实际例子。

3.7.2 消息缓冲机制

Hansen在1973年首先提出用消息缓冲作为进程通信的一种基本方式。发送进程和接收进程采用消息缓冲机制进行数据传送时,发送进程在发送消息前,先在自己的内存空间设置一个发送区,把要发送的消息填入其中,然后通过发送过程将其发送出去。接收进程则在接收消息之前,在自己的内存空间设置相应的接收区,然后通过接收过程接收消息。由于消息缓冲机制中使用的缓冲区为公用缓冲区,使用消息缓冲机制传送数据时,两个通信进程必须满足如下条件:

(1) 在发送进程把消息写入缓冲区和把缓冲区挂入消息队列时,应禁止其他进程对该消息队列的访问,否则将引起消息队列的混乱;同理,当接收进程正从消息队列中读取消息时,也应禁止其他进程对该队列的访问。

(2) 当缓冲区中无消息存在时,接收进程接收不到任何消息。

至于发送进程是否可以发送消息,则由发送进程是否申请到缓冲区决定。

设公共信号量mutex为控制对缓冲区访问的互斥信号量,其初始值为1。设SM为接收进程的私有信号量,表示等待接收的消息个数,其初始值为0。设发送进程调用过程send(m)将消息m送往缓冲区,接收进程调用过程receive(m)将消息m从缓冲区读取到自己的数据区，则 send(m)和 receive(m)可分别描述如下：

send(m)：

```
begin
    向系统申请一个消息缓冲区
    P(mutex)
    将发送的消息 m 送入新申请的消息缓冲区
    把消息缓冲区挂入接收进程的消息队列
    V(mutex)
    V(SM)
end
```

receive(m)：

```
begin
    P(SM)
    P(mutex)
    摘下消息队列中的消息 m
    将消息 m 从缓冲区复制到接收区
    释放缓冲区
    V(mutex)
end
```

一般来说，尽管系统中可利用的缓冲区总数是已知的，但由于消息队列是按接收进程分别建立的，因而，在同一时间内，系统中存在着多个消息队列，而且这些队列的长度是不固定的。因此，发送进程无法在 send 过程中用 P 原语操作判断信号量 SM。

3.7.3 邮箱通信

邮箱通信的过程是：由发送进程申请建立与接收进程链接的邮箱，发送进程把消息送往邮箱，接收进程从邮箱中取出消息，从而完成进程间的信息交换。设置邮箱的最大好处就是发送进程和接收进程之间没有处理时间上的限制。一个邮箱可考虑成发送进程与接收进程私有的、大小固定的数据结构，它不像缓冲区那样被系统内所有进程共享。邮箱由邮箱头和邮箱体组成。其中，邮箱头描述邮箱名称、邮箱大小、邮件传递方向以及拥有该邮箱的进程名等，邮箱体主要用来存放消息，如图 3.19 所示。

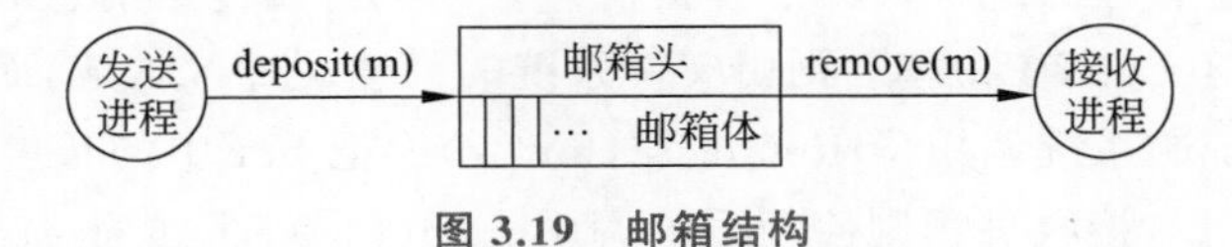

图 3.19 邮箱结构

邮箱通信的特点已在前面介绍过。对于只供一个发送进程和一个接收进程使用的邮箱，进程间通信应满足如下条件：

(1) 发送进程发送消息时，邮箱中至少要有一个空格能存放该消息。

(2) 接收进程接收消息时，邮箱中至少要有一个消息存在。

设发送进程调用过程 deposit(m)将消息发送到邮箱，接收进程调用过程 remove(m)将消息 m 从邮箱中取出。另外，为了记录邮箱中的空格个数和消息个数，设信号量 fromnum 为发送进程的私有信号量，信号量 mesnum 为接收进程的私有信号量。fromnum 的初始值为信箱的空格数，mesnum 的初始值为 0。deposit(m)和 remove(m)可描述如下：

deposit(m)：

```
begin local x
    P(fromnum)
    选择空格 x
    将消息 m 放入空格 x 中
    置空格 x 的标志为满
    V(mesnum)
end
```

remove(m)：

```
begin local x
    P(mesnum)
    选择格 x
    把格 x 中的消息 m 取出
    置格 x 标志为空
    V(fromnum)
end
```

显然，调用过程 deposit(m)的进程与调用过程 remove(m)的进程之间存在着同步制约关系而不是互斥制约关系。

另外，在许多场合，存在着多个发送进程和多个接收进程共享邮箱的情况。这时需要对过程 deposit(m)和 remove(m)作相应的改动。

3.7.4 管道

1. 管道概述

进程通信的实际例子之一是 UNIX 系统的管道通信。UNIX 系统从 System Ⅴ 开始提供有名管道和无名管道两种数据通信方式，这里介绍无名管道。

无名管道为建立管道的进程及其子孙提供一条以比特流传送消息的通信管道。该管道在逻辑上被看作管道文件，在物理上则由文件系统的高速缓冲区构成，而很少启动外设。发送进程利用文件系统的系统调用 write(fd[1]，buf，size)把 buf 中的长度为 size 个字符的消息送入管道入口 fd[1]，接收进程则使用系统调用 read(fd[0]，buf，size)从管道出口 fd[0]读出 size 个字符的消息置入 buf 中。这里，管道按先进先出方式传送消息，且只能单向传送消息，如图 3.20 所示。

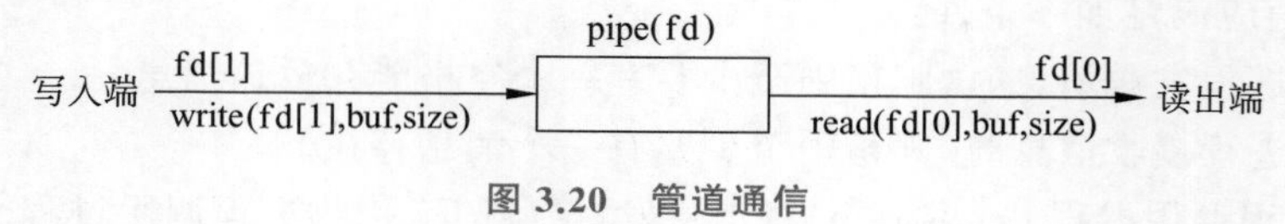

图 3.20 管道通信

利用 UNIX 提供的系统调用 pipe(fd)，可建立一条同步通信管道。其格式为

```
pipe(fd);
int fd[2];
```

这里，fd[1]为写入端，fd[0]为读出端。

2. 示例

例 3.1 用 C 语言编写一个程序，建立一条管，同时父进程生成一个子进程，子进程向管中写入一个字符串，父进程从管中读出该字符串。

解：程序如下。

```
#include <stdio.h>
main()
{
    int x, fd[2];
    char buf[30], s[30];
    pipe(fd);                          /* 创建管道 */
    while((x=fork())==-1);             /* 创建子进程失败时，循环 */
    if(x==0)
    {
        sprintf(buf, "This is an example\n");
        write(fd[1], buf, 30);         /* 把 buf 中的字符串写入管道 */
        exit(0);
    }
    else                               /* 父进程返回 */
    {
        wait(0);
        read(fd[0], s, 30);            /* 父进程读管道中的字符串 */
        printf("%s", s);
    }
}
```

例 3.2 编写一个程序，建立一条管道。同时，父进程生成子进程 P1、P2，这两个子进程分别向管道中写入各自的字符串，父进程读出它们，如图 3.21 所示。

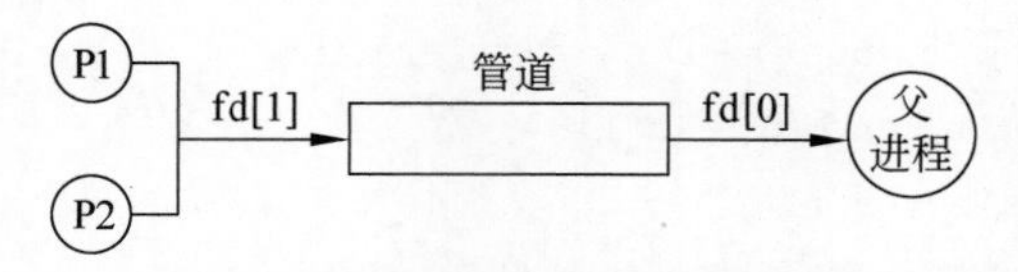

图 3.21 父进程和子进程 P1、P2 通过管道通信

解：程序流程图如图 3.22 所示，源程序如下。

```
#include <stdio.h>
```

```
main()
{
  int i, r, p1, p2, fd[2];
  char buf[50], s[50];
  pipe(fd);                              /* 父进程建立管道 */
  while((p1=fork())==-1);                /* 创建子进程 P1, 失败时循环 */
  if(p1==0)                              /* 从子进程 P1 返回,执行子进程 P1 */
  {
    lockf(fd[1], 1, 0);                  /* 加锁,锁定写入端 */
    sprintf(buf, "child process P1 is sending messages!\n");
    printf("child process P1!\n");
    write(fd[1], buf, 50);               /* 把 buf 中的 50 个字符写入管道 */
    sleep(5);                            /* 睡眠 5s,让父进程读 */
    lockf(fd[1], 0, 0);                  /* 释放管道写入端 */
    exit(0);                             /* 关闭 P1 */
  }
  else                                   /* 从父进程返回,执行父进程 */
  {
    while((p2=fork())==-1);              /* 创建子进程 P2,失败时循环 */
    if(p2==0)                            /* 从子进程 P2 返回,执行 P2 */
    {
      lockf(fd[1], 1, 0);                /* 锁定写入端 */
      sprintf(buf, "child process P2 is sending messages\n");
      printf("child process P2 ! \n");
      write(fd[1], buf, 50);             /* 把 buf 中的字符串写入管道 */
      sleep(5);                          /* 睡眠等待 */
      lockf(fd[1], 0, 0);                /* 释放管道写入端 */
      exit(0);                           /* 关闭 P2 */
    }
    wait(0);
    if(r=read(fd[0], s, 50)==-1)
        printf("can't read pipe\n");
    else printf("%s\n", s);
    wait(0);
    if(r=read(fd[0], s, 50)==-1)
        printf("can't read pipe\n");
    else printf("%s\n", s);
    exit(0);
  }
}
```

其中,lockf 为使进程互斥使用管道的系统调用,sleep 为使当前进程睡眠以让出处理器的系统调用。

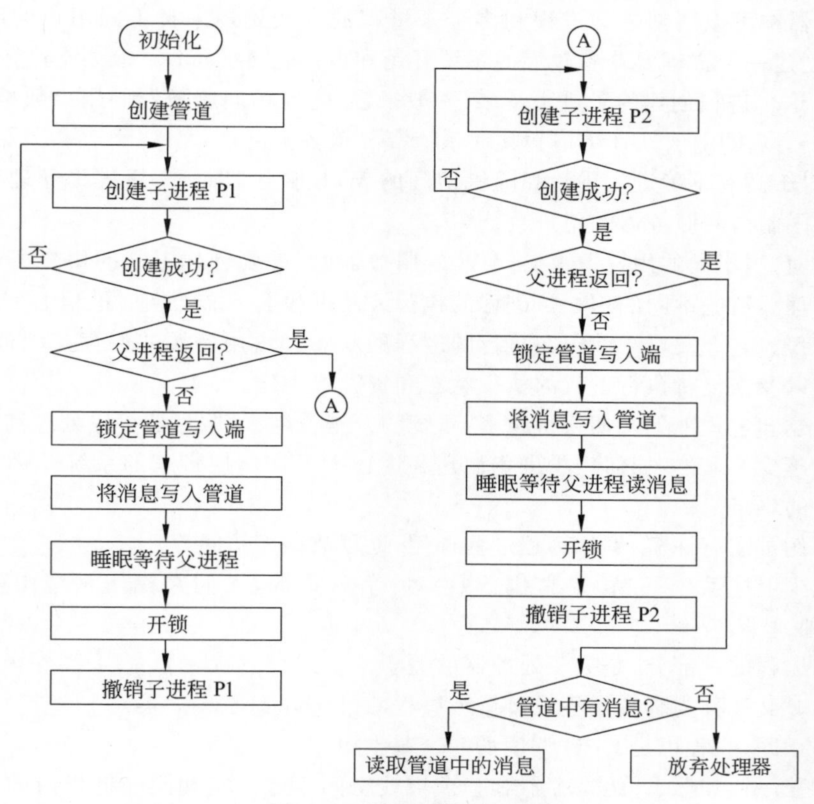

图 3.22　例 3.2 程序流程图

3.8　线　　程

3.8.1　概念

进程是为了提高 CPU 的执行效率，减少因为程序等待带来的 CPU 空转以及其他计算机软硬件资源的浪费而提出的。

进程是为了完成用户任务所需的程序的一次执行过程以及为其分配资源的一个基本单位。以进程为单位分配资源时，为了便于 CPU 执行，系统要定义如何对进程进行识别和操作的物理实体。在 3.2.1 节中已经介绍过，这个被系统识别和操作的物理实体就是进程控制块(PCB)。PCB 负责记录进程的描述信息、有关控制信息、各种资源的管理信息和对应进程的 CPU 现场保护信息等。

由 3.2.1 节可知，在网络或多用户环境下，许多用户的应用任务都是并发进行的，而且它们往往需要较多的软硬件资源。

然而，在许多情况下，用户要完成的任务具有许多相似的性质，即这些进程可能请求相同的资源和数据。例如，一个 Web 服务器可以同时接收来自不同用户的网页访问请求。显然，服务器处理这些网页请求都是并发进行的，否则会造成用户等待时间过长和响应速度降低。

在服务器中可以用创建父进程和多个子进程的办法处理来自不同用户的网页访问请求。然而，创建一个进程要花费较大的系统开销和占用较多的资源。例如，至少要使用一个PCB结构。这个进程创建的子进程越多（一般来说，随着访问服务器的用户数增加，子进程数也将增加），则使用的PCB结构和其他系统资源越多。

显然，对于具有不确定的用户和随机访问的Web服务器而言，用进程管理用户访问请求的方法会限制访问服务器的用户数。

另一方面，当不同的用户请求访问Web服务器时，就要创建不同的用户子进程以完成访问请求处理。这些不同的用户子进程的执行涉及进程上下文切换。进程上下文切换是一个复杂的过程。它涉及对当前正在执行的进程的状态和占用资源的保存与处理、选取新的待执行进程以及恢复待执行进程的执行状态和资源等工作。

进程创建和进程上下文切换得越多，系统的开销就越大，服务器可以处理和支持的用户访问请求就越少。显然，如何减少进程创建和进程上下文切换带来的系统开销是服务器操作系统设计的难点之一。

类似的例子还有许多，例如远程过程调用、远程数据库访问等。

为了减少上述系统开销，提高执行效率并节省资源，人们在操作系统中引入了线程(thread)的概念。

线程是进程的一部分，是关于处理器的概念。

线程有时又被称为轻权进程或轻量级进程(light weight process)。

与进程相同，线程也是CPU调度的一个基本单位。

线程由程序计数器、一组寄存器和一个堆栈空间组成。它和同一进程内的其他线程共享该进程的其他资源。

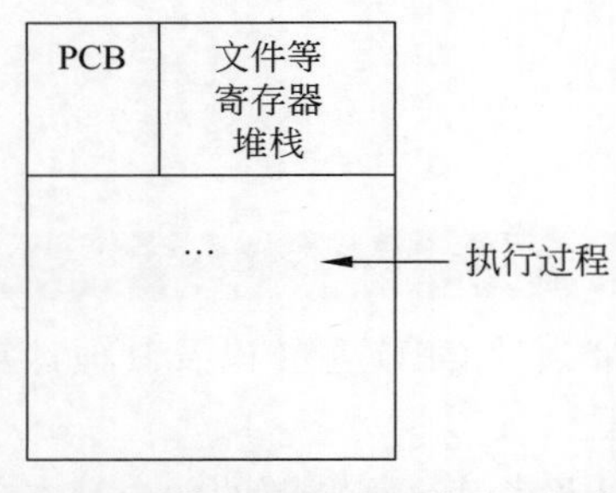

图3.23 等效于单线程的进程概念

可以说，线程是一个随着并行机和网络的发展而出现的概念，因为在这些系统中存在着大量多用户完成相似工作的情况，也存在着一个进程在多个CPU上执行的情况。

线程的切换比进程上下文切换要简单得多。

一个没有线程的进程可以被看作单线程的进程，即进程的执行过程是线状的，尽管中间会发生中断或暂停，但该进程拥有的资源只为该线状执行过程服务。一旦发生进程上下文切换，这些资源都是要被保护起来的。等效于单线程的进程概念如图3.23所示。

UNIX系统和Windows系统的早期版本都没有线程的概念。

与此相对应，如果在一个进程内拥有多个线程，则进程而是由多条线状执行过程组成，如图3.24所示。

3.8.2 描述和控制

线程在执行时也有它的相关特性。线程的状态和同步用来反映线程的这些特性。

线程有3个基本状态，即执行、就绪和阻塞。线程没有进程中的挂起状态。也就是说，线程是一个只与寄存器和堆栈相关的概念，它的内容不会因撤出CPU而进入缓冲区或外存。

PCB	文件等		
寄存器、堆栈	寄存器、堆栈	寄存器、堆栈	寄存器、堆栈
…	…	…	…

线程

图 3.24 多线程的进程概念

针对线程的 3 种基本状态,存在以下 5 种基本操作:

(1) 派生(spawn)。线程既可由进程派生,也可由线程派生。用户一般用系统调用(或相应的库函数)派生自己的线程。例如,在 Linux 操作系统中,库函数 clone()和 create-thread()用来派生不同执行模式下的线程。

一个新派生的线程具有相应的数据结构指针和变量,这些指针和变量作为寄存器上下文放在相应的寄存器和堆栈中。

新派生的线程被放入就绪队列。

(2) 阻塞(block)。如果一个线程在执行过程中需要等待某个事件发生,则被阻塞。线程被阻塞时,寄存器上下文、程序计数器以及堆栈指针都会得到保护。

(3) 激活(unblock)。如果阻塞线程的事件发生,则该线程被激活并进入就绪队列。

(4) 调度(schedule)。选择一个就绪线程进入执行状态。

(5) 结束(finish)。如果一个线程执行结束,它的寄存器上下文以及堆栈内容等将被释放。线程的状态和操作如图 3.25 所示。需要注意的一点是,在某些情况下,某个线程被阻塞也可能导致该线程所属的进程被阻塞。

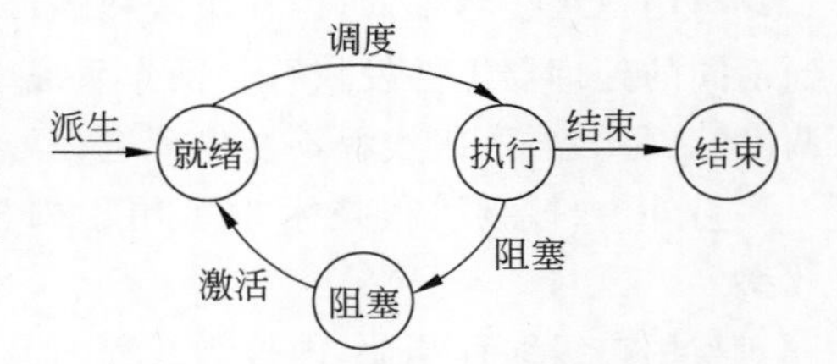

图 3.25 线程的状态和操作

线程的另一个特性是同步。

由于同一进程中的所有线程共享该进程的所有资源和地址空间,任何线程对资源的操作都会对其他相关线程带来影响,因此,系统必须为线程的执行提供同步控制机制,以防止因某个线程的执行而破坏其他的数据结构和给其他线程带来不利的影响。

线程和进程使用的同步控制机制相同。因此,这里不再进一步讲述有关线程的同步问题。

3.8.3 线程的实现

线程的两个基本类型是用户级线程和内核级线程(系统级线程)。在同一个操作系统中,有的使用纯用户级线程,有的使用纯内核级线程,有的则混合使用用户级线程和内核级线程。

用户级线程(user-level thread)的管理过程全部由用户程序完成,操作系统内核只管理进程。

为了对用户级线程进行管理,操作系统提供一个在用户空间执行的线程库。线程库为用户提供创建、调度、撤销线程功能。同时,线程库也提供线程间的通信、线程的执行以及保存线程上下文的功能。用户级线程库使用用户堆栈和分配给所属进程的用户寄存器。当一个线程被派生时,线程库为其生成相应的线程控制块(Thread Control Block,TCB)等数据结构,为TCB中的参数赋值,并把该线程置于就绪状态。其处理过程与进程的创建过程大致相似。

与进程相比,用户级线程有以下不同:

(1) 用户级线程的调度算法和调度过程全部由用户自行选择和确定,与操作系统内核无关。在用户级线程系统中,操作系统内核的调度单位仍是进程。如果进程的调度区间为T,则在T内,用户可以根据自己的需要设置不同的线程调度算法。

(2) 用户级线程的调度算法只进行线程上下文切换而不进行处理器切换,且其线程上下文切换是在内核不参与的情况下进行的。也就是说,线程上下文切换只在用户堆栈、用户寄存器等之间进行,不涉及处理器的状态。新线程通过程序调用指针的变化使程序计数器变化而得以执行。

(3) 因为用户级线程的上下文切换与内核无关,所以可能出现如下情况:当一个进程由于I/O中断或时间片用完等原因退出处理器,而属于该进程的执行中的线程仍处于执行状态。也就是说,尽管相关进程的状态是阻塞或等待,但其所属线程的状态却是执行。

内核级线程(kernel-level thread)由操作系统内核进行管理。操作系统内核向应用程序提供相应的系统调用和应用程序接口,以使用户程序可以创建、执行、撤销线程。

与用户级线程不同,内核级线程既可以被调度到一个处理器上并发执行,也可以被调度到不同的处理器上并发执行。操作系统内核既负责进程的调度,也负责进程内不同线程的调度。因此,内核级线程不会出现进程处于阻塞或等待状态而线程处于执行状态的情况。

另外,内核级线程技术也可用于内核程序自身,从而提高操作系统内核程序的执行效率。

与用户级线程相比,内核级线程的上下文切换时间要大于用户级线程的上下文切换时间。表3.1给出了用户级线程、内核级线程以及进程进行上下文切换时的时间开销。

表3.1 线程、进程等的上下文切换开销 单位:μs

操　　作	用户级线程	内核级线程	进　　程
Null Fork	34	948	11300
信号等待	37	441	1840

表3.1是在VAX机的单处理器系统上用UNIX系列操作系统测试得到的结果。测试时使用了两个过程,即Null Fork和信号等待。用户级线程、内核级线程以及进程都可用来完成上述功能。由表3.1可以看出,用户级线程的系统开销最小;内核级线程的开销比进程小,但比用户级线程大。

与内核级线程相比,用户级线程的另一个优点是不需要操作系统内核的特殊支持,只要有一个能提供线程创建、调度、执行、撤销以及通信等功能的线程库就行了。

有些操作系统，例如 Linux 或 Solaris 2.x，提供用户级线程和内核级线程两种功能。在这些操作系统中，线程的创建、调度和同步等仍在用户空间完成，而这些线程也可被映射到系统空间，并转化为内核级线程执行。这与 UNIX 的用户进程以及系统进程有相似之处。

本章小结

进程是操作系统中最重要、最基本的概念之一。它是系统分配资源的基本单位，是一个具有独立功能的程序段对某个数据集的一次执行活动。操作系统具有资源有限性、处理上的并行性以及系统用户的执行起始时间的随机性等特征。而一切仅具有静态特征的概念(例如程序)都不能反映系统的上述特征，因此，引入了具有动态特征的进程概念。

进程具有动态性、并发性等特点。反映进程动态特性的是进程状态的变化。进程要经历创建、等待资源、就绪、执行和执行后释放资源并消亡等几个状态。进程的状态转换要由不同的原语完成。进程的并发性反映在进程对资源的竞争以及由资源竞争引起的对进程执行速度的制约。这种制约可分为直接制约和间接制约。进程间的直接制约是：被制约进程和制约进程之间存在着使用对方资源的需求，只有制约进程执行后，被制约进程才能继续往前推进。进程间的间接制约是：被制约进程共享某个一次只能供一个进程使用的系统资源，只有得到该资源的进程才能继续往前推进，其他进程在获得资源的进程执行期间不允许交叉执行。直接制约的进程之间具有固定的执行顺序，而间接制约的进程之间则没有固定的执行顺序。

进程间的间接制约可利用加锁法和 P、V 原语实现。进程间的直接制约既可用 P、V 原语实现，也可用其他互相传递信号的方式实现。

尽管进程是一个动态概念，但是，从处理器执行的观点来看，进程仍需要静态描述。一个进程的静态描述是处理器的一个执行环境，被称为进程上下文。进程上下文由以下部分组成：进程控制块、正文段和数据段以及各种寄存器和堆栈中的值。寄存器中主要存放要执行的指令的逻辑地址、执行模式以及执行指令时要用到的各种调用和返回参数等，而堆栈中则存放 CPU 现场保护信息、各种资源控制管理信息等。

本章中所述的另一个重要的概念是进程间通信。进程间通信可分为传送控制信号的低级通信和大量传送数据的高级通信。从通信方式来看，又可分为主从方式、会话方式、消息与邮箱方式、以及共享内存方式。比较常用的死锁排除方法是检测与恢复方法。

无论是互相通信的进程还是共享某些不同类型资源的进程，都可能因通信顺序不当或资源分配顺序不当而造成死锁。死锁是因各并发进程等待资源而永久不能向前推进的系统状态。死锁对操作系统是十分有害的，排除死锁的方法有预防、回避、检测与恢复 3 种。

线程是为了提高操作系统的执行效率而引入的，它是进程内的一段程序的基本调度单位。线程可分为用户级线程和核心级线程。用户级线程的管理全部由线程库完成，与操作系统内核无关。线程由寄存器、堆栈以及程序计数器等组成，同一进程的线程共享该进程的进程空间和其他所有资源。线程主要用于多机系统以及网络系统的操作系统中。

习　题

3.1 有人说，一个进程是由伪处理机执行的一个程序。这话对吗？为什么？

3.2 单CPU是否可以实现程序的并发执行以及并行执行？

3.3 “程序的并发执行将导致最终结果失去封闭性”这话对所有的程序都成立吗？试举例说明。

3.4 在UNIX System Ⅴ中，系统程序所对应的正文段未被考虑成进程上下文的一部分，为什么？

3.5 进程控制块包含了很多结构。从进程、内存及文件等角度对这些结构进行分类。

3.6 Linux系统init进程的PID是多少？它在系统运行过程中起什么作用？

3.7 由于进程的创建开销较大，一般操作系统会使用copy-on-write技术提升创建进程的效率。简述该技术的实现原理。

3.8 什么是临界区？试举一个临界区的例子。

3.9 原子操作与临界区的区别是什么？

3.10 并发进程间的制约有哪两种？引起制约的原因是什么？

3.11 什么是进程间的互斥？什么是进程间的同步？

3.12 简述P、V原语法和加锁法实现进程间互斥的区别。

3.13 在生产者-消费者问题中，设其缓冲部分由 m 个长度相等的有界缓冲区组成，每次传输数据长度等于有界缓冲区长度，生产者和消费者可对缓冲区同时操作。重新描述发送过程deposit(data)和接收过程remove(data)。

3.14 进程PA、PB通过两个先进先出缓冲区队列连接，如图3.26所示，每个缓冲区的长度等于传送消息长度。进程PA、PB之间的通信满足图3.26所示的条件。

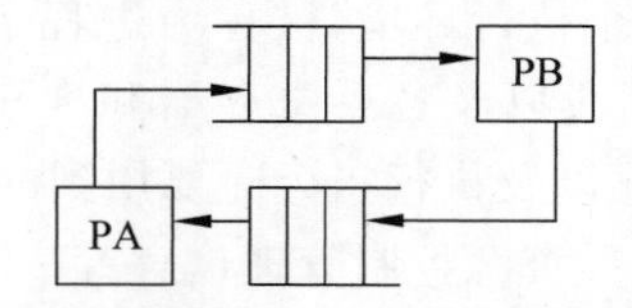

图3.26 进程PA、PB通过两个先进先出的缓冲区队列连接

(1) 至少有一个空缓冲区存在时，发送进程才能发送一个消息。

(2) 当缓冲区队列中至少存在一个非空缓冲区时，接收进程才能接收一个消息。

试描述发送过程send(i,m)和接收过程receive(i,m)。这里，i代表缓冲队列，m代表消息。

3.15 进程间通信的方式有哪些？它们各有什么优缺点？

3.16 每个进程有自己的进程地址空间。当两个进程利用消息缓冲机制进行通信时，操作系统如何将消息从发送进程地址空间缓冲区复制到接收进程地址空间缓冲区？

3.17 编写一个程序，使用系统调用fork生成3个子进程，并使用系统调用pipe创建一条管道，使得这3个子进程和父进程共用同一管道进行通信。

3.18 产生死锁有哪几个必要条件？为什么？

3.19 设有5位哲学家,共享一张放有5把椅子的圆桌,每人分得一把椅子。但是,桌子上总共只有5支筷子,在两人之间各放一支。哲学家在肚子饥饿时才试图分两次从两边拾起筷子吃饭。条件如下:

(1) 只有拿到两支筷子时,哲学家才能吃饭。

(2) 如果筷子已在他人手上,则哲学家必须等待到他人吃完之后才能拿到筷子。

(3) 哲学家在自己未拿到两支筷子吃饭之前,决不放下自己手中的筷子。

解答以下问题:

(1) 描述一个保证不会出现相邻的两位哲学家同时要吃饭的通信算法。

(2) 描述一个既没有相邻的两位哲学家同时吃饭,又没有哲学家饿死(永远拿不到筷子)的算法。

(3) 在什么情况下,5位哲学家全部吃不上饭?

3.20 银行家算法是经典的死锁避免算法,请简述该算法。

3.21 什么是线程?简述线程与进程的区别。

3.22 使用库函数clone()与create-thread()在Linux环境下创建两种不同执行模式的线程程序。

第4章　CPU调度

CPU是计算机系统中十分重要的资源。但在早期的计算机系统中,对它的管理是十分简单的。因为当时它和其他系统资源一样,为一个作业独占,不存在CPU分配和调度问题。随着多道程序设计技术和各种类型的操作系统的出现,人们研制出不同的CPU管理方法。不同的CPU管理方法将为用户提供不同性能的操作系统。例如,在多道批处理系统中,为了提高CPU的效率和作业吞吐率,当调度一批作业组织多道运行时,要尽可能使作业搭配合理,充分利用系统中的各种资源。又如,在分时系统中,由于用户使用交互式会话的工作方式,系统必须使得每个用户都感到只有自己在使用这台计算机。因此,分时系统在调度进程执行时,首先考虑的是每个进程得到CPU的机会均等性。而在实时系统中,首先要考虑的是CPU的响应时间。由此可见,操作系统的要求不同,CPU管理的策略是不同的。

衡量调度策略的指标有很多。最常用的指标是周转时间、吞吐率、响应时间以及设备利用率等。

(1) 周转时间是指从一个作业提交给计算机系统开始到该作业的结果返回给用户为止所需要的时间。

(2) 吞吐率是指在给定的时间内计算机系统完成的总工作量。

(3) 响应时间则是指从用户向计算机发出一个命令开始到计算机把相应的执行结果返回给用户为止所需要的时间。

(4) 设备利用率主要指输入输出设备的使用情况。在有些要求输入输出处理能力强的系统(如管理信息系统)中,设备利用率也是衡量调度策略好坏的重要指标。

本章以CPU管理为核心,讨论管理、控制用户进程执行的方法,主要包括以下内容:

(1) 作业与进程的关系。

(2) 作业调度策略与算法。

(3) 进程调度策略与算法。

(4) 几种调度策略的评价。

另外,本章还介绍实时调度系统。

4.1　分级调度

4.1.1　作业的状态及其转换

作业是用户要求计算机完成的关于一次业务处理的全部工作,包括作业的提交、执行和输出等过程。一个作业从用户提交开始到占有CPU被执行,要由系统经过多级调度才能实现(在分时系统中,也可以由单级调度实现)。下面以批处理系统为例看一个作业处理的大致过程。

如图 4.1 所示，一个作业从提交给计算机系统到执行结束退出系统，一般都要经历提交、收容、执行和完成 4 个状态。

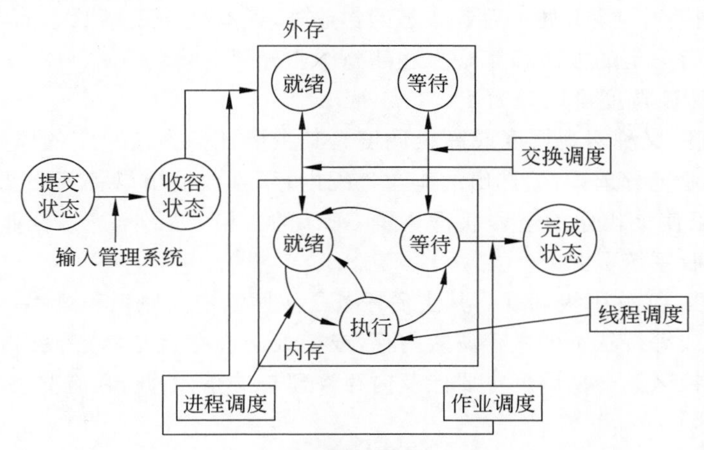

图 4.1 作业的状态及其转换

一个作业从输入设备进入外存的过程称为提交状态。处于提交状态的作业，因其信息尚未全部进入系统，所以不能被作业调度程序选取。

收容状态也称为后备状态。输入管理系统不断地将作业输入到外存中的相应部分（或称输入井，即专门用来存放待处理作业信息的外存分区）。若一个作业的全部信息已输入到输入井中，那么，在它还未被作业调度程序选取并执行之前，该作业处于收容状态。

作业调度程序从后备作业中选取若干作业到内存中投入运行。它为被选中的作业建立进程并分配必要的资源，这时，这些被选中的作业处于执行状态。从宏观上看，这些作业正处在执行过程中；但从微观上看，在某一时刻，由于 CPU 总数少于并发执行的进程数，因此，不是所有被选中的作业都占有 CPU，其中的大部分处于等待资源或就绪状态中。那么，究竟哪个作业的哪个进程能获得 CPU 而真正在执行，要由进程调度程序决定。

当作业运行完毕，但它所占用的资源尚未全部被系统回收时，该作业处于完成状态。在这种状态下，系统需要做打印结果、回收资源等善后处理工作。

需要指出的是，除了大型机之外，在微机、智能手机以及嵌入式计算机系统中没有作业的概念，因为在这些系统中不需要用外围设备输入输出和存储数据。

4.1.2 调度的层次

CPU 调度问题实际上也是 CPU 的分配问题。哪些作业的哪些进程可以竞争 CPU 呢？显然，只有那些参与竞争 CPU 所必需的资源都已得到满足的进程才能享有竞争 CPU 的资格。这时，它们处于内存就绪状态。这些必需的资源包括内存、外设及有关数据结构等。因此，在进程有资格竞争 CPU 之前，作业调度程序必须先调用存储管理程序和外设管理程序，并按一定的选择顺序和策略从输入井中选择几个处于后备状态的作业，为它们分配内存等资源并创建进程，使它们获得竞争 CPU 的资格。

另外，处于执行状态的作业一般包含多个进程，而在单机系统中，每一时刻只能有一个进程占有 CPU，因此，其他进程就只能处于准备抢占 CPU 的就绪状态或等待得到某种新资源的等待状态。为了提高资源的利用率，在有些操作系统中把一部分在内存中处于就绪状态或等待状态而在短时期内又得不到执行的进程、作业换出内存，以让其他作业的进程竞争CPU。这样，在外存中，除了处于后备状态的作业外，还有处于就绪状态而等待得到内存的作业。这就需要有一定的方法和策略为这部分作业分配空间。

一般来说，CPU调度可以分为4级：

(1) 作业调度，又称宏观调度或高级调度。其主要任务是按一定的原则对外存输入井中的大量后备作业进行选择，给选出的作业分配内存、输入输出设备等必要的资源，并建立相应的根进程，以使该作业的进程获得竞争CPU的资格。另外，当该作业执行完毕时，作业调度还负责回收系统资源。

(2) 交换调度，又称中级调度。其主要任务是按照给定的原则和策略，将处于外存交换区中的就绪状态或等待状态的进程调入内存，或把处于内存就绪状态或内存等待状态的进程交换到外存交换区。交换调度主要涉及内存管理与扩充，因此，在有些书中也把它归入内存管理部分。

(3) 进程调度，又称微观调度或低级调度。其主要任务是按照某种策略和方法选取一个处于就绪状态的进程占用CPU。在确定了占用CPU的进程之后，系统必须进行进程上下文切换，以建立与占用CPU的进程相适应的执行环境。

(4) 线程调度。

上述4级调度的关系如图4.1所示。

在多道批处理系统中，存在作业调度和进程调度。在分时系统和实时系统中，一般不存在作业调度，而只有交换调度、进程调度和线程调度。这是因为在分时系统和实时系统中，为了缩短响应时间或不超出满足用户需求的截止时间，作业不是建立在外存中，而是直接建立在内存中。在这些系统中，一旦用户和系统的交互开始了，用户就马上要进行控制。因而，这些系统中没有作业提交状态和后备状态。它们的输入信息经过终端缓冲区为系统所接收，或者立即处理，或者经交换调度暂存于外存中。

4.1.3 作业与进程的关系

作业可被看作用户向计算机提交的任务实体，例如一次计算、一个控制过程等。进程则是计算机为了完成用户提交的任务实体而设置的执行实体，是系统分配资源的基本单位。显然，计算机要完成一个任务实体，必须有一个以上的执行实体。也就是说，一个作业总是由一个以上的进程组成的。

作业怎样分解为进程呢？首先，系统必须为一个作业创建一个根进程。然后，在执行作业控制语句时，根据任务要求，系统或根进程为其创建相应的子进程。最后，为各子进程分配资源和调度各子进程执行，以完成作业要求的任务。

4.2 作业调度

如上所述，作业调度主要是完成作业从后备状态到执行状态的转变以及从执行状态到完成状态的转变。本节主要介绍作业调度的功能及调度性能的评价方法。

4.2.1 功能

作业调度主要有以下 4 个功能。

(1) 记录系统中各作业的状况,包括执行阶段的有关情况。通常,系统为每个作业建立一个作业控制块(JCB)记录这些有关信息。与系统感知进程存在时要通过进程控制块(PCB)一样,系统通过作业控制块感知作业的存在。系统在作业进入后备状态时为该作业建立作业控制块,从而使得该作业可被作业调度程序感知。当该作业执行完毕进入完成状态之后,系统又撤销其作业控制块以释放有关资源并撤销该作业。每个作业在各阶段所要求和分配的资源以及该作业的状态都记录在它的作业控制块中,根据作业控制块中的有关信息,作业调度程序对作业进行调度和管理。

对于不同的批处理系统,其作业控制块的内容也有所不同。图 4.2 给出了作业控制块的主要内容,它包括作业名、作业类型、资源要求、资源使用情况、优先级和当前状态等。

作业名
作业类型
资源要求
资源使用情况
优先级
当前状态
…

图 4.2 作业控制块的主要内容

作业名由用户提供并由系统将其转换为系统可识别的作业标识符。作业类型指该作业属于计算型(要求 CPU 时间多)、管理型(要求输入输出量大)还是图形设计型(要求高速图形显示)等。资源要求包括该作业估计执行时间、要求最迟完成时间、要求的内存量和外存量、要求的外设类型及台数以及要求的软件支持工具库函数等。资源要求均由用户提供。资源使用情况包括作业进入系统时间、开始执行时间、已执行时间、内存地址、外设台数等。其中,作业进入系统时间指作业的全部信息进入输入井,作业的状态变为后备状态的时间;开始执行时间指该作业被作业调度程序选中,其状态由后备状态变为执行状态的时间;已执行时间指当前作业处于执行状态,已占用 CPU 的时间;内存地址指分配给该作业的内存区起始地址;外设台数指分配给该作业的外设实际台数。优先级用来决定该作业的调度次序。优先级既可以由用户给定,也可以由系统动态计算产生。当前状态是指该作业当前所处的状态。显然,只有当作业处于后备状态时,该作业才可以被调度。

(2) 从后备作业队列中挑选若干作业投入执行。一般来说,系统中处于后备状态的作业较多,大的系统可以达到几十个甚至几百个,这取决于输入井的空间大小。但是,处于执行状态的作业一般只有有限的几个。作业调度程序根据选定的调度算法,从后备作业队列中挑选若干作业投入执行。

(3) 为被选中作业做好执行前的准备工作。作业调度程序为选中的作业建立相应的进程,并为这些作业分配它们所需的系统资源,如给它们分配内存、外存、外设等。

(4) 在作业执行结束时做善后处理工作。主要是输出作业管理信息,例如执行时间等。其他工作还包括回收该作业所占用的资源,撤销与该作业有关的全部进程和该作业的作业控制块,等等。

作业从后备状态到执行状态,又从执行状态到完成状态的转换过程如图 4.3 所示。

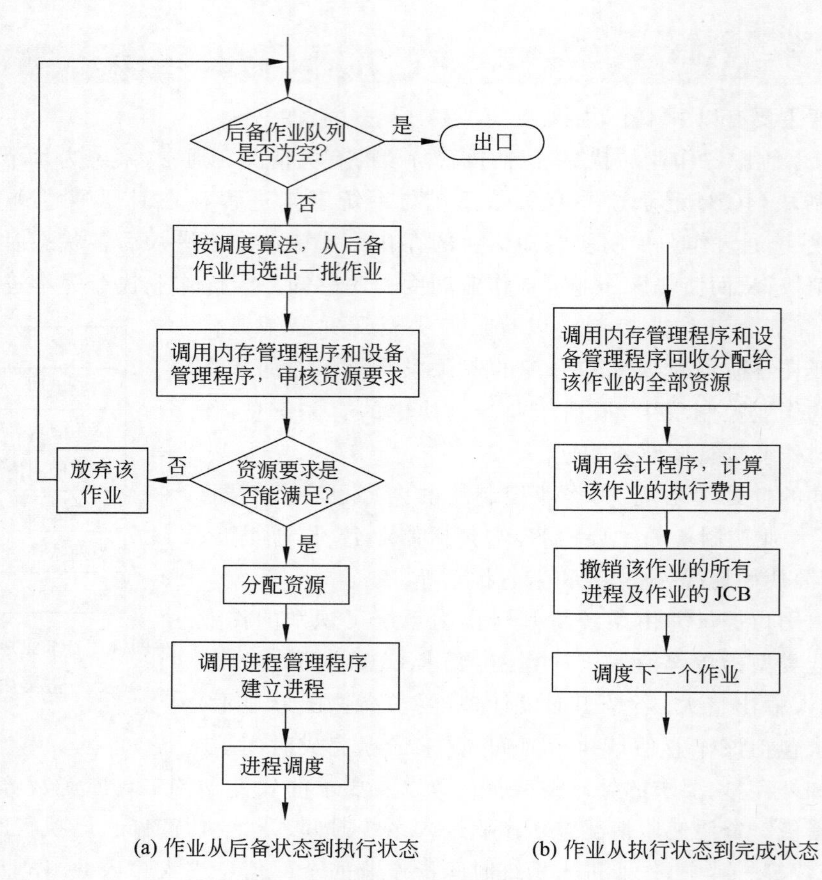

(a) 作业从后备状态到执行状态　　(b) 作业从执行状态到完成状态

图 4.3　作业调度中状态的转换过程

4.2.2　调度目标与性能衡量

从 4.2.1 节可知，作业调度的主要功能是记录系统中各作业的状况，从后备作业队列中挑选一批作业进入执行状态，为被选中作业分配资源并建立进程，在作业执行结束后释放作业占用的资源。其中最主要的是从后备作业队列中挑选一批作业进入执行状态。怎样挑选呢？显然，根据不同的目标，有不同的调度算法。这些调度算法将在 4.4 节中介绍，这里先介绍调度目标。

一般来说，调度目标主要是以下 4 点：

(1) 对所有作业应该是公平合理的。

(2) 应使设备有尽可能高的利用率。

(3) 同时执行尽可能多的作业。

(4) 有尽可能短的响应时间。

由于这些目标的相互冲突，任一调度算法要想同时满足上述目标是不可能的。例如，要想执行尽可能多的作业，调度算法就应选择估计执行时间短的作业，但这样做对估计执行时间长的作业又是不公平的，使它们的响应时间变得非常长。

必须指出，如果考虑的因素过多，调度算法就会变得非常复杂，其结果是系统开销增加，资源利用率下降。因此,大多数操作系统都根据用户需要,采用兼顾某些目标的简单调度算法。

那么,怎样衡量一个作业调度算法是否满足系统设计的要求呢?对于批处理系统,由于主要用于计算,对于作业的周转时间要求较高,因此,作业的平均周转时间或平均带权周转时间被作为衡量调度算法优劣的标准。而对于分时系统和实时系统来说,还要增加平均响应时间作为衡量调度算法优劣的标准。

1. 周转时间

作业 i 的周转时间 T_i 为

$$T_i = T_{ei} - T_{si}$$

其中,T_{ei} 为作业 i 的完成时间,T_{si} 为作业的提交时间。对于被测定作业流中的 $n(n \geqslant 1)$ 个作业来说,其平均周转时间为

$$T = \frac{1}{n}\sum_{i=1}^{n} T_i$$

一个作业的周转时间说明了该作业在系统内停留的时间。它包含两部分:一为等待时间,二为执行时间,即

$$T_i = T_{wi} + T_{ri}$$

这里,T_{wi} 主要指作业 i 由后备状态到执行状态的等待时间,它不包括作业进入执行状态后的等待时间。

2. 带权周转时间

作业的周转时间包含两部分,即等待时间和执行时间。为了进一步反映调度性能,引入了带权周转时间的概念。带权周转时间是作业周转时间与作业执行时间之比:

$$W_i = T_i / T_{ri}$$

对于被测定作业流中的几个作业来说,其平均带权周转时间为

$$W = \frac{1}{n}\sum_{i=1}^{n} W_i$$

对于分时系统,除了要保证系统吞吐量大、资源利用率高之外,还要保证用户能够容忍的响应时间。因此,在分时系统中,仅仅用周转时间或带权周转时间来衡量调度性能是不够的。

4.3 进程调度

无论是批处理系统、分时系统还是实时系统,用户进程数一般都多于 CPU 数,这将导致用户进程互相争夺 CPU。另外,系统进程也同样需要使用 CPU。这就要求进程调度程序按一定的策略,动态地把 CPU 分配给处于就绪队列中的某个进程,以使之执行。本节介绍进程调度的功能、进程调度的时机等。

4.3.1 功能

进程调度主要有以下 3 个功能:

(1) 记录系统中所有进程的执行情况。作为进程调度的准备,进程管理模块必须将系统中各进程的执行情况和状态特征记录在各进程的 PCB 中。并且,进程管理模式根据各进程的状态特征和资源需求,将各进程的 PCB 排成相应的队列并进行动态队列转接。进程调度模块通过 PCB 的变化来掌握系统中所有进程的执行情况和状态特征,并在适当的时机从就绪队列中选择一个进程占据 CPU。

(2) 选择占有 CPU 的进程。进程调度的主要功能是按照一定的策略选择一个处于就绪状态的进程,使其获得 CPU 执行。根据不同的系统设计目的,有各种各样的选择策略,例如系统开销较少的静态优先数调度法、适用于分时系统的轮转法和多级反馈轮转法等。这些选择策略决定了调度算法的性能。

(3) 进行进程上下文切换。当正在执行的进程由于某种原因要让出 CPU 时,系统要进行进程上下文切换,以使被进程调度程序选中的进程得以执行。被选中进程执行时,必须从上一次中断处开始执行。这就要恢复该进程的上下文和进行上下文切换,系统在进行上下文切换时,首先要检查是否可以进行上下文切换(在有些情况下,上下文切换是不允许的,例如系统正在执行某个不允许中断的原语时)。然后,系统要保留有关被切换进程的足够信息,以便以后切换回该进程时顺利恢复该进程的执行。在系统保留了 CPU 现场之后,进程调度程序选择一个新的处于就绪状态的进程,并装配成该进程的上下文,使 CPU 的控制权转给被选中进程。

4.3.2 调度的时机

进程调度发生在什么时机呢?这与引起进程调度的原因以及进程调度的方式有关。

引起进程调度的原因有以下几类:

(1) 正在执行的进程执行完毕。这时,如果不选择新的就绪进程执行,将浪费 CPU 资源。

(2) 执行中的进程自己调用阻塞原语将自己阻塞,进入睡眠等待状态。

(3) 执行中的进程调用了 P 原语操作,从而因资源不足而被阻塞;或调用了 V 原语操作,激活了等待资源的进程队列。

(4) 执行中进程提出 I/O 请求后被阻塞。

(5) 在分时系统中时间片已经用完。

(6) 在执行系统调用后,在系统程序返回用户进程时,可认为系统进程执行完毕,从而可调度选择一个新的用户进程执行。

以上都是在 CPU 执行不可剥夺方式下引起进程调度的原因。在 CPU 执行方式是可剥夺时,还有以下引起进程调度的原因:就绪队列中的某个进程的优先级变得高于当前执行进程的优先级。

所谓可剥夺方式,即就绪队列中一旦有优先级高于当前执行进程优先级的进程存在时,便立即发生进程调度,转让 CPU。而非剥夺方式或不可剥夺方式则意味着:即使在就绪队列存在优先级高于当前执行进程时,当前进程仍将继续占有 CPU,直到该进程自己因调用原语操作或等待 I/O 而进入阻塞、睡眠状态或时间片用完时才重新发生调度,让出 CPU。

操作系统将在以上几种原因之一发生的情况下进行进程调度。例如,UNIX 的早期版本就是在以下 5 种情况之一发生时进行进程调度的:

(1) 当前进程自己调用 sleep、wait 等进入睡眠状态时。

(2) 当前进程在系统调用执行结束后返回用户态时,它的优先级已低于其他就绪状态的进程,或调度标志被置位。

(3) 当前进程在完成中断和陷阱处理后返回用户态时,它的优先级已低于其他就绪状态的进程,或调度标志被置位。

(4) 时间片用完,而且当前进程的优先级低于其他就绪状态的进程。

(5) 当前进程调用 exit 自我终止时。

4.3.3 调度性能衡量

进程调度虽然是系统内部的低级调度,但进程调度的优劣直接影响作业调度的性能。那么,怎样评价进程调度的优劣呢?反映作业调度优劣的周转时间和平均周转时间只在某种程度上反映了进程调度的性能。例如,其执行时间部分中实际上包含进程等待(包括就绪状态时的等待)时间,而进程等待时间的多少是要依靠进程调度策略和等待事件何时发生来决定的。因此,进程调度性能的衡量是操作系统设计的一个重要指标。

进程调度性能的衡量方法可分为定性和定量两种。在定性衡量方面,首先是调度的可靠性,包括一次进程调度是否可能引起数据结构的破坏等,这要求对调度时机的选择和保存CPU 现场十分谨慎。另外,简洁性也是衡量进程调度的一个重要指标,由于调度程序的执行涉及多个进程并且必须进行上下文切换,如果调度程序过于烦琐和复杂,将会耗费较大的系统开销。在用户进程调用系统调用较多的情况下,这将会造成响应时间大幅度增加。

进程调度的定量评价包括 CPU 的利用率、进程在就绪队列中的等待时间与执行时间之比等。实际上,由于进程进入就绪队列的随机模型很难确定,而且进程上下文切换等也将影响进程的执行效率,所以对进程调度进行解析是很困难的。一般情况下,大多利用模拟或测试系统响应时间的方法来评价进程调度的性能。

4.4 调度算法

4.4.1 常用调度算法

本节讨论各种常用的进程调度算法和作业调度算法。

1. 先来先服务调度算法

将用户作业和就绪进程按提交顺序或变为就绪状态的先后排成队列,并按照先来先服务(First Come First Serve,FCFS)算法进行调度处理,这是最普遍和最简单的方法。在没有特殊理由要优先调度某类作业或进程时,从处理的角度来看,FCFS 是最合适的方法,因为无论是追加还是取出一个队列元素在操作上都是最简单的。

直观地看,该算法在一般意义下是公平的,即每个作业或进程都按照它们到达队列的先后顺序决定它们是否优先享受服务。不过对于那些执行时间较短的作业或进程来说,如果它们在某些执行时间很长的作业或进程之后到达,则它们将等待很长的时间。

在实际操作系统中,尽管很少单独使用 FCFS 算法,但它经常和其他一些算法配合使用。例如,基于优先级的调度算法就是对具有同样优先级的作业或进程采用 FCFS 算法。

2. 轮转法

轮转法(round robin)的基本思路是让每个进程在就绪队列中的等待时间与享受服务的时间成比例。轮转法的基本概念是将 CPU 的处理时间分成固定大小的时间片。如果一个进程在被进程调度程序选中之后用完了系统规定的时间片,但未完成要求的任务,则它自行释放自己所占有的 CPU 而排到就绪队列的末尾,等待下一次调度。同时,进程调度程序又去调度当前就绪队列中的第一个进程。轮转法的原理见图 4.4。

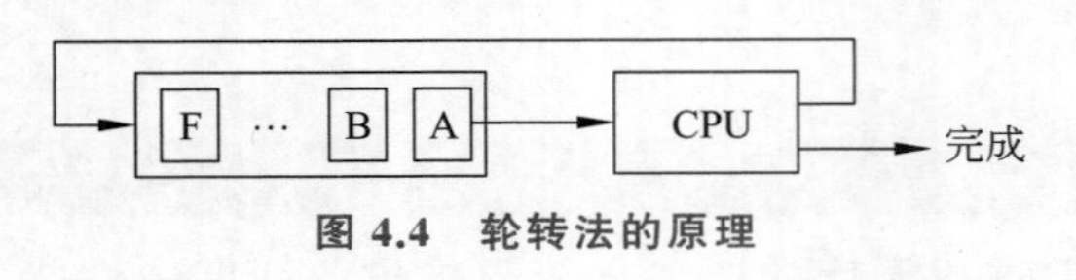

图 4.4 轮转法的原理

显然,轮转法只能用来分配那些可以抢占的资源,将它们随时剥夺,再分配给别的进程。CPU 是可抢占资源的一种,但打印机等资源是不可抢占的。由于作业调度是对除了 CPU 之外的所有系统硬件资源的分配,其中包含不可抢占资源,所以作业调度不使用轮转法。

在轮转法中,时间片长度的选取非常重要。首先,时间片长度的选择会直接影响系统开销和响应时间。如果时间片长度过短,则调度程序剥夺 CPU 的次数增多。这将使进程上下文切换次数也大大增加,从而加重系统开销;反过来,如果时间片长度过长,例如一个时间片能保证就绪队列中所需执行时间最长的进程能执行完毕,则轮转法变成了先来先服务法。

时间片长度 q 的选择是根据系统对响应时间 R 的要求和就绪队列中所允许的最大进程数 N_{max}确定的。它可表示为

$$q = R/N_{max}$$

在 q 为常数的情况下,如果就绪队列中的进程数发生远小于 N_{max}的变化,则响应时间 R 看上去会大大减小。但是,就系统开销来说,由于 q 值固定,从而进程上下文切换的时机不变,系统开销也不变。通常,系统开销也是 CPU 执行时间的一部分。CPU 的整个执行时间等于各进程执行时间加上系统开销。在进程执行时间大幅度减小的情况下,如果系统开销也随之减小,系统的响应时间有可能更好一点。例如,在只有一个用户进程的情况下,如果 q 值增大到足够该进程执行完毕,则进程调度引起的系统开销就没有了。一种可行的办法是:每当一轮调度开始时,系统便根据就绪队列中已有进程数计算一次 q 值,作为新一轮调度的时间片。这种方法得到的时间片是随就绪队列中的进程数变化的。

3. 多级反馈轮转法

在轮转法中,加入就绪队列的进程有 3 种情况:第一种情况是分给一个进程的时间片用完,但该进程还未完成,它回到就绪队列的末尾等待下次调度继续执行;第二种情况是分给一个进程的时间片并未用完,只是因为请求 I/O 或由于进程的互斥与同步关系而被阻塞,当阻塞解除之后再回到就绪队列;第三种情况就是新创建的进程进入就绪队列。如果对这些进程区别对待,给予不同的优先级和时间片,从直观上看,可望进一步改善系统服务质量和效率。例如,可把就绪队列按照进程到达就绪队列的类型和进程被阻塞时的阻塞原因分成不同的就绪队列,每个队列按 FCFS 原则排列,各队列之间的进程享有不同的优先级,但同一队列内优先级相同。这样,当一个进程在执行完它的时间片之后、从睡眠中被唤醒之后以及被创建之后,将进入不同的就绪队列。多级反馈轮转法(round robin with multiple feedback)与优先级法在原理上的区别是：一个进程在它执行结束之前，可能需要反复多次通过反馈循环执行，而不是优先级法中的一次执行。

4. 优先级法

优先级法可被用作作业或进程的调度策略。首先，系统或用户按某种原则为作业或进程指定一个优先级来表示该作业或进程享有的调度优先权。该算法的核心是确定进程或作业的优先级。

确定优先级的方法可分为两类，即静态法和动态法。静态法根据作业或进程的静态特性，在作业或进程开始执行之前就确定它们的优先级，一旦开始执行之后就不能改变。动态法则不然，它把作业或进程的静态特性和动态特性结合起来确定作业或进程的优先级，随着作业或进程的执行过程，其优先级不断变化。

1）静态优先级

作业调度中的静态优先级大多按以下原则确定：

(1) 由用户自己根据作业的紧急程度输入一个适当的优先级。为防止各用户都将自己的作业冠以高优先级，系统应对高优先级用户收取较高的费用。

(2) 由系统或操作员根据作业类型指定优先级。作业类型一般由用户约定或由操作员指定。例如，可将作业分为I/O繁忙的作业、CPU繁忙的作业、I/O与CPU均衡的作业、一般作业等。系统或操作员可以给各类作业指定不同的优先级。

(3) 系统根据作业的资源要求情况确定优先级。例如，根据对作业所需的CPU时间、内存量大小、I/O设备类型及数量等的估计确定作业的优先级。

进程的静态优先级确定原则如下：

(1) 按进程的类型给予不同的优先级。例如，在有些系统中，进程被划分为系统进程和用户进程。系统进程享有比用户进程高的优先级。对于用户进程来说，则可以分为I/O繁忙的进程、CPU繁忙的进程、I/O与CPU均衡的进程和其他进程。

对系统进程，也可以根据其要完成的功能划分为不同的类型，例如调度进程、I/O进程、中断处理进程、存储管理进程等。这些进程还可进一步划分为不同类型和赋予不同的优先级。例如，在操作系统中，对于键盘中断的处理优先级和对于电源掉电中断的处理优先级是不同的。

(2) 将作业的静态优先级作为它所属进程的优先级。

2）动态优先级

基于静态优先级的调度算法实现简单，系统开销小。但由于静态优先级一旦确定之后，直到执行结束为止始终保持不变，从而系统效率较低，调度性能不高。在现在的操作系统中，如果使用优先级调度，则大多采用动态优先级的调度策略。

进程的动态优先级一般根据以下原则确定：

(1) 根据进程占有CPU时间的长短来决定。一个进程占有CPU的时间越长，则在被阻塞之后再次获得调度的优先级就越低；反之，其获得调度的可能性就会越大。

(2) 根据就绪进程等待CPU的时间长短来决定。一个就绪进程在就绪队列中等待的时间越长，则它获得调度的优先级就越高。

由于动态优先级随时间的推移而变化，系统要经常计算各个进程的优先级，因此，系统要为此付出一定的开销。

使用轮转法调度进程时，新创建的进程也放入就绪队列末尾享受平等的 CPU 时间片。这对于执行时间长的进程来说是不公平的，因为它们需要多个时间片才能完成。因此，线性优先级调度策略采用如下方式，即新创建的进程按 FCFS 方式排成就绪队列，而其他已得到过时间片服务的进程也按 FCFS 方式排成另一个就绪队列，称为享受服务队列，如图 4.5 所示。

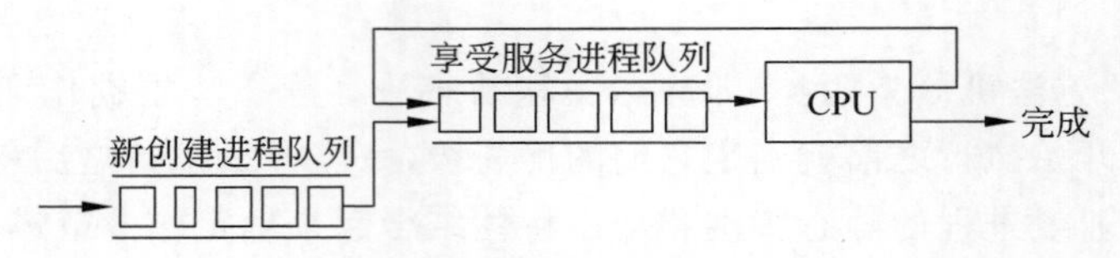

图 4.5 线性优先级调度

对于这两个队列中的进程，设新创建进程队列中的进程的优先级 P 提高的速率为

$$P = at \quad (a > 0)$$

享受服务进程队列中的进程的优先级 P 提高的速率为

$$P = bt \quad (a > b > 0)$$

设某一进程在时刻 t_1 时被创建，在时刻 t 时，该进程的优先级为

$$P(t) = a(t - t_1) \quad (t_1 < t)$$

又设该进程在 t'_1 时刻转入享受服务进程队列，则在时刻 t，该进程的优先级变为

$$P(t) = a(t'_1 - t_1) + b(t - t'_1) \quad (t_1 < t'_1 < t)$$

那么，一个新创建进程等待多长时间之后进入享受服务进程队列较为合适呢？当新创建进程队列中的头一个进程的优先级 $P(t) = a(t - t_1)$ 与享受服务队列中最后一个进程的优先级 $P(t) = bt$ 相等时，新创建进程队列中的头一个进程可以转入享受服务进程队列。其优先级变化曲线如图 4.6 所示。

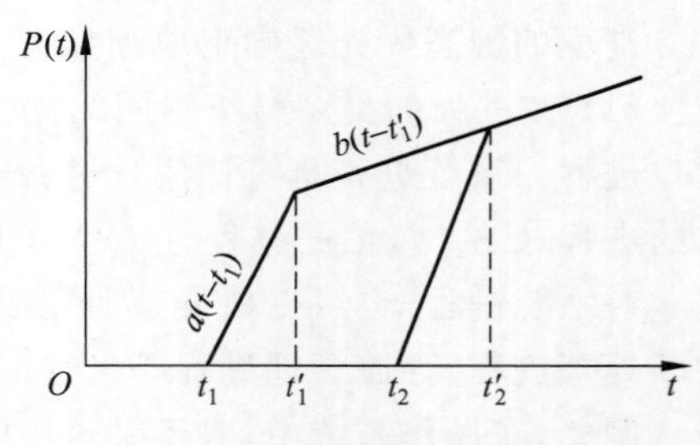

图 4.6 优先级变化曲线

另外，当享受服务进程队列为空时，新创建进程队列的头一个进程也将移入享受服务进程队列。

显然，在上述线性优先级调度法中，$a > b > 0$ 的条件是必要的。否则，当 $b > a > 0$ 时，两个不同队列中的就绪进程的优先级将永远不会相等，从而，在享受服务进程队列中永远只有一个进程。因此，上述线性优先级调度策略退回到 FCFS 方式。另外，如果 $a > b = 0$，则线性优先级调度策略退回到轮转法调度策略。事实上，线性优先级调度策略是一种介于轮转法和 FCFS 方式之间的调度策略。这几种方式的调度性能将在 4.4.2 节中进一步讨论。

5. 最短作业优先法

在以批处理为主的系统中，如果采用 FCFS 方式进行作业调度，虽然系统开销小，算法简单，但是，如果估计执行时间很短的作业在长作业的后面到达系统，则必须等待长作业执行完成之后才有机会执行，这将造成不必要的等待和某种不公平。最短作业优先法(Shortest Job First，SJF)就是选择那些估计需要执行时间最短的作业投入执行，为它们创建进程并分配资源。直观地说，采用最短作业优先的调度算法，可使得系统在同一时间内处理的作业个数最多，从而吞吐量也大于其他调度方式。但是，对于一个不断有作业进入的批处理系统来说，最短作业优先法有可能使得长作业永远得不到调度执行的机会。

6. 最高响应比优先法

最高响应比优先法(Highest Response-ratio Next，HRN)是对 FCFS 方式和 SJF 方式的一种综合平衡。FCFS 方式只考虑每个作业的等待时间而未考虑执行时间，SJF 方式只考虑每个作业的执行时间而未考虑等待时间，因此，这两种调度算法在极端情况下会带来某些不便。HRN 调度策略同时考虑每个作业的等待时间和估计需要的执行时间，从中选出响应比最高的作业投入执行。

响应比 R 定义如下：

$$R=(W+T)/T=1+W/T$$

其中，T 为该作业估计需要的执行时间，W 为作业在后备状态队列中的等待时间。

每当要进行作业调度时，系统计算每个作业的响应比，选择其中 R 最大者投入执行。这样，即使是长作业，随着它等待时间的增加，W/T 也随之增加，也就有机会获得调度执行。这种算法是介于 FCFS 方式和 SJF 法之间的一种折中算法。由于长作业也有机会投入运行，在同一时间内处理的作业数显然要少于 SJF 法，从而采用 HRN 法时的吞吐量将小于采用 SJF 法时的吞吐量。另外，由于每次调度前要计算响应比，系统开销也要相应增加。

4.4.2 算法评价

在 4.4.1 节中，介绍了几种常用的作业和进程调度算法以及响应的调度性能衡量标准。本节利用解析技术从数学上分析几种主要调度方法的性能。

1. FCFS 方式的调度性能分析

设 CPU 或系统资源为服务台，一个进程或一个作业为享受该服务台服务的顾客。当这些顾客按 FCFS 方式排队享受服务时的系统模型如图 4.7 所示。

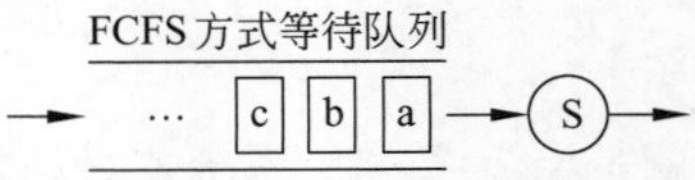

FCFS方式等待队列

… c b a → S

图 4.7 FCFS 方式的系统模型

这里，假定该系统模型中只有一个服务台。

设新顾客到达等待队列的时间与系统的当前状态、以前的顾客到达时间都无关，即新顾客到达系统的时间是服从泊松分布的。设 λ 为到达率，则在单位时间内 x 个顾客到达的概率为

$$P(x)=e^{-\lambda}\lambda^{x}/x!$$

单位时间内顾客到达的期望值，即算术平均值为

$$E(x)=\sum_{x=0}^{\infty}xP(x)=e^{-\lambda}\sum_{x=1}^{\infty}\lambda^{x}/(x-1)! =\lambda e^{-\lambda}\sum_{y=0}^{\infty}\lambda^{y}/y!$$

其中，$y=x-1$。由于

$$\sum_{x=0}^{\infty}\lambda^{x}/x! =e^{\lambda}$$

所以，$E(x)=\lambda$。也就是说，单位时间内顾客到达数量的平均值等于其到达率 λ。

设服务台 S 为顾客提供服务的概率也服从泊松分布，且 μ 为服务率，则单位时间内 x 个顾客被服务的概率是

$$P(x)=\mathrm{e}^{-\mu}\mu^{x}/x!$$

同理，单位时间内被服务的顾客数量的平均值等于其服务率 μ。

将单位时间换成任意时间 t，在已知时间 t 内 x 个顾客到达的概率为

$$P(x(t))=\mathrm{e}^{\lambda t}(\lambda t)^{x}/x!$$

在 t 时间内，一个顾客也不到达的概率为

$$P(0)=\mathrm{e}^{-\lambda t}$$

从而，t 时间内至少到达一个顾客的概率为

$$P(x(t)>0)=1-\mathrm{e}^{-\lambda t}$$

如果把时间 t 换成固定的时间间隔 τ，则在任何时间间隔 τ 内至少有一个顾客到达发生的概率仍为 $1-\mathrm{e}^{-\lambda t}$。这个概率和上一次顾客到达的时刻无关。新顾客在下一个 τ 时间内到达的概率和以前顾客的到达无关，这个特性称为无记忆特性或马尔可夫性质。利用该性质，可以简化顾客和服务的排队模型。

由于服务台的服务概率也服从泊松分布，可推出它在 τ 时间间隔内至少为一个顾客服务的概率为 $1-\mathrm{e}^{-\mu t}$，且与以前的服务过程无关。因此，服务台的服务特性也满足马尔可夫性质。

由于

$$P(x(t)>0)=1-\mathrm{e}^{-\lambda t}$$

其密度函数为

$$P(x(t)>0)=\lambda\mathrm{e}^{-\lambda t}$$

t 的期望值为

$$E(t)=\int_0^{\infty}t\lambda\mathrm{e}^{-\lambda t}\mathrm{d}t=-t\mathrm{e}^{-\lambda t}\ |_0^{\infty}+\int_0^{\infty}\mathrm{e}^{-\lambda t}\mathrm{d}t=1/\lambda$$

即两个连续到达的顾客之间的平均时间间隔为 $1/\lambda$。同理，可得服务台服务时间的平均值为 $1/\mu$。显然，只有当

$$1/\mu<1/\lambda$$

也就是当 $\lambda<\mu$ 时，系统才是稳定的，否则等待服务队列将无限增长。设 S_i 为系统的一个状态，表示等待服务的等待队列中有 $i-1$ 个顾客，服务台有 1 个顾客正在接受服务。由概率密度函数可知，在 t 时间内 1 个新顾客到达的概率为

$$P(1(t))=\lambda t\mathrm{e}^{-\lambda t}$$

对充分小的 $\mathrm{d}t$，在时间区间 $[t,t+\mathrm{d}t)$ 内有 1 个顾客到达的概率与 t 无关。将上式在 $t=0$ 处作泰勒一阶多项式展开，如下式所示：

$$P(\mathrm{d}t\text{ 时间内 1 个顾客到达})=P(1(\mathrm{d}t))=\lambda\mathrm{e}^{-\lambda\mathrm{d}t}\mathrm{d}t=\lambda\mathrm{d}t+o(\mathrm{d}t^2)$$

其中，$o(\mathrm{d}t^2)$ 是在 $\mathrm{d}t\to0$ 时关于 $\mathrm{d}t$ 的高阶无穷小。

同理可得，在 $\mathrm{d}t$ 时间内服务器为 1 个顾客提供服务的概率为

$$P(\mathrm{d}t\text{ 时间内 1 个顾客离开})=\mu\mathrm{d}t+o(\mathrm{d}t^2)$$

省略以上两式的二次方项，在 $\mathrm{d}t$ 时间内 1 个顾客到达或离开的概率为

$$P(\mathrm{d}t\text{ 时间内 1 个顾客到达})=\lambda\mathrm{d}t$$

$$P(\mathrm{d}t\text{ 时间内 1 个顾客离开})=\mu\mathrm{d}t$$

当 $i=0$ 时，有

$$P(\mathrm{d}t\text{ 时间内 1 个顾客离开})=0$$

在 $\mathrm{d}t$ 时间内，顾客一个也不到达和顾客一个也不离开的概率为

$$1-P(\mathrm{d}t\text{ 时间内 1 个顾客到达})-P(\mathrm{d}t\text{ 时间内 1 个顾客离开})-$$
$$P(\mathrm{d}t\text{ 时间内 2 个以上顾客到达})-P(\mathrm{d}t\text{ 时间内 2 个以上顾客离开})$$

由于上式的后两项实际上是 $\mathrm{d}t$ 的二次方以上的函数，从而上式可合并为

$$P(\mathrm{d}t\text{ 时间内不发生变化})=\begin{cases}1-(\lambda+\mu)\,\mathrm{d}t-o(\mathrm{d}t^2), & i>0\\ 1-\lambda\mathrm{d}t-o(\mathrm{d}t^2), & i=0\end{cases}$$

忽略二次方项，可得状态转换图，如图 4.8 所示。

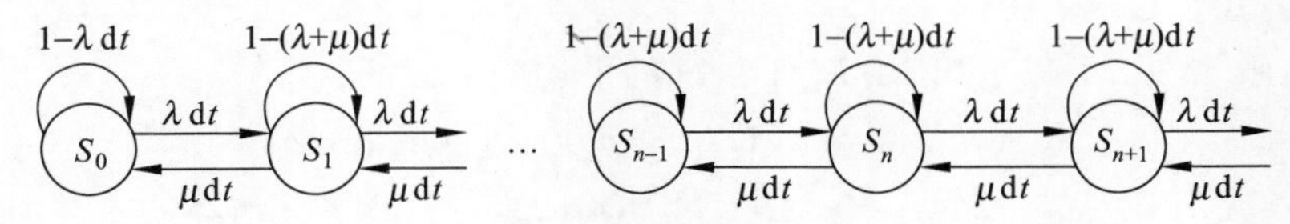

图 4.8 状态转换图

设系统在 $t+\mathrm{d}t$ 时间内处于状态 S_i 的概率为 $P_i(t+\mathrm{d}t)$，则由状态转换图有

$$P_i(t+\mathrm{d}t)=[1-(\lambda+\mu)\mathrm{d}t]P_i(t)+\lambda\mathrm{d}tP_{i-1}(t)+\mu\mathrm{d}tP_{i+1}(t)$$

式中 $i\geqslant1$。当 $i=0$ 时，有

$$P_0(t+\mathrm{d}t)=(1-\lambda\mathrm{d}t)P_0(t)+\mu\mathrm{d}tP_1(t)$$

当系统到达稳定状态时，上述概率将会趋于一个常量，$P_i(t+\mathrm{d}t)$的导数为 0，即

$$P'_i(t+\mathrm{d}t)=-(\lambda+\mu)P_i(t)+\lambda P_{i-1}(t)+\mu P_{i+1}(t)=0$$
$$P'_0(t+\mathrm{d}t)=-\lambda P_0(t)+\mu P_1(t)=0$$

即

$$P_1=(\lambda/\mu)P_0(t)$$
$$(\lambda+\mu)P_i(t)=\lambda P_{i-1}(t)+\mu P_{i+1}(t)$$

令 $\lambda/\mu=\rho$，采用代入法可得

$$P_i(t)=\rho^iP_0(t)$$

另外，系统运行中的任一时刻总是处于图 4.8 所示的状态转换图中的任一状态，从而有

$$\sum_{i=0}^{\infty}P_i=1$$

由此可得

$$\sum_{i=0}^{\infty}\rho^iP_0(t)=1$$

由于在 $\rho<1$ 时有

$$\sum_{i=0}^{\infty}\rho^i=1/(1-\rho)$$

从而有

$$P_0(t)=1-\rho$$

即，在稳态条件下，系统内不存在顾客的概率为 $1-\rho=(\mu-\lambda)/\mu$，而系统内存在顾客的概率

为 λ/μ。系统内顾客数量的平均值是

$$n = E(i) = \sum_{i=0}^{\infty} iP_i(t) = \sum_{i=0}^{\infty}(1-\rho)^i\rho^i = \rho(1-\rho)$$

把上述按 FCFS 方式排列和调度并且只有一个服务台的系统称为 M/M/1 系统。第一个字母 M 表示顾客到达时间间隔服从指数分布，具有马尔可夫性质；第二个字母 M 表示从服务台离开的顾客的时间间隔服从指数分布，具有马尔可夫性质；第三个字母 1 表示只有一个服务台。

设平均响应时间 R 为从顾客到达等待队列时开始到离开服务台的平均时间，则在系统进入稳定状态之后，系统中的顾客数 n 和平均响应时间之间存在一个非常简单的关系，即 $n=\lambda R$，λ 为顾客的平均到达率。该公式称为 Little 结果(Little's result)，是在系统分析中广泛使用的公式。

利用 Little 结果，可以求出 M/M/1 系统的平均响应时间：

$$R = n/\lambda = \rho/\lambda(1/(1-\rho)) = 1/(\mu(1-\rho))$$

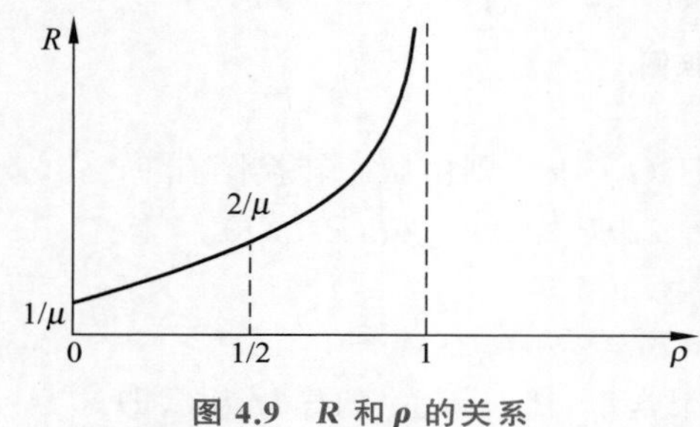

图 4.9　R 和 ρ 的关系

R 和 ρ 的关系如图 4.9 所示。

由图 4.9 可以看出，M/M/1 系统的服务性能是由 ρ 决定的。如果 ρ 趋近 1，即 λ 趋近 μ，则平均响应时间急剧增大，系统性能变差。而当 ρ 小于 1/2 时，等待队列中为空的可能性较大，因为平均响应时间小于平均服务时间的 2 倍。

下面再来看看 M/M/1 系统对短作业或短进程的影响。

设短作业的到达率和服务率分别为(λ_1,μ_1)，长作业的到达率和服务率为(λ_2,μ_2)，且二者都服从泊松分布。二者的合成仍是泊松过程(请读者自己证明)，其到达率为 $\lambda=\lambda_1+\lambda_2$，平均服务时间为

$$\begin{aligned}1/\mu &= \lambda_1/(\lambda_1+\lambda_2)\times(1/\mu_1)+\lambda_2/(\lambda_1+\lambda_2)\times(1/\mu_2)\\ &= 1/(\lambda_1+\lambda_2)\times(\lambda_1/\mu_1+\lambda_2/\mu_2)\end{aligned}$$

从而有

$$\lambda/\mu = \lambda_1/\mu_1+\lambda_2/\mu_2 = \rho_1+\rho_2$$

一般来说，短作业的服务时间 $1/\mu_1$ 远小于长作业的服务时间 $1/\mu_2$。采用 FCFS 调度策略时平均响应时间 R 为

$$R = 1/\lambda\times\rho/(1-\rho)$$

其中，$\lambda=\lambda_1+\lambda_2$，$\rho=\rho_1+\rho_2$。

由于 λ 和 ρ 中包含了 λ_1、λ_2、μ_1 和 μ_2，所有作业的平均响应时间相同，所以短作业在系统中的驻留平均时间与长作业的驻留平均时间相同，这对短作业是不利的。

2. 轮转法调度性能评价

轮转法调度时的顾客到达率要大大高于 FCFS 方式。设时间片为 q，平均服务时间为 $1/\mu$，每个顾客平均需要 k 个时间片。从而有 $1/\mu=kq$。如果某个顾客刚好需要 k 个时间片的服务时间，则这个顾客就会到达等待队列 k 次$(k>1)$。

对于短作业，$1/\mu_1=k_1q$；而对于长作业，$1/\mu_2=k_2q$。设新顾客的到达率为 $\lambda=\lambda_1+\lambda_2$，平均服务时间为

$$1/\mu=(\lambda_1/\mu)\ k_1q+(\lambda_2/\mu)\ k_2q=(1/\lambda)(\lambda_1/\mu_1+\lambda_2/\mu_2)$$

从而有

$$\lambda/\mu=\rho=\rho_1+\rho_2$$

在平均响应时间方面，轮转法和 FCFS 调度方式上似乎变化不大。但事实上，在等待队列中享受过 k 次时间片服务的顾客的响应时间是

$$R(k)=\rho/(\lambda(1-\rho))=1/(\mu(1-\rho))=kq\ /(1-\rho)$$

也就是说，响应时间与服务时间成正比。从而，所需服务时间短的顾客的响应时间将会小于所需服务时间长的顾客的响应时间。因此，轮转法在响应时间上优于 FCFS 调度方式。

3. 线性优先级法的调度性能

线性优先级法是介于 FCFS 方式和轮转法之间的一种调度策略。SRR 方式把新到达的顾客首先送入等待室休息一段时间，再送到等待服务队列。线性优先级调度的系统模型如图 4.10 所示。设顾客到达等待室的到达率为 λ，到达等待队列的到达率为 λ'。λ' 依赖于等待室的到达率 λ 和线性参数 r，其中 $r=1-b/a$，$a>b$，a 和 b 分别为等待室内的顾客和等待队列中的顾客优先级的线性增加系数。

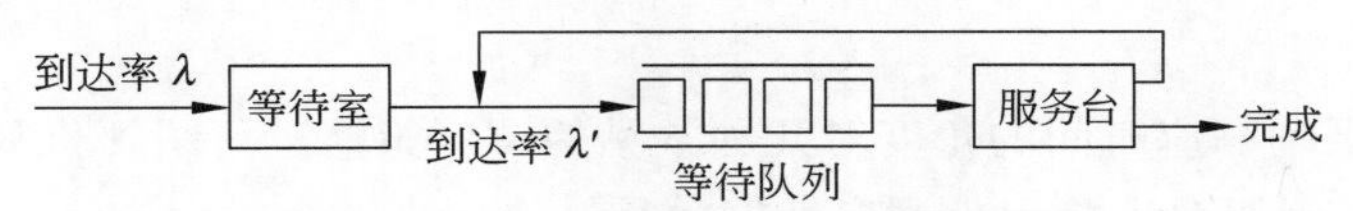

图 4.10　线性优先级调度的系统模型

设 t_1 和 t_2 分别为两个顾客接连到达等待室的时间，则有

$$1/\lambda=t_2-t_1$$

设 t_1' 和 t_2' 分别为两个顾客从等待室接连到达等待队列的时间，则有

$$1/\lambda'=t_2'-t_1'$$

由图 4.6 可知，有

$$(t_2-t_1)/(t_2'-t_1')=r$$

即

$$\lambda'/\lambda=r,\quad \lambda'=r\lambda$$

由于 $r<1$，所以到达的顾客以 r 的比率滞留等待室。

线性优先级调度系统的平均响应时间是 R_sr，且 R_sr 由等待室的平均等待时间 R_d 和进入等待队列后得到服务的平均响应时间 R_s 之和组成。由对轮转法的分析有

$$R_s=1/(\mu-\lambda)$$

$$R_sr=1/(\mu-\lambda')$$

从而

$$R_d=R_sr-R_s=1/(\mu-\lambda')-1/(\mu-\lambda)=(\lambda'-\lambda)\ /((\mu-\lambda')(\mu-\lambda))$$

另外，由轮转法可知

$$R_s(k)=kq/(1-\rho)$$

其中，$\rho=\lambda/\mu$。从而有

$$R_sr(k)=R_d+R_s(k)=(\lambda'-\lambda)/(\mu-\lambda')(\mu-\lambda)+kq/(1-\rho)$$
$$=1/(\mu-\lambda')-(1-kq\mu)/(\mu-\lambda)$$

其中 k 是一个顾客享受服务的时间片的个数，q 是时间片常数。

可以比较一下 FCFS 方式、轮转法以及 SRR 方式 3 种调度方式的平均响应时间。

当采用 FCFS 方式时，有

$$R_{fc}(k)=1/(\mu-\lambda)$$

当采用轮转法时，有

$$R_{rr}(k)=kq\mu/(\mu-\lambda)$$

当采用 SRR 方式时，有

$$R_{sr}(k)=1/(\mu-\lambda)-(1-kq\mu)/(\mu-\lambda)$$

如果 $kq=1/\mu$，即顾客的服务时间与其平均服务时间相等，则 $R_{sr}(k)$ 中的第二项变为 0，$R_{fc}(k)=R_{rr}(k)=R_{sr}(k)$。当然，对于需要的服务时间短的顾客来说，有 $kq<1/\mu$；而对于需要的服务时间长的顾客来说，则有 $kq>1/\mu$。因此，对于服务时间短的顾客，3 种调度方式的平均响应时间的关系为

$$R_{rr}<R_{sr}<R_{fc}$$

而对于服务时间长的顾客，3 种调度方式的平均响应时间的关系为

$$R_{fc}<R_{sr}<R_{rr}$$

上面只是从平均响应时间的角度对几种常见的调度策略进行了评价分析。除了平均响应时间之外，CPU 利用率也是评价调度性能的另一个标准。

4.5 实时系统

4.5.1 特点

随着移动通信和网络计算技术的发展，实时系统正变得越来越重要。操作系统是实时系统中最重要的部分之一。它负责在用户要求的时限内进行事件处理和控制。

实时系统与其他系统的最大区别在于，其处理和控制的正确性不仅取决于计算的逻辑结果，而且取决于计算和处理结果产生的时间。因此，实时系统的调度与工业企业中的生产过程调度有许多相同之处，即把给定的任务按要求的时限调配到相应的设备上完成。

根据对处理外部事件的时限(deadline)要求，实时系统中处理的外部事件可分为硬实时任务(hard real time task)和软实时任务(soft real time task)。硬实时任务要求系统必须完全满足任务的时限要求；软实时任务则允许系统对任务的时限要求有一定的延迟，其时限要求只是一个相对条件。

实时系统的另一个重要特点是它处理的外部任务可分为周期性任务与非周期性任务两大类。对于非周期性任务来说，必定存在一个完成或开始处理的时限；而周期性任务只要求在周期 T 内完成或开始进行处理。

一般来说，实时操作系统具有以下特点：

(1) 有限等待时间(决定性)。

(2) 有限响应时间。

(3) 用户控制。

(4) 可靠性高。

(5) 系统出错处理能力强。

在分时系统中,并发执行的进程具有不确定性,其执行顺序与执行环境有关。实时系统则不然,它要求所有的进程在处理事件时都必须在有限时间内开始处理。这一特性又被称为实时系统的决定性特性。

实时系统的有限响应时间特性是指从系统响应外部事件开始,必须在有限时间内处理完毕。

在分时系统中,用户不能参与对进程调度的控制。而在实时系统中,用户可以控制进程的优先级并选择相应的调度算法,从而实现对进程执行先后顺序的控制。

实时系统要求具有很高的可靠性。在分时系统中,用户可以用重新启动计算机等措施来处理系统出错。而实时系统主要对外部事件进行处理和控制,例如导弹系统的控制,这样的系统不允许出现控制错误。

当系统发生错误时,分时系统先停止当前处理的用户程序,转去执行出错处理或使系统自动退出。而实时系统要求系统在出错时既能够处理发生的错误,又不影响当前正在执行的用户程序。

实时系统的上述特性要求实时操作系统具有下述能力:

(1) 很快的进程或线程切换速度。进程或线程切换速度是实时系统设计的核心。与分时系统不同,公平性以及最小平均响应时间等指标在实时系统中并不重要,实时系统中调度算法的设计原则是满足所有硬实时任务的处理时限和尽可能多地满足软实时任务的处理时限。

(2) 快速的外部中断响应能力。有关中断处理和响应的详细介绍,将在 7.3 节中给出。只有对外部中断信号反应迅速,实时系统才能对外部事件作出迅速反应。

(3) 基于优先级的随时抢先式调度策略。相应的调度策略大致有以下 4 种:

① 优先级+时间片轮转调度策略。

② 基于优先级的非抢先式调度策略。

③ 基于优先级的固定点抢先式调度策略。

④ 基于优先级的随时抢先式调度策略。

对于调度策略①来说,因为调度必须在时间片到来时才能发生,实时进程必须等待占有 CPU 的进程执行到时间片结束时才能获得 CPU,因此,这种方法不能用于实时调度。同理,基于优先级的非抢先式调度策略也不能用于实时调度,因为高优先级的实时进程只有在当前执行进程自动让出 CPU 之后才能获得 CPU。

基于优先级的固定点抢先式调度策略与基于优先级的随时抢先式调度策略是实时系统的主要调度策略。基于优先级的固定点抢先式调度策略与优先级+时间片轮转调度策略有相似之处,其主要区别在于前者允许抢先的固定点间隔要比时间片小得多,并且能满足所有硬实时任务的处理时限。

4.5.2 调度算法

实时调度算法分为4类。

(1) 静态表格驱动的实时调度算法。这类实时调度算法对可能的调度条件和参数进行静态分析,并将分析结果作为实际调度结果。这类调度方法多用于调度处理周期性任务,其主要分析参数为周期、执行时间、执行结束时限和任务优先级等。最早时限优先法是比较典型的静态表格驱动的实时调度算法,它采用优先调度时限最早的任务获得CPU的调度方法。

(2) 静态优先级驱动抢先的实时调度算法。这类实时调度算法也进行静态分析,不过,它们的静态分析不直接产生调度结果,而只用来指定任务的优先级。频率单调调度算法就是一种静态优先级驱动抢先的实时调度算法。

(3) 动态计划的实时调度算法。这类实时调度算法在调度任务执行之前排出调度计划,并分析计划的调度结果是否使任务要求的处理时限得到满足。如果能够满足,则按调度计划执行;否则修改调度计划。

(4) 尽力而为的实时调度算法。这类实时调度算法不进行可能性分析,只为到达的事件和相关任务指定相应的优先级并进行调度。这类实时调度算法开销较小,实现容易。但是,它不一定能满足用户要求的处理时限。

本章小结

CPU是计算机系统中十分重要的资源,本章主要介绍CPU的调度目标、策略以及评价方法等。

因为CPU调度程序不可能选择全部驻留在外存的进程,因此,在调度一个进程占有CPU之前,系统必须按某种策略选择外存中处于后备状态的作业,并创建进程和分配内存,为进程的执行准备必需的资源。这一步称为作业调度或高级调度。作业调度的目标是尽量做到公平合理、能执行尽可能多的作业、响应时间尽可能短以及设备利用率高等。任一调度算法要同时满足这些调度目标都是不可能的。大多数操作系统根据用户需要采用兼顾某些目标的方法。比较常用的作业调度算法有FCFS法、SJF法、HRN法等。这几种方法各有特点。其中FCFS法系统开销小,且每个作业都按其到达顺序被依次调度。FCFS法不利于短作业。SJF法可得到最大系统吞吐率,即每天处理的作业个数最多。但是SJF法有可能使长作业永远没有机会执行。HRN法是介于FCFS法和SJF法之间的一种折中方法。

除了作业调度之外,本章还介绍了称为交换调度的中级调度。在有的系统中,把处于等待状态或就绪状态的进程换出内存,而把等待事件已经发生或已在外存交换区中等待了较长时间的进程换入内存,这就是交换调度。

只有在进程被建立起来并且已获得足够的资源之后,系统才使用进程调度策略把CPU分配给选出的进程。因此,CPU的调度涉及3个层次的调度。进程调度的主要任务是选择一个合适的进程占据CPU。根据系统的不同要求,进程调度方法变化较大。比较常用的有轮转法、FCFS法、优先级法和SRR法等。其中,轮转法主要用于分时系统,它具有较好的响应时间,且对每个进程来说都具有较好的公平性;FCFS法不利于执行时间短的进程;而

SRR法则是介于FCFS法和轮转法之间的一种进程调度方法。

进程调度和线程调度是CPU调度。在没有线程的操作系统中，进程可以看作单线程。线程调度与进程调度的最大区别是：进程是资源占有的基本单位，进程调度涉及相关进程所用资源的释放和保护；线程调度只涉及CPU，它的调度只需对相关线程的寄存器和堆栈等进行切换。

本章还对实时系统及其调度作了简要介绍。实时系统不同于分时系统，它对响应时间具有明确要求，因此，实时操作系统的调度算法不同于分时操作系统。随着物联网技术和工业自动化技术的发展，实时系统的应用会越来越普遍，人们对实时系统的要求也会越来越高。

习　题

4.1　什么是分级调度？分时系统中有作业调度的概念吗？如果没有，为什么？

4.2　试比较作业、进程和程序的区别。

4.3　作业的状态与进程的状态有什么区别与联系？

4.4　简述作业调度的主要功能。

4.5　作业调度的性能评价标准有哪些？这些性能评价标准在任何情况下都能反映调度策略的优劣吗？

4.6　进程调度的功能有哪些？

4.7　选择占有CPU的进程的策略有哪些？这些策略分别适合哪些系统(如分时系统、实时系统等)？

4.8　引起进程调度的原因和时机有哪些？

4.9　衡量进程调度的方法有哪些？

4.10　假设有4道作业，它们的提交时刻及执行时间由表4.1给出。

表4.1　4.10题用表

作　业　号	提交时刻/hh:mm	执行时间/h
1	10:00	2
2	10:20	1
3	10:40	0.5
4	10:50	0.3

计算在单道程序环境下采用先来先服务调度算法和最短作业优先调度算法时的平均周转时间和平均带权周转时间，并指出它们的调度顺序。

4.11　设某进程需要的服务时间$t=kq$，其中，k为时间片的个数，q为时间片长度且为常数。当t为一定值时，令q趋近0，则有k趋近无穷，从而服务时间为t的进程响应时间T是t的连续函数。采用轮转法、FCFS法和SRR法，其响应时间函数分别为

$$T_{rr}(t)=t\mu/(\mu-\lambda)$$

$$T_{fc}(t)=1/(\mu-\lambda)$$

$$T_{sr}(t)=1/(\mu-\lambda)-(1-t\mu)/(\mu-\lambda')$$

其中$\lambda'=((1-b)/a)\lambda=r\lambda$。

取$(\lambda,\mu)=(50,100)$和$(\lambda,\mu)=(80,100)$，分别改变r的值，画出$T_{rr}(t)$、$T_{fc}(t)$和$T_{sr}(t)$的时间变化图。

4.12　进程动态优先级的确定原则有哪些？

4.13　实时系统一般应用在哪些场合？其应用决定了它应具备哪些特点？为了实现这些特点，实时系统需要具有哪些能力？

4.14　实时系统的调度算法有哪些？

4.15　什么是实时调度？它与非实时调度有何区别？

4.16　设周期性任务P_1、P_2、P_3的周期T_1、T_2、T_3分别为100、150、350，执行时间分别为20、40、100，是否可用频率单调调度算法进行调度？

第5章　内存管理

5.1　背　　景

内存(memory)也称为主存,是计算机系统的核心之一,一般是CPU能直接寻址的唯一存储器。它用于保存进程运行时的程序和数据。CPU在获取指令周期时从内存中读取指令,而在获取数据周期时在内存中对数据进行读取或写入。由于内存容量有限,无法装入所有的程序与数据,现在的计算机系统采用多层结构的存储系统。由于程序执行时存在顺序性和局部性,因此,在内存中仅装入程序当前运行所需的部分,其他部分存储在外存,在需要时再装入。内存管理的任务是:记录哪些内存正在使用、哪些内存是空闲的,在进程需要时为其分配内存,在进程使用完内存后释放内存。合理的内存管理策略不仅直接影响内存的利用率,而且对提升系统性能有重要作用。本章主要讨论内存管理问题,内容包括虚拟内存的概念、现代操作系统中常用的内存管理方法、内存的分配和释放算法、控制内存和外存之间的数据流动的方法、地址变换技术、内存数据保护和共享技术等。

5.1.1　虚拟内存

虚拟内存是内存管理的核心概念。现代计算机系统的存储器都分为内存和外存,其原因是:内存价格昂贵,不可能用大容量的内存存储所有被访问的或不被访问的程序与数据;而外存尽管访问速度较慢,但价格便宜,适合存放大量信息。实验证明,在一个进程的执行过程中,其大部分程序和数据并不经常被访问。这样,内存管理系统把程序中不经常被进程访问的程序和数据放入外存,待需要访问它们时再将它们调入内存。那么,对于一部分数据和程序段在内存而另一部分在外存的进程,怎样安排它们的地址呢?

通常,用户编写的源程序首先要由编译程序编译成CPU可执行的目标代码。然后,连接程序把一个进程的不同程序段连接起来以完成程序的功能。显然,对于不同的程序段,应具有不同的地址。

有两种方法安排这些编译后的目标代码的地址。

一种方法是按照物理内存中的位置赋予物理地址。这种方法的好处是CPU执行目标代码时的执行速度高。但是,由于物理内存的容量限制,能装入内存并发执行的进程数将会大大减少,对于某些较大的进程来说,当其所要求的总内存容量超过可用物理内存容量时将无法执行。另外,由于编译程序必须知道内存的当前空闲部分及其地址,并且把一个进程的不同程序段连续地放入内存,因此编译程序将非常复杂。

另一种方法是编译和连接程序把用户源程序经编译后连接到一个以0地址为起始地址的线性或多维虚拟地址空间。这个连接过程既可以是在程序执行以前由连接程序完成的静态连接,也可以是在程序执行过程中由于需要而进行的动态连接。而且,每一个执行过程都拥有这样一个空间(这个空间是一维的还是多维的由内存管理方式决定)。每个指令或数据单元都在这个虚拟地址空间中拥有确定的地址，这个地址称为虚拟地址(virtual address)。显然，一个程序在执行过程中的地址排列可以是非连续的，其物理地址由虚拟地址变换得到。由源程序到实际存放该程序指令或数据的内存物理位置的地址变换如图 5.1 所示。

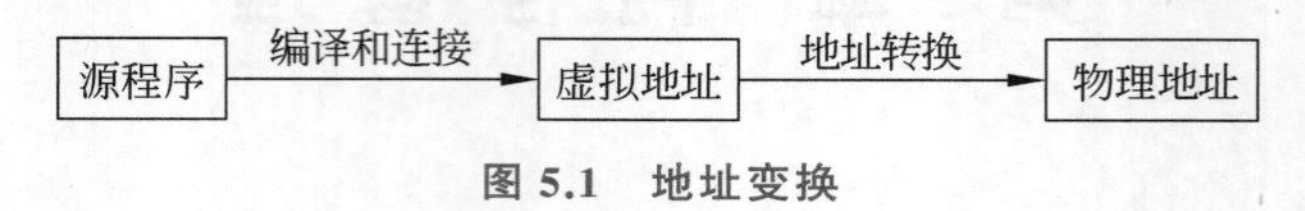

图 5.1　地址变换

一个程序在执行过程中的目标代码、数据等的虚拟地址组成的虚拟空间称为虚拟内存(virtual store 或 virtual memory)。虚拟内存不考虑物理内存的大小和信息存放的实际位置，只规定执行指令和数据之间互相关联信息的相对位置。与物理内存容量有限且被所有执行程序共享不一样，每个执行中的程序都有属于自己的虚拟内存，且虚拟内存的容量是由计算机的地址结构和寻址方式确定的。例如，直接寻址时，如果 CPU 的有效地址长度为 16 位，则其寻址范围为 0～64KB；而间接寻址时，其虚拟内存的容量就会大得多。

图 5.1 中的编译和连接主要是编译系统的工作，而虚拟内存到物理内存的变换是操作系统必须解决的问题。要实现这个变换，不仅要有相应的地址变换与管理算法，还要有相应的硬件支持。这些硬件和地址变换与管理算法一起完成管理内存和外存之间数据和程序的自动交换，实现虚拟内存功能。即，由于每个执行中的程序都拥有自己的虚拟内存，且每个虚拟内存的大小不受物理内存的容量限制，而系统不可能提供足够大的物理内存来存放所有程序和数据的内容，只能存放那些经常被访问的程序和数据，这就需要有相当大的外存，以存储不经常被访问或在某一段时间内不会被访问的程序与数据，待到执行过程中需要这些程序和数据时，再将其从外存中自动调入内存。至于如何具体实现和管理虚拟内存，将在后面有关章节介绍。

5.1.2　地址变换

内存地址的集合称为内存空间或物理地址空间。在内存中，每一个存储单元都与相应的称为内存地址的编号相对应。显然，内存空间是一维线性空间。

怎样把不同虚拟内存的一维线性空间或多维线性空间变换到物理内存的唯一的物理地址空间呢？这涉及两个问题。

一个问题是虚拟地址空间的地址划分。例如，一个执行程序和数据应该放置在虚拟地址空间的什么地方，不同的程序模块之间如何连接，等等。虚拟空间的划分使得编译和连接程序可以把不同的程序模块(它们可能是用不同的高级语言编写的)连接到一个统一的虚拟地址空间中去。虚拟地址空间的划分与计算机系统结构有关。例如，有的计算机把虚拟地址空间划分为用户空间和系统空间两大部分，而用户空间又进一步被划分为程序区和控制区。

一个地址指令为 32 位的虚拟空间容量为 2^{32} 个单元。可以划分出 2^{30} 个单元，用来存放用户程序，其存放方式可以是以 0 为起始地址(0 号单元)，动态地向高地址方向增长，最大可达 $2^{30}-1$ 号单元。控制区也可占 2^{30} 个单元，存放各种计算方式和状态下的堆栈结构及数据等，其虚拟地址由 $2^{31}-1$ 号地址开始由高向低地址方向增长。系统空间占 2^{31} 个单元，用来存放操作系统程序和保留备用。上述实例的虚拟空间划分如图 5.2 所示。

第二个问题是如何把虚拟地址空间中已连接和划分好的内容装入内存，并将虚拟地址映射为内存地址，这称为地址重定位或地址映射。地址映射就是要建立虚拟地址与内存地址的对应关系。在内存管理中，实现虚拟地址到内存地址重定位的方法有两种：静态地址重定位和动态地址重定位。

	地址	区域
进程空间 (2^{31}个单元)	0	程序区
	2^{30}	控制区
系统空间 (2^{31}个单元)	2^{31}	系统区
	$2^{32}-1$	保留区

图 5.2 虚拟空间划分

1. 静态地址重定位

静态地址重定位(static address relocation)是在程序调入内存执行之前，由装配程序将虚拟地址空间中的程序模块直接装配到内存的某些单元，从而直接完成地址映射工作。小微操作系统大多采用这种方式，以减少系统开销。

假定装配程序已分配了一块首地址为 BA 的内存单元区给虚拟地址空间内的某个程序模块。设起始指令或数据的虚拟地址为 VA，该指令或数据对应的内存起始地址为 MA。装配程序只要从各自的起始地址开始，按顺序装配程序中的所有内存地址即可。显然，对于虚拟地址空间内的指令或数据来说，静态地址重定位只完成首地址不同的连续地址变换。它要求所有待执行的程序必须在执行之前完成它们之间的连接，否则将无法得到正确的内存地址和内存空间。

静态地址重定位的优点是不需要特殊硬件支持。但是，使用静态地址重定位方法进行地址变换无法实现虚拟内存。这是因为虚拟内存呈现在用户面前的是一个在物理上只受内存和外存总容量限制的存储系统，这要求计算机在执行一个程序时尽可能少使用内存，使尽可能多的执行程序模块可以共享内存，从而使计算机可以同时为更多的用户服务。这就需要内存管理系统把在计算机执行时频繁使用和立即需要的指令与数据存放在内存中，而把暂时不需要的部分存放在外存中，待需要时再将其调入，以提高内存的利用率和同时执行的计算机用户数。显然，这是与静态地址重定位方法矛盾的。采用静态地址重定位方法时，程序一旦装入内存就不能再移动，并且必须在程序执行之前将有关程序和数据全部装入。

静态地址重定位的另一个缺点是必须占用连续的内存空间，这就难以做到程序和数据的共享。

2. 动态地址重定位

动态地址重定位(dynamic address relocation)是在程序执行过程中，在 CPU 访问内存之前，将要访问的程序或数据地址动态转换成内存地址。动态地址重定位依靠地址变换机构(为硬件)和相应的地址管理算法完成。

地址变换机构需要一个或多个基地址寄存器(BR)和一个或多个虚拟地址寄存器(VR)。指令或数据的内存地址(MA)与虚拟地址的关系为

$$MA=(BR)+(VR)$$

这里，(BR)与(VR)分别表示寄存器 BR 与 VR 中的内容。

动态地址重定位过程如图 5.3 所示。

动态地址重定位的具体过程如下：

(1) 设置 BR 和 VR。

(2) 将程序段装入内存，且将其占用的内存单元区的首地址送入 BR 中。例如，在图 5.3 中，(BR)＝1000。

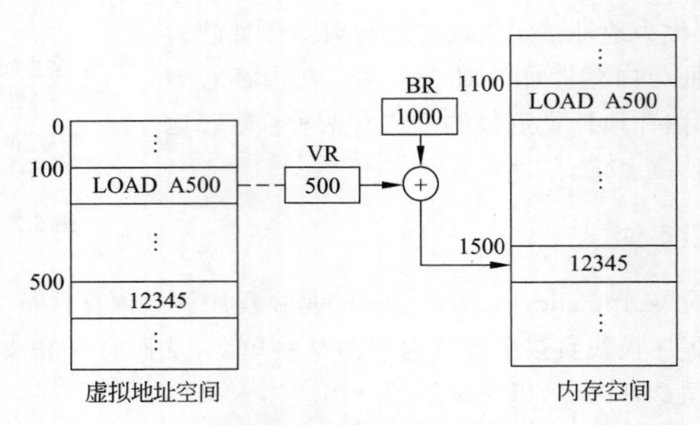

图 5.3 动态地址重定位过程

(3) 在程序执行过程中，将要访问的虚拟地址送入 VR 中，例如，在图 5.3 中，执行 LOAD A500 语句时，将要访问的虚拟地址 500 放入 VR 中。

(4) 地址变换机构把 BR 和 VR 的内容相加，得到实际访问的物理地址。

动态地址重定位的主要优点如下：

(1) 可以对内存进行非连续分配。显然，对于完成同一任务所需的不同程序模块，只要把各程序模块在内存中的首地址存放在不同的 BR 中，就可以利用地址变换机构得到实际的内存地址。

(2) 动态地址重定位提供了实现虚拟内存的基础。因为动态地址重定位不要求在一个程序执行前为所有程序模块分配内存。也就是说，系统可以通过动态地址重定位机制部分地、动态地分配内存，从而可以在程序执行期间根据程序执行需要为不在内存中的程序模块分配内存，以达到内存扩充的目的。

(3) 有利于程序段的共享。

5.1.3 内存的管理与保护

1. 内外存数据流动控制

要实现内存扩充，在程序执行过程中，内存和外存之间必须经常交换数据。也就是说，管理系统要把即将执行的程序模块和数据段调入内存，而把不需马上执行、处于等待状态的程序模块和数据段调出内存。那么，按什么样的方式控制内存和外存之间的程序和数据流动呢？最基本的控制办法有两种：一种是由用户程序控制；另一种是由操作系统控制。

用户程序控制内外存之间的程序和数据交换是比较困难的。其中的一个例子是覆盖(overlay)技术。覆盖技术要求用户清楚地了解程序的结构，并需要预先定义各程序模块调入内存的先后次序。在程序执行过程中，覆盖技术用后调入内存的程序模块覆盖已经在内存中的程序模块，从而起到节约内存空间的作用。覆盖是一种早期的内存扩充技术。使用覆盖技术，用户的编程负担很大，需要对计算机系统的软硬件都比较清楚，且程序模块的最大长度仍受内存总容量限制。因此，覆盖技术不能实现虚拟内存。

操作系统控制方式又可进一步分为交换(swapping)方式和调入方式。其中，调入方式又分为请求调入(on demand)方式和预调入(on prefetch)方式。

采用交换方式时，由操作系统把在内存中处于等待状态的进程或作业换出内存，而把等待事件已经发生、处于就绪状态的进程或作业换入内存。

采用请求调入方式时，在程序执行过程中，如果要访问的程序段或数据段不在内存中，则操作系统自动地从外存将有关的程序段和数据段调入内存。而采用预调入方式时，操作系统预测在不远的将来执行进程要访问哪些程序和数据段，并在它们被访问之前，选择适当的时机将它们调入内存。

由于内外存数据流的差别较大，而且进行一次内外存之间的数据交换需要一定的系统开销，因此，交换方式每次交换的数据和程序段较多，可能包含或大于除去常驻内存部分后的整个进程的程序段与数据段。而且，即使交换方式能完成部分交换，也不是按照执行的需要交换执行进程的程序段或数据块。它只是把受资源限制或暂时不能执行的程序段与数据块换出内存。因此，虽然交换方式也能完成内存扩充任务，但它仍未实现自动覆盖、内存和外存统一管理、进程大小不受内存容量限制的虚拟内存。

只有请求调入方式和预调入方式可以实现进程大小不受内存容量限制的虚拟内存。有关实现方法将在后面的章节中讲述。

2. 内存的分配与回收

内存的分配与回收是内存管理的主要功能之一。无论采用哪一种管理和控制方式，能否把外存中的数据和程序调入内存，取决于能否在内存中为它们安排合适的位置。因此，内存管理模块要为每一个并发执行的进程分配内存空间；当进程执行结束之后，内存管理模块又要及时回收该进程占用的内存资源，以便给其他进程分配内存空间。

为了有效、合理地利用内存，设计内存的分配和回收方法时，必须考虑和确定以下数据结构和策略：

(1) 分配结构。用于登记内存使用情况，保存供分配程序使用的表格与链表，例如内存空闲区表、空闲区队列等。

(2) 放置策略。确定调入内存的程序和数据在内存中的位置。这是一种选择内存空闲区的策略。

(3) 交换策略。在需要将某个程序段和数据段调入内存时，如果内存中没有足够的空闲区，由交换策略来确定把内存中的哪些程序段和数据段调出内存，以便腾出足够的空间。

(4) 调入策略。用于确定外存中的程序段和数据段在什么时间按什么样的控制方式进入内存。调入策略与前面所述内外存数据流动控制方式有关。

(5) 回收策略。包括两点：一是回收的时机；二是对回收的内存空闲区和已存在的内存空闲区的调整。

3. 内存信息的共享与保护

内存信息的共享与保护也是内存管理的重要功能之一。在多道程序设计环境中，内存中的许多用户程序或系统程序和数据段可供不同的用户进程共享。这种资源共享会提高内存的利用率。但是，反过来说，除了被允许共享的部分之外，又要限制进程在自己的内存活动，各进程不能对其他进程的程序段和数据段产生干扰和破坏，因此必须对内存中的程序段和数据段采取保护措施。

常用的内存信息保护方法有硬件法、软件法和软硬件结合法3种。

上下界寄存器保护法是一种常用的硬件保护法。上下界寄存器保护技术要求为每个进程设置一对上下界寄存器，其中装有被保护程序段和数据段的起始地址和终止地址。在程序执行过程中，在对内存进行访问操作时，首先要进行访址合法性检查，即检查经过重定位后的内存地址是否在上下界寄存器规定的范围之内。若在规定的范围之内，则访问是合法的；否则是非法的，并产生访址越界中断。上下界寄存器保护法的示例如图5.4所示。

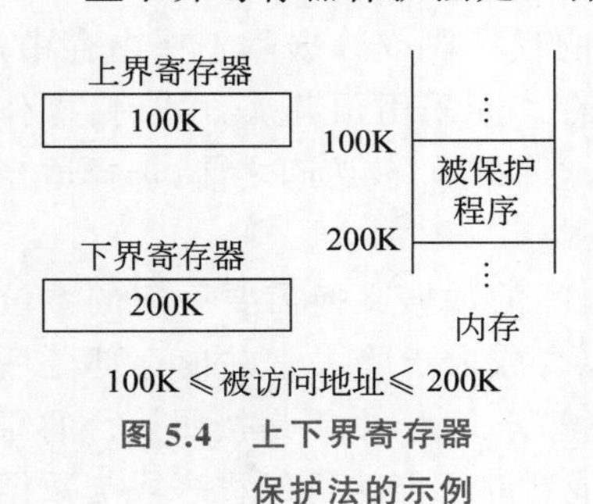

图5.4　上下界寄存器保护法的示例

另外，保护键法也是一种常用的内存信息保护方法。保护键法为每一个被保护内存块分配一个单独的保护键。在程序状态字中则设置相应的保护键开关字段，对不同的进程赋予不同的开关字，与被保护的内存块中的保护键匹配。保护键可设置成对读写同时保护或只对读、写进行单项保护。例如，图5.5中的保护键0对2K～4K的内存区进行读写同时保护，而保护键2则只对4K～6K的内存区进行写保护。如果开关字与保护键匹配或数据内存块未设保护键，则访问该内存块是允许的；否则将产生访问出错中断。

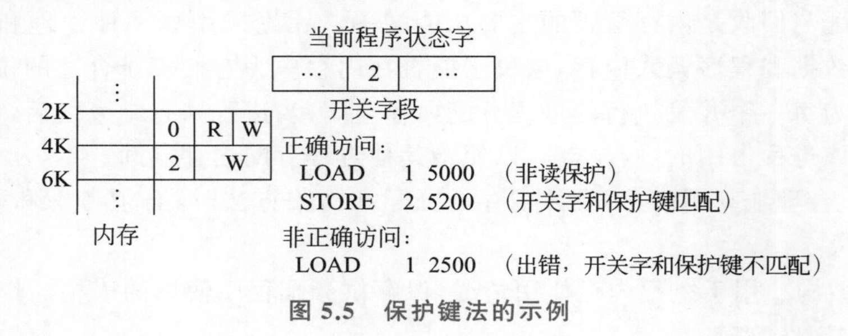

图5.5　保护键法的示例

还有一种常用的内存保护方式是上下界寄存器与CPU的用户态或内核态方式相结合的保护方式。在这种保护方式下，用户态进程只能访问在上下界寄存器规定范围内的内存区，而内核态进程则可以访问整个内存地址空间。UNIX系统就采用了这种内存保护方式。

5.2 分区管理

分区管理是把内存划分成若干大小不等的区域，除操作系统占用一个区域之外，其余区域由多道环境下的各并发进程共享。分区管理是满足多道程序设计要求的最简单的内存管理方法。

下面结合分区原理讨论分区管理时的虚拟内存实现、地址变换、内存的分配与释放以及内存信息的共享与保护等问题。

5.2.1 基本原理

分区管理的基本原理是：给内存中的每一个进程划分一块适当大小的内存区，以连续存储各个进程的程序和数据，使各进程得以并发执行。

分区管理可以分为固定分区和动态分区两种方法。

1. 固定分区法

固定分区法就是把内存区固定地划分为若干大小不等的区域。分区的原则由系统操作员或操作系统决定。例如,可将内存划分为长作业分区和短作业分区。分区一旦划定,在整个执行过程中每个分区的长度和内存的总分区个数将保持不变。

系统对内存的管理和控制通过分区说明表进行,分区说明表中包括分区号、分区大小、起始地址和状态(是否是空闲区)。内存的分配和释放、内存信息保护以及地址变换等都通过分区说明表进行。图 5.6 给出了固定分区时分区说明表和对应的内存状态的示例。

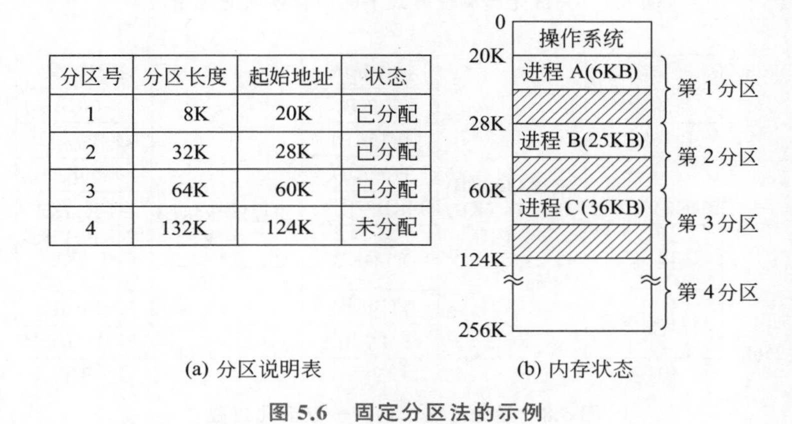

分区号	分区长度	起始地址	状态
1	8K	20K	已分配
2	32K	28K	已分配
3	64K	60K	已分配
4	132K	124K	未分配

(a) 分区说明表　　(b) 内存状态

图 5.6　固定分区法的示例

在图 5.6 中,操作系统占用低地址部分的 20KB。其余空间被划分为 4 个分区,其中 1～3分区已分配,第 4 分区未分配。

2. 动态分区法

与固定分区法相比,动态分区法在作业或进程执行前并不建立分区,分区的建立是在作业或进程处理过程中进行的,且其大小可随作业或进程对内存的要求而改变。这就改变了固定分区法中即使是小作业也要占据大分区的浪费现象,从而提高了内存的利用率。

采用动态分区法,在系统初启时,除了操作系统中常驻内存部分之外,只有一个空闲分区。随后,分配程序将该分区依次划分给调度选中的作业或进程。图 5.7 给出了先进先出调度方式下的内存初始分配情况。

随着进程的执行,会进行一系列内存分配和释放。例如,在某一时刻,进程 C 执行结束并释放内存之后,管理程序又要为另外两个进程 E(设需内存 50KB)和 F(设需内存 16KB)分配内存。如果分配的空闲区比 E 和 F 要求的大,则管理程序将该空闲区分成两部分,其中一部分成为已经分配区,而另一部分成为新的小空闲区。图 5.8 给出了采用最先适应(first fit)算法分配内存时进程 E 和进程 F 得到内存以及进程 B 和进程 D 释放内存的内存分配变化过程。

如图 5.8 所示,在管理程序回收内存时,如果被回收分区有和它邻接的空闲分区存在,则要进行合并。

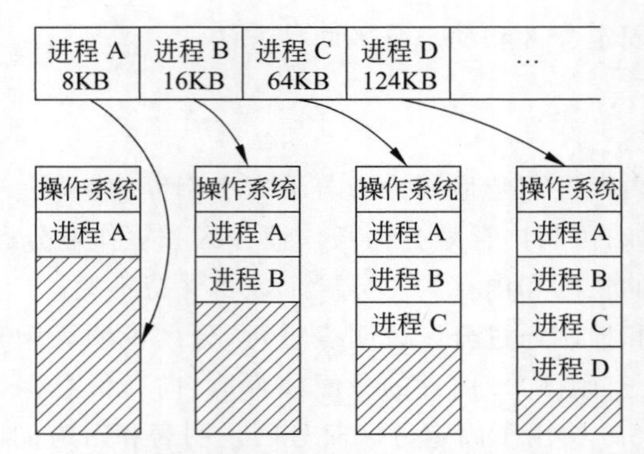

图 5.7 先进先出调度方式下的内存初始分配情况

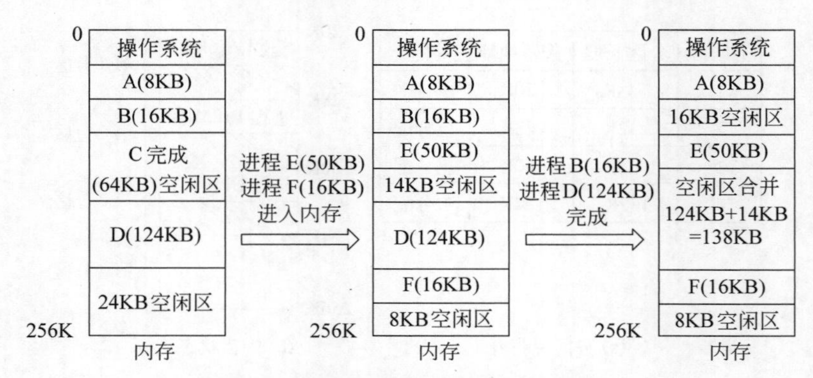

图 5.8 最先适应法内存分配变化过程

与固定分区法相同，动态分区法也要使用分区说明表等数据结构对内存进行管理。除了分区说明表之外，动态分区法还把内存中的可用分区单独组成可用分区表或可用分区自由链，以描述系统内的空闲内存资源。与此相对应，请求内存资源的作业或进程也组成一个内存资源请求表。图 5.9 给出了可用分区表、可用分区自由链和内存资源请求表的示例。

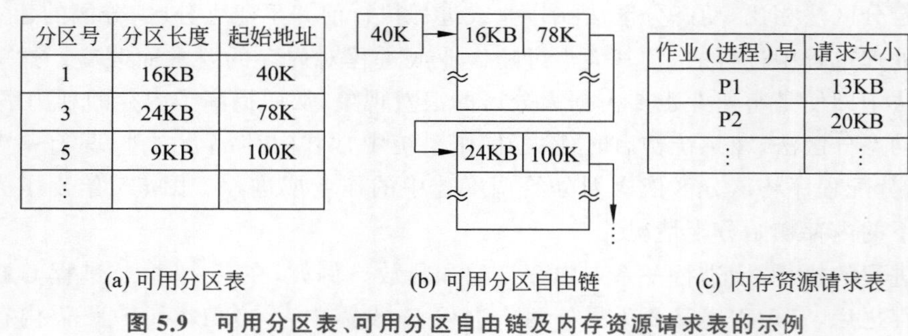

分区号	分区长度	起始地址
1	16KB	40K
3	24KB	78K
5	9KB	100K
⋮		

作业(进程)号	请求大小
P1	13KB
P2	20KB
⋮	⋮

(a) 可用分区表　(b) 可用分区自由链　(c) 内存资源请求表

图 5.9 可用分区表、可用分区自由链及内存资源请求表的示例

可用分区表的每个表项记录一个空闲区，主要参数包括分区号、分区长度和起始地址。采用表格结构，管理过程比较简单，但可用分区表的大小难以确定，且要占用一部分内存。

可用分区自由链是利用每个内存空闲区的头几个单元存放本空闲区的大小及下一个空闲区的起始地址，从而把所有的空闲区链接起来。然后，系统再设置一个链首指针，让其指向第一个空闲区的起始地址。这样，管理程序可通过链首指针查到所有的空闲区。采用自由链管理空闲区,查找时要比可用表分区困难,但由于自由链的指针利用的是空闲区自身的单元,所以不必占用额外的内存空间。

内存资源请求表的每个表项描述请求内存资源的作业或进程号以及请求的内存大小。

无论采用可用分区表方式还是可用分区自由链方式,可用分区表或可用分区自由链中的各项都要按照一定的规则排列,以便于查找和回收。

5.2.2 内存的分配与回收

本节讨论分区法的分区分配与回收问题。

1. 固定分区时的内存分配

采用固定分区法时的内存分配较为简单。当用户程序要装入内存执行时,通过请求表提出内存分配请求和要求的内存空间大小。内存管理程序根据请求表查询分区说明表,从中找出一个满足要求的空闲分区,并将其分配给用户程序。固定分区法的分配算法如图 5.10 所示。

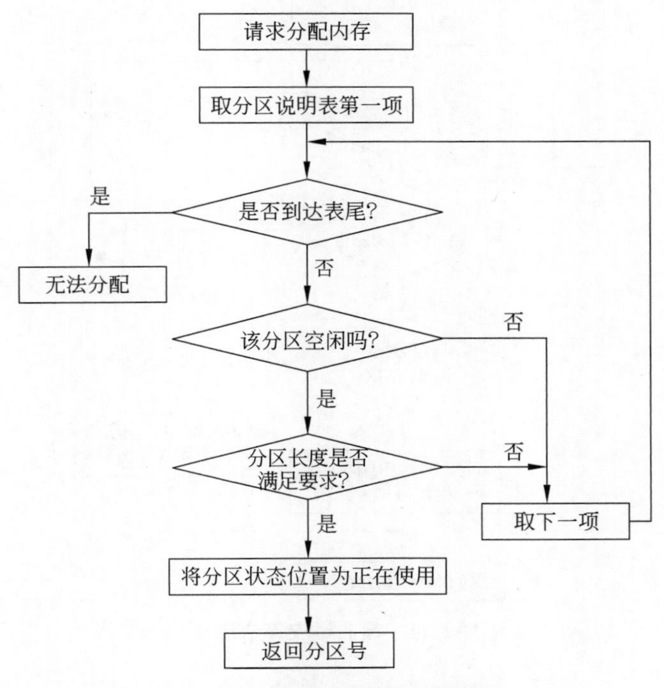

图 5.10 固定分区法的分配算法

固定分区的回收更加简单。当进程执行完毕,不再需要内存资源时,管理程序将对应的分区状态置为未使用即可。

2. 动态分区时的内存分配

动态分区时的内存分配主要解决以下 3 个问题:

(1) 对于请求表中要求的内存大小,从可用分区表或可用分区自由链中找出合适的空闲区分配给进程或作业。

(2) 分配空闲区之后，更新可用分区表或可用分区自由链。

(3) 进程或作业释放内存资源时，和相邻的空闲区进行链接合并，更新可用分区表或可用分区自由链。

动态分区时分配空闲区的常用算法有 3 种，即最先适应算法(first fit algorithm)，最佳适应算法(best fit algorithm)和最坏适应算法(worst fit algorithm)。这 3 种算法要求可用分区表或可用分区自由链按不同的方式排列。下面分别介绍这 3 种算法。

1) 最先适应算法

最先适应算法要求可用分区表或可用分区自由链按起始地址递增的次序排列。该算法最大的特点是一旦找到符合长度要求的分区就结束探索。然后，该算法从找到的分区中划出要求的内存空间分配给用户，并把余下的部分进行合并(如果有相邻空闲区存在)后留在可用分区表中，同时修改相应的表项。最先适应算法流程如图 5.11 所示。

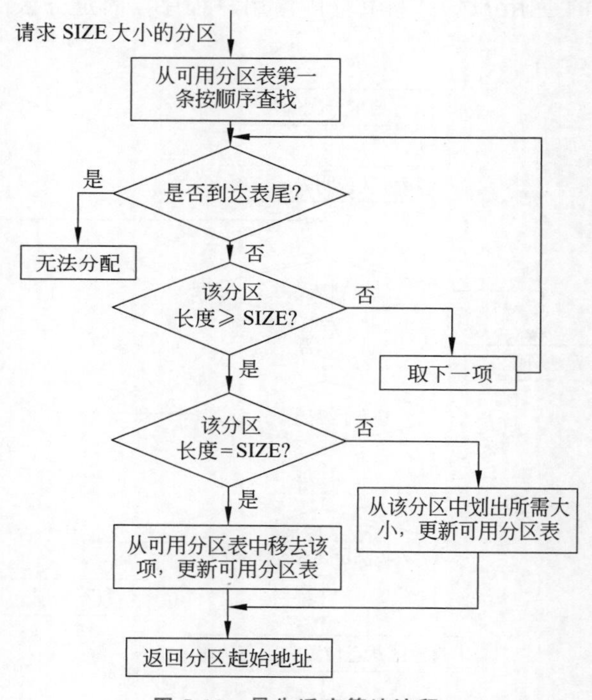

图 5.11 最先适应算法流程

2) 最佳适应算法

最佳适应算法要求将分区按长度从小到大的次序组成可用分区表或可用分区自由链。当用户作业或进程申请一个分区时，内存管理程序从表头开始查找，当找到第一个满足要求的分区时停止查找。如果该分区长度大于请求表中的请求长度，则与最先适应算法相同，将减去请求长度后的剩余空闲区留在可用分区表中。

3) 最坏适应算法

最坏适应算法要求空闲区按其大小递减的顺序组成可用分区表或可用分区自由链。当用户作业或进程申请一个分区时，先检查可用分区表或可用分区自由链的第一个可用分区的大小是否大于或等于要求的内存长度，若可用分区表或可用分区自由链的第一个项长度小于要求的长度，则分配失败；否则从可用分区表或可用分区自由链中分配相应的内存空间给用户，然后更新可用分区表或可用分区自由链。

读者可以自行画出最佳适应算法和最坏适应算法的流程图。

3. 动态分区时的回收与拼接

当用户作业或进程执行结束时，内存管理程序要回收已使用完毕的分区，并将其插入可用分区表或可用分区自由链。这里，在将回收的分区插入可用分区表或可用分区自由链时，和分配空闲区时一样，也存在剩余空闲区拼接问题。如果不对空闲区进行拼接，则由于每个作业或进程要求的内存大小不一样而出现大量分散、较小的空闲区，造成大量的内存浪费。解决这个问题的办法之一就是在空闲区回收或内存分配时进行空闲区拼接，把不连续的零散空闲区集中起来。

在将一个新的空闲区插入可用分区表或可用分区自由链时，该空闲区和上下相邻分区的关系是下述 4 种关系之一：该空闲区的上下相邻分区都是空闲区，该空闲区的上相邻分区是空闲区，该空闲区的下相邻分区是空闲区，该空闲区的上下相邻分区都不是空闲区，分别如图 5.12(a)～(d)所示。

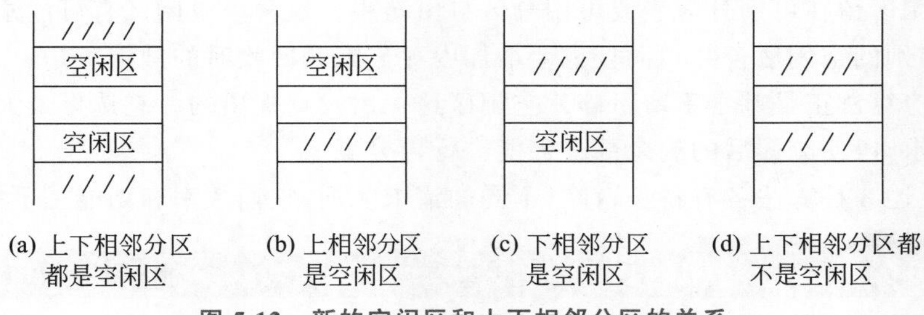

图 5.12　新的空闲区和上下相邻分区的关系

如果新的空闲区与上下两个空闲区相邻，则将 3 个空闲区合并为一个空闲区。合并后的空闲区的起始地址为上空闲区的起始地址，大小为 3 个空闲区之和。空闲区合并后，取消可用分区表或可用分区自由链中下空闲区的表项或链指针，修改上空闲区的对应项。

如果新的空闲区只与上空闲区相邻，则将该空闲区与上空闲区合并为一个空闲区，其起始地址为上空闲区的起始地址，大小为上空闲区与该空闲区之和。合并后，修改上空闲区对应的可用分区表的表项或可用分区自由链指针。

如果新的空闲区与下空闲区相邻，则将该空闲区与下空闲区合并，并将该空闲区的起始地址作为合并区的起始地址。合并区的长度为该空闲区与下空闲区之和。同理，合并后，修改可用分区表或可用分区自由链中相应的表项或链指针。

如果新的空闲区不与任何空闲区相邻，则该空闲区作为新的可用分区插入可用分区表或可用分区自由链。

读者可以自行写出动态分区时的回收算法。

4. 分配算法的比较

上面讨论了 3 种常用的内存分配算法及回收算法。由于回收后的空闲区要插入可用分区表或可用分区自由链中，而且可用分区表或可用分区自由链是按照一定顺序排列的，所以，除了搜索速度与找到的空闲区是否最佳以外，释放空闲区的速度也对系统开销产生影响。下面从搜索速度、释放速度及空闲区的利用3方面对上述3种分配算法进行比较。

首先，从搜索速度上看，最先适应算法具有最佳性能。尽管最佳适应算法或最坏适应算法看上去能很快地找到一个最适合的或最大的空闲区，但后两种算法都要求首先把空闲区按大小进行排队，这实际上是对所有空闲区进行一次搜索。其次，从回收过程来看，最先适应算法也是最佳的。因为使用最先适应算法回收某一空闲区时，无论该空闲区是否与空闲区相邻，都不用改变该空闲区在可用分区表或可用分区自由链中的位置，只需修改其大小或起始地址；而最佳适应算法和最坏适应算法都必须重新调整该空闲区的位置。

最先适应算法的另一个优点就是尽可能地利用了低地址空间，从而保证高地址空间有较大的空闲区分配给要求内存较多的进程或作业。

最佳适应算法找到的空闲区是最佳的，也就是说，用最佳适应算法找到的空闲区或者正好等于用户请求的大小，或者是能满足用户要求的最小空闲区。不过，尽管最佳适应算法能选出最适合用户要求的可用空闲区，但这样做在某些情况下并不一定能提高内存的利用率。例如，当用户请求的大小小于最小空闲区不太多时，该算法会将其分配后的剩余部分作为一个新的小空闲区留在可用分区表或可用分区自由链中。这种小空闲区有可能永远得不到再利用（除非与别的空闲区合并），而且也会增加内存分配和回收时的搜索负担。

最坏适应算法正是基于不留下碎片空闲区这一出发点提出的。它选择最大的空闲区来满足用户要求，以使分配后的剩余部分仍能进行再分配。

总之，上述3种算法各有特长，针对不同的请求队列，它们效率和功能是不一样的。

5.2.3 有关分区其他问题的讨论

1. 关于虚拟内存的实现

利用分区管理，也同样存在每个用户可以自由编程的虚拟地址空间。但是，分区管理技术无法实现用户进程所需内存容量只受内存和外存容量之和限制的虚拟内存。事实上，如果不采用内存扩充技术，每个用户进程要求的内存容量是受到分区大小限制的，这一点从上面的讨论中可以看出。

2. 关于内存扩充

由于分区管理时各用户进程或作业要求的内存容量受到分区大小的限制，如果不采用内存扩充技术，将会极大地限制分区管理技术的使用。在分区管理中，可以使用覆盖技术和交换技术来扩充内存。有关覆盖和交换技术的基本原理，将在5.5节中讨论。

3. 关于地址变换和内存保护

静态地址重定位和动态地址重定位技术都可用来完成内存分区管理的地址变换。显然，动态分区时分区大小不固定，而空闲区的拼接会移动内存中的程序和数据，因此，使用静态地址重定位的方法完成动态分区时的地址变换是不妥当的。

在进行动态地址重定位时，每个分区需要一对硬件寄存器的支持，即基地址寄存器和虚拟地址寄存器，分别用来存放作业或进程在内存分区中的起始地址和长度。这一对硬件寄存器除了完成动态地址重定位的功能之外，还具有保护内存中的数据和程序的功能。这由硬件检查CPU执行指令要访问的虚拟地址来实现。即，设CPU指令要访问的虚拟地址为D。若$D>$(VR)(VR中的值)，则说明地址越界，要访问的内存地址超出了该作业或进程占用的内存空间，这时将产生保护中断。系统转去进行出错处理；若$D\leqslant$(VR)，则该虚拟地址是合法的，由硬件完成对该虚拟地址的动态重定位。

保护键也可用来对内存各分区提供保护。

4. 分区管理的主要优缺点

分区管理的主要优点如下：

(1) 实现了多个作业或进程对内存的共享，有助于多道程序设计，从而提高系统的资源利用率。

(2) 该方法要求的硬件支持少，管理算法简单，因而实现容易。

分区管理的主要缺点如下：

(1) 内存利用率不高。和单一连续分配算法一样，采用分区管理时，内存中可能含有从未用过的信息。而且，该方法还存在着严重的碎片式空闲区不能利用的问题，这更进一步影响了内存的利用率。

(2) 作业或进程的大小受分区大小限制，除非配合覆盖和交换技术对内存进行扩充。

(3) 无法实现各分区间的信息共享。

5.3 分页管理

5.3.1 基本原理

事实上，分区管理方式尽管实现方式较为简单，但存在着严重的碎片问题，这使得内存的利用率不高。采用分区管理时，由于各作业或进程对应于不同的分区以及在分区内各作业或进程连续存放，进程的大小仍受分区大小或内存可用空间的限制。另外，分区管理也不利于程序段和数据的共享。分页管理方法正是为了减少内存碎片以及为了只在内存存放那些反复执行或即将执行的程序段与数据部分，以提高内存利用率而提出的。

分页管理方法的基本原理如下。

各个进程的虚拟地址空间被划分成若干长度相等的页(page)。每页的长度划分和内外存之间数据传输速度以及内存大小等有关。在小的微机系统中，一般页长度为4KB左右。

页的长度是内存管理的基本单位。页的长度越小，内存的利用率越高，但系统的管理成本越高。随着内存成本的不断下降，页的长度也变得越来越大。

经过页划分之后，我们可以把进程的虚拟地址变为由页号p与页内地址w组成。例如，一个页长为1KB，拥有1024页的虚拟地址结构如图5.13所示。

除了把进程的虚拟地址空间划分为大小相等的页之外，分页管理方法还把内存空间也按页的大小划分为片或页帧(page frame)。这些页帧为系统中的所有进程共享(除操作系

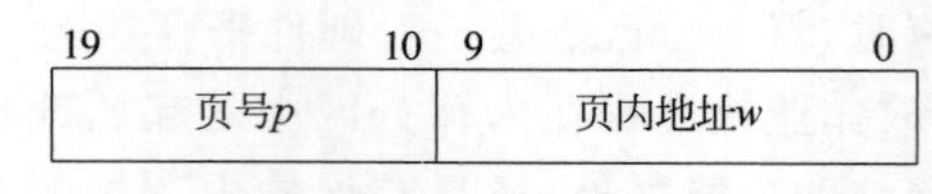

图 5.13 虚拟地址结构

统区以外)。因此,与分区管理不一样,采用分页管理时,用户进程在内存空间内的地址只在每个页帧内连续。分页管理实现了两大目标:第一是实现了内存中碎片的减少,因为任一碎片都会小于一个页帧;第二是实现了由分区管理的连续存储到分页管理的非连续存储的飞跃,为在内存中局部地、动态地存储反复执行或即将执行的程序和数据段打下了基础。

那么,怎样由页式虚拟地址变换为内存页帧物理地址呢?分页管理在虚拟地址与内存页帧物理地址之间建立一一对应关系,这个关系就是页表。为了提高寻址速度,系统用相应的地址变换机构(为硬件)来解决离散地址变换问题。页表方式实质上是动态重定位技术的一种延伸,这一点在后面的介绍中可以看到。

分页管理采用请求调页或预调页技术实现了内外存的统一管理。即内存中只存放经常被执行或即将被执行的页,而不常被执行以及在近期内不可能被执行的页则存放于外存中,待需要时再调入。请求调页和预调页技术是基于工作区的局部性原理而提出的,局部性原理将在 5.6 节介绍。

由于使用了请求调页或预调页技术,使分页管理时内存页帧的分配与回收和页帧淘汰技术及缺页处理技术结合起来。不过,页帧的换入换出仍是必要的,只要把前面所述的交换进程稍加修改就能用于页帧的交换。

分页管理的重点在于页划分之后的地址变换以及页帧的调入调出。

页帧的调入调出可以分为静态和动态两种方式。

5.3.2 静态分页管理

静态分页管理方法是:在作业或进程开始执行之前,把该作业或进程的程序段和数据段全部装入内存的各个页帧中,并通过页表和地址变换机构实现虚拟地址到内存物理地址的映射。

1. 内存页帧分配与回收

静态分页管理的第一步是为要求分配内存的作业或进程分配足够的页帧。系统依靠页表、请求表以及内存页帧表来完成内存的分配工作。

1) 页表

最简单的页表由页号与页帧号组成,它反映进程的虚拟地址中的页号和内存物理地址的页帧号之间的一一对应关系,其格式如图 5.14 所示。

页号	页帧号

图 5.14 页表格式

页表在内存中占有一块固定的内存。页表的大小由进程或作业的长度决定。例如，对于一个每页长1KB，大小为20KB的进程来说，如果一个内存单元存放一个页表项，则只要分配给该页表20个存储单元即可。显然，采用分页管理时每个进程至少拥有一个页表。

2）请求表

请求表用来确定作业或进程的虚拟地址空间的各页在内存中的实际对应位置。为了完成这个任务，系统必须知道每个作业或进程的页表起始地址和长度，以进行内存分配和地址变换。另外，请求表中还应包括每个作业或进程要求的页帧数。

整个系统只有一张请求表，如图5.15所示。

进程号	请求页帧数	页表起始地址	页表长度	状态
1	20	1024	20	已分配
2	34	1044	34	已分配
3	18	1078	18	已分配
4	21	1096	20	未分配
⋮	⋮	⋮	⋮	⋮

图5.15 请求表示例

3）内存页帧表

内存页帧表也是整个系统一张，内存页帧表指出内存各页帧是否已被分配出去以及未分配页帧的总数。内存页帧表有两种构成方法。

一种构成方法是在内存中划分一块固定区域，每个单元的每一位代表一个页帧。如果该页帧已被分配出去，则对应位置1；否则，对应位置0。这种方法称为位示图法，如图5.16所示。

19	18	17	16	15	…	4	3	2	1	0
0	1	0	0	1	…	0	1	1	0	1
0	0	1	0	0	…	1	1	0	1	1
0	0	0	1	0	…	1	1	1	0	1
0	0	0	0	1	…	0	0	1	1	1
⋮	⋮	⋮	⋮	⋮	⋮	⋮	⋮	⋮	⋮	⋮

图5.16 位示图法示例

位示图占据一部分内存容量。例如，一个划分为1024个页帧的内存，如果内存单元长20b，则该位示图要占据$\lceil 1024/20 \rceil=52$个内存单元。

内存页帧表的另一种构成方法是空闲页帧链。在空闲页帧链中，链首页帧的第一个单元和第二个单元分别放入空闲页帧总数与指向下一个空闲页帧的指针，其他页帧的第一个单元中则分别放入指向下一个页帧的指针。空闲页帧链的方法由于使用了空闲页帧本身的单元存放指针，因此不占据额外的内存空间。

2. 分配算法

利用上述3个表格，可以给出一个简单的页帧分配算法。

首先，由请求表得出进程或作业要求的页帧数。其次，由内存页帧表检查是否有足够的空闲页帧。如果没有，则本次无法分配；如果空闲页帧数大于请求页帧数，则分配和设置页表，并填写请求表中的相应表项后，按一定的算法搜索出要求的空闲页帧。最后，将对应的页帧号填入页表中。图5.17给出了上述页帧分配算法的流程图。

静态分页管理的页帧回收方法较为简单，当进程执行完毕时，拆除对应的页表，并把页表中的各页帧插入内存页帧表即可。

3. 地址变换

静态分页管理的另一个关键问题是地址变换。即怎样由页号和页内地址变换到内存物理地址的问题。另外，由于静态重定位可以使CPU直接访问物理地址，而分区管理中的动态重定位也只需把基地址寄存器中的分区起始地址与待执行指令的虚拟地址相加即可得到要访问的物理地址，这两种重定位法都不需要访问内存就可得到待执行指令要访问的物理地址。

采用分页管理时，地址变换的速度怎样呢？这也是设计地址变换机构时必须考虑的问题之一。

由地址分配方式知道，在一个作业或进程的页表中，连续的页号对应于内存中不连续的页帧号。例如，设一个3页长的进程具有页号0、1、2，但其对应的页帧号则为2、3、8，如图5.18所示。设每个页面长度为1KB，指令LOAD 1,2500的虚拟地址为100，怎样通过图5.18所示的页表找到该指令对应的物理地址呢？下面使用该例子说明地址变换过程。

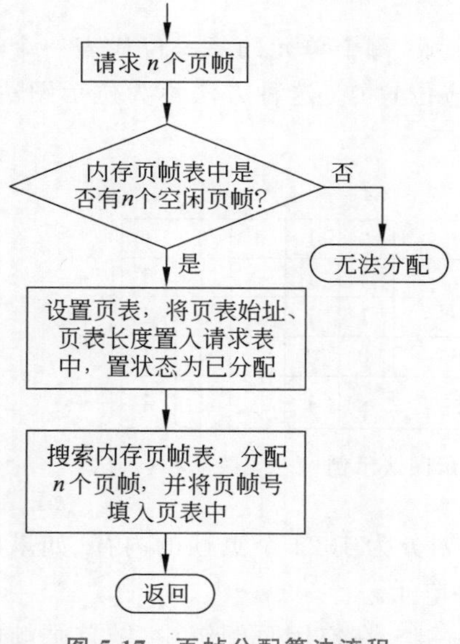

图5.17 页帧分配算法流程

页号	页帧号
0	2
1	3
2	8

图5.18 页号与页帧号

首先，需要有一个存储页表起始地址和页表长度用的控制寄存器。系统把调度执行的进程页表起始地址和长度从请求表中取出，置入控制寄存器中。

然后，由控制寄存器的页表起始地址可以找到页表所在位置。并由虚拟地址100可知，指令LOAD 1,2500在第0页的第100单元之中。由于第0页与第2个页帧相对应，因此，该指令在内存中的地址为2048＋100＝2148。

当 CPU 执行到第 2148 单元的指令时，CPU 要从有效地址 2500 中取数据，放入 1 号寄存器中。为了找出 2500 对应的物理地址，地址变换机构首先将 2500 转换为页号与页内地址组成的地址形式，即 $p=2, w=452$。

由页表可知第 2 页对应的页帧号为 8。最后，将页帧号 8 与页内地址 $w=452$ 相连，得到将要访问的物理地址 8644，其变换过程如图 5.19 所示。

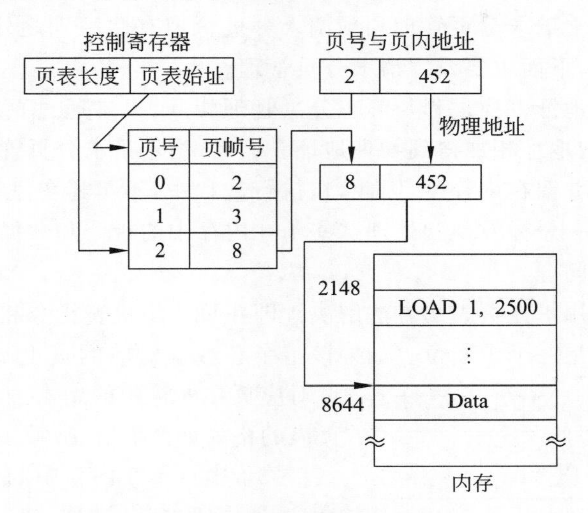

图 5.19　地址变换过程

上述地址变换过程全部由地址变换机构自动完成。

另外，由于页表驻留在内存的某个固定区域中，而取数据或指令又必须经过页表变换才能得到物理地址。因此，取一个数据或指令至少要访问内存两次：一次访问页表以确定所取数据或指令的物理地址；另一次根据地址取数据或指令。这比通常执行指令的速度慢了一半。有什么办法可以提高查找速度吗？最直观的办法就是把页表放在寄存器中而不是内存中，但由于寄存器价格太贵，这样做是不可取的。另一种办法是在地址变换机构中加入一个高速联想存储器，构成一张快表。在快表中存入当前执行进程中最常用的页号与对应的页帧号，以提高查找速度。

静态分页管理方法解决了分区管理时的碎片问题。但是，由于静态分页管理方法要求进程或作业在执行前全部装入内存，如果系统可用页帧数小于用户要求，该作业或进程只好等待。而且，作业或进程的大小仍受内存可用页帧数的限制。这些问题将在动态分页管理方法中解决。

5.3.3　动态分页管理

动态分页管理是在静态分页管理的基础上发展起来的。它分为请求分页管理方法和预调入分页管理方法。

请求分页管理方法和预调入分页管理方法在作业或进程开始执行之前都不把作业或进程的程序段和数据段一次性装入内存，而只装入被认为是经常反复执行和调用的工作区部分，其他部分则在执行过程中动态装入。请求分页管理方法与预调入分页管理方法的主要区别在它们的调入方式上。

请求分页管理方法的调入方式是：当需要执行某条指令时发现它不在内存中，或当执行某条指令需要访问其他数据或指令时发现这些指令和数据不在内存中，就会发生缺页中断，系统将从其他地方(如外存中的相应存储部分)调入内存。

预调入分页管理方法的调入方式是：系统对外存中的进程待执行页进行调入顺序计算，估计出这些页中指令和数据执行和被访问的顺序，并按此顺序将它们依次调入和调出内存。除了在调入方式上请求分页管理和预调入分页管理有些区别之外，在其他方面这两种方法基本相同。因此，下面主要介绍请求分页管理。

请求分页管理的地址变换过程与静态分页管理相同，也是通过页表查出相应的页帧号之后，由页帧号与页内地址相加得到物理地址。但是，由于请求分页管理只让进程或作业的部分程序段和数据段驻留在内存中，因此，在执行过程中，不可避免地会出现某些指令和数据不在内存中的问题。怎样发现和处理这些不在内存中的指令和数据？这是请求分页管理必须解决的两个基本问题。

第一个问题可以用扩充页表的方法解决。即在页表中设置指令和数据是否在内存中的标识。这个标识可以是一个中断位。如果该指令和数据对应的页也不在内存中，还可以加设对应页在外存中的副本的起始地址。扩充后的页表的格式如图 5.20 所示。

页号	页帧号	中断位	外存起始地址

图 5.20 扩充后的页表格式

关于虚页不在内存中的处理，涉及两个问题：第一，采用何种方式把所缺的页调入内存？第二，如果内存中没有空闲页帧，把调进来的页放在什么地方？也就是说，采用什么样的策略淘汰已占据内存的页。还有，如果在内存中的某一页被淘汰，且该页曾因程序的执行而被修改，则显然该页应该重新写到外存上加以保存。而未被访问修改的页，因为在外存中已保留了相同的副本，写回外存是没有必要的。因此，在页表中还应增加一项以记录该页是否曾被改变，增加改变位后的页表格式如图 5.21 所示。

页号	页帧号	中断位	外存起始地址	改变位

图 5.21 增加改变位后的页表格式

有关缺页的调入和存放，在内存中没有空闲页帧时，实际上是关于内存页帧置换算法的问题。选择什么样的置换算法，将直接影响到内存利用率和系统效率。事实上，如果置换算法选择不当，有可能产生反复调入调出的情况：刚被调出内存的页又马上被调回内存，调回内存不久又马上被调出内存。这使得整个系统的页帧调度非常频繁，以致大部分时间都花费在内存和外存之间的来回调入调出上。这种现象被称为抖动(thrashing)。

有关抖动现象的讨论，将在 5.6 节中介绍。

动态分页管理流程图如图 5.22 所示。

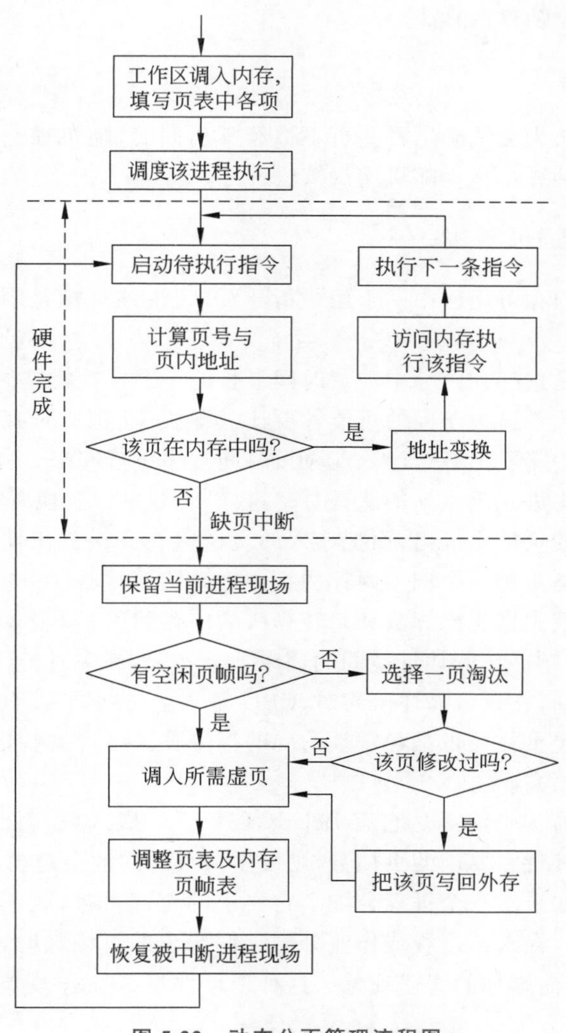

图 5.22 动态分页管理流程图

在图 5.22 中，地址变换部分是由硬件自动完成的。当地址变换机构发现要求的页不在内存时，就会产生缺页中断信号，由中断处理程序做出相应的处理。除了在没有空闲页帧时要按照置换算法选出被淘汰的页帧之外，还要从外存读入需要的指令页。这要启动对外存的读写操作，并涉及文件系统。因此，请求分页管理是一个十分复杂的处理过程。提高内存利用率是以牺牲系统开销为代价的。

下面介绍几种常用的页置换算法。

5.3.4 页帧置换算法

页帧置换算法在内存中没有空闲页帧时被调用。它的目的是在内存中选出一个被淘汰的页帧。如果内存中有足够的空闲页帧存在，则不必使用置换算法。

把内存和外存统一管理的另一个目的是把访问概率非常高的指令页长期存放在内存

中。因此,置换算法应该置换那些被访问的概率较低或不被访问的页。

比较常用的几种页帧置换算法。

1. 随机淘汰算法

在系统设计人员认为无法确定哪些页不被经常访问时,随机地选择某个用户进程的指令页,并将其换出,这种算法称为随机淘汰算法。

2. 轮转法和先进先出算法

轮转法循环换出内存可用区内一个用户指令页,无论该页帧是刚被换进内存还是已换进内存很长时间了。

先进先出算法总是选择在内存中驻留时间最长的一个页帧将其淘汰。先进先出算法认为先调入内存的指令页不再被访问的可能性要比其他页大,因而选择最先调入内存的页换出。实现先进先出算法需要把各个已分配页按时间顺序链接起来,组成先进先出队列,并设置一个置换指针指向先进先出队列的队首页。这样,当要进行置换时,只需把置换指针所指的先进先出队列前头的页依次换出,而把换入的页链接在先进先出队尾即可。实现先进先出算法的另一个方法是对每一个调入内存的指令页设置计时器。

由实验和测试发现先进先出算法和轮转算法的内存利用率不高。这是因为这两种算法都是基于 CPU 按线性顺序访问地址空间的假设。事实上,许多时候,CPU 不是按线性顺序访问地址空间的。例如,在执行循环语句时,CPU 基本上访问同一页帧。因此,那些在内存中停留时间最长的指令页往往也是经常被访问的指令页。尽管这些指令页变"老"了,但它们被访问的概率仍然很高。

先进先出算法的另一个缺点是它有 Belady 现象。一般来说,对于任一进程,如果给它分配的内存页帧数越接近它要求的页帧数,则发生缺页的次数会越少。在正常情况下,这个推论是成立的。因为如果给一个进程分配了它要求的全部页帧,则不会发生缺页现象。但是,使用先进先出算法,在未给进程或作业分配它们要求的页帧数时,可能会出现分配的页帧数增多、缺页次数反而增加的奇怪现象。这种现象称为 Belady 现象,如图 5.23 所示。

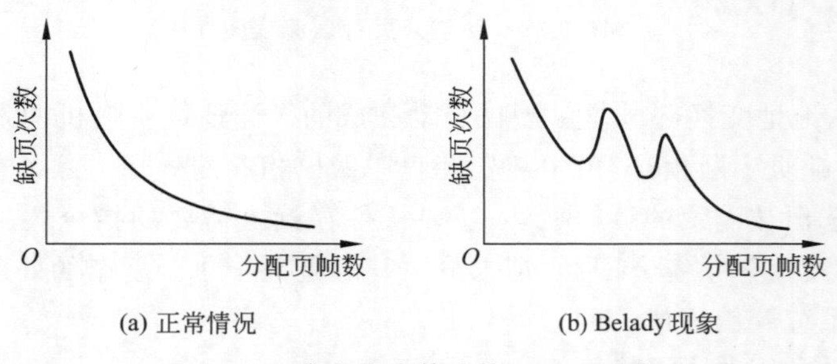

图 5.23 先进先出算法的 Belady 现象

下面的例子可以用来说明先进先出算法的正常换页情况和 Belady 现象。

设进程 P 共需访问 8 个指令页,且已在内存中分配了 3 个页帧,程序访问内存的顺序(访问串)为 7,0,1,2,0,3,0,4,2,3,0,3,2,1,2,0,1。这里,这些自然数代表进程 P 访问的指令页号。内存中有关进程 P 访问的各页帧变化情况如图 5.24 所示。

7	0	1	2	0	3	0	4	2	3	0	3	2	1	2	0	1
7	7	7	2	2	2	2	4	4	4	0	0	0	0	0	0	0
	0	0	0	0	3	3	3	2	2	2	2	2	1	1	1	1
		1	1	1	1	0	0	0	3	3	3	3	3	2	2	2

图 5.24 Belady 现象示例(1)

由图5.24可知,进程在一次执行过程中实际上发生了12次缺页。如果设缺页率为缺页次数与访问串的访问次数之比,则该例中的缺页率为 12/17 ≈ 70.6%。

如果给进程 P 分配 4 个页帧,则在其执行过程中内存页帧的变化情况如图 5.25 所示。

7	0	1	2	0	3	0	4	2	3	0	3	2	1	2	0	1
7	7	7	7	7	3	3	3	3	3	3	3	3	3	2	2	2
	0	0	0	0	0	0	4	4	4	4	4	4	4	4	4	4
		1	1	1	1	1	1	1	1	0	0	0	0	0	0	0
			2	2	2	2	2	2	2	2	2	2	1	1	1	1

图 5.25 Belady 现象示例(2)

由图 5.25 可知,进程 P 在拥有 4 个内存页面时共发生 9 次缺页,其缺页率为 9/17 ≈ 52.9%。

以上是使用先进先出算法正常换页时的例子。下面来看另一种访问串时的情况。设进程P可分为5页,访问串为1,2,3,4,1,2,5,1,2,3,4,5。当进程P分得3个页帧时,执行过程中内存页帧的变化情况如图 5.26 所示。

1	2	3	4	1	2	5	1	2	3	4	5
1	1	1	4	4	4	5	5	5	5	5	5
	2	2	2	1	1	1	1	1	3	3	3
		3	3	3	2	2	2	2	2	4	4

图 5.26 Belady 现象示例(3)

由图 5.26 可知,进程 P 在执行过程中共缺页 9 次,其缺页率为 9/12 = 75%。

但是,如果为进程 P 分配 4 个内存页帧,是否缺页率会变小呢? 再看进程 P 分得 4 个页帧时的情况。这时,执行过程中内存页帧的变化情况如图 5.27 所示。

由图 5.27 可知,当进程 P 分得 4 个页帧时,在执行过程中的缺页次数为 10 次,其缺页率为 10/12 ≈ 83.3%。这时,进程 P 的缺页率反而上升了。这就是 Belady 现象的表现。

先进先出算法产生 Belady 现象的原因在于它根本没有考虑程序执行的动态特征。

3. 最近最久未使用算法

最近最久未使用算法(Least Recently Used,LRU)的基本思想是:当需要淘汰某一页时,选择离当前时间最近的一段时间内最久没有使用过的指令页先淘汰。该算法的主要出

1	2	3	4	1	2	5	1	2	3	4	5
1	1	1	1	1	1	5	5	5	5	4	4
	2	2	2	2	2	2	1	1	1	1	5
		3	3	3	3	3	3	2	2	2	2
			4	4	4	4	4	4	3	3	3

图 5.27 Belady 现象示例(4)

发点是：如果某页被访问了，则它可能马上还要被访问；或者反过来说，如果某页很长时间未被访问，则它在最近一段时间也不会被访问。

要完全实现 LRU 算法是十分困难的事情。因为要找出最近最久未被使用的页，就必须对每一页都设置有关的访问记录项，而且每一次访问都必须更新这些记录。这显然要花费巨大的系统开销。因此，在实际系统中往往使用 LRU 算法的近似算法。

比较常用的 LRU 算法近似算法如下：

(1) 最不经常使用算法(Least Frequently Used，LFU)。该算法在需要淘汰某一页时，首先淘汰到当前时间为止被访问次数最少的那一页。这只要在页表中给每一页增设一个访问计数器即可实现，每当该页被访问时，其访问计数器加 1。而发生一次缺页中断时，则淘汰计数值最小的那一页，并将所有的访问计数器清零。

(2) 最近没有使用算法(Never Used Recently，NUR)。该算法在需要淘汰某一页时，从最近一个时期内未被访问的页中任选一页淘汰。这只要在页表中增设一个访问位即可实现。当某页被访问时，访问位置 1；否则，访问位置 0。系统周期性地对所有访问位清零。当需淘汰一页时，从访问位为 0 的页中任选一页进行淘汰。

4. 理想型淘汰算法

理想型淘汰算法淘汰在访问串中将来再也不出现或者在离当前最远的位置上出现的页。这样，淘汰该页将不会造成因需要访问该页又立即把它调入内存的现象。遗憾的是，这种算法无法实现，因为它要求必须预先知道每一个进程的访问串。

5.3.5 内存保护

如果没有访问权限的人访问了相关内存区，则会造成泄密、系统崩溃等严重问题。特别是在移动互联网和大数据时代，内存安全和保护变得越来越重要。

分页管理是一种较分区管理更为安全的管理方式。它可以为内存提供两种方式的保护：一种是地址越界保护；另一种是通过页表控制对内存信息的存取操作方式以提供的存取控制保护。

地址越界保护可由地址变换机构中的控制寄存器的值——页表长度和要访问的虚拟地址相比较来完成。

要实现存取控制保护，在页表中增加相应的保护位即可。

5.3.6 分页管理的优缺点

综上所述，分页管理具有如下优点：

(1) 由于它不要求作业或进程的程序模块和数据段在内存中连续存放,从而有效地解决了碎片问题。

(2) 动态分页管理提供了内存和外存统一管理的虚拟内存实现方式,使用户可以使用的内存空间大大增加。这既提高了内存的利用率,又有利于组织多道程序并发执行。

其主要缺点如下:

(1) 要求有相应的硬件支持。例如地址变换、缺页中断和选择淘汰页面等,都要求有相应的硬件支持,这增加了硬件成本。

(2) 增加了系统开销,例如缺页中断处理开销等。

(3) 请求调页的算法如选择不当,有可能产生抖动现象。

(4) 虽然消除了碎片,但每个作业或进程的最后一页内总有一部分空间得不到利用。如果页较大,则这一部分的损失仍然较大。

5.4 段式管理

5.4.1 基本原理

分区管理和分页管理时的进程地址空间结构都是一维线性的。这要求对源程序进行编译、连接时,需要把源程序中的主程序、子程序、数据区等按线性空间的一维地址顺序排列起来。这种方法使得不同作业或进程在共享公用子程序和数据时需要把同一个子程序按不同的地址连接到不同的进程中。另外,由于分页管理时,每一个页帧中可能装有不同子程序段的指令代码,页帧本身没有任何逻辑意义。因此,内存中的页帧共享不可能实现一个逻辑上完整的子程序或数据段的共享。

再者,从连接的角度看,分区管理和分页管理需要在执行前对程序模块和数据段采用静态连接。一个大的进程可能包含数百个甚至上千个程序模块与数据段。对它们进行连接要花费大量的 CPU 时间,而实际执行时则可能只用到其中的一个子集。因此,从减少 CPU 开销和内存空间浪费的角度来看,静态连接是不合适的。

一种对分页管理的改进方法是段式管理。段式管理是基于为用户提供一个方便灵活的程序设计环境而提出的。段式管理的基本思想是:把程序按内容或过程(函数)关系分成段,每段有自己的名字。一个用户作业或进程包含的段对应于一个二维线性虚拟地址空间,也就是一个二维虚拟内存。段式管理程序以段为单位分配内存,然后通过地址映射机构把段式虚拟地址转换成实际的内存物理地址。和分页管理时一样,段式管理也采用只把经常访问的段驻留内存,而把在将来一段时间内不被访问的段放入外存,待需要时自动调入的方法实现二维虚拟内存。

1. 段式虚存空间

段式管理把一个进程的虚拟地址空间设计成二维结构,即段号与段内地址。在分页管理中,被划分的页按顺序编号,虽然是由页号与页内地址构成地址结构,但其页号是连续的,页长是固定的,仍属于一维空间。而段式管理中的段号之间无顺序关系,且每段的长度不一样。每段定义一组逻辑上完整的程序或数据。例如,一个进程中的程序和数据可被划分为主程序段、子程序段、数据段与工作区段。

每段是一个首地址为 0 的、连续的一维线性空间。根据需要,段长可动态增长。

以下是对段式虚拟地址空间的访问示例:

语句 CALL [X]|<Y>转向段名为 X 的子程序的入口点 Y。

语句 LOAD 1,[A]|6 将段名为 A 的数组中第 6 个元素的值读到寄存器 1 中。

语句 STORE 1,[B]|<C>将寄存器 1 的内容存入段名为 B、段内地址为 C 的单元中。

其中的段名 X、A、B 及入口名 Y 等经编译程序和连接程序编译、连接后转换成计算机内部可以识别的段号和段内单元号。例如,如果[X]对应的段号为 3,<Y>对应的段内单元号为 120,CALL[X]|<Y>可被编译成 CALL 3|120。

2. 段式管理的内存分配与释放

段式管理中以段为单位分配内存,每段分配一个连续的内存区。由于各段长度不等,所以这些内存区的大小不一。而且,同一进程包含的各段不要求连续。

段式管理的内存分配与释放在进程或作业的执行过程中动态进行。首先,段式管理程序为一个进入内存准备执行的进程或作业分配部分内存,以作为该进程或作业的工作区并放置即将执行的程序段。随着进程或作业的执行,进程或作业根据需要随时申请调入需要执行的新段并释放不被执行的老段。进程或作业对内存区的申请和释放可分为两种情况:一种是当进程或作业执行到某条指令且找不到该条指令时会发出中断请求,要求调入包含该条指令的一段程序,当内存中有足够的空闲区满足该段的内存要求时,调入该段程序;另一种是内存中没有足够的空闲区,不满足该段的内存要求。对于这两种情况,系统要用相应的表格或数据结构来管理内存空闲区,以便对用户进程或作业的有关程序段进行内存分配和回收。

事实上,可以采用和动态分区管理相同的空闲区管理方法。即把内存各空闲区按物理地址从低到高排列或按空闲区大小从小到大或从大到小排列。与这几种可用分区自由链管理方法相对应,分区管理使用的几种分配算法——最先适应法、最佳适应法和最坏适应法都可用来进行段式管理的空闲区分配。当然,分区管理时用到的内存空闲区回收方法也可以在段式管理中使用。

内存中没有足够的空闲区满足调入段的内存要求时,段式管理程序根据给定的置换算法淘汰内存中在今后一段时间内不再被 CPU 访问的段,以满足程序段的调入需求。可以像分页管理一样,淘汰访问概率最低的段。

动态分页管理中的几种常用的淘汰算法都可以用来作为段管理中的淘汰算法,例如先进先出置换算法、LRU 算法及其近似算法等。但是,与分页管理时每页具有相同的长度不一样,在段式管理中,需要调入的程序段长度可能大于被淘汰的一段程序或数据的长度。这样,仅仅淘汰一段可能仍然满足不了需要调入的段的内存要求。此时,就应继续淘汰其他的段,直到满足需要调入的段的内存要求时为止。

事实上,一次调入时需要淘汰的段数与段的大小有关。如果一个作业或进程的段数较多,且段长差别较大,则有可能出现调入某个大段时需淘汰好几个小段的情况。不过,在段式管理中,任何一段的段长都不允许超过内存可用区长度,否则将会造成内存分配出错。

除了初始分配之外,段的动态分配是在 CPU 要访问的指令和数据不在内存时产生缺段中断的情况下发生的。因此，段的淘汰或置换算法实际上是缺段中断处理过程的一部分。

缺段中断处理过程如图5.28所示。在图5.28中，X代表所缺段的段号。在CPU访问要执行的段时，地址变换机构发现该段不在内存，就会由硬件发出缺段中断信号，并调用缺段中断处理程序。

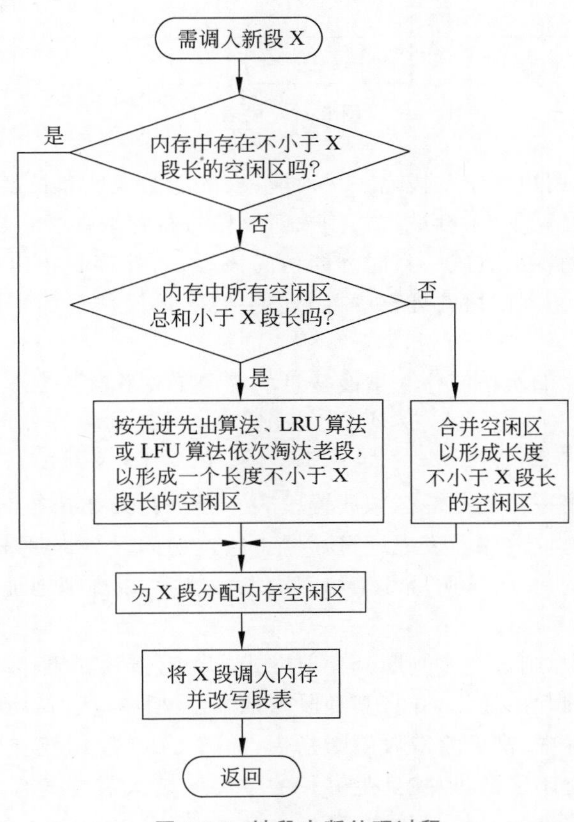

图5.28 缺段中断处理过程

5.4.2 地址变换

由于段式管理只将部分用户信息副本存放在内存中，而大部分信息在外存中，这会引起CPU访问内存时发生要访问的段不在内存中的现象。那么，CPU如何感知要访问的段不在内存中而启动缺段中断处理程序呢?

还有，段式虚拟地址属于二维虚拟地址空间。一个二维虚拟地址怎样变换为一个一维线性物理地址呢?这由段式地址变换机构解决。

1. 段表

和分页管理方案类似，段式管理程序在进行初始内存分配之前，首先根据用户要求的内存大小为一个作业或进程建立一个段表，以实现动态地址变换、缺段中断处理及内存保护等。与分页管理类似，段式管理是通过段表进行内存管理的。考虑了缺段处理和段式访问控制保护后的段表如图5.29所示。

段号	起始地址	长度	存取方式	内外存	访问位

图 5.29 段表

在段表中，段号与用户指定的段名一一对应；段的起始地址和长度分别表示该段在内存或外存的物理地址与实际长度；存取方式用来对该段进行存取保护；只有处理机状态字中的存取控制位与段表中的存取方式一致时才能访问该段；内外存是指出该段现在存储于内存中还是外存中，如果要访问的段在外存中，则发生中断；访问位是为了淘汰某些段而设定的标识。

这里假定淘汰算法淘汰访问位未被改变过的段(NUR 算法)。

2. 动态地址变换

一般在内存中给出一块固定的区域放置段表。当进程开始执行时，段式管理程序首先把该进程的段表起始地址放入段表地址寄存器。通过访问段表地址寄存器，段式管理程序得到该进程的段表起始地址，从而可开始访问段表。然后，以虚拟地址中的段号 s 为索引搜索段表。

如果该段在内存中，则进一步判断其存取方式是否有错。如果存取方式正确，则从段表中查出该段在内存中的起始地址，并将其和段内地址 w 相加，从而得到实际内存地址。

如果该段不在内存中，则产生缺段中断指令，并将 CPU 控制权交给内存分配程序。内存分配程序首先检查空闲区链，以找到足够长的空闲区装入需要的程序段。如果内存中的可用空闲区总长小于要求的段长，则检查段表中的访问位，以淘汰指令访问概率低的段，并将需要的新指令段调入。段式地址变换过程如图 5.30 所示。

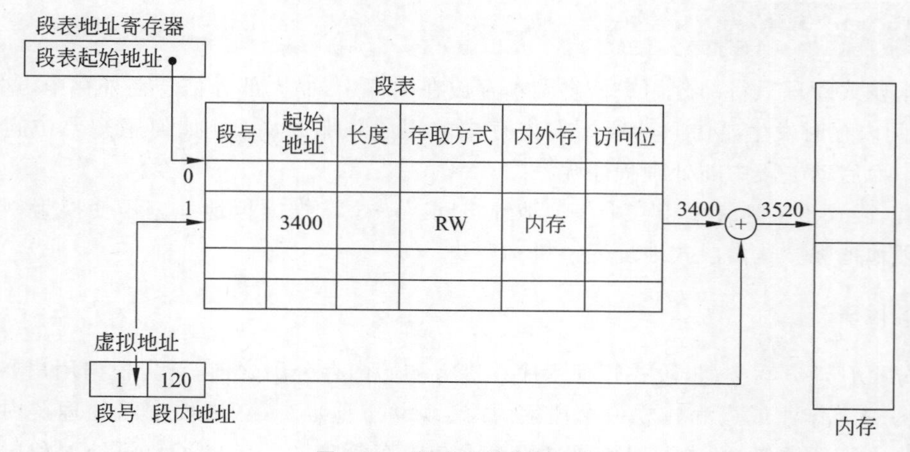

图 5.30 段式地址变换过程

与分页管理相同,段式管理中的地址变换过程也必须经过至少两次内存访问：首先访问段表,以计算得到待访问指令或数据的物理地址;然后对物理地址进行读数据或写数据操作。为了提高访问速度,页式地址变换中使用的高速联想寄存器的方法也可以用在段式地址变换中。在高速联想寄存器中存放经常访问的段号对应的段表项,且高速联想寄存器中的段表和内存中的段表可同时查找。如果在高速联想寄存器中找到了需要的段,则可以大大加快地址变换速度。

5.4.3 段的共享与保护

段式管理可以方便地实现内存信息共享并进行有效的内存保护,这是因为段是按逻辑意义划分的,可以按段名访问。

1. 段的共享

在多道环境下,常常有许多子程序和应用程序被多个用户使用。特别是在多窗口系统、支持工具等广泛流行的今天,被共享的程序和数据的个数和大小都在急剧增加,有时其大小往往超过用户程序大小的许多倍。这种情况下,如果每个用户进程或作业都在内存中保留它们共享的程序和数据的副本,那么就会极大地浪费内存空间。最好的办法是内存中只保留一个副本,供多个用户使用,称为共享。图 5.31 给出了段式系统中共享内存副本的例子。

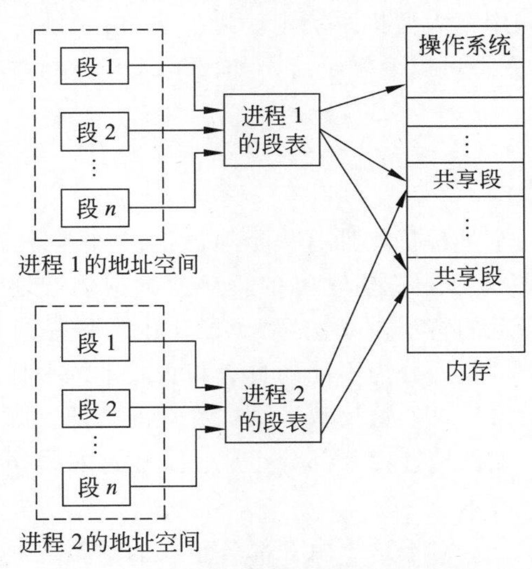

图 5.31　段式系统中共享内存副本的例子

如图 5.31 所示,如果用户进程或作业需要共享内存中的某段程序或数据,只要用户使用相同的段名,就可在新的段表中填入已在内存中的段的起始地址,并设置适当的读写控制权,就可共享一个逻辑上完整的内存段信息。

在多道环境下,由于进程的并发执行,一段程序为多个进程共享时,有可能出现多次同时执行该段程序的情况(即某个进程在未执行完该段程序之前,其他并发进程已开始执行该段程序)。这就要求在执行过程中该段程序的指令和数据不能被修改。另外,与一个进程中的其他程序段一样,共享段有时也要被换出内存。这时,就要在段表中设立相应的共享位来判别该段是否正被某个进程使用。显然，一个正在被某个进程使用或即将被某个进程使用的共享段是不应该调出内存的。

2. 段的保护

与分页管理相同，段式管理的保护主要有两种：一种是地址越界保护；另一种是存取方式控制保护。关于存取方式控制保护已在前面介绍了。地址越界保护是通过对段表中的段长项与虚拟地址中的段内地址进行比较实现的。若段内地址大于段长，系统就会产生保护中断。不过，在允许段动态增长的系统中，段内地址大于段长是允许的。为此，段表中设置相应的增补位以指示该段是否允许该段动态增长。

5.4.4 段页式管理

以上几种内存管理方式各有特长。段式管理为用户提供了一个二维的虚拟地址空间，反映了程序的逻辑结构，有利于段的动态增长、共享和内存保护等，这大大地方便了用户。而分页管理则有效地解决了碎片问题，提高了内存的利用率。从内存管理的目的来说，主要是方便用户的程序设计和提高内存的利用率。那么，把段式管理和分页管理结合起来，让其互相取长补短不是更好吗？于是人们提出了段页式管理。

不过，由于段式管理与分页管理都需要较大的系统开销，段页式管理的开销更大。因此，段页式管理方式一般只用在大型机系统中。近年来，由于硬件发展很快，段页式管理的开销在工作站等机型上已变得可以容忍了。例如 UNIX System Ⅴ就采用了分区加请求页式的段页式管理技术。

1. 虚拟地址的构成

使用段页式管理时，一个进程仍然拥有一个自己的二维地址空间，这与段式管理相同。首先，一个进程中包含的具有独立逻辑功能的程序或数据仍被划分为段，并有各自的段号 s。这反映和继承了段式管理的特征。其次，对于段 s 中的程序或数据，则按照一定的大小将其划分为不同的页。和页式系统一样，最后不足一页的部分仍占一页。这反映了页式管理的特征。因此，段页式管理中进程的虚拟地址由 3 部分组成：段号 s、页号 p 和页内地址 d，如图 5.32 所示。

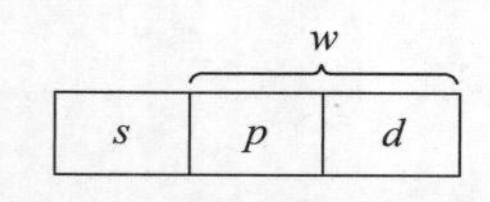

图 5.32 段页式管理中进程的虚拟地址组成

对于这个由 3 部分组成的虚拟地址来说，程序员可见的仍是段号 s 和段内地址 w。p 和 d 是由地址变换机构把 w 的高几位解释成页号 p，把剩下的低位解释为页内地址 d 而得到的。

由于虚拟地址空间的最小单位是页而不是段，从而内存可用区也就被划分成若干大小相等的页帧，且每段拥有的程序和数据在内存中可以分开存放，分段的大小也不再受内存可用区的限制。

2. 段表和页表

为了实现段页式管理，系统必须为每个作业或进程建立一张段表，管理内存分配与释放、缺段处理、内存保护和地址变换等。另外，由于一段又被划分成若干页，每段又必须建立一张页表，把段中的虚拟页变换成内存中的页帧。显然，与分页管理时相同，页表中也要有实现缺页中断处理和页帧保护等功能的表项。另外，由于在段页式管理中，页表不再属于进程，而属于某个段，因此，段表中应有专项指出该段对应的页表起始地址和页表长度。段页式管理中段表、页表与内存的关系如图 5.33 所示。图 5.33 中各表中标为“其他”的栏目可参考段式管理或分页管理中的相应栏目。

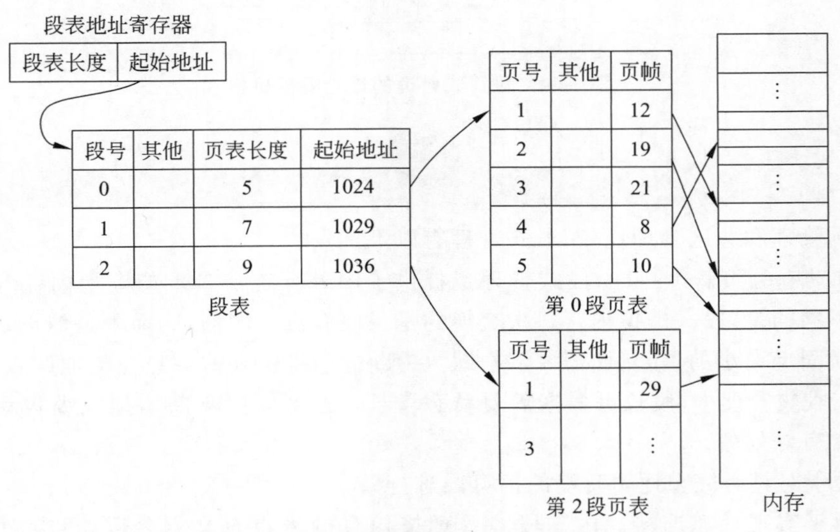

图 5.33 段页式管理中段表、页表与内存的关系

3. 动态地址变换过程

在使用段页式管理的计算机系统中，都在内存中辟出一块固定的区域存放进程的段表和页表。因此，在段页式管理系统中，如果要对内存中的指令或数据进行一次存取，至少需要访问 3 次内存：第一次是由段表地址寄存器得到段表起始地址，访问段表，由此取出对应段的页表地址；第二次是访问页表，得到要访问的物理地址；只有在访问了段表和页表之后，第三次才能访问真正的物理单元。显然，这将使 CPU 的执行指令速度大大降低。

为了提高地址转换速度，在段页式管理中设置高速联想寄存器就显得比在段式管理或分页管理中更加必要。在高速联想寄存器中，存放当前最常用的段号 s、页号 p 和对应的内存页帧与其他控制信息。当要访问内存空间中的某一单元时，可在通过段表、页表进行内存地址查找的同时，根据高速联想寄存器查找其段号和页号。如果要访问的段或页在高速联想寄存器中，则系统不再访问内存中的段表、页表，而直接把高速联想寄存器中的值与页内地址 d 拼接起来，得到物理地址。经验表明，在高速联想寄存器中装有 1/10 左右的段号、页号及页帧的段页式管理系统可以通过高速联想寄存器找到 90%以上要访问的内存地址。

段页式管理的地址变换机构如图 5.34 所示。

以上简要地介绍了段页式管理中地址变换的基本原理。有关段页式管理中的内存保护和共享以及缺段或缺页中断处理等，可参考段式管理或分页管理中的方法。

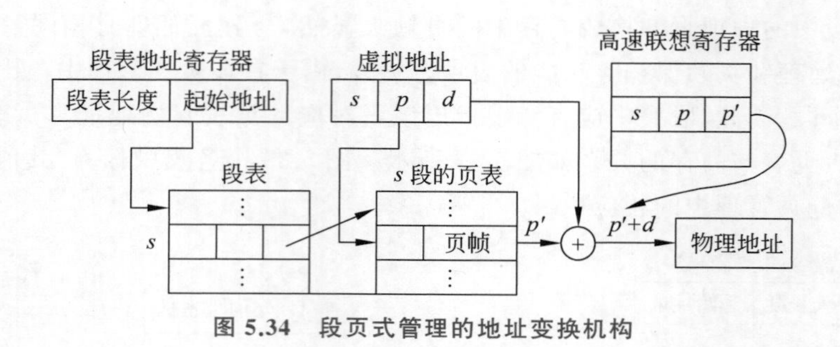

图 5.34 段页式管理的地址变换机构

5.4.5 段式管理小结

与分页管理和分区管理比较,段式管理有以下优点:

(1) 和动态分页管理一样,段式管理也提供了内外存统一管理的虚拟内存实现。与分页式管理不同的是,段式虚拟内存每次交换的是一段有意义的信息,而不是像页式虚拟内存那样只交换固定大小的页,从而需要多次缺页中断才能把需要的信息完整地调入内存。

(2) 在段式管理中,段长可根据需要动态增长。这对需要不断增加或吸收新数据的段来说是非常有好处的。

(3) 便于对具有完整逻辑功能的信息段进行共享。

(4) 便于实现动态连接。由于段式管理按信息的逻辑意义划分段,每段对应一个程序模块,因此,可用段名加上段入口地址等方法在执行过程中调入相应的段进行动态连接。当然,段的动态连接需要一定的硬件支持,例如需要连接寄存器存放被连接段的出口等。

尽管段式管理有较多的优点,但是也有一些缺点。首先,段式管理比其他几种方式要求更多的硬件支持,这就提高了硬件成本。其次,由于段式管理在内存空闲区管理方式上与分区管理相同,在碎片问题上以及为了消除碎片所进行的合并等问题上较分页管理要差。再次,允许段的动态增长也会给系统管理带来一定的难度和开销。最后,在段式管理中,每个段的长度受内存可用分区大小的限制。

和分页管理一样,段式管理系统在选择淘汰算法时也必须十分慎重,否则也有可能产生抖动现象。

总之,因为段页式管理是段式管理和分页管理结合而成的,所以具有它们的优点。但是,由于管理软件规模的增大,复杂性和开销也就随之增加了。另外,段式管理需要的硬件以及占用的内存也有所增加。更重要的是,如果不采用高速联想寄存器提高 CPU 的访问内存速度,将使执行速度大大下降。

5.5 覆盖与交换

覆盖与交换技术是在多道环境下用来扩充内存的两种方法。覆盖技术主要用在早期的操作系统中,而交换技术则在现代操作系统中仍具有较强的生命力。下面主要介绍覆盖与交换的基本思想。

5.5.1 覆盖技术

覆盖技术是基于这样一种思想提出的：一个程序并不需要一开始就把它的全部指令和数据都装入内存后再执行。在单CPU系统中，每一时刻事实上只能执行一条指令。因此，不妨把程序划分为若干功能上相对独立的程序段，按照程序的逻辑结构让不会同时执行的程序段共享同一块内存区。通常，这些程序段都保存在外存中，当有关程序段前面的程序段执行结束后，再把后续程序段调入内存，覆盖前面的程序段，在用户看来好像内存扩大了，从而达到内存扩充的目的。

但是，覆盖技术要求程序员提供一个清晰的覆盖结构，即程序员必须把一个程序划分成不同的程序段，并规定它们的执行和覆盖顺序。操作系统根据程序员提供的覆盖结构完成程序段之间的覆盖。一般来说，一个程序究竟可以划分为多少段，以及让其中的哪些程序共享哪一内存分区，只有程序员清楚。这要求程序员既要清楚地了解程序所属进程的虚拟地址空间及各程序段在虚拟地址空间中的位置，又要求程序员懂得系统和内存的内部结构与地址划分，因此，程序员负担较重。所以，对操作系统的虚拟地址空间和内部结构很熟悉的程序员才会使用覆盖技术。

例如，设进程的程序正文段由A、B、C、D、E和F 6个程序段组成。它们之间的调用关系如图5.35(a)所示，程序段A调用程序段B和C，程序段B调用程序段F，程序段C调用程序段D和E。

由图5.35(a)可以看出，程序段B不会调用C，程序段C也不会调用B。因此，程序段B和C无须同时驻留在内存，它们可以共享同一内存区。同理，程序段D、E、F也可共享同一内存区。其覆盖结构如图5.35(b)所示。

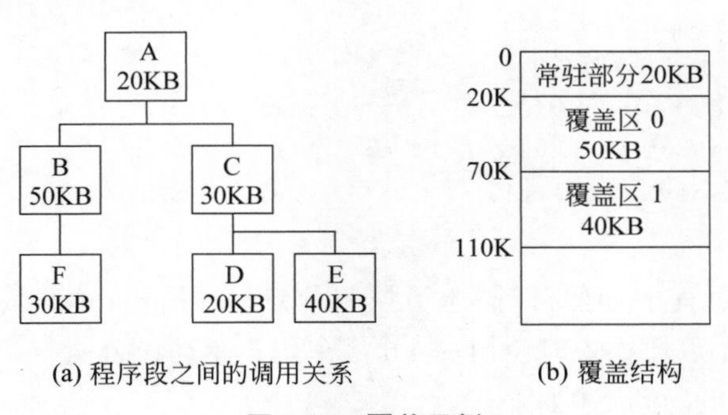

(a) 程序段之间的调用关系　(b) 覆盖结构

图5.35　覆盖示例

在图5.35(b)中，整个程序正文段被分为两部分。一个是常驻内存部分，该部分与所有被调用程序段有关，因而不能被覆盖，这一部分称为根程序。在图5.35(b)中，程序段A是根程序。另一个是覆盖部分，分为两个覆盖区。其中，一个覆盖区由程序段B、C共享，其大小为B、C中要求容量大者；另一个覆盖区为程序段D、E、F共享。两个覆盖区的大小分别为50KB与40KB。这样，虽然该进程的程序正文段要求的内存空间是20KB＋50KB＋30KB＋30KB＋20KB＋40KB＝190KB，但由于采用了覆盖技术，只需110KB的内存空间即可开始执行。

5.5.2 交换技术

在多道程序环境或分时系统中，同时执行好几个作业或进程。但是，这些同时存在于内存中的作业或进程处于不同状态，有的处于执行状态或就绪状态，而有的则处于等待状态。

一般来说，作业或进程的等待时间比较长。例如从外存读一块数据到内存有时要花0.1～1s的时间。如果让这些等待中的作业或进程继续驻留内存，将会造成内存空间的浪费。因此，应该把处于等待状态的作业或进程换出内存。

实现上述目标的方法很多，比较常用的方法之一就是交换。广义地说，交换是指先将内存某部分的程序或数据写入外存交换区，再从外存交换区中调入指定的程序或数据到内存中并让其执行的一种内存扩充技术。与覆盖技术相比，交换技术不要求程序员给出程序段之间的覆盖结构。而且，交换主要在作业或进程之间进行，而覆盖则主要在同一个作业或进程内进行。另外，采用覆盖技术只能覆盖与换入的程序段无关的程序段。

交换进程由换出和换入两个过程组成。其中换出(swap out)过程把内存中的数据和程序换到外存交换区，而换入(swap in)过程把外存交换区中的数据和程序换到内存中。

换出过程和换入过程都要完成与外存设备管理进程通信的任务。由交换进程发送给设备进程的消息 m 中应包含分区的分区号 i、该分区的基址 basei、长度 sizei、方向及外存交换区中的分区起始地址。交换进程和设备管理进程通过设备缓冲队列进行通信。换出过程 SWAPOUT 可描述如下：

```
SWAPOUT(i):
begin local m
    m.base ← basei;
    m.ceiling ← basei +sizei;
    m.direction ← "out";
    m.destination ← base of free area on swap area;
    backupstorebasei ← m.destination;
    send((m, i), device queue);
end
```

在 SWAPOUT 过程中，前 5 行描述了控制信息；backupstorebasei 用来记录被换出数据和程序的起始地址，以便换入时使用；send 指令用于驱动设备执行相应的数据读写操作。

换入过程 SWAPIN 可描述如下：

```
SWAPIN(i):
begin local m
    m.base ← basei;
    m.ceiling ← basei +sizei;
    m.direction ← "in";
    m.source ← backupstorebasei;
    send((m, i), device queue);
end
```

交换技术大多用在小型机或微机系统中。这样的系统大部分采用固定的或动态分区方式管理内存。

5.6 局部性和系统抖动

动态分页管理、段式管理以及段页式管理都提供了将内存和外存统一管理的方法：内存中只存放经常被调用和访问的程序段和数据，而进程或作业的其他部分则存放于外存中，待需要时再调入内存或虚拟内存。然而，由于上述实现方法实质上要在内存和外存之间交换信息，因此，就要不断地启动外围设备以及相应的处理过程。一般来说，计算机系统的外存与内存不同，它们具有较大的容量，而访问速度并不高。而且，为了进行数据读写而涉及的一系列管理和处理程序(例如设备管理程序、中断处理程序等)也要耗去大量的时间。如果内存和外存之间数据交换频繁，也就是说，一个进程在执行过程中缺页率或缺段率过高，势必会造成对输入输出设备的巨大压力，并且使得系统的主要开销大多用在反复调入调出数据和程序段上，从而无法完成用户要求的工作。因此，段式、页式以及段页式虚拟内存实现方法都要求在内存中存放一个不小于最低限度的程序段或数据，而且它们必须是正在被调用或即将被调用的部分，这就使得内外存之间的数据交换减少到最低限度。

通过模拟实验发现，在几乎所有程序的执行过程中，在一段时间内，CPU 总是集中地访问程序中的某一部分(称为局部段)，而不是随机地对程序所有部分以平均概率访问。人们把这种现象称为局部性原理(principle of locality)。与 CPU 访问该局部段内的程序和数据的次数相比，该局部段的移动速度是相当慢的。这就使得前面讨论的分页管理、段式管理以及段页式管理实现的虚拟内存系统成为可能。

但是，如果不能正确地将系统需要的局部段放入内存，则显然系统的效率会大大降低，甚至无法有效地工作。

模拟实验表明，任何程序在局部性放入内存时都有一个临界值要求。当内存分配量小于这个临界值时，内存和外存之间的交换频率会急剧增加；而当内存分配量大于这个临界值时，再增加内存分配量也不能显著减少交换次数。不超过临界值的内存分配量范围被称为工作集。图 5.36 说明了这种情况。

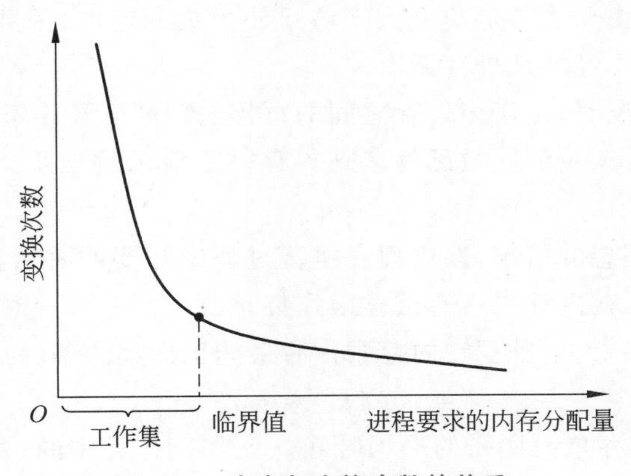

图 5.36 内存与交换次数的关系

一个进程执行过程中缺页(missing page)的发生有两种情况。一种情况是并发进程要求的工作集总和大于内存可提供的可用区。这时，系统将无法正常工作，因为缺乏足够的空间装入需要的程序和数据。另一种情况是，虽然内存管理程序为每个并发进程分配了足够的工作集，但系统无法在开始执行前选择适当的程序段和数据放入内存。在这种情况下，只能在执行过程中，当CPU发现要访问的指令或数据不在内存中时抛出硬件中断，转入中断处理程序，将需要的程序段和数据调入。这是一种很自然的处理方法。

当给进程分配的内存小于要求的工作集时，由于内外存之间交换频繁，访问外存时间和输入输出处理时间大大增加，反而造成CPU因等待数据而空转，使整个系统性能大大下降，这就造成了系统抖动。

可以利用统计模型进一步分析工作集与系统抖动之间的关系。

设r为CPU在内存中存取一个内存单元的时间，t为从外存中读出一页数据的时间，$p(s)$为CPU访问内存时要访问的页正好不在内存中的概率，这里s是当前进程在内存中的工作集。

显然，在使用虚拟内存的情况下存取一个内存单元的平均时间可描述为

$$T=r+p(s)t$$

由程序模拟可知：

$$p(s)=a\mathrm{e}^{-bs}$$

这里，$0<a<1<b$，$a\mathrm{e}^{-bs}\ll r$。

另外，假定内存中各并发进程具有相同的统计特性，而且一个并发进程只有发生缺页时才变成等待状态。这是为了简化讨论而忽略了外围设备和进程通信功能的存在。

由于访问外存中的一页的速度为t，且缺页发生的概率为$p(s)$，则在CPU访问一个内存单元的时间r内，平均每秒引起的内外存之间的页传送率为$p(s)/r$。也就是每$r/p(s)$秒需要从外存向内存传送一页。因此，一个在虚拟内存范围内执行的进程可以处于以下3种可能的状态之一：

(1) $t<r/p(s)$。

(2) $t>r/p(s)$。

(3) $t=r/p(s)$。

对于第一种情况，由于页传送速度大于访问外存页的速度，因此，进程在执行过程中发生缺页的次数较少，并不经常从外存调页。

但是，在第二种情况时，由于内外存之间的页传送速度已经小于访问外存页速度，因此，进程在执行过程中发生缺页的次数已经多到外存供不应求的地步。事实上，这时的系统已处于抖动状态。

第三种情况是较理想的情况，即进程在执行过程中需要的页数正好等于从外存可以调入的页数。此时该进程在内存中占有最佳工作集。

根据以上讨论可知，一个进程在内存中占有最佳工作集的条件是

$$p(w)=r/t$$

这里，r是CPU访问内存单元所需的平均时间，t是访问外存中的一页所需的平均时间。

因为$p(w)$可表示为

$$p(w)=a\mathrm{e}^{-bw}$$

从而有

$$w=(1/b)\ln(at/r)$$

即，与内存存取速度 r 相比，外存传送速度越慢，所需工作集就越大。

当然，上面的结论是在作了许多近似假设的情况下得出的。事实上，由于各进程包含的程序段多少、选用的淘汰算法等不一样，工作集的选择也不一样。一般来说，选择工作集有静态和动态两种方法，这里不再进一步介绍。

另外，根据以上讨论，可以找出解决抖动问题的几种方法。

抖动只有在 $t>r/p(s)$ 时才会发生。而 ae^{-bs} 是一个与工作集 s、参数 a 和 b 有关的概率值。$p(s)$ 是可以改变的。对给定的系统来说，t 和 r 是很难改变的。显然，解决抖动问题的关键是将 $p(s)$ 减少到使 $t=r/p(s)$。这只需要做以下改变之一：

(1) 增大 s，也就是扩大工作集。

(2) 改变参数 a 和 b，也就是选择不同的淘汰算法以解决抖动问题。

在物理系统中，为了防止抖动的产生，在进行淘汰或置换时，一般总是把缺页进程锁住，不让其换出，而调入的页或段总是占据暂时得不到执行的进程占有的内存区域，从而扩大缺页进程的工作集。UNIX System Ⅴ就采用了这种方法。

本章小结

本章介绍了各种常用的内存管理方法——分区管理、分页管理、段式管理和段页式管理。内存管理的核心问题是如何解决内存和外存的统一以及内外存之间的数据交换问题。内存和外存的统一管理使内存的利用率得到提高，用户程序不再受内存可用区大小的限制。与此相关联，内存管理要解决内存扩充、内存的分配与释放、虚拟地址到内存物理地址的变换、内存保护与共享、内外存之间数据交换的控制等问题。

表5.1系统地对几种内存管理方法的功能和所需硬件支持作了比较。

表5.1 各种内存管理方法的比较

功能	单一连续区管理	分区管理		分页管理		段式管理	段页式管理
		固定分区	可变分区	静态	动态		
适用环境	单道	多道		多道		多道	多道
虚拟地址空间	一维	一维		一维		二维	二维
重定位方式	静态	静态	动态	动态		动态	动态
分配方式	静态分配连续区	静态或动态分配连续区		静态或动态分配以页为单位的非连续区		动态分配以段为单位的非连续区	动态分配以页为单位的非连续区
释放	执行完成后全部释放	执行完成后全部释放	分区释放	执行完成后释放	淘汰与执行完成后释放	淘汰与执行完成后释放	淘汰与执行完成后释放
保护	越界保护或没有	越界保护与保护键		越界保护与控制权保护		越界保护与控制权保护	越界保护与控制权保护

续表

功　能	单一连续区管理	分区管理		分页管理		段式管理	段页式管理
		固定分区	可变分区	静态	动态		
内存扩充	覆盖与交换技术	覆盖与交换技术		覆盖与交换技术	外存、内存统一管理的虚拟内存	覆盖与交换技术	覆盖与交换技术
共享	不能	不能		较难		方便	方便
硬件支持	保护用寄存器	保护用寄存器	保护用寄存器加重定位机构	地址变换机构、中断机构和保护机构		段式地址变换机构、保护与中断、动态链接机制	段式地址变换机构、保护与中断、动态链接机制

习　题

5.1　内存管理的主要功能是什么？

5.2　什么是虚拟内存？其特点是什么？

5.3　实现地址重定位的方法有哪几类？请形式化地描述动态重定位过程。

5.4　程序执行过程中，内外存一般交换什么样的数据？其数据传输控制有哪几种实现方式？请进行简单阐述。

5.5　常用的内存信息保护方法有哪几种？它们各自的特点是什么？

5.6　阐述固定分区与动态分区的异同点。它们如何管理空闲的内存资源？

5.7　什么是最先适应算法？在使用最先适应算法进行内存分配与回收时有何优缺点？

5.8　5.2节讨论的分区管理可以实现虚拟内存吗？如果不能，怎样修改？画出分区管理实现虚拟内存的程序流程图；如果能，说明理由。

5.9　什么是页？在小的微机系统中，页的长度一般是多少？页的长度对内存的管理有何影响？

5.10　分页管理的特点与作用是什么？它与分区管理有何不同？

5.11　分页管理如何实现地址的转换？需要哪些硬件支持？

5.12　一般的操作系统中页帧的大小被设置为4KB。随着内存容量的增长，人们尝试使用2MB甚至1GB等更大的页帧作为管理对象，这些页帧也称作大页。大页和4KB的页帧相比，其优缺点是什么？

5.13　什么是请求分页管理？设计和描述采用请求分页管理时的内存页帧分配和回收算法（包括缺页处理部分）。

5.14　请求分页管理中有哪几种常用的页帧置换算法？比较它们的优缺点。

5.15　什么是Belady现象？找出一个Belady现象的例子。

5.16　描述一个包括页帧分配与回收、页帧置换和内存保护的请求分页管理系统。

5.17　简述分页管理、段式管理和段页式管理之间的区别和联系。

5.18 段式管理可以实现虚拟内存吗？如果可以，简述实现方法。

5.19 段页式管理的主要缺点是什么？有什么改进办法？

5.20 什么是覆盖？什么是交换？覆盖和交换的区别是什么？

5.21 什么是局部性原理？什么是抖动？有什么办法减少系统的抖动现象？

5.22 在计算机系统中，局部性原理除了应用在内存管理中，还应用在哪些场合？

第6章 文件系统

计算机的内存无法持久地保存程序和数据，而且容量又十分有限。因此，计算机系统需要配置外存，将程序和数据以某种形式在外存中保存、组织和管理，在运行时再将它们载入内存。如果由用户直接管理外存上的这些信息，不仅需要用户熟悉具体的存储硬件，了解这些信息的组织形式与物理存储位置，而且需要在多个进程并发执行的环境下保证信息的安全性和一致性。为了解决这个问题，人们在操作系统中引入了文件系统，采用文件的形式管理程序和数据的存取、检索、共享和保护，并向用户提供一套简捷的文件使用及操作方法。

6.1 概　述

6.1.1 文件系统的引入

操作系统对计算机的管理包括两方面：硬件资源的管理和软件资源的管理。硬件资源的管理包括对CPU管理、内存管理、设备管理等的管理，让硬件资源能够有效、合理地使用。软件资源的管理则包括对各种系统程序(包括操作系统本身)、系统应用程序(也称工具软件，例如编辑程序、编译程序)、中间件、库函数、用户程序和数据等的管理。图6.1给出了操作系统管理的计算机资源的分类。

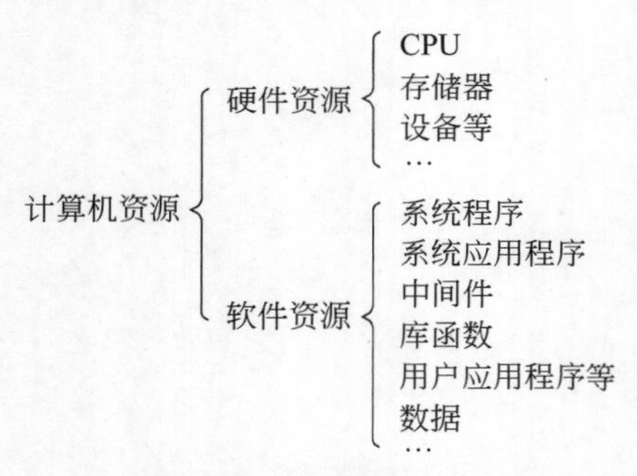

图6.1 操作系统管理的计算机资源的分类

用户使用计算机完成某项任务时，会遇到下列问题：

(1) 怎样使用现有的软件资源协助完成自己的任务。例如，在哪里找到编辑程序、编译程序及连接程序生成目标代码；在哪里利用系统调用库函数与实用程序减少编程工作；怎样避免直接与硬件交互。

(2) 怎样存放需要继续使用的软件和数据，例如未编写完成的程序和未收集完成的数据。

这两个问题都属于怎样对软件资源透明地快速存取的问题。在早期的计算机系统中，由于硬件资源的限制，只能用卡片和纸带存放程序和数据。这些卡片和纸带都分别编号存放。当用户需要使用它们时，再把这些卡片和纸带放在读卡机上输入计算机。

显然，这些人工干预的控制和保存软件资源的方法不可能做到透明存取。这不仅限制了计算机的处理能力，而且对用户不友好。不过，卡片和纸带上的程序和数据形成了文件的雏形，为文件系统的出现打下了基础。

大容量直接存取的磁盘存储器以及固态存储器等的出现，为程序和数据等软件资源的透明存取提供了物质基础。这导致了软件资源管理质的飞跃——文件系统的出现。随着存储行业的高速发展，近年来固态硬盘逐渐流行起来，它的读写速率比磁盘高，访问延迟则比磁盘低。

文件系统将程序和数据抽象为文件，并把它们存放在大容量存储介质上，从而做到对程序和数据的透明存取。这里的透明存取是指用户不必了解文件存放的物理结构和查找方法等与存储介质有关的部分，只需给出文件路径和操作，文件系统就会自动完成相应的文件操作。

文件系统必须完成下列工作：

(1) 文件系统需要对磁盘等外部存储器空间(或称文件空间)进行统一管理。在用户创建新文件时为其分配空闲区，而在用户删除或修改某个文件时回收或调整内存。

(2) 文件系统需要有对用户可见的逻辑结构，用户只需指定文件路径和操作，即可完成对信息的存取和加工。这种逻辑结构是独立于物理存储设备的。

(3) 文件系统应将文件按一定的物理结构存放于存储设备上。

(4) 文件系统需要实现对存放在存储设备上的文件信息的查找。

(5) 文件系统需要实现文件的共享和保护功能。

本章的后面各节将分别讨论这些问题。

6.1.2 文件系统中的重要概念

著名计算机科学家 David Wheeler 说：“计算机科学领域的任何问题都可以通过增加一层抽象来解决。”计算机系统对底层的抽象能屏蔽底层的复杂实现，而只提供简单、友好的接口，文件和目录正是文件系统的两个关键抽象。

1. 文件

文件是存储在长期存储设备或临时存储设备中的一段数据流，并且处于计算机文件系统管理之下。

在计算机系统中，文件的逻辑结构分为无结构文件(流式文件)和有结构文件(记录式文件)。无结构文件被现代操作系统的文件系统广泛使用。有结构文件大多用于数据库系统。

无结构文件将数据按某种顺序组织为相关信息项的集合。它以字节(Byte,B)为单位。

有结构文件主要用于信息管理，它以记录为单位。记录式文件包含若干逻辑记录，也就是文件中包含若干独立划分的信息单位。

在部分操作系统中，外设也被看作文件系统中的文件。因此，操作系统可以通过统一的接口管理外设和文件，从而大大简化外设和程序之间的通信。

文件必须有文件名。用户文件名是由用户指定的用来区分不同文件的字符串。部分系统规定文件名必须以英文字母开头，且允许一些其他的符号出现在文件名的非开始部分。

2. 目录

目录是文件系统内的第二个抽象元素。目录也被称为文件夹。目录中能够保存文件和其他目录。

典型的文件系统可能会包含成千上万个目录。多个文件存储在一个目录中，可以达到有组织地存储文件的目的。在一个目录中包含的目录被称作子目录(子文件夹)。这样，这些目录就构成了层次(hierarchy)结构或树状结构。

3. 文件系统

操作系统中与管理文件有关的软件称为文件系统。它负责为用户创建、删除、读取、写入文件,还负责完成对文件的按名存取和存取控制。

文件系统有以下特点:

(1) 拥有方便、友好的用户接口,用户操作时不需要了解文件结构和物理位置。

(2) 支持多个用户或进程的共享访问。

(3) 支持大量信息的存储。

6.1.3 文件的分类

在文件系统中,为了有效、方便地管理文件,常常对文件进行分类。文件的分类主要是便于系统对不同的文件进行不同的管理,从而提高处理速度并起到保护与共享的作用。例如,一个系统文件在读入内存时将被放在内存的某一固定区且享受高保护级别,从而不必像一般的用户文件那样只有获得内存的用户可用分区之后才能被调入内存。

文件按性质和用途可以分为3类:

(1) 系统文件。这类文件只允许用户通过系统调用执行,而不允许对其进行读写和修改。系统文件所有者是操作系统内核和各种系统应用程序。

(2) 库文件。这类文件允许用户对其进行读取、执行,但不允许对其进行修改。库文件所有者是各种标准程序库。库文件包括C语言头文件、动态链接库文件。

(3) 用户文件。这类文件是用户在文件系统中保存的文件。这类文件只有文件的所有者或其授权的用户才能使用。用户文件包括源程序、目标程序、用户数据库等。

按组织形式,文件又可被划分为以下3类:

(1) 普通文件。包括系统文件、库文件和用户文件。普通文件中包含的主要是程序和数据。

(2) 目录文件。由文件的目录信息构成的特殊文件。目录文件的内容不是程序或数据,而是用来检索普通文件的目录信息。

(3) 特殊文件。在部分操作系统中,所有的输入输出设备都被看作特殊文件。这组特殊文件在使用方式上与普通文件相同。但是,特殊文件的使用是和设备处理程序紧密相连的。文件系统必须把对特殊文件的操作转换为对不同设备的操作。

除了按文件的用途和组织形式分类外,还可以按文件中的信息流向或文件的保护级别等分类。例如,文件按信息流向可分为输入文件、输出文件以及输入输出文件,按文件的保护级别又可分为只读文件、读写文件、可执行文件和不保护文件等。另外,还可以按文件内容的形态分类,例如视频文件、音频文件、字符文件和各种图表符号文件等。

6.2 文　　件

6.2.1 逻辑结构

文件的逻辑结构是一种直接面向用户的文件组织形式,它独立于存储设备的物理环境。

也就是说，文件是由一系列逻辑记录组成的。文件的逻辑结构可分为两大类：字符流式的无结构文件和记录式的有结构文件。在文件系统设计时，选择何种逻辑结构才能更有利于用户对文件信息的操作呢？一般情况下，选取文件的逻辑结构应遵循下述原则：

(1) 当用户对文件信息进行修改操作时，给定的逻辑结构应能尽量减少对已存储的文件信息的变动。

(2) 当用户需要对文件信息进行操作时，给定的逻辑结构应使文件系统在尽可能短的时间内查找到需要查找的记录或基本信息单位。

(3) 文件信息应该用尽可能少的存储空间保存。

(4) 用户应该能简便地操作。

显然，对于字符流式的无结构文件来说，查找文件中的基本信息单位，例如某个单词，是比较困难的。但是，字符流式的无结构文件管理简单，用户可以方便地对其进行操作。所以，对基本信息单位操作不多的文件较适于采用字符流式的无结构方式，例如源程序文件、目标代码文件等。

记录式的有结构文件可把文件中的各种记录按照不同的方式排列，构成不同的逻辑结构，以便用户对文件中的记录进行增加、删除、查找和修改等操作。

记录是一个具有特定意义的信息单位，它由该记录在文件中的逻辑地址(相对位置)与记录名所对应的一组关键字、属性及其值组成。图 6.2 是一个记录的组成示例。

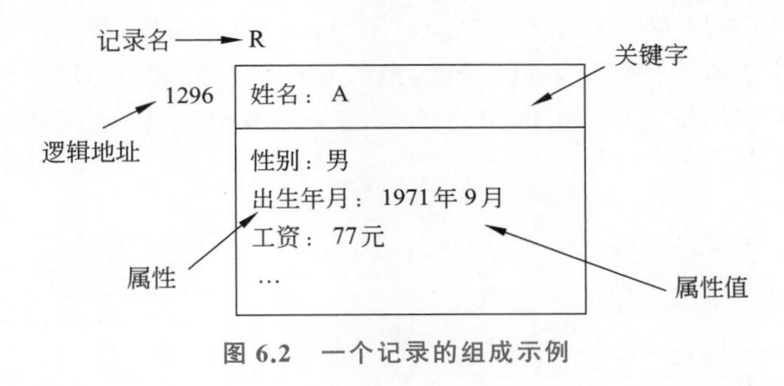

图 6.2　一个记录的组成示例

在图 6.2 中，1296 是名为 R 的记录在文件中的逻辑地址，“姓名”是该记录的关键字，而“性别”“出生年月”“工资”等是该记录的属性，紧跟在这些属性后面的是属性值。一个记录可以有多个关键字，每个关键字可以对应多个属性。根据各系统设计的要求不一样，记录既可以是定长的，也可以是变长的。记录可以短到只有一个字符，也可以长到是一个文件，这要由系统设计人员确定。

常用的记录式的有结构文件有连续结构、多重结构、转置结构和顺序结构等结构类型。下面分别介绍这几种结构。

1. 连续结构

连续结构是把记录按生成的先后顺序连续排列的逻辑结构。连续结构的特点是适用性强，可用于所有文件(字符流式的无结构文件实质上是记录长度为一个字符的连续结构文件)，且记录的排列顺序与记录的内容无关，这有利于记录的追加与变更。但是，连续结构文件的搜索性能较差。例如，要找出包含某个指定关键字的记录时，必须搜索整个文件。

2. 多重结构

如果把记录按照记录名和关键字排列成行列式结构，则一个包含 n 个记录名、$m(m\leqslant n)$ 个关键字的文件构成一个 $m\times n$ 的行列式，如图 6.3 所示。其中，如果第 $i(1\leqslant i\leqslant m)$ 行和第 $j(1\leqslant j\leqslant n)$ 列对应的位置上为 1，则表示关键字 K_i 在记录 R_j 中；如果该位置上为 0，则表示关键字 K_i 不在记录 R_j 中。另外，一个关键字也可以同时属于不同的记录。

$$
\begin{array}{c}
\\ K_1 \\ K_2 \\ \vdots \\ K_3
\end{array}
\begin{array}{c}
\begin{array}{cccc} R_1 & R_2 & \cdots & R_3 \end{array} \\
\begin{vmatrix} 1 & 0 & \cdots & 1 \\ 0 & 0 & \cdots & 1 \\ \vdots & \vdots & \ddots & \vdots \\ 1 & 1 & \cdots & 0 \end{vmatrix}
\end{array}
$$

图 6.3　文件的记录名和关键字构成的行列式

显然，如果只按行列式结构排列记录，会浪费较多的存储空间。可以把行列式中为 0 的项去掉，并以关键字 K_i 为队首，以包含关键字 K_i 的记录为队列元素，构成一个记录队列。对于一个有 m 个关键字的文件来说，这样的队列有 m 个。这 m 个队列构成了该文件的多重结构，如图 6.4 所示。

3. 转置结构

在图 6.4 所示的文件的多重结构中，每个队列中和关键字直接相连的只有一个记录。这种结构虽然在搜索时优于连续结构，但在搜索某一特定记录时，必须在找到该记录对应的关键字之后，再在该关键字对应的队列中按顺序查找。与此相反，转置结构把含有相同关键字的记录指针全部指向该关键字，也就是说，把所有与同一关键字对应的记录的指针连续地置于文件中该关键字的位置下，如图 6.5 所示。转置结构最适合给定关键字后的记录搜索。

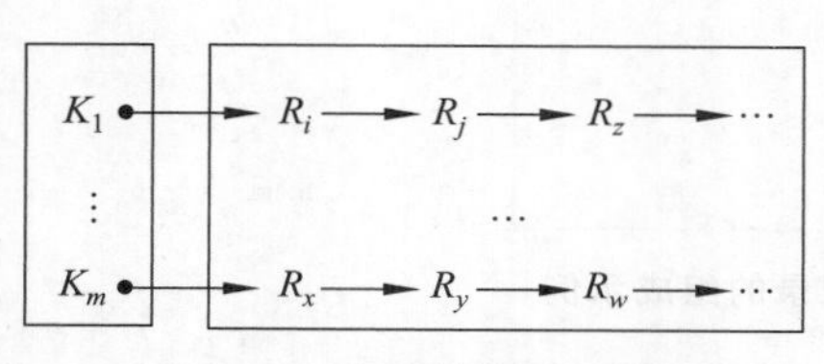

图 6.4　文件的多重结构

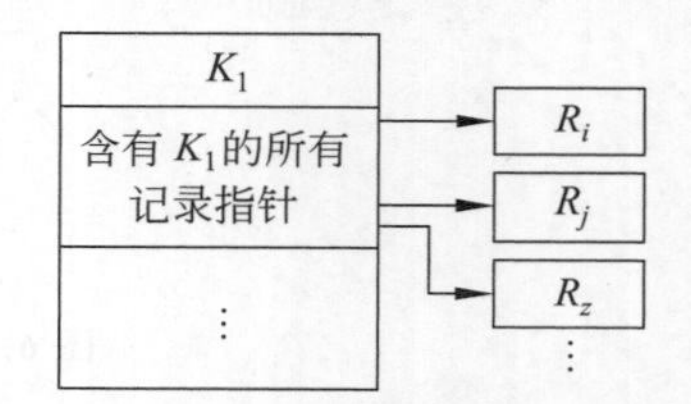

图 6.5　文件的转置结构

4. 顺序结构

如果系统要求按某种优先顺序搜索或追加、删除记录，则最好采用顺序结构。如果规定了顺序（例如按字母顺序），则把文件中的关键字按规定的顺序排列起来就形成了顺序结构文件。例如，把《人民日报》上登载的新闻以年月日为关键字做成记录放入文件中，并以时间先后顺序组成文件。这样，如果要处理某段时间内发生的大事等问题，就会变得非常简单。例如，用户想了解两伊战争的情况，则只要搜索从 1990 年 8 月 19 日开始的两个月内的有关记录就行了。

6.2.2　物理结构

文件的物理结构指文件在存储设备上的存放方法。事实上，由于文件的物理结构决定了文件信息在存储设备上的存储位置，因此，文件信息的逻辑块号（逻辑地址）到物理块号

(物理地址)的变换也是由文件的物理结构决定的。例如,可以把几个文件中的相同内容存储到同一个物理块上,以达到节约存储空间的目的。

在文件系统中,文件的存储设备通常划分为若干大小相等的物理块,块大小可以从几千字节(KB)到几兆字节(MB)。与此相对应,为了有效地利用存储设备和便于系统管理,一般把文件信息也划分为与物理存储设备的物理块大小相等的逻辑块。从而以块作为分配和传送信息的基本单位。显然,对于字符流式的无结构文件来说,每一个物理块中存放长度相等的文件信息(存储文件尾部信息的物理块除外);而对于记录式的有结构文件来说,由于记录长度既可以是固定的,也可以是可变的,而且其长度不一定刚好等于其物理块的长度,从而给记录的逻辑地址到物理地址的变换带来了额外的负担。为了简单起见,假设文件系统中每个记录的长度是固定的,且其长度正好等于物理块的长度。从而,对于记录式的有结构文件来说,利用搜索算法得到的逻辑地址正好与文件的逻辑块号一一对应,这就简化了上述问题的讨论。

文件从物理结构上可分为连续文件、串联文件和索引文件 3 个类型。

1. 连续文件

连续文件的物理结构是最简单的,它把在逻辑上连续的文件信息依次存放到物理块中。图 6.6 给出了连续文件的结构。在图 6.6 中,一个逻辑块号为 0、1、2、3 的文件依次存放在物理块 10、11、12、13 中。

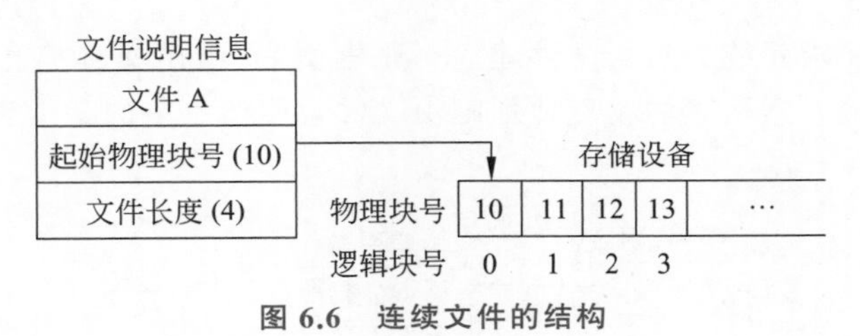

图 6.6　连续文件的结构

对于逻辑上不连续的文件来说,连续的物理结构也可以简单地按照某种顺序(例如存放时间)把文件存储在外存上。

连续文件结构的优点是一旦知道了文件在文件存储设备上的起始和文件长度,就能很快地进行物理存取。这是因为文件的逻辑块号到物理块号的变换可以非常简单地完成。但是连续文件结构在创建文件时必须在文件说明信息中确定文件长度,以后不能动态增长。而且连续文件在将某些部分删除后,又会留下无法使用的碎片空间。因此,连续文件结构不适合存放用户文件、数据库文件等经常被修改的文件。

2. 串联文件

克服连续文件的缺点的办法之一是采用串联文件结构。串联文件结构用非连续的物理块存放文件信息。这些非连续的物理块之间没有顺序关系,其中每个物理块设有一个指针,指向其后续的物理块,从而使得存放一个文件的所有物理块连接成一个串联队列。图 6.7 给出了串联文件的结构。

显然,采用串联文件结构时,不必在文件说明信息中指明文件的长度,只需指明该文件

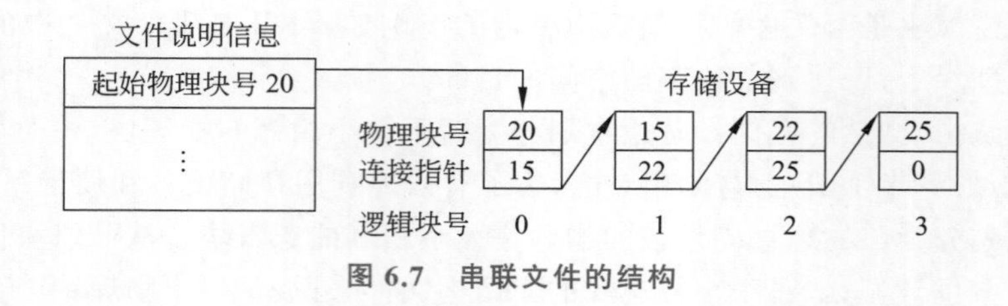

图 6.7 串联文件的结构

的起始物理块号就行了。串联文件结构的另一个特点是文件长度可以动态地增长,只要调整连接指针,就可以插入或删除一个信息块。

采用串联文件结构时,逻辑块到物理块的转换由系统沿串联队列查找与逻辑块号对应的物理块号的办法完成。例如,在图 6.7 所示的文件结构中,如果用户要操作的逻辑块号为 2,则系统从起始物理块 20 开始,沿串联队列一直搜索到逻辑块号为 2 的第三个物理块时,得到其所对应的物理块号为 22。

由于串联文件结构只能按队列中的连接指针顺序搜索,因此,串联文件结构的搜索效率较低。串联文件结构一般只适用于逻辑上连续的文件,且存取方法应该是顺序存取。否则,为了读取某个信息块而造成的磁头大幅度移动将花去较多的时间。因此,串联文件结构不适合随机存取。

3. 索引文件

索引文件结构要求系统为每个文件建立一张索引表,给出文件信息所在的逻辑块号和与之对应的物理块号。索引表的物理地址则由文件说明信息中的索引表指针给出。索引文件的结构如图 6.8 所示。

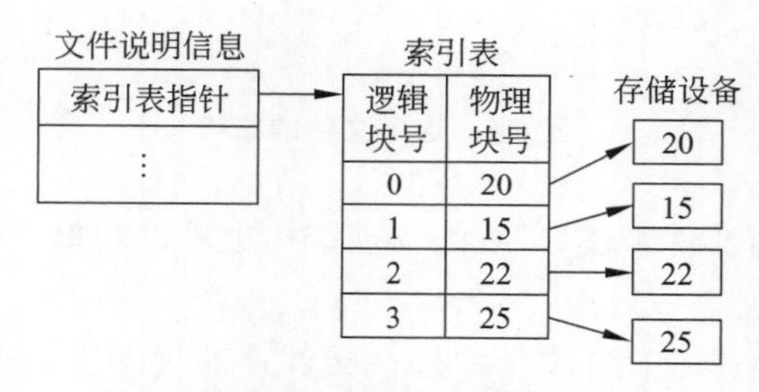

图 6.8 索引文件的结构

索引文件结构既可以满足文件动态增长的要求,又可以较为方便和迅速地实现随机存取。因为有关逻辑块号和物理块号的对应关系全部放在索引表中,而不像串联文件结构那样分散在各个物理块中。

在很多情况下,有的文件很大,文件索引表也就较大。如果索引表的大小超过了一个物理块,就必须像处理其他文件的存放那样决定索引表的物理存放方式,但这不利于索引表的动态增长。索引表也可按串联方式存放,但这会增加存取索引表的时间开销。一种较好的解决办法是采用间接索引(多重索引),也就是在索引表所指的物理块中存放的不是文件信息,而是存放这些信息的物理块地址。这样,如果一个物理块可装下 n 个物理块地址,则经过一级间接索引,可寻址的文件长度将变为 n^2 个物理块;如果文件长度大于 n^2 个物理块,还可以进行类似的扩充，即二级间接索引。多重索引结构如图6.9所示。

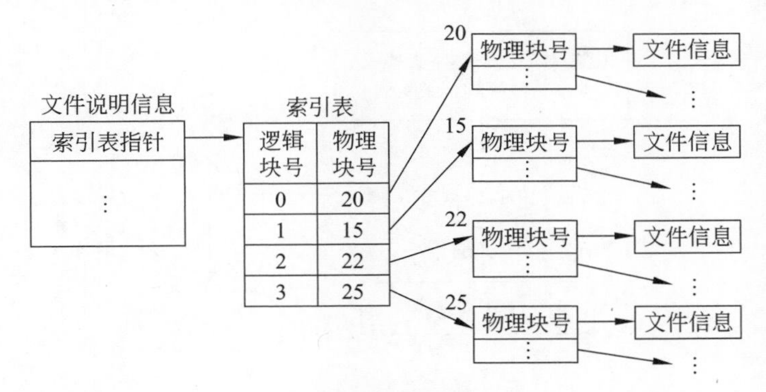

图6.9　多重索引结构

不过，大多数文件不需要进行多重索引，也就是说，这些文件占用的全部物理块的块号可以放在一个物理块内。如果对这些文件也采用多重索引，则显然会降低文件的存取速度。因此，在实际系统中，总是把索引表的头几项设计成直接寻址方式，也就是这几项所指的物理块中存放的是文件信息；而把索引表的后几项设计成多重索引，也就是间接寻址方式。在文件较小时，就可利用直接寻址方式找到物理块号而节省存取时间。

索引结构既适用于顺序存取，也适用于随机存取。索引结构的缺点是由于使用了索引表而增加了存储空间的开销。另外，在存取文件时需要至少访问外存两次，第一次是访问索引表，第二次是根据索引表提供的物理块号访问文件信息。由于外存的访问速度较慢，因此，如果把索引表放在外存上，势必大大降低文件的存取速度。一种改进的方法是，当对某个文件进行操作之前，系统预先把索引表缓存在内存中。这样，文件的存取就可直接在内存中通过索引表确定物理地址块号，而访问外存只需要一次。

6.2.3　存取方法

文件的存取方法是指如何找到文件内容所在的逻辑地址。文件一般保存于外存中，当需要访问文件时需要先将其读入内存。用户通过对文件的存取完成对文件的修改、追加和搜索等操作。常用的文件存取方法分为顺序存取、直接存取和关键字存取。

（1）顺序存取。最简单的文件存取方法是按顺序访问，对文件信息按照顺序一个接一个地加以处理。在有结构文件中，这反映为按记录的排列顺序存取；在无结构文件中，顺序存取反映为读写指针的移动，在存取完一段信息之后，读写指针自动加上或减去该段信息长度，以便指出下次存取的位置。

（2）直接存取。直接存取允许用户根据记录的编号存取文件的任一记录，或者根据索引号直接访问指定的块。对于大量信息的立即访问，直接存取方法非常有效。

（3）关键字存取。关键字存取主要用在复杂文件系统，特别是数据库管理系统中，文件的存取是根据给定的关键字或记录名进行的。首先搜索到要进行存取的记录的逻辑位置，再将其转换到相应的物理地址后进行存取。

对文件进行搜索的目的是查找特定记录对应的逻辑地址，以便将其转换为相应的物理地址，实现对文件的操作。

对记录 R_i 的搜索过程如图 6.10 所示。

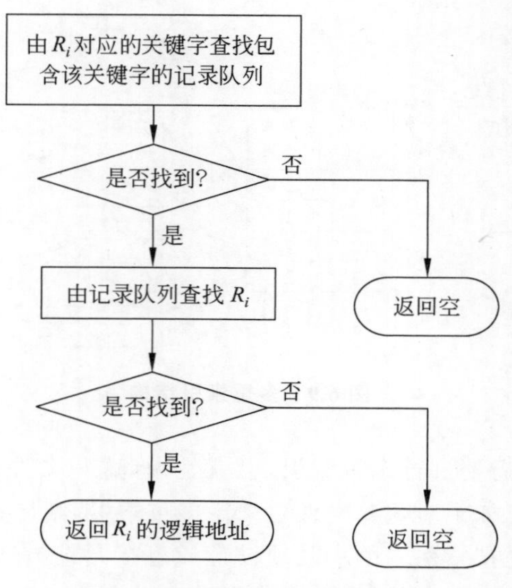

图 6.10 对记录 R_i 的搜索过程

对关键字或记录的搜索与其他数据搜索问题一样,都属于表格搜索问题。现有的搜索方法主要有 3 种:线性搜索法、散列搜索法和二分搜索法。

(1) 线性搜索法。线性搜索法是最简单、最直观的搜索方法。它从第一个关键字或记录开始,依次和要搜索的关键字或记录比较,直到找到需要的记录为止。

线性搜索法的搜索效率较低,在文件中记录个数较多时不宜采用。

(2) 散列搜索法。散列搜索法被广泛用于现代操作系统的数据查找。散列搜索法的核心思想是:定义一个散列函数 $h(k)$,使得对于给定的关键字 k,该函数将其变换为 k 对应的逻辑地址。

在使用散列函数进行搜索时,有时会出现两个不同的输入值变换到同一逻辑地址的问题。即对于 $k_1 \neq k_2$,有 $h(k_1)=h(k_2)=A$。显然,k_1 和 k_2 中至少有一个与 A 中的内容不一致。也就是说,由散列变换得到的结果并不是要搜索的关键字。这种问题称为散列冲突。

解决散列冲突的第一个方法是采用多次散列搜索。例如,设第 i 次散列变换的结果为 $h_i(k)$,$i=1,2,3,\cdots$,则可令

$$h_i(k)=(h_1(k)+d_i) \bmod t$$

这里,t 为被搜索表格长度,d_i 为第 i 次搜索所得地址与第 1 次搜索所得地址之间的距离。d_i 的取值方法很多,最简单的方法是设 d_i 为 i 的线性函数,即 $d_i=ai$(a 为大于 0 的常数),这种方法称线性散列法。但是,使用线性散列法并不能完全解决散列冲突问题。例如,对于 $i \neq j$,$k=1,2,3,\cdots$,如果 $h_i(k_1)=h_j(k_2)$,则存在 $h_i+k(k_1)=h_j+k(k_2)$。

解决散列冲突的第二个方法是生成一个随机数组 $\{r_1,r_2,\cdots,r_n\}$,且令 $d_i=r_i$。显然,除了 $h_1(k_1)=h_1(k_2)$ 可能存在之外,$h_1(k_1)=h_1+k(k_2)$ 的可能性很小,不过,使用这种方法需要占用一定的存储空间以生成和存放随机数组。

解决散列冲突的第三个方法是采用平方散列函数，即令

$$h_i(k)=(h_1(k)+ci^2)\ \mathrm{mod}\ t$$

这里，t 是表示被搜索表格长度的素数，c 是大于 0 的常数。

(3) 二分搜索法。对于按顺序排列的关键字或记录来说，二分搜索法具有较高的搜索效率。

设关键字 $k_0,k_1,k_2,\cdots,k_n(n>1)$ 按关键字间距 d 排列，如果 k_0 的逻辑位置为 a_0，则 k_i 的逻辑位置为 a_0+id。二分搜索法首先把要搜索的关键字 k 与队列的首尾关键字比较，如果和其中之一相等，则返回搜索到的关键字的逻辑地址。否则，k 再与队列 1/2 处的关键字比较。如果 k 正好等于该关键字，则返回该关键字的逻辑地址；如果 k 小于该关键字，则继续搜索左边的半个队列；如果 k 大于该关键字，则继续搜索右边的半个队列。新的队列反复进行上述搜索操作，直到找到关键字为止。这一搜索过程如图 6.11 所示。

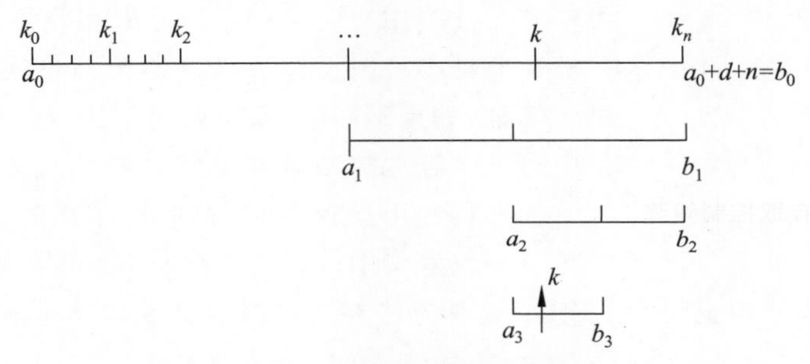

图 6.11 二分搜索法的搜索过程

二分搜索法的好处是搜索效率高。当表长 $n=16$ 时，它比线性搜索法约快两倍；当 $n=1024$ 时，其平均搜索速度比线性搜索法快 50 倍。不过，二分搜索法需要事先把搜索对象按一定顺序排列。

6.2.4 存取控制

存取控制是指计算机系统通过用户身份控制用户对文件的访问。存取控制和文件的共享、保护和保密紧密相关。文件的共享是指不同的用户共同使用一个文件。文件保护指文件本身需要防止文件的拥有者本人或其他用户破坏文件内容。文件保密指未经文件拥有者许可，任何用户不得访问该文件。

这 3 个问题实际上是用户对文件的使用权限，即读、写、执行权限的问题。

具体地说，文件系统的存取控制部分应做到以下几点：

(1) 对于拥有读、写或执行权限的用户，应允许其对文件进行相应的操作。

(2) 对于没有读、写或执行权限的用户，应禁止其对文件进行相应的操作。

(3) 应防止用户冒充其他用户对文件进行存取。

(4) 应防止拥有存取权限的用户误用文件。

文件系统中的存取控制验证模块负责验证用户的权限。该模块分以下 3 步验证用户的存取操作权限：

(1) 审核用户的存取权限。

(2) 检查用户权限与本次存取要求是否相符。

(3) 检查存取要求和被访问文件的保密性是否有冲突。

一般有 4 种方法验证用户的权限：存取控制矩阵、存取控制表、访问口令和文件加密。

系统设计人员根据需要选择上述 4 种方式中的一种或几种，并将相应的数据结构置于文件说明(如 BFD 等)中，在用户存取文件时，对用户的存取权限与存取要求的一致性以及存取权限是否与文件的保密性冲突等进行验证。

下面简单地介绍这 4 种方法。

1. 存取控制矩阵

存取控制矩阵用来进行存取控制。该矩阵的一维是所有的用户，另一维是所有的文件，对应的矩阵元素则是用户对文件的存取控制权，包括读(R)、写(W)和执行(E)，如图 6.12 所示。

文件名 \ 用户	Wang	Lee	Zhang
A.C	RWE	E	RWE
B.C	RW	R	RWE
D.C	R	W	EW
E.C	R	W	RW

图 6.12 存取控制矩阵

当用户向文件系统提出存取要求时，由存取控制验证模块根据存取控制矩阵对本次存取要求进行验证，如果不匹配，系统就拒绝执行。

存取控制矩阵虽然在概念上比较简单，但是，当文件和用户较多时，存取控制矩阵将变得非常庞大，不仅要占用很大的内存空间，而且为使用文件而对矩阵进行扫描的时间开销也很大。因此，这种方法在实现时往往采取某些辅助措施以减少时间和空间的开销。

2. 存取控制表

存取控制表以文件为单位，把用户划分为若干组，同时规定每组的存取权限。这样，所有用户组对文件的存取权限的集合就形成了该文件的存取控制表，其示例如表 6.1 所示。

表 6.1 存取控制表示例

用 户 组	存 取 权 限	用 户 组	存 取 权 限
Zhang	RWE	Wang	RWE
A 组	RE	其他	None
B 组	E		

每个文件都有一张存取控制表。在实现时，该表存放在文件说明中。文件被打开时，由于存取控制表也相应地被复制到内存活动文件中，因此，存取控制验证能高效地进行。

3. 访问口令

访问口令有两种使用方法。一种方法是：当用户进入系统建立终端进程时输入获得系统使用权的口令。显然，如果用户输入的口令与原来设置的口令不一致，该用户将被系统拒绝。另一种方法是：每个用户在创建文件时为新文件设置口令，且将其置于文件说明中。当任一用户想使用该文件时，都必须首先提供口令。只有当两者相符时才允许存取。显然，口令只有设置者自己知道。如果允许其他用户使用自己的文件，口令设置者可将口令告诉其他用户。这样,既可以做到文件共享,又可做到保密。而且,由于口令较为简单,占用的内存单元以及验证口令所费时间都非常少。不过,相对来说,口令的保密性较差。别人一旦掌握口令,就可以获得与文件所有者同样的权利,这就使得文件失密的可能性大大增加。再者,当要修改某个用户的存取权限时,文件所有者必须修改口令,这样,所有共享该文件的用户的存取权限都被取消,除非文件所有者将新的口令通知用户。

4. 文件加密

防止文件泄密以及控制存取的另一种方法是加密。即,在用户创建源文件并将其写入存储设备时对文件进行编码加密,在读出文件时对其进行译码解密。显然,只有能够进行译码解密的用户才能读出被加密的文件信息,从而起到文件保密的作用。

文件加密和解密时都需要用户提供密钥(Key)。加密程序根据密钥对用户文件进行编码变换,然后将其写入存储设备。在读取文件时,只有用户给定的密钥与加密时的密钥相一致时,解密程序才能对加密文件进行解密,将其还原为源文件。加密和解密过程如图 6.13 所示。

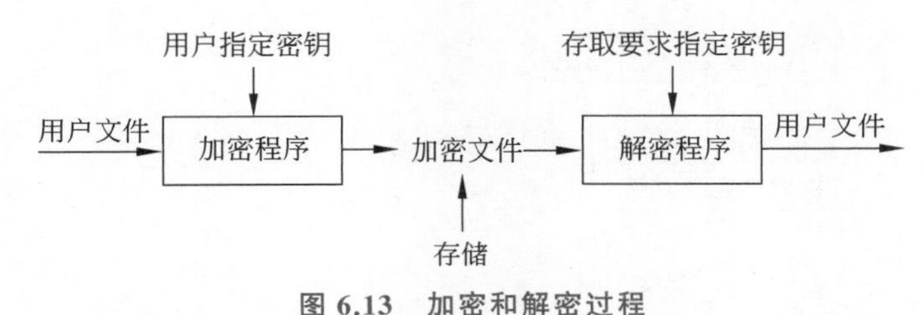

图 6.13　加密和解密过程

加密方式具有保密性强的优点。与口令不同,进行编码和解码的密钥没有存放在系统中,而是由用户自己掌握。但是,由于编码和解码工作要耗费大量的处理时间,因此,加密方式是以牺牲系统性能为代价的。

6.3 文件目录

为了实现对文件的按名存取,每个文件必须有一个文件名与其对应。不同文件类型的文件名由不同的人员指定,一般来说,用户文件的文件名由用户指定,系统文件和特殊文件的文件名由系统设计人员指定。

为了有效地利用存储空间以及迅速、准确地完成由文件名到文件物理块的转换,必须把文件名及其结构信息等按一定的组织结构排列,以方便文件的搜索。文件名和对该文件实施控制管理的控制管理信息称为该文件的文件说明。把一个文件说明按一定的逻辑结构存放到物理块的一个表中。利用文件说明信息,可以完成对文件的创建、检索以及维护。因此,把一个文件的文件说明信息称为该文件的目录。对文件目录的管理就是对文件说明信息的管理。

6.3.1 层次结构

文件目录可分为单级目录、二级目录和多级目录。

单级目录是最简单、最原始的目录结构。文件系统为存储设备的所有文件建立一张目录表，每个文件在其中占有一项，用来存放文件说明信息。该目录表存放在存储设备的固定区域，在系统初启时或需要时，系统将其调入内存（或部分调入内存）。文件系统通过对该表提供的信息对文件进行创建、搜索、删除等操作。例如，当建立一个文件时，首先从该表中申请一项，并存入有关说明信息；当删除一个文件时，就从该表中删去相应的项。

严格地说，利用单级目录，文件系统就可实现对文件系统空间的自动管理和按名存取。例如，当用户进程要求对某个文件进行读写操作时，利用有关的系统调用以事件驱动或中断总控方式进入文件系统，此时，系统将 CPU 控制权交给文件系统。文件系统首先根据用户给定的文件名搜索单级文件目录表，以查找保存文件信息的物理块号。如果搜索不到对应的文件名，则失败并返回（读操作时），或由空闲块分配程序进行分配后，再修改单级目录表；如果找到对应的起始物理块号，则根据文件对应的物理结构信息计算出要读写的信息对应的物理块号，然后把 CPU 控制权交给设备管理系统，启动设备进行读写操作。单级目录时的文件系统读写处理过程如图 6.14 所示。

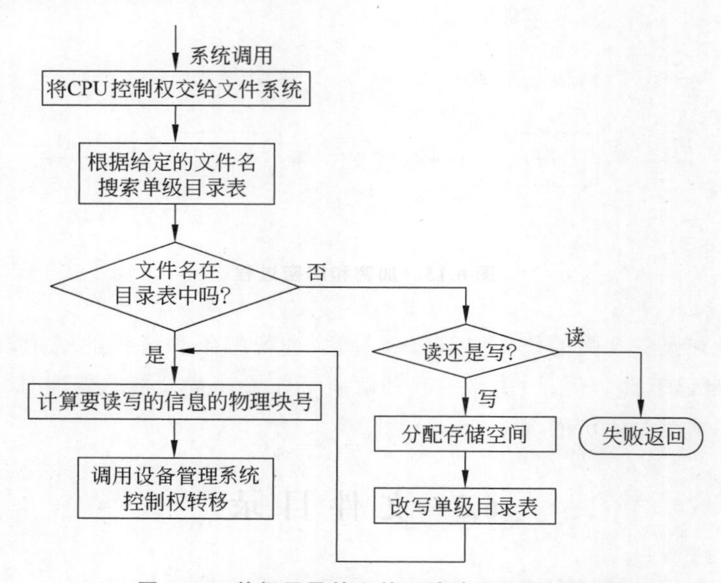

图 6.14 单级目录的文件系统读写处理过程

不过，由于在单级目录表中各文件说明处于平等地位，只能按连续结构或顺序结构存放，因此，文件名与文件必须一一对应。如果两个不同的文件重名，则系统将把它们视为同一文件。另外，由于单级目录必须对单级目录表中的所有文件信息项进行搜索，因而，搜索效率也较低。

为了改变单级目录中文件命名冲突问题并且提高对目录表的搜索速度，单级目录被扩充成二级目录。

在二级目录结构中，各个文件的说明信息被组织成目录文件，且以用户为单位把文件说明划分为不同的组。然后，将这些组的存取控制信息存放在主文件目录（Main File Directory，MFD）的目录项中。与主目录相对应，由用户文件的文件说明组成的目录文件被称为用户文件目录（User File Directory，UFD）。这样，MFD 和 UFD 就形成二级目录。二级目录结构如图 6.15 所示。

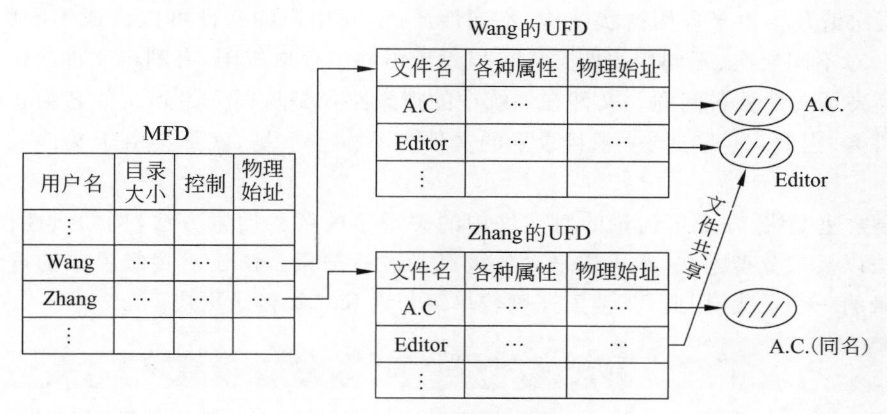

图 6.15　二级目录结构

当用户要对一个文件进行存取操作或创建、删除一个文件时，首先从 MFD 中找到对应的用户名，并从用户名查找到该用户的 UFD。余下的操作与单级目录时相同。

使用二级目录可以解决文件重名和文件共享问题，并可获得较高的搜索速度。由于采用二级目录时首先从 MFD 开始搜索，因此，从系统管理的角度来看，文件名已演变为"用户名/用户文件名"。这样，即使两个用户有同名文件，系统也会把它们区别开来。另外，利用二级目录，也可以方便地解决不同用户间的文件共享问题，只要在共享文件说明信息中增加相应的共享管理项并把用户自己的文件说明项指向共享文件的文件说明项即可。

如果单级目录表的长度为 n，则单级目录的搜索时间与 n 成正比。在二级目录中，由于目录表已被划分为 m 个子集，则二级目录的搜索时间与 $m+r$ 成正比。这里的 m 是用户个数，r 是每个用户的文件个数。一般有 $m+r\leqslant n$，因此二级目录的搜索时间要快于单级目录。

把二级目录的层次关系加以推广，就形成了多级目录。在多级目录结构中，除了最低一级的物理块中装有文件信息外，其他每一级目录中存放的都是下一级目录或文件的说明信息。由此形成层次关系，最高一级为根目录，最低一级为文件。多级目录构成树状结构，如图 6.16 所示。

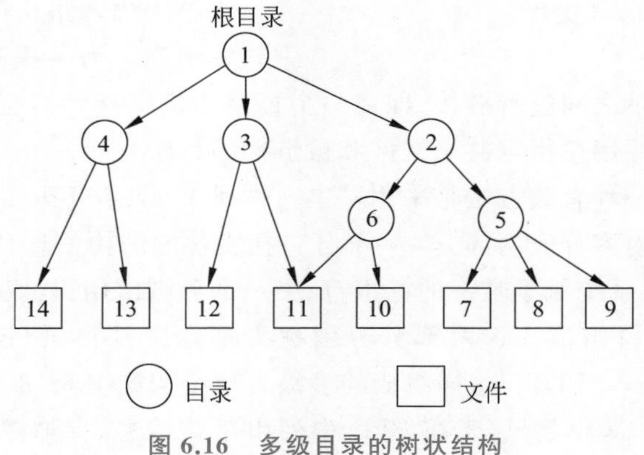

图 6.16　多级目录的树状结构

树状结构多级目录结构具有下列特点：

(1) 层次清楚。由于采用树状结构，不同性质、不同用户的文件可以构成不同的子树，便于管理。对不同层次、不同用户的文件可以赋予不同的存取权限，有利于文件的保护。

(2) 解决了文件重名问题。文件在系统中的搜索路径是从根开始到文件名为止的各级目录加文件名，因此，只要在同一子目录下的文件名不发生重复，就不会由于文件重名引起混乱。

(3) 搜索速度快。6.2 节讨论的对文件中的关键字的各种搜索方法，例如线性搜索法、散列搜索法以及二分搜索法，都可用来对各级目录进行搜索。由于对多级目录的搜索每次只针对目录的一个子集，因此，其搜索速度较单级目录和二级目录更快。

6.3.2 目录共享

文件系统的一个重要任务就是为用户提供共享文件信息的手段。这是因为对于某个公用文件来说，如果每个用户都在文件系统内保留一份该文件的副本，将极大地浪费存储空间。如果系统提供了共享文件信息的手段，则在文件存储设备上只需存储一个文件副本，共享该文件的用户以自己的文件名访问该文件的副本就可以了。

从系统管理的观点看，有 3 种方法可以实现文件共享：

(1) 绕道法。

(2) 链接法。

(3) 基本文件目录。

绕道法要求每个用户在当前目录下工作，用户对所有文件的访问都是相对于当前目录进行的。用户文件的固有名由当前目录到所有各级目录的目录名加上该文件的文件名组成。使用绕道法进行文件共享时，用户从当前目录出发，向上返回到与共享文件所在路径的交叉点，再向下找到共享文件。绕道法需要用户指定共享文件的逻辑位置或到达共享文件的路径。绕道法的原理如图 6.17 所示。

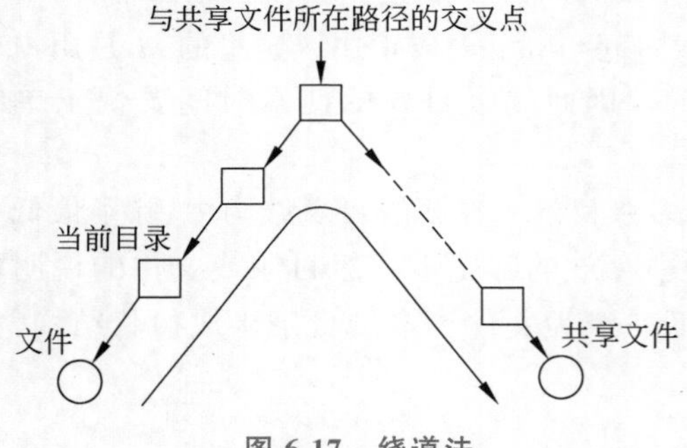

图 6.17 绕道法

绕道法绕弯路访问多级目录，从而其搜索效率不高。为了提高效率，另一种文件共享的办法是在相应目录之间进行链接，即将一个目录中的链指针直接指向共享文件所在的目录。链接法仍然需要用户指定共享文件和被链接的目录。

实现文件共享的一种有效方法是采用基本文件目录(Basic File Directory，BFD)。该方法把所有文件目录的内容分成两部分：一部分包括文件的结构信息、物理块号、存取控制信息和管理信息等，并由系统赋予唯一的标识符；另一部分则由用户给出的符号名和系统赋予文件说明信息的标识符组成。这两部分分别称为基本文件目录(BFD)和符号文件目录(Symbol File Directory，SFD)。这样组成的多级目录结构如图 6.18 所示。

在图 6.18 中，为了简单起见，未在 BFD 中列出结构信息、存取控制信息和管理控制信息等。另外，在文件系统中，系统通常预先规定赋予基本文件目录、空白文件目录、主文件目

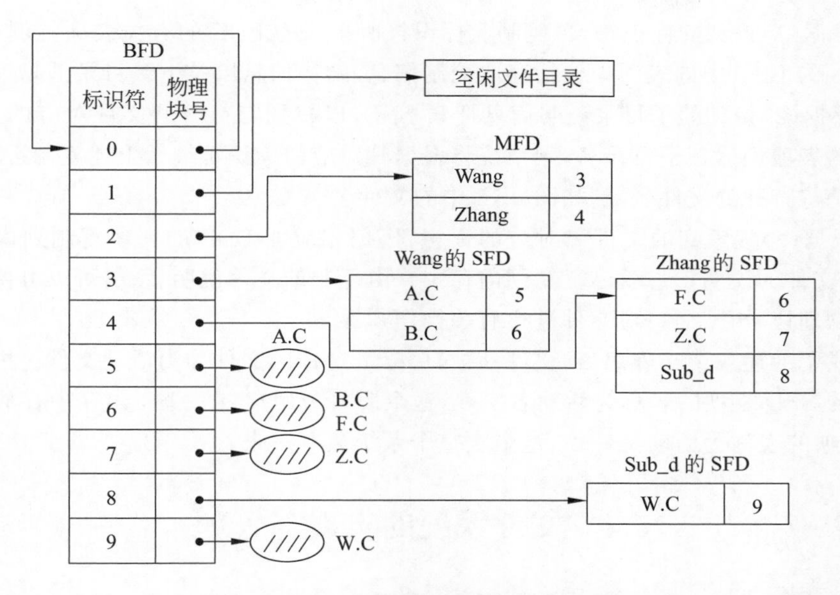

图 6.18 采用基本文件目录的多级目录结构

录的符号文件目录固定的唯一标识符，在图 6.18 中它们分别为 0、1、2。

采用基本文件目录方式可以比较方便地实现文件共享。如果用户要共享某个文件，则只需给出共享的文件名，系统就会自动在 SFD 的有关文件处生成与共享文件相同的标识符。例如，在图 6.18 中，用户 Wang 和 Zhang 共享标识符为 6 的文件。对于系统来说，标识符 6 指向同一个文件；而对 Wang 和 Zhang 两个用户来说，则对应于不同的文件名 B.C 和 F.C。

6.3.3 目录管理

由上面的讨论可知，存放文件说明信息或目录管理说明信息的目录项构成目录文件，这些文件同样存放在存储设备中。在存取一个文件时，必须访问多级目录。如果访问每级目录时都必须到存储设备中搜索，不仅大大浪费了 CPU 处理时间，降低了处理速度，而且给输入输出设备增加了不应有的负担。一种解决办法是：在系统初启时，把所有的目录文件读入内存，由文件系统在内存中完成对各级目录的搜索。这不仅减轻了输入输出设备的负担，而且由于内存访问速度高，处理速度也将大大提高。不过，这种方法需要大量的内存空间，显然是不可取的。另一种解决办法是：把当前正在使用的文件的目录表项复制到内存中，这样，既不占太多的内存空间，又可显著地减少搜索目录的时间，减轻输入输出设备的压力。为此，系统提供两种特殊的操作，把有关的目录文件复制到内存的指定区，当用户不再访问有关文件时删去有关的目录文件的内存副本。

把存储设备上的目录文件复制到内存的操作称为打开文件(fopen)，删除文件的内存副本的操作称为关闭文件(fclose)。这两个操作一般以系统调用的方式提供给用户。对于按 BDF 和 SFD 方式排列的多级目录来说，系统按以下方式打开一个文件。

(1) 把 MFD 中的相应表项，也就是与待打开文件相联系的有关表项复制到内存。例如，若准备打开图 6.18 中的文件 A.C，则将 MFD 中的第一项(Wang)复制到内存。

(2) 根据(1)得到的标识符,再复制此标识符所指明的 BDF 的有关表项。例如,图 6.18 中的 ID=3 的 BDF 中的表项中包括存取控制信息、结构信息以及下级目录的物理块号等。

(3) 根据(2)得到的子目录说明信息搜索 SFD,以找到与待打开文件对应的目录表项。如果找到的表项仍然是子目录名,则系统将根据其对应的标识符继续上述复制过程,直到找到的表项是待打开的文件名,例如图 6.18 中的文件名 A.C。

(4) 根据(3)搜索到的文件名对应的标识符,把相应的 BDF 的表项复制到内存中。这样,待打开文件的说明信息就已复制到内存中。由复制的文件说明,系统可以方便地得到文件的有关物理块号,从而可对文件进行有关操作。

在完成了上述 4 个步骤之后,文件就被打开了,这样的文件称为活动文件。内存中存放活动文件的 SFD 表项的表称为活动名字表,这个表每个用户有一张。内存中存放活动文件的 BFD 表项的表称为活动文件表,这个表整个系统只有一张。

6.4 文件系统的实现与管理

6.4.1 文件系统结构

前面介绍了文件、文件的逻辑结构与物理结构、文件目录等概念。那么,怎样实现一个由文件和目录组成的文件系统呢?

在设计和讨论文件系统时,必须考虑以下事实:

(1) 随着大数据时代的来临,一个文件内装载的数据量可能非常大,而且是不断增长的。

(2) 随着移动互联网和物联网时代的来临,一个文件内存储的数据可能分布在不同的空间。

(3) 在网络时代,每个文件都有可能被很多人同时共享,同时访问某个文件的用户可能有很多。

(4) 无论是单机系统还是网络,文件系统中的程序和数据必须和进程、存储管理系统协同工作,服从进程并发执行的统一需要。

(5) 由于数据的多样性,文件系统必须能够统一存储和管理视频、音频和其他形态的数据信息。

当然,还有许多其他因素也是设计和讨论文件系统时应该考虑的,例如数据的一致性、并发访问的用户数、数据的安全性等。

本节主要讨论单机环境下的文件系统。因此,除了考虑单机环境下的多道并发进程、存储管理以及文件系统的协同工作之外,其他因素将留待其他课程讨论。

设计文件系统的结构,既要考虑到文件,又要考虑到管理文件的目录。同时,还要考虑到如何存储,因为存储方式涉及存储空间的利用率和访问速度。另外,还要考虑到内外存之间的信息交流。所以,文件系统一般采用层次结构。层次结构可以较好地把目录和文件以及对目录和文件的操作有机地结合起来。

文件系统结构示例如图 6.19 所示。

下面分别介绍文件系统结构中的用户接口、层次模型等。

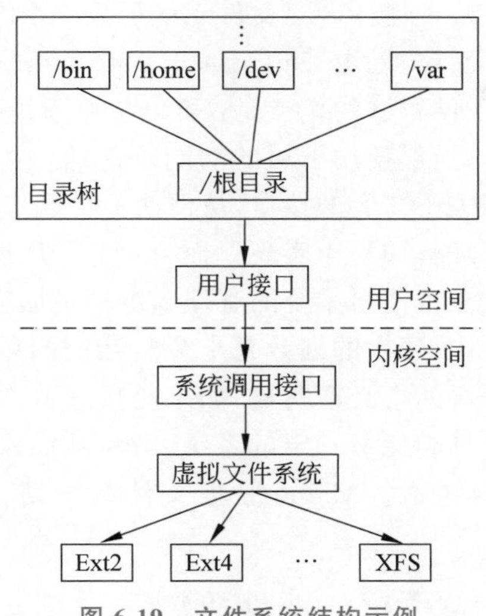

图 6.19 文件系统结构示例

6.4.2 用户接口

文件系统以系统调用方式或命令方式为用户提供下列几类服务：

(1) 设置和修改用户对文件的存取权限的服务。

(2) 创建、改变和删除目录的服务。

(3) 共享文件、设置访问路径的服务。

(4) 创建、打开、读写、关闭以及删除文件的服务。

这些服务的调用名和参数都因系统而异。例如，在 UNIX 系统中，chmod 命令可用来改变一个或多个文件或目录的读写控制模式。可在 UNIX 环境下使用命令 man chmod 命令阅读 chmod 命令的全部详细信息。另外，mkdir、cd、rmdir 等命令则可用来创建、改变和删除指定的目录。有关这些命令的详细信息，同样可使用 man 命令从 UNIX 系统中得到，这里不作介绍。

有关文件操作的命令都基于操作系统提供的系统调用。这些系统调用包括创建文件用的 create、打开文件用的 open、读文件用的 read、写文件用的 write、关闭文件用的 close 以及删除文件用的 delete 等。

其中，create 调用根据用户提供的文件名和属性，在指定的存储设备上创建一个文件并把文件标识符返回给用户。open 调用把在存储设备上的有关文件说明信息复制到内存的活动文件目录表中。write 调用把从内存中某个位置开始的一段 n 字节长(字符流文件时)信息或 n 个记录经设备管理程序写入存储设备。read 调用的功能与 write 相反，它把指定文件的 n 字节或 n 个记录读入内存中的指定区域。若文件暂时不用时，系统调用 close 关闭该文件。close 调用撤销活动文件表中的相应表项。delete 调用在一个文件不再被访问时删除该文件在存储设备上的有关说明信息，并释放该文件占据的全部存储空间。

6.4.3 层次模型

在上面各节中，从系统和用户两方面讨论了文件系统的基本概念和功能。在本节中，将介绍文件系统的一般层次模型,以使读者对文件系统形成一个完整的概念。

操作系统的层次结构的设计方法是 Dijkstra 于 1967 年提出的,1968 年 Madnick 将这一思想引入了文件系统。层次结构法的优点是:可以按照系统提供的功能划分为各种不同的层次,下层为上层提供服务,上层使用下层的功能。这样,上下层之间彼此无须了解对方的内部结构和实现方法,而只关心二者的接口,从而使一个看上去十分复杂的系统由于层次的划分而变得易于设计、易于理解和易于实现。而且,当系统出现错误时,也容易进行查错和调整。因此,层次化设计方法也使得系统的管理和维护更加容易。

不过,在层次化设计方法中,层次的划分是十分复杂的问题。如果层次划分太少,则每一层的内容仍然十分复杂,分层的意义不明显;如果层次划分太多,则各层之间传递的参数会急剧增加,而且每一层的处理会耗费一定的系统开销,从而影响系统效率。因此,层次的划分要根据实际需要仔细地考虑。Madnick 把文件系统划分为 8 层,这个层次模型如图 6.20 所示。

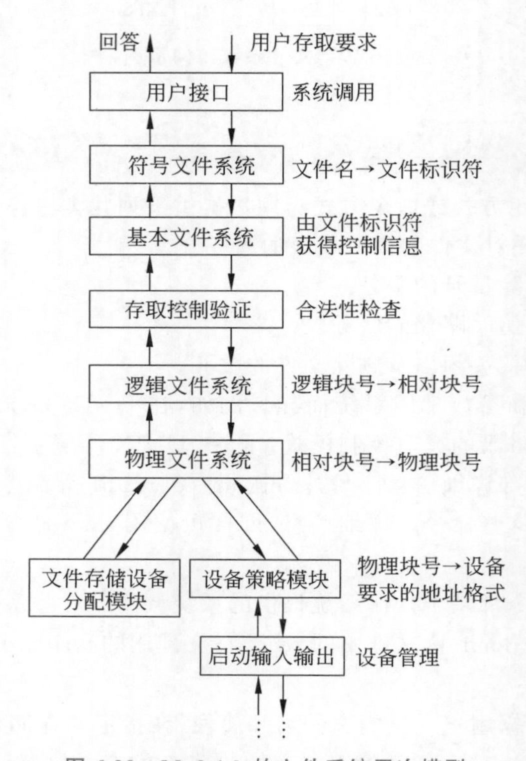

图 6.20 Madnick 的文件系统层次模型

在图 6.20 中,第 1 层是用户接口层。该层根据用户对文件的存取要求,把不同的系统调用加工改造成不同的内部调用格式。

第 2 层是符号文件系统层。该层完成第 1 层要求的功能,并把第 1 层提供的参数——用户文件名转换成系统内部的唯一标识符——文件标识符,该层的主要工作是搜索文件目录,也就是搜索 SFD,找到相应文件名的表项,再找到文件标识符。文件标识符将作为参数传给第 3 层。

第 3 层是基本文件系统层。该层根据第 2 层的调用参数——文件标识符,找到文件的说明信息，包括存取控制表、文件逻辑结构、物理结构以及第一个物理块地址等。

第 4 层是存取控制验证层。该层的主要功能是根据存取控制信息和用户访问要求，检验文件访问的合法性，从而实现文件的共享、保护和保密。

第 5 层是逻辑文件系统层。该层的主要功能是根据文件的逻辑结构，找到要进行操作的数据或记录的相对块号。对于字符流式的无结构文件来说，只要把用户指定的逻辑地址按块长换算成相对块号就可以了；对于记录式的有结构文件来说，由于用户有时指定的是关键字或记录名，因此，需要首先由关键字或记录名搜索到相应的记录并得到对应的逻辑地址，然后将其转换为相对块号。

第 6 层是物理文件系统层。该层根据文件的物理结构搜索文件的物理地址。

第 7 层是文件存储设备分配模块和设备策略模块。文件存储设备分配模块实现对空闲存储块的管理，包括分配、释放和组织。设备策略模块主要是把物理块号转换成相应文件存储设备要求的地址格式，例如磁盘的柱面号、磁道号、盘区号等，然后根据具体的操作要求及必要的参数，准备启动输入输出设备的命令。

第 8 层是启动输入输出层。由设备处理程序执行具体的读或写文件操作。

第 7 层和第 8 层是文件系统和设备管理程序的接口层。

6.4.4 存储空间管理

存储空间管理是文件系统的重要任务之一。只有有效地进行存储空间管理，才能保证多个用户共享文件存储设备并实现文件的按名存取。由于文件存储设备分成若干大小相等的物理块并以块为单位交换信息，因此，文件存储空间的管理实质上是空闲块的组织和管理，包括空闲块的组织、空闲块的分配与空闲块的回收等几个问题。

有下述 3 种空闲块管理方法：

(1) 空闲文件目录。

(2) 空闲块链。

(3) 位图。

下面介绍这几种管理方法。

1. 空闲文件目录

最简单的空闲块管理方法就是把文件存储设备中的空闲块的块号统一放在一个称为空闲文件目录的物理块中。空闲文件目录中的每个表项对应一个由多个空闲块构成的空闲区，它包括空闲块个数、空闲块号和第一个空闲块号等。

在系统为某个文件分配空闲块时，首先扫描空闲文件目录项。如果找到合适的空闲区项，则分配给申请者，并把该项从空闲文件目录中去掉。如果一个空闲区项不能满足申请者要求，则把目录中的另一项分配给申请者(连续文件结构除外)。如果一个空闲区项所含块数超过申请者的要求，则为申请者分配其所需的物理块之后，再修改该表项。

当一个文件被删除，释放存储物理块时，系统把被释放的块号、长度以及第一个空闲块的块号置入空闲文件目录的新表项中。

在第 5 章讨论过有关内存空闲连续区分配和释放算法。这些算法只要稍加修改就可用于空闲文件项的分配和回收。

空闲文件项方法适用于连续文件结构的文件内存的分配与回收。

2. 空闲块链

空闲块链是比较常用的空闲块管理方法。空闲块链把文件存储设备上的所有空闲块链接在一起。当申请者需要空闲块时，分配程序从空闲块链的链头开始摘取需要的空闲块，然后调整链首指针；当回收空闲块时，把释放的空闲块逐个插到空闲块链的链尾上。

空闲块链的链接方法因系统而异，常用的链接方法有按空闲块大小顺序链接的方法、按释放先后顺序链接的方法以及成组链接法。其中，成组链接法可被看作空闲块链的链接方法的扩展。

按空闲块大小顺序链接和按释放先后顺序链接的空闲块管理方法在增加或移动空闲块时需要对空闲块链做较大的调整，因而需耗费一定的系统开销。成组链接法在空闲块的分配和回收方面则要优于上述两种链接方法。下面介绍成组链接法的基本原理。

成组链接法首先把文件存储设备中的所有空闲块按 50 块为一组划分。组的划分从后往前依次划分，如图 6.21 所示 。从第二组起，每组的第一块用来存放前一组中各块的块号和总块数。由于第一组的前面已无其他组存在，因此第一组的块数为 49。由于文件存储设备的空闲块不一定正好是 50 的整倍数，因而最后一组往往不足 50 块，而且由于该组后面已无另外的空闲块组，所以，该组的物理块号与总块数只能放在管理文件存储设备用的文件资源表中。

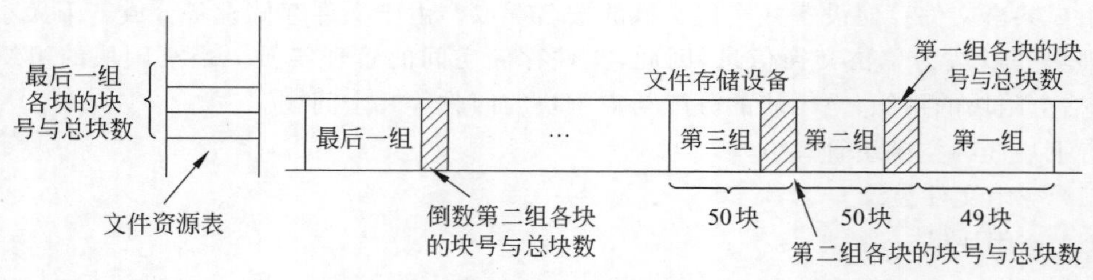

图 6.21　成组链接法的组织

在用成组链接法对文件设备进行上述分组之后，系统可根据申请者的要求进行空闲块的分配，并在释放文件时回收空闲块。下面介绍成组链接法分配和释放空闲块的过程。

首先，系统在初启时把文件资源表复制到内存，从而使文件资源表中放有最后一组各空闲块的块号与总块数的堆栈进入内存，并使得空闲块的分配与释放可在内存中进行。这就减少了每次分配和释放空闲块都要启动 I/O 设备的压力。

与空闲块的块号及总块数相对应，用于空闲块分配与回收的堆栈有栈指针 P_{tr}，且 P_{tr} 的初值等于该组空闲块的总块数。当申请者提出 n 个空闲块的要求时，按照后进先出的原则，分配程序在取走 P_{tr} 所指的块号之后，再做 $P_{tr} \leftarrow P_{tr}-1$ 的操作。这个过程一直持续到申请者要求的 n 个空闲块都已分配完毕或堆栈中只剩下最后一个空闲块的块号。当堆栈中只剩下最后一个空闲块的块号时，系统启动设备管理程序，将该块中存放的下一组空闲块的块号与总块数读入内存，然后将该块分配给申请者。完成分配后，系统重新设置 P_{tr}，并继续为申请者的进程分配空闲块。

文件存储设备的最后一个空闲块中有尾部标识，以指示空闲块分配完毕。

如果用户进程不再使用有关文件并删除这些文件时，回收程序回收装有这些文件的物理块。成组链接法的回收过程仍然利用文件管理堆栈进行。在回收时，回收程序先做$P_{tr} \leftarrow P_{tr}+1$操作，然后把回收的物理块号放入当前指针$P_{tr}$所指的位置。如果$P_{tr}=50$，则表示该组已经回收完毕。此时，如果还有新的物理块需要回收，回收程序回收该块，然后启动I/O设备管理程序，把在此之前回收的50个空闲块的块号与块数写入新回收的块中，最后将P_{tr}重新置1，另起一个新组。

显然，对空闲块的分配和释放必须互斥进行，否则将会发生数据混乱。

3. 位图

空闲文件目录和空闲块链在分配和回收空闲块时，都需要在文件存储设备上查找空闲文件目录项或链接块号，这必须经过设备管理程序启动外设才能完成。为了提高空闲块的分配和回收速度，人们又提出用位图的方法进行空闲块管理。

系统首先从内存中划出若干字节，为每个文件存储设备建立一张位图。这张位图反映每个文件存储设备的使用情况。在位图中，每个文件存储设备的物理块都对应一位(bit)。如果该位为0，表示对应的块是空闲块；如果该位为1，则表示对应的块已被分配出去。

显然，利用位图进行空闲块分配时，只需查找位图中的0位，并将其置为1即可；利用位图回收空闲块时，只需把位图中相应的位由1改为0即可。

本章小结

文件系统为用户提供了按名存取的功能，以使得用户能透明地存储和访问文件。为了实现按名存取，文件系统需要对文件存储设备进行合理的组织、分配和管理，对存储在文件存储设备上的文件提供保护、保密和提供共享的功能。另外，文件系统还要提供检索文件或文件中的记录的手段。文件系统就是完成上述功能的一组软件和数据结构的集合。

本章主要讨论了文件、目录和文件系统的基本概念。文件是一组赋名的字符流的集合或一组相互关联的记录的集合。一个记录是有意义的信息的基本单位，它有定长和变长两种基本格式。本章在定长格式的假定下讨论文件，但其结果也可以扩展到变长格式的情况。

为了合理、有效地利用存储空间，并高效率地进行按名存取，文件应按一定的逻辑结构组成逻辑文件，逻辑文件是用户可见的抽象文件。文件的逻辑结构可分为字符流式的无结构文件、记录式的有结构文件两大类。其中有结构文件又可分为连续结构、多重结构、转置结构及顺序结构文件等。对于有结构文件来说，如果用户在执行存取操作时指定的参数是关键字或记录名（按关键字存取），有3种常用的方法可用来搜索文件，它们是线性搜索法、散列搜索法和二分搜索法。

一个文件在存储设备上按一定的物理结构存放。文件的物理结构受设备类型的影响。例如，磁带设备只适合连续存放和顺序存取；而磁盘设备既适合连续存放，也适合串联存放和索引存放。磁盘设备上的文件既可以是顺序存取的，也可以是直接存取的或按关键字存取的。

当用户创建一个文件时，首先要给该文件分配足够的存储空间。存储空闲的管理方法有空闲文件目录、空闲块链和位图。比较有影响的存储空间管理方法是空闲块链中的成组链接法。

文件名或记录名与物理地址之间的转换通过文件目录实现。有单级目录、二级目录和多级目录3种目录结构。二级目录和多级目录是为了解决文件的重名问题和提高搜索速度而提出的。多级目录构成树状结构。另外,为了便于共享,把目录项中存放的文件说明信息划分为两部分,分别为符号文件目录和基本文件目录。

对文件的存取控制是与文件共享、保护和保密紧密相关的。存取控制可采用存取控制矩阵、存取控制表、口令和加密等方法进行验证,以确定用户存取权限。

习 题

6.1 简述文件、目录及文件系统的关系。

6.2 操作系统为什么不能直接操作存储介质以提高存储效率?为什么需要文件系统?它提供了哪些功能?

6.3 文件一般根据什么分类?可以分为哪几类?

6.4 什么是文件的逻辑结构?什么是记录?

6.5 什么是文件的物理结构?文件的物理结构有哪几种?

6.6 为什么串联文件结构不适合随机存取?为什么要引入多重索引?

6.7 设索引表长度为13,其中,第0~9项为直接寻址方式,后3项为间接寻址方式。描述给定文件长度n(块数)后的索引方式寻址算法。

6.8 文件的存取方法有哪几种?其中哪种更适用于数据库管理系统?

6.9 简述两种使用散列搜索法时解决散列冲突的常用方法。

6.10 文件存取控制方式有哪几种?比较它们的优缺点。

6.11 什么是文件目录?文件目录中包含哪些信息?

6.12 二级目录和多级目录的好处是什么?符号文件目录和基本文件目录是二级目录吗?

6.13 常用的文件空间管理方法有哪几种?

6.14 简述成组链接法的基本原理,并描述成组链接法的空闲块分配与释放过程。

6.15 设文件SQRT由连续结构的定长记录组成,每个记录的长度为500B,每个物理块的长度为1000B,其物理结构也为连续结构,并采用直接存取方式。按照图6.20所示文件系统模型,写出系统调用Read(SQRT,5,15000)的各层执行结果。其中,SQRT为文件名,5为记录号,15000为内存地址。

第7章　设备管理

现代计算机通常配置大量的外围设备，包括存储设备（硬盘、磁盘、磁带等）、传输设备（以太网网卡、蓝牙耳机等）、人机交互设备（显示器、键盘、鼠标、打印机等）等。本章主要从输入输出（Input/Output，I/O）的角度讨论这些设备，因此将它们统称为I/O设备。I/O设备种类繁多，在接收和产生数据的速度、数据的表示形式和粒度、设备的控制方式以及可靠性方面存在较大的差异。这带来了以下问题：

(1) 由于CPU与I/O设备的工作速度不匹配，系统在处理低速I/O过程中出现CPU等待现象，导致CPU的利用率较低。

(2) 为了控制I/O设备执行用户要求的操作，需要通过命令和参数控制它们的设备控制器。对于不同的I/O设备，需要使用不同的命令和参数。如果要求程序员直接面向这些实现细节，编程是极其困难的。

为了充分地利用计算机的硬件资源，操作系统的主要任务之一是高效地管理I/O设备，其主要功能如下：

(1) 提高CPU与I/O设备的利用率。一般，I/O设备是相互独立的，支持并行操作。设备管理要使I/O设备之间、CPU和I/O设备之间尽可能并行地操作，以解决I/O设备与CPU处理速度不匹配的问题，以提高CPU和I/O设备的使用效率。

(2) 控制I/O设备和CPU（或内存）之间的数据交换。根据I/O设备的传输速率、传输数据单位的不同，采用最合适的I/O控制方式（中断、轮询、DMA等），以提高系统效率。

(3) 隐藏物理设备细节，为用户提供友好的透明接口。由于I/O设备的多样性，I/O设备管理必须对I/O设备加以适当的抽象，以隐藏物理设备的实现细节，仅向上层提供少量的抽象接口。另外，这个接口还为新增加的用户设备提供了与系统内核连接的入口，以便用户开发新的设备管理程序。

本章首先介绍I/O设备的基本原理，然后在此基础上进一步讨论中断、缓冲、设备分配和控制等问题。

7.1　I/O设备原理

本节从I/O设备是如何被连接到计算机系统上，以及CPU是如何访问I/O设备两方面介绍I/O设备的基本原理。掌握了这些基本原理之后，读者在了解具体的系统中CPU与I/O设备之间的协同工作原理时可以达到举一反三的效果。

7.1.1　I/O设备

I/O设备一般由执行I/O操作的实体机械部件和执行I/O控制的电子部件组成。例如，常见的磁盘概念实际上包括物理磁盘以及控制磁盘读写的控制器两部分。在设计I/O设备时，通常将这两部分分开处理，以实现模块化和通用化的设计。

在介绍I/O设备管理之前,先介绍I/O设备的分类。对I/O设备进行分类的目的在于简化I/O设备管理程序。前面提到I/O设备具有多样性的特点,不同的硬件设备对应不同的设备管理程序。不过,对于同类I/O设备来说,由于设备的硬件特性十分相似,从而可以利用相同的管理程序或只需对其做很少的修改即可实现重用。

I/O设备按使用特性可以分为以下类型:

(1) 存储设备。也称为外部存储器,是用于存储程序和数据的主要设备,如硬盘、磁盘、光盘等。这类设备存取速度较内存慢,但容量更大,价格更便宜。

(2) 人机交互类设备。用于与计算机用户之间交互的设备,如打印机、显示器、键盘和鼠标等。这类设备的数据交换速度比存储设备慢,通常以字节为单位进行数据交换。

(3) 网络通信设备。用于与远程设备通信的设备,如网卡、调制解调器等。其数据传输速度介于前两类设备之间。

(4) 自动信息采集设备。用于工业制造、监控和智能信息采集等的设备,如摄像头和各种传感设备等。

I/O设备按从属关系可以分为以下类型:

(1) 系统设备。是在操作系统生成时就已配置好的各种标准设备,如键盘、打印机以及文件存储设备等。

(2) 用户设备。是在系统生成时没有配置,而由用户自己安装配置后由操作系统统一管理的设备,如网络系统中的各种网板、实时系统中的A/D和D/A转换器以及图像处理系统中的图像设备等。

除了上述分类方法之外,在有的系统中还按信息组织方式来划分I/O设备。例如,UNIX系统把I/O设备划分为字符设备和块设备。键盘、终端、打印机等以字符为单位组织和处理信息的设备被称为字符设备,磁盘、磁带等以字符块为单位组织和处理信息的设备被称为块设备。8.5节将详细介绍字符设备与块设备。

7.1.2 设备控制器

在7.1.1节提到,I/O设备由执行I/O操作的实体机械部件和执行I/O控制的电子部件组成,后者被称为设备控制器或适配器。个人计算机中的控制器一般以控制芯片的形式出现,或者以印制电路板的形式插入主板的扩展槽中。

通常,CPU并不是与I/O设备的机械部件直接相连,而是首先连接设备控制器。同时,在设备控制器与物理设备之间又存在一个低层次的接口。如图7.1所示,设备控制器作为CPU与I/O设备机械部件之间的接口,接收来自CPU的指令,再控制相应的I/O设备。这种分级的控制机制使CPU可以不必关心设备控制事务的实现细节。例如,LCD显示器的控制器作为显示设备的控制单元,从特定内存区域中读入待显示的字符,然后产生信号使相

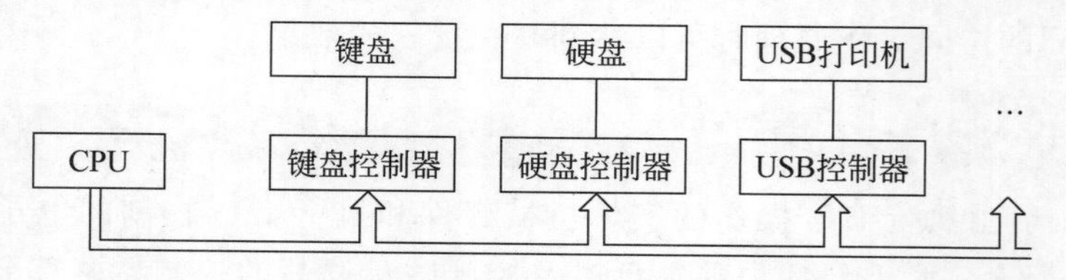

图7.1 CPU通过设备控制器与I/O设备连接

应的像素改变背光的激发方式,从而在屏幕上显示相应的字符。如果没有LCD显示器控制器,那么系统程序员只能对所有像素的电场进行显示编程;而在有LCD显示器控制器的情况下,操作系统只需要向LCD显示器控制器的特定寄存器中写入待显示的字符即可,剩下的显示控制逻辑都可以由LCD显示器控制器完成。

7.1.3 内存映射I/O

操作系统可以向设备控制器的寄存器(简称控制寄存器)中写入数据,以命令设备完成初始化、配置工作方式、发送数据、接收数据或执行其他操作。除了控制寄存器以外,许多I/O设备还会提供一个可供读写的数据缓冲区。例如,在读磁盘内容时,磁盘控制器会将物理磁盘读出的比特流组织成一个块,存放在数据缓冲区中,供操作系统读出。

但是,CPU如何将命令或数据写入设备控制器的寄存器和数据缓冲区呢?即,CPU如何定位设备控制寄存器和数据缓冲区?目前,这一问题存在专用I/O指令和内存映射I/O两种解决方案。

1. 专用I/O指令

在早期的大型计算机中,为了实现CPU访问I/O设备的控制寄存器,为每个控制寄存器分配了一个I/O端口号。端口号是一个8b或16b的整数。只有操作系统能使用专用I/O指令访问相应的控制寄存器。例如,在x86架构下使用指令IN AL,DX可以从端口号为DX的I/O端口中读数据,并放到AL寄存器中。而对内存的访问使用MOV指令。例如,MOV AX,[DX]这条指令将地址为DX的数据读到AX寄存器中。

专用I/O指令这种方案是如何工作的呢?当CPU需要从I/O端口读入一个数据时,CPU会向地址总线发送要访问的地址,然后向控制总线发送读信号。但是,此时无法区分CPU要访问的是内存还是I/O设备,所以还需要另一条控制线表明此时CPU需要访问I/O设备。最后,相应的I/O设备将响应读请求。

以上实现方式实际上对应于独立编址的概念,即I/O设备的访问地址是单独的一个地址空间,如图7.2(a)所示。这种方式的缺点是需要专用I/O指令才能区分访问的目的地址。接下来介绍的内存映射I/O方式解决了这个问题,它对应于统一编址的概念。

2. 内存映射I/O

内存映射I/O方式自PDP-11开始引入,如图7.2(b)所示,它将所有控制寄存器都映射

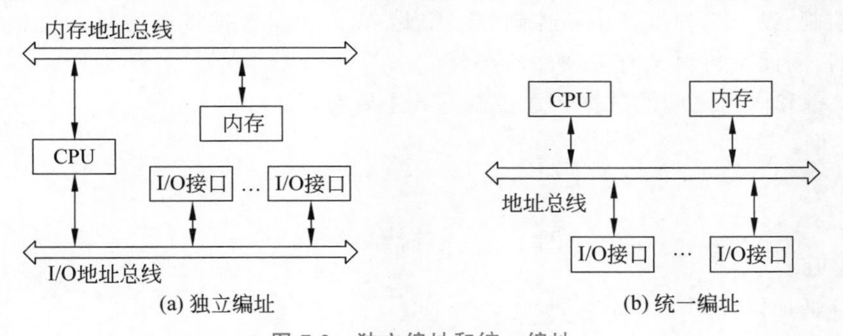

图7.2 独立编址和统一编址

到内存空间中。通过内存映射 I/O 方式,每个 I/O 设备控制寄存器都会被分配到唯一的内存地址。因此,CPU 使用 MOV AX,IOADDR 指令可以直接将 I/O 设备控制寄存器中的数据读到 AX 寄存器中。

内存映射 I/O 具有以下优点:

(1) 可以直接使用 C 语言编写 I/O 设备驱动程序。如果需要特殊的 I/O 指令读写控制寄存器,而 C 语言没有直接执行 IN 或 OUT 指令的方式,因此在 C 语言中访问这些控制寄存器需要嵌入汇编代码。而在内存映射 I/O 方式下,可以直接通过 C 语言的指针以引用的方式读写 I/O 设备的控制寄存器。

(2) 对于某些指令,可以直接引用内存中的值或控制寄存器中的值。例如,TEST 指令可以测试一个内存字中的数值是否为 0。如果不使用内存映射 I/O,当 CPU 需要检查设备状态时,必须先使用 IN 指令读取控制寄存器中的值,再进行检查;而使用内存映射 I/O 时可以直接使用 TEST 指令进行 I/O 检查。

不过,内存映射 I/O 方式也存在缺点。当前大多数计算机都引入了高速缓存机制,即访问某一内存地址后,会将此内存地址中的值存储在高速缓存中,下一次再对此内存地址进行访问时,将直接从高速缓存中取值。然而,在存在高速缓存的情况下,对 I/O 设备的访问会出现问题。例如,当操作系统需要检查设备状态时,第一次访问控制寄存器,导致状态值被缓存,而随后的检查都会从高速缓存中取值,这将导致操作系统无法读取设备的实时状态。如果系统需要在此设备准备就绪后才能继续执行,那么系统将无法开始工作。为了避免这一情况,高速缓存硬件必须能针对每个页面选择性地禁用高速缓存功能。

7.2 数据传送控制方式

设备管理的主要任务之一是控制 I/O 设备和内存或 CPU 之间的数据传送,根据 I/O 设备的传输速率、传输数据单位的不同,采用最合适的 I/O 控制方式(轮询、中断、DMA 等),以提高系统效率。在选择和衡量数据传送控制方式时有如下几条原则:

(1) 数据传送速度足够高,能满足用户的需要,但又不丢失数据。

(2) 系统开销小,所需的处理控制程序少。

(3) 能充分发挥硬件资源的能力,使得 I/O 设备尽量忙,而 CPU 等待时间尽量少。

在计算机原理课中已经介绍过,为了控制 I/O 设备和内存之间的数据交换,每台 I/O 设备都是按照一定的规律编码的。而且,I/O 设备和内存或 CPU 之间有相应的硬件接口以支持同步控制、设备选择以及中断控制等。因此,本节假定数据传送控制方式都是基于上述硬件基础的,因而不再讨论有关硬件的部分。

I/O 设备和内存之间的数据传送控制方式主要有以下 4 种:

(1) 轮询。

(2) 中断。

(3) DMA。

(4) 通道。

下面分别加以介绍。

7.2.1 轮询

轮询,也称程序直接控制方式,是指由用户进程直接控制内存或 CPU 和 I/O 设备之间的数据传送。当用户进程需要数据时,它通过 CPU 发出启动设备准备数据的 Start 指令,然后,用户进程进入测试等待状态。在等待时间内,CPU 不断地用一条测试指令检查描述 I/O 设备的工作状态的控制状态寄存器。而 I/O 设备只有将数据传送的准备工作做好之后,才将该寄存器置为完成状态。当 I/O 设备的控制状态寄存器为完成状态,也就是该寄存器发出 Done 信号时,设备才开始向内存或 CPU 传送数据。当用户进程需要向 I/O 设备输出数据时,也必须发出 Start 命令启动设备并等待 I/O 设备准备好之后才能输出数据。除了控制状态寄存器之外,在 I/O 设备控制器中还有数据缓冲寄存器。在 CPU 与 I/O 设备之间传送数据的过程中,I/O 设备首先把要输入的数据送入该寄存器,然后 CPU 再把其中的数据取走;当 CPU 输出数据时,也是先把数据输出到该寄存器,再由 I/O 设备将其取走。只有在数据装入该寄存器之后,控制状态寄存器的值才会发生变化。轮询方式的处理流程如图 7.3 所示。

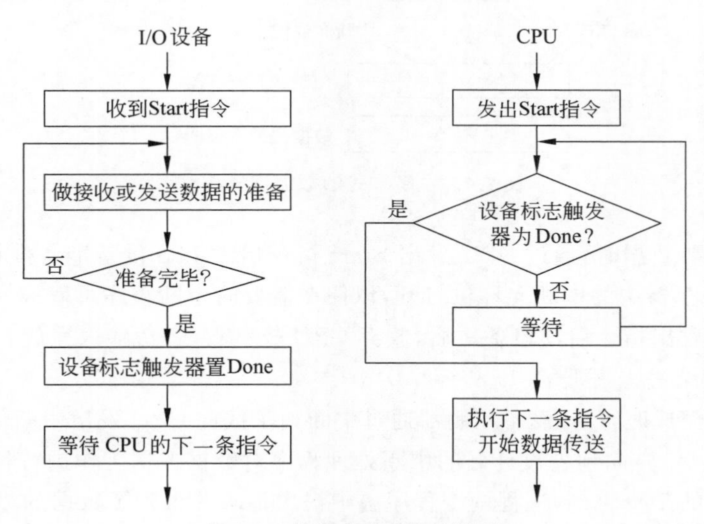

图 7.3 轮询方式的处理流程

轮询方式控制简单,也不需要多少硬件支持。但是,轮询方式明显存在下述缺点:

(1) CPU 和 I/O 设备只能串行工作。由于 CPU 的处理速度要大大高于 I/O 设备的数据传送和处理速度,所以,CPU 的大量时间都处于等待和空闲状态,这使得 CPU 的利用率大大降低。

(2) CPU 在一段时间内只能和一台 I/O 设备交换数据信息,从而不能实现 I/O 设备之间的并行工作。

(3) 由于轮询方式依靠测试设备标志触发器的状态位来控制数据传送,因此无法发现和处理 I/O 设备或其他硬件产生的错误。所以,轮询方式只适用于 CPU 执行速度较慢,而且 I/O 设备较少的系统。

7.2.2 中断

为了减少轮询方式中的 CPU 等待时间以及提高系统的并行工作程度，中断(interrupt)方式被用来控制 I/O 设备和内存与 CPU 之间的数据传送。这种方式要求 CPU 与 I/O 设备(或控制器)之间有相应的中断请求线，而且在 I/O 设备的控制状态寄存器中设置中断允许位。中断方式的数据传送控制如图 7.4 所示。在这种方式下，数据的输入可按如下步骤操作：

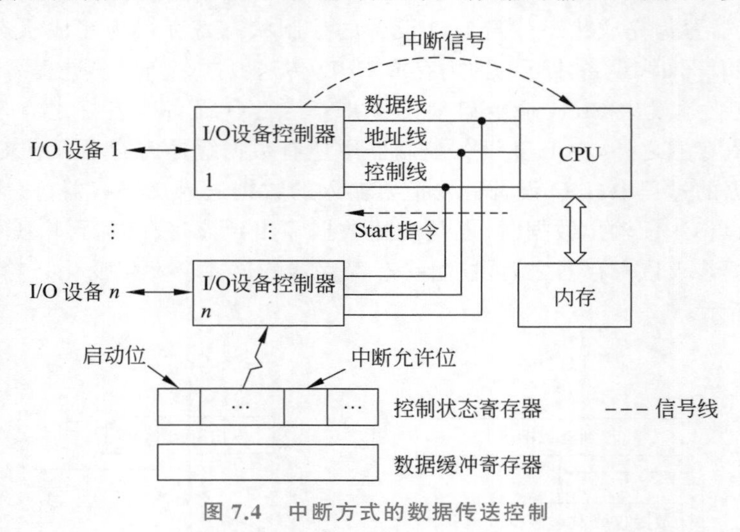

图 7.4　中断方式的数据传送控制

(1) 进程需要数据时，通过 CPU 发出 Start 指令启动 I/O 设备准备数据。该指令同时还将控制状态寄存器中的中断允许位打开，以便在需要时中断程序可以被调用执行。

(2) 进程在发出指令启动设备之后，放弃 CPU 控制权，等待输入完成。此时，进程调度程序调度其他就绪进程占据 CPU。

(3) 当输入完成时，I/O 设备控制器通过中断请求线向 CPU 发出中断信号。CPU 在接收到中断信号之后，转向预先设计好的中断处理程序对数据传送工作进行相应的处理。

(4) 在以后的某个时刻，进程调度程序选中提出请求并得到了数据的进程，该进程从约定的内存特定单元中取出数据继续工作。

中断方式的处理流程可由图 7.5 表示。

读者可以仿照上面的输入过程，描述输出情况下的中断控制方式的处理过程。由图 7.5 可以看出，当 CPU 发出启动设备和允许中断指令之后，它没有像轮询方式那样循环测试状态控制寄存器的状态位是否已置为 Done，而是转向进程调度程序，调度其他进程执行。当 I/O 设备将数据送入数据缓冲寄存器并发出中断信号之后，CPU 接收中断信号并进行中断处理。显然，CPU 在其他进程上下文中执行时，也可以发出启动 I/O 设备的指令和允许中断指令，从而实现 I/O 设备之间的并行操作以及 I/O 设备和 CPU 之间的并行操作。

不过，与 I/O 方式相比，尽管中断方式使 CPU 的利用率大大提高且能支持多道程序和设备的并行操作，但仍然存在许多问题。首先，由于在 I/O 设备控制器的数据缓冲寄存器装满数据之后会发生中断，而且数据缓冲寄存通常较小，因此，在一次数据传送过程中，发生中断次数较多，这将耗去大量的 CPU 处理时间。其次，现代计算机系统通常配置了各种各

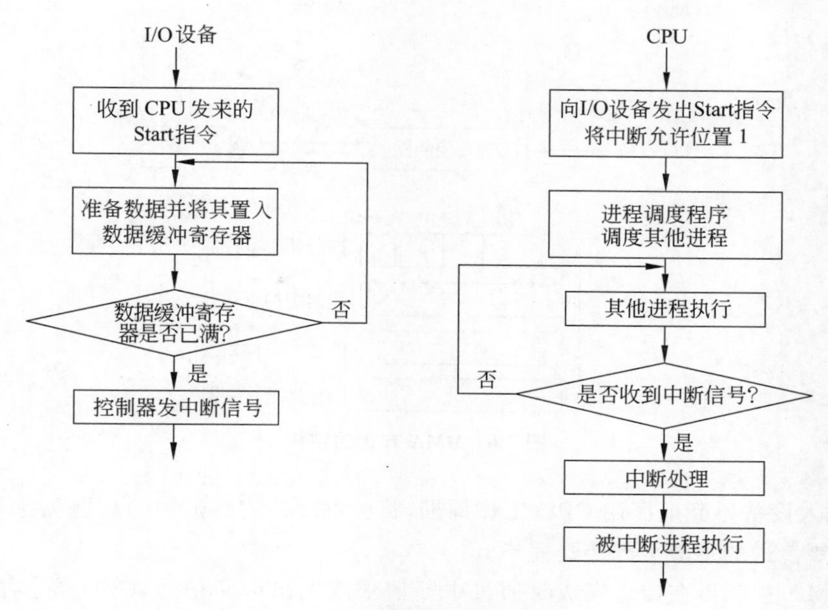

图 7.5 中断方式的处理流程

样的 I/O 设备。如果这些设备通过中断处理方式并行操作,则由于中断次数的急剧增加容易造成 CPU 无法响应中断和出现数据丢失的问题。最后,在中断控制方式时,都是假定 I/O设备的速度非常低,而 CPU 处理速度非常高。也就是说,当 I/O 设备把数据放入数据缓冲寄存器并发出中断信号之后,CPU 有足够的时间在下一个(组)数据进入数据缓冲寄存器之前取走这些数据。如果 I/O 设备的速度也非常高,则可能造成数据缓冲寄存器的数据由于 CPU 来不及取走而丢失。DMA 方式和通道方式不会造成上述问题。

7.2.3 DMA

DMA(Direct Memory Access,直接内存存取)方式的基本思想是在 I/O 设备和内存之间开辟直接的数据交换通路。在 DMA 方式中,I/O 设备控制器具有比采用中断方式和轮询方式时更强的功能。另外,除了控制状态寄存器和数据缓冲寄存器之外,DMA 控制器中还包括传送字节计数器、内存地址寄存器等。这是因为 DMA 方式需要窃取或挪用 CPU 的一个工作周期把数据缓冲寄存器中的数据直接送到内存地址寄存器指向的内存区域中。

DMA 控制器可用来代替 CPU 控制内存和 I/O 设备之间进行成批的数据交换。批量数据(数据块)的传送由计数器逐个计数,并由内存地址寄存器确定内存地址。在 DMA 方式中,除了在数据块传送开始时需要 CPU 发出启动指令和在整个数据块传送结束时需要 CPU 进行中断处理之外,不再像中断控制方式时那样需要 CPU 的频繁干涉。DMA 方式的结构如图 7.6 所示。

DMA 方式的数据输入处理过程如下:

(1) 当进程要求设备输入数据时,CPU 把准备存放输入数据的内存起始地址以及要传送的字节数分别送入 DMA 控制器中的内存地址寄存器和传送字节计数器。另外,把控制状态寄存器中的中断允许位和启动位置 1,从而启动 I/O 设备开始数据输入。

(2) 发出数据要求的进程进入等待状态,进程调度程序调度其他进程占据 CPU。

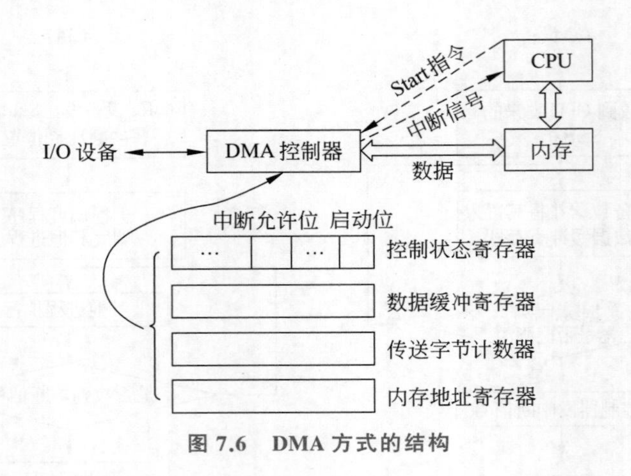

图 7.6 DMA 方式的结构

(3) 输入设备不断地挪用 CPU 工作周期，将数据缓冲寄存器中的数据源源不断地写入内存，直到要传送的字节全部传送完毕。

(4) DMA 控制器在传送完成时通过中断请求线发出中断信号，CPU 在接收到中断信号后转中断处理程序进行善后处理。

(5) 中断处理结束时，CPU 返回被中断的进程处继续执行或者被调度到新的进程上下文中执行。

DMA 方式的处理流程如图 7.7 所示。

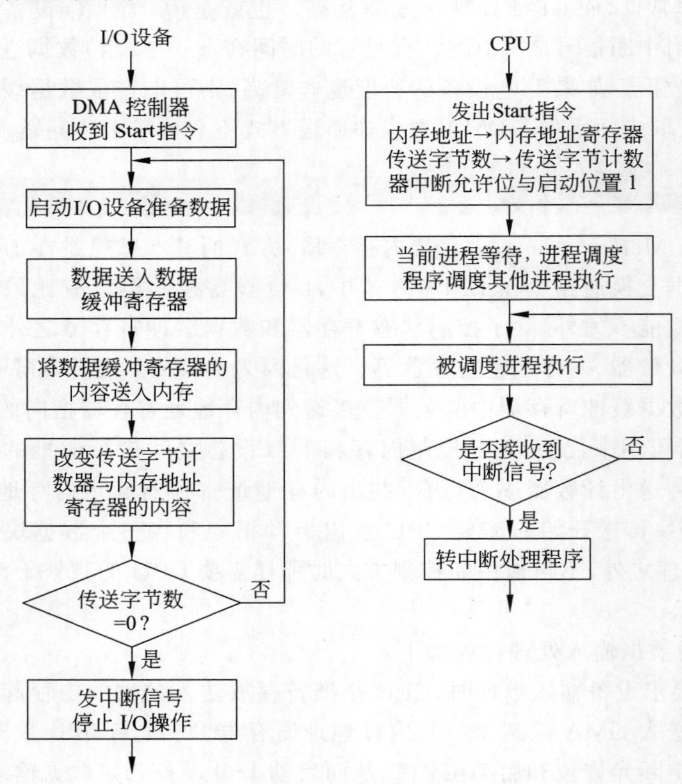

图 7.7 DMA 方式的处理流程

由图 7.7 可以看出，DMA 方式与中断方式的一个主要区别是：中断方式是在数据缓冲寄存器满之后发出中断信号，要求 CPU 进行中断处理；而 DMA 方式则是在要求传送的数据块全部传送结束时要求 CPU 进行中断处理，这就大大减少了 CPU 进行中断处理的次数。两者的另一个主要区别是：中断方式的数据传送是在中断处理时在 CPU 的控制下完成的；而 DMA 方式是在 DMA 控制器的控制下不经过 CPU 的控制完成的，这就排除了并行操作设备过多时 CPU 来不及处理或速度不匹配造成的数据丢失等现象。

不过，DMA 方式仍存在着一定的局限性。DMA 方式对 I/O 设备的管理和某些操作仍由 CPU 控制。在大中型计算机中，系统配置的 I/O 设备种类越来越多，数量也越来越大，因而，对 I/O 设备的管理的控制也就越来越复杂。多个 DMA 控制器的同时使用显然会引起内存地址冲突并使控制过程进一步复杂化。同时，多个 DMA 控制器的同时使用也是不经济的。因此，在大中型计算机系统中（近年来甚至在要求 I/O 能力强的微机系统中），除了 DMA 器件之外，还设置了专门的硬件装置——通道。

7.2.4 通道

通道方式与 DMA 方式类似，也是一种以内存为中心，实现 I/O 设备和内存直接交换数据的控制方式。两者不同的是：在 DMA 方式中，数据的传送方向、存放数据的内存起始地址以及传送的数据块长度等都由 CPU 控制；而在通道方式中，这些都由专管输入输出的硬件——通道来控制。另外，与 DMA 方式时每台设备至少有一个 DMA 控制器相比，通道方式可以用一个通道控制多台设备与内存进行数据交换，从而进一步减轻了 CPU 的工作负担，提高了计算机系统的并行工作程度。

由于通道是一个专管输入输出操作的硬件，所以有必要进一步完整地描述通道的定义：通道是一个独立于 CPU 的专管输入输出的处理机，它控制 I/O 设备与内存直接进行数据交换。它有自己的通道指令，这些通道指令由 CPU 启动，并在操作结束时向 CPU 发出中断信号。

通道的定义给出了通道方式的基本思想。在通道方式中，I/O 设备控制器中没有传送字节计数器和内存地址寄存器，但多了通道设备控制器和指令执行机构。在通道方式下，CPU 只需发出启动指令，指出通道相应的操作和 I/O 设备，该指令就可启动通道，使该通道从内存中调出相应的通道指令并执行。

通道指令一般包含被交换数据在内存中应占据的位置、传送方向、数据块长度以及被控制的 I/O 设备的地址信息、特征信息（例如是磁带设备还是磁盘设备）等信息 。通道指令在通道中没有存储部件时存放在内存中。

通道指令一般由操作码、计数段（数据块长度）、内存地址段和结束标志等组成。通道指令在进程要求数据时由系统自动生成。

例如：

```
write 0  0  250  1850
write 1  1  250  720
```

以上两条指令把一个记录的 500 个字符分别写入从内存地址 1850 开始的 250 个单元和从内存地址 720 开始的 250 个单元中。其中假定 write 操作码后的第一个 1 是通道指令结束标志，而第二个 1 则是记录结束标志。上面的指令中省略了设备号和设备特征。

另外，一个通道可以以分时方式同时执行几个通道指令程序。按照信息交换方式的不同，一个系统中可设立 3 种通道，即字节多路通道、数组多路通道和选择通道。由这 3 种通道组成的数据传送控制结构如图 7.8 所示。

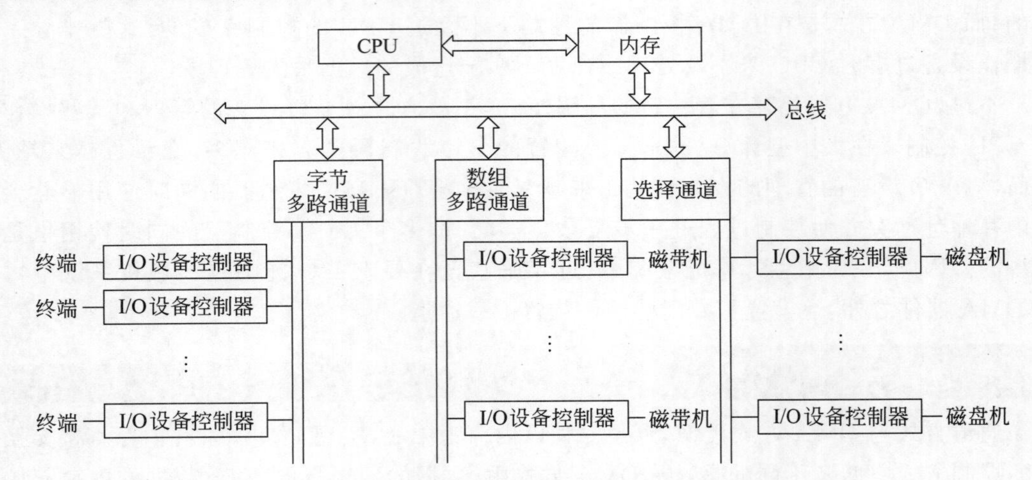

图 7.8 由 3 种通道组成的数据传送控制结构

字节多路通道以字节为单位传送数据，它主要用来连接大量的低速设备，如终端、打印机等。

数组多路通道以块为单位传送数据，它具有传送速率高和能分时操作不同的 I/O 设备等优点。数组多路通道主要用来连接中速块设备，如磁带机等。

数组多路通道和字节多路通道都可以分时执行不同的通道指令程序。选择通道一次只能执行一个通道指令程序，所以选择通道一次只能控制一台 I/O 设备进行 I/O 操作。不过，选择通道具有传送速率高的特点，因而用来连接高速 I/O 设备，并以块为单位成批传送数据。受选择通道控制的 I/O 设备有磁盘机等。

通道方式的数据输入处理过程可描述如下：

(1) 当进程要求 I/O 设备输入数据时，CPU 发出 Start 指令，指明 I/O 操作、设备号和对应的通道。

(2) 对应的通道接收到 CPU 发来的 Start 指令之后，把存放在内存中的通道指令程序读出，设置对应的 I/O 设备控制器中的控制状态寄存器。

(3) I/O 设备根据通道指令的要求，把数据送往内存中的指定区域。

(4) 若数据传送结束，I/O 设备控制器通过中断请求线发出中断信号，请求 CPU 进行中断处理。

(5) 中断处理结束后 CPU 返回被中断的进程处继续执行。

在(1)中要求数据的进程只有在进程调度程序选中它之后才能对得到的数据进行加工处理。

读者可以仿照 DMA 方式的处理流程(图 7.7) 画出通道方式的处理流程。

另外，在许多情况下，人们可从 CPU 执行的角度描述中断方式、DMA 方式和通道方式的控制处理过程。作为一个例子，这里给出通道方式的控制处理过程的描述：

```
Channel control procedure:
    repeat
        IR ← M[pc]
        PC←PC+1
        execute(IR)
        if require accessing with I/O device
        then Command(I/O operation, Address of I/O device, channel)
        fi
        if I/O done interrupt
        then call interrupt processing control
        fi
    until machine halt
interrupt processing control procedure
...
```

其中,IR代表指令寄存器,PC代表程序计数器,而fi则是if…then…条件语句的结束关键字。关于中断处理控制(interrupt processing control)部分,在7.3节中将进一步讨论。

7.3 中断技术

从7.2节可以看出,除了轮询方式之外,无论是中断方式、DMA方式还是通道方式,都需要在设备和CPU之间进行通信,设备向CPU发送中断信号,CPU接收相应的中断信号进行处理。这几种方式的区别只是中断处理的次数、数据传送方式以及控制指令的执行方式等。在计算机系统中,除了上述I/O中断之外,还存在着许多其他的突发事件,例如电源掉电、程序出错等,这些事件也会发出中断信号,通知CPU做相应的处理。本节进一步讨论中断问题。

7.3.1 中断的概念

中断是指以下过程:计算机在执行期间,系统内发生任何非寻常的或非预期的急需处理事件,使得CPU暂时中断当前正在执行的程序,转去执行相应的事件处理程序,待处理完毕后又返回原来被中断处继续执行或调度新的进程执行。引起中断发生的事件称为中断源。中断源向CPU发出的请求中断处理信号称为中断请求,而CPU收到中断请求后转去执行相应的事件处理程序称为中断响应。

在有些情况下,尽管产生了中断源和发出了中断请求,但CPU内部的处理器状态字(PSW)的中断允许位已被清除,从而不允许CPU响应中断。这种情况称为禁止中断。CPU被禁止中断后,只有等到PSW的中断允许位被重新设置,才能接收中断。禁止中断也称为关中断,PSW的中断允许位的设置也称为开中断。由计算机原理课可知,中断请求、关中断、开中断等都是由硬件实现的。

关中断和开中断是为了保证某些程序执行的原子性。

除了禁止中断的概念之外,还有一个比较常用的概念是中断屏蔽。中断屏蔽是指在中断请求产生之后,系统用软件方式有选择地封锁一部分中断而允许其余中断仍能得到响应。

中断屏蔽是通过为每一类中断源设置一个中断屏蔽触发器从而屏蔽它们的中断请求来实现的。不过，有些中断请求是不能屏蔽甚至不能禁止的，也就是说，这些中断具有最高优先级。不管 CPU 是否处于关中断状态，只要这些中断请求一提出，CPU 就必须立即响应。例如，电源掉电事件引起的中断就是不可禁止和屏蔽的中断。

7.3.2 中断的类别与优先级

根据系统对中断处理的需要，操作系统一般对中断进行分类，并对不同的中断赋予不同的处理优先级，以便在不同的中断同时发生时按轻重缓急进行处理。

根据中断源产生的条件，可把中断分为外中断和内中断。

外中断指来自 CPU 和内存外部的中断，包括 I/O 设备发出的 I/O 中断、外部信号中断（例如用户按 Esc 键）、各种定时器引起的时钟中断以及调试程序中设置的断点等引起的调试中断等。外中断在狭义上一般被称为中断。

内中断主要指在 CPU 和内存内部产生的中断。内中断一般称为陷阱（trap）。它包括程序运算引起的各种错误，如地址非法、校验错、页面失效、存取访问控制错、算术操作溢出、数据格式非法、除数为零、非法指令，还包括用户程序执行特权指令、分时系统中的时间片中断以及从用户态到内核态的切换等。

为了按中断源的轻重缓急处理中断，操作系统对不同的中断赋予不同的优先级。例如，在 UNIX 的早期系统中，外中断和陷阱的优先级共分为 8 级。为了禁止中断或屏蔽中断，CPU 的 PSW 中也设置了相应的优先级。如果中断源的优先级高于 PSW 的优先级，则 CPU 响应该中断源的中断请求；反之，CPU 屏蔽该中断源的中断请求。

各中断源的优先级在系统设计时给定，在系统运行时是固定的。而 CPU 的优先级则根据执行情况由系统程序动态设定。

除了在优先级的设置方面有区别之外，中断和陷阱还有如下主要区别：

(1) 陷阱通常是由 CPU 正在执行的现行指令引起的，而中断则是由与现行指令无关的中断源引起的。

(2) 陷阱处理程序提供的服务为当前进程所用，而中断处理程序提供的服务则不是为了当前进程的。

(3) CPU 在执行完一条指令之后、下一条指令开始之前响应中断，而在一条指令执行中也可以响应陷阱。例如执行指令非法时，尽管非法指令不能结束执行，但 CPU 仍可对其进行处理。

另外，在有的系统中，陷阱处理程序被限定在各自的进程上下文中执行，而中断处理程序则在系统上下文中执行。

7.3.3 软中断

上述中断和陷阱都可以看作硬中断，因为这些中断和陷阱要通过硬件产生相应的中断请求。而软中断则不然，它是通信进程之间用来模拟硬中断的一种信号通信方式。软中断与硬中断相同的地方是：其中断源发出中断请求或软中断信号后，CPU 或接收进程在适当的时机自动进行中断处理或完成软中断信号对应的功能。这里用“适当的时机”表示接收软中断信号的进程不一定正好在接收时占有 CPU，而相应的处理必须等到该接收进程得到

CPU 之后才能进行。如果该接收进程已经占有 CPU,那么,与中断处理相同,该接收进程在接收到软中断信号后立即转去执行该软中断信号对应的功能。

软中断的概念主要来源于 UNIX 系统。

需要说明的一点是,在有些系统中,大部分陷阱是转化为软中断处理的。由于陷阱主要与当前执行进程有关,因此,如果当前执行指令产生陷阱,则向当前执行进程发出一个软中断信号,从而立即进入陷阱处理程序。

7.3.4 中断处理过程

一旦 CPU 响应中断,转入中断处理程序,系统就开始进行中断处理。下面说明中断处理过程:

(1) CPU 检查响应中断的条件是否满足。CPU 响应中断的条件是有来自中断源的中断请求并且 CPU 允许中断。如果中断响应条件不满足,则中断处理无法进行。

(2) 如果 CPU 响应了中断,则立即关中断,使其进入不可再次响应中断的状态。

(3) 保存被中断进程现场。为了在中断处理结束后能使进程正确地返回到中断点,系统必须保存当前 PSW 和 PC 等的值。这些值一般保存在特定堆栈或硬件寄存器中。

(4) 分析中断原因,调用中断处理程序。在多个中断请求同时发生时,处理优先级最高的中断源发出的中断请求。

在系统中,为了处理上的方便,通常都是针对不同的中断源编制不同的中断处理程序(陷阱处理程序)。这些程序的入口地址(或陷阱指令的入口地址)存放在内存的特定单元中。再者,不同的中断源也对应不同的 PSW。这些不同的 PSW 存放在相应的内存单元中。存放在内存单元中的 PSW 与中断处理程序入口地址一起构成中断向量。显然,根据中断或陷阱的种类,系统可由中断向量表迅速地找到该中断响应的优先级、中断处理程序(或陷阱指令)的入口地址和对应的 PSW。

(5) 执行中断处理程序。对陷阱来说,在有些系统中则是通过陷阱指令向当前执行进程发软中断信号,然后调用对应的陷阱处理程序执行。

(6) 退出中断,恢复被中断进程的现场(或调度新进程占据 CPU)。

(7) 开中断,CPU 继续执行。

中断处理过程如图 7.9 所示。

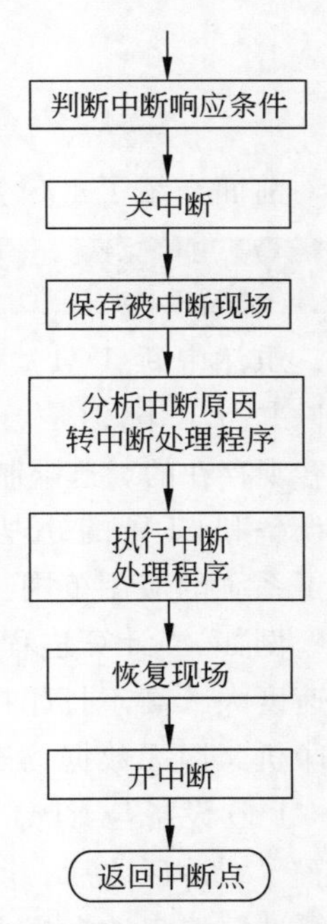

图 7.9 中断处理过程

有些系统中只在保存和恢复现场时禁止中断,而在执行中断处理程序时屏蔽中断。

上面描述了中断处理过程的各个步骤。下面从 CPU 处理的角度形式化地描述 I/O 中断处理的控制过程,使读者能对中断处理过程有更深的了解。

```
I/O interrupt processing control:
    begin
        unusable I/O interrupt flag
        save status of interrupt program
```

```
        if input device ready
        then call input device control
        fi
        if output device ready
        then call output device control
        fi
        if data deliver done
        then call data deliver done control
        fi
        restore CPU status
        reset I/O interrupt flag
    end
    input device control:
        …
    output device control:
        …
    data deliver done control:
        …
```

7.4 缓冲技术

前面介绍了I/O数据传送控制方式和中断处理技术。本节介绍缓冲技术。

7.4.1 缓冲的引入

虽然中断、DMA和通道控制技术使得系统中的I/O设备之间、I/O设备和CPU之间得以并行工作，但是，正如在前面几节讲述的那样，I/O设备和CPU的处理速度不匹配问题是客观存在的。这限制了和CPU连接的I/O设备台数，而且在中断发生时造成数据丢失。I/O设备和CPU的处理速度不匹配问题极大地制约了计算机系统性能的进一步提高，并且限制了系统的应用范围。

例如，当计算进程阵发性地把大批量数据输出到打印机上打印时，由于CPU输出数据的速度大大高于打印机的打印速度，因此，CPU只好停下来等待；在计算进程进行计算时，打印机又因无数据输出而空闲无事。

I/O设备与CPU速度不匹配的问题可以采用设置缓冲区（或缓冲器）的方法解决。在设置了缓冲区之后，计算进程可把数据首先输出到缓冲区，然后继续执行；而打印机则可以从缓冲区取出数据慢慢打印。

从减少中断的次数看，也存在着引入缓冲区的必要性。在中断方式中，如果在I/O设备控制器中增加一个容量为100个字符的缓冲器，则由前面对中断方式的描述可知，I/O设备控制器对CPU的中断次数将降低为原来的1/100，即等到能存放100个字符的缓冲器装满之后才向CPU发一次中断信号。这将大大减少CPU的中断处理时间。即使使用DMA方式或通道方式控制数据传送，如果不划分专用的内存缓冲区或增加专用的缓冲器来存放数据，也会因为要求数据的进程拥有的内存区不够或存放数据的内存起始地址计算困难等原因造成某个进程长期占有通道或DMA控制器以及I/O设备，从而产生瓶颈问题。

因此，为了匹配I/O设备与CPU之间的处理速度，减少中断次数和CPU的中断处理时间，同时也是为了解决DMA方式或通道方式时的瓶颈问题，人们在I/O设备管理中引入了用来暂存数据的缓冲技术。

根据I/O控制方式，缓冲的实现方法有两种：一种方法是采用专用硬件——缓冲器，例如I/O设备控制器中的数据缓冲寄存器；另一种方法是在内存中划出 n 个单元作为专用缓冲区，以便存放输入输出的数据。内存中的缓冲区又称软件缓冲。

7.4.2 缓冲的种类

根据系统设置的缓冲区（或缓冲器）的个数，可把缓冲技术分为单缓冲、双缓冲和多缓冲以及缓冲池几种。

单缓冲是在I/O设备和CPU之间设置一个缓冲区。I/O设备和CPU交换数据时，先把被交换数据写入缓冲区，然后，需要数据的I/O设备或CPU从缓冲区中取走数据。由于缓冲区属于临界资源，即不允许多个进程同时对一个缓冲区操作，因此，尽管单缓冲能匹配I/O设备和CPU的处理速度，但是，I/O设备之间不能通过单缓冲实现并行操作。

解决两台I/O设备（如打印机和终端）之间的并行操作问题的办法是双缓冲。有了两个缓冲区之后，CPU可把输出到打印机的数据放入其中一个缓冲区，让打印机慢慢打印；同时，它又可以从另一个为终端设置的缓冲区中读取输入数据。

显然，双缓冲只是一种说明I/O设备之间、CPU和I/O设备之间并行操作的简单模型，并不能用于实际系统中的并行操作。这是因为计算机系统中的I/O设备较多，另外，双缓冲也很难匹配I/O设备和CPU的处理速度。因此，现代计算机系统中一般使用多缓冲或缓冲池结构。

多缓冲是把多个缓冲区连接起来并分成两部分，构成一部分专门用于输入、另一部分专门用于输出的缓冲结构。缓冲池则是把多个缓冲区连接起来统一管理，构成既可用于输入又可用于输出的缓冲结构。

显然，无论是多缓冲还是缓冲池，由于缓冲区是临界资源，在使用缓冲区时都有申请、释放和互斥的问题。下面以缓冲池为例，介绍缓冲的管理。

7.4.3 缓冲池的管理

1. 缓冲池的结构

为了讨论缓冲池的管理，先来看看缓冲池的结构。缓冲池由多个缓冲区组成。一个缓冲区由两部分组成：一部分是用来标识和管理该缓冲区的缓冲首部，另一部分是用于存放数据的缓冲体。这两部分有一一对应的映射关系。对缓冲池的管理是通过对每一个缓冲区的缓冲首部进行操作实现的。

设备号
数据块号
缓冲器号
互斥标识位
连接指针

图7.10 缓冲首部

缓冲首部如图7.10所示，它包括设备号、设备上的数据块号（块设备时）、缓冲器号、互斥标识位以及缓冲队列的连接指针。

系统把各缓冲区按其使用状况连成3种队列：

(1) 空白缓冲队列em，其队首指针为F(em)，队尾指针为

L(em)。

(2) 装满输入数据的输入缓冲队列 in,其队首指针为 F(in),队尾指针为 L(in)。

(3) 装满输出数据的输出缓冲队列 out,其队首指针为 F(out),队尾指针为 L(out)。

这 3 种队列的构成如图 7.11 所示。

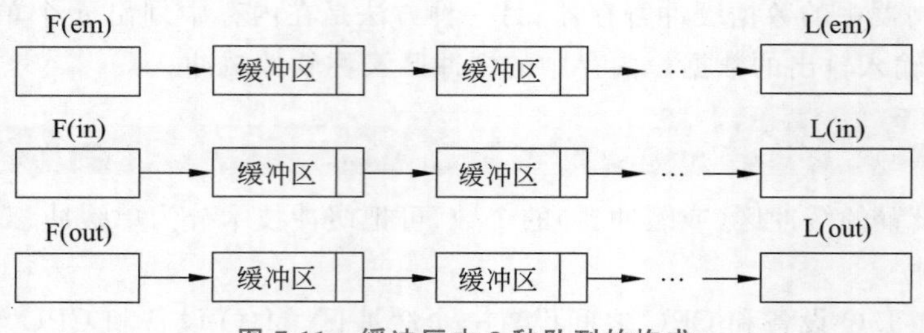

图 7.11 缓冲区中 3 种队列的构成

系统(或用户进程)从这 3 种缓冲队列中申请和取出缓冲区,并用得到的缓冲区进行存数、取数操作,在存数、取数操作结束后,再将缓冲区放入相应的队列。这些缓冲区被称为工作缓冲区。在缓冲池中,有 4 种工作缓冲区:

(1) 用于收容设备输入数据的收容输入缓冲区 hin。

(2) 用于提取设备输入数据的提取输入缓冲区 sin。

(3) 用于收容 CPU 输出数据的收容输出缓冲区 hout。

(4) 用于提取 CPU 输出数据的提取输出缓冲区 sout。

缓冲池的工作缓冲区如图 7.12 所示。

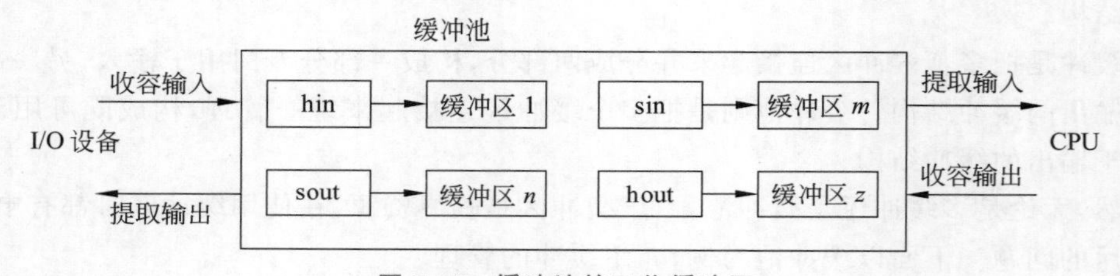

图 7.12 缓冲池的工作缓冲区

2. 缓冲池的工作过程

对缓冲池的管理通过调用以下几个过程实现:

(1) 从 3 种缓冲队列中按一定的选取规则取出一个缓冲区的过程 take_buf(type)。

(2) 把缓冲区按一定的选取规则插入相应的缓冲队列的过程 add_buf(type,number)。

(3) 供进程申请缓冲区用的过程 get_buf(type,number)。

(4) 供进程将工作缓冲区放入相应的缓冲队列的过程 put_buf(type,work_buf)。

其中,参数 type 表示缓冲队列类型,number 为缓冲区号,work_buf 表示工作缓冲区类型。

缓冲池的工作过程可描述如下。

输入进程首先调用过程 get_buf(em,number)从空白缓冲队列中取出一个缓冲区号为

number的空白缓冲区，将其作为收容输入缓冲区hin。当hin中装满了由输入设备输入的数据之后，系统调用过程put_buf(in,hin)将该缓冲区插入输入缓冲队列in中。

当进程需要输出数据时，输出进程经过缓冲管理程序调用过程get_buf(em,number)从空白缓冲队列中取出一个缓冲区号为number的空白缓冲区作为收容输出缓冲区hout。待hout中装满输出数据之后，系统再调用过程put_buf(out,hout)将该缓冲区插入输出缓冲队列out。

对缓冲区的输入数据和输出数据的提取也是由过程get_buf和put_buf实现的。get_buf(out,number)从输出缓冲队列中取出装满输出数据的缓冲区number，将其作为提取输出缓冲区sout。当sout中的数据输出完毕时，系统调用过程put_buf(em,sout)将该缓冲区插入空白缓冲队列。get_buf(in,number)从输入缓冲队列中取出装满输入数据的缓冲区number，将其作为提取输入缓冲区sin。当CPU从中提取完所需数据之后，系统调用过程put_buf(em,sin)将该缓冲区释放并插入空白缓冲队列em中。

显然，对于各缓冲队列中缓冲区的排列以及每次取出和插入缓冲队列的顺序都应有一定的规则。最简单的方法是先进先出的排列方法。采用先进先出方法，过程put_buf每次把缓冲区插入相应缓冲队列的队尾；而过程get_buf则取出相应缓冲队列的第一个缓冲区，从而get_buf中的第二个参数number可以省略。而且，采用先进先出方法也省略了对缓冲队列的搜索时间。

过程add_buf(type,number)和take_buf(type,number)分别用来把缓冲区number插入type队列和从type队列中取出缓冲区number。它们分别被过程get_buf和put_buf调用，其中，take_buf返回缓冲区number的指针，而add_buf则将缓冲区number的指针链入队列。

下面给出过程get_buf和put_buf的描述。

首先，设互斥信号量为S(type)，其初值为1；描述资源数目的信号量为RS(type)，其初值为n(n为type队列长度)。

```
get_buf(type, number):
    begin
        P(RS(type))
        P(S(type))
        pointer of buffer(number) = take_buf(type, number)
        V(S(type))
    end
put_buf(type, number):
    begin
        P(S(type))
        add_buf(type, number)
        V(S(type))
        V(RS(type))
    end
```

7.5 设备分配

前面已经介绍了I/O数据传送控制方式及与其紧密相关的中断技术与缓冲技术。不过，在讨论这些问题时，已经做了如下假定：即每一个准备传送数据的进程都已申请到了它需要的I/O设备、控制器和通道。事实上，由于I/O设备、控制器和通道资源的有限性，不是每一个进程随时随地都能得到这些资源。进程必须首先向设备管理程序提出资源申请，然后，由设备分配程序根据相应的分配算法为进程分配资源。如果进程得不到它申请的资源，将被放入资源等待队列中等待，直到它需要的资源被释放。

下面，讨论设备分配使用的数据结构、设备分配原则和策略以及设备分配算法。

7.5.1 设备分配使用的数据结构

设备分配通过下列数据结构进行。

1. 设备控制表

设备控制表(Device Control Table，DCT)反映I/O设备的特性、I/O设备和I/O设备控制器的连接情况等。系统中的每一台I/O设备都必须有一张DCT，而且在该I/O设备和系统连接时创建，但DCT中的内容会根据系统执行情况动态地改变。

DCT主要包括以下内容：

(1) 设备类型。反映该I/O设备的类型，例如终端设备、块设备或字符设备等。

(2) 设备标识符。是该I/O设备的唯一标识符。

(3) 设备忙闲标记。表明该I/O设备处于工作状态还是空闲状态。

(4) COCT指针。指向与该I/O设备连接的I/O设备控制器的控制器控制表。

(5) 设备等待队列队首指针和队尾指针。等待使用该I/O设备的进程组成设备等待队列，其队首和队尾指针存放在DCT中。

2. 系统设备表

系统设备表(System Device Table，SDT)在整个系统中只有一张，它记录已连接到系统中的所有I/O设备的情况，并为每一台I/O设备设置一条记录。

SDT主要包括以下内容：

(1) 设备类型。反映该I/O设备的类型，例如终端设备、块设备或字符设备等。

(2) 设备标识符。是该I/O设备的唯一标识符。

(3) 获得设备的进程。给出当前获得该I/O设备使用权的进程。

(4) DCT指针。指向该I/O设备的设备控制表。

SDT的主要意义在于反映系统中I/O设备资源的状态，即系统中有多少台I/O设备，其中有多少台是空闲的，又有多少台已分配给哪些进程。

3. 控制器控制表

控制器控制表(COntroler Control Table，COCT)每个I/O设备控制器有一张，它反映I/O设备控制器的使用状态以及它和通道的连接情况等(在采用DMA方式时没有后一项)。

COCT主要包括以下内容：

(1) 控制器标识符。是该I/O设备控制器的唯一标识符。

(2) 控制器忙闲标记。表明该I/O设备控制器处于工作状态还是空闲状态。

(3) CHCT指针。指向相应的通道控制表。

(4) 控制器等待队列队首指针和队尾指针。等待使用该I/O设备控制器的进程组成控制器设备等待队列,其队首和队尾指针存放在COCT中。

4. 通道控制表

通道控制表(CHannel Control Table,CHCT)只在采用通道方式的系统中存在,每个通道有一张。

CHCT主要包括以下内容:

(1) 通道标识符。是该通道的唯一标识符。

(2) 通道忙闲标记。表明该通道处于工作状态还是空闲状态。

(3) 通道等待队列队首指针和队尾指针。等待使用该通道的进程组成通道设备等待队列,其队首和队尾指针存放在CHCT中。

DCT、SDT、COCT和CHCT的结构如图7.13所示。

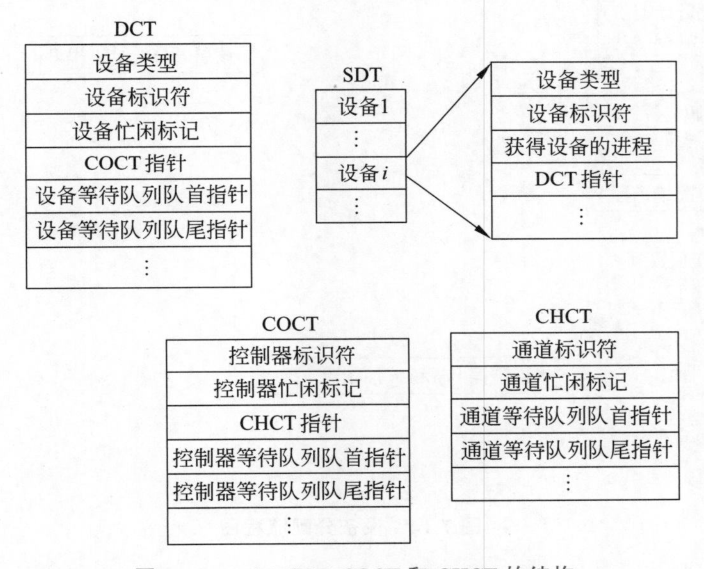

图7.13 DCT、SDT、COCT和CHCT的结构

显然,一个进程只有获得了所需的I/O设备、I/O设备控制器和通道三者之后,才具备了进行I/O操作的物理条件。

7.5.2 设备分配原则和策略

1. 设备分配原则

设备分配原则是根据I/O设备特性、用户要求和系统配置情况决定的。设备分配的总原则是:既要充分发挥I/O设备的使用效率,尽可能让I/O设备忙,又要避免由于不合理的分配方法造成进程死锁。另外,还要做到把用户程序和具体I/O设备隔离,即用户程序面对的是逻辑设备,而分配程序将在系统中把逻辑设备转换成物理设备之后,再根据物理设备号进行分配。设备分配流程图如图7.14所示。

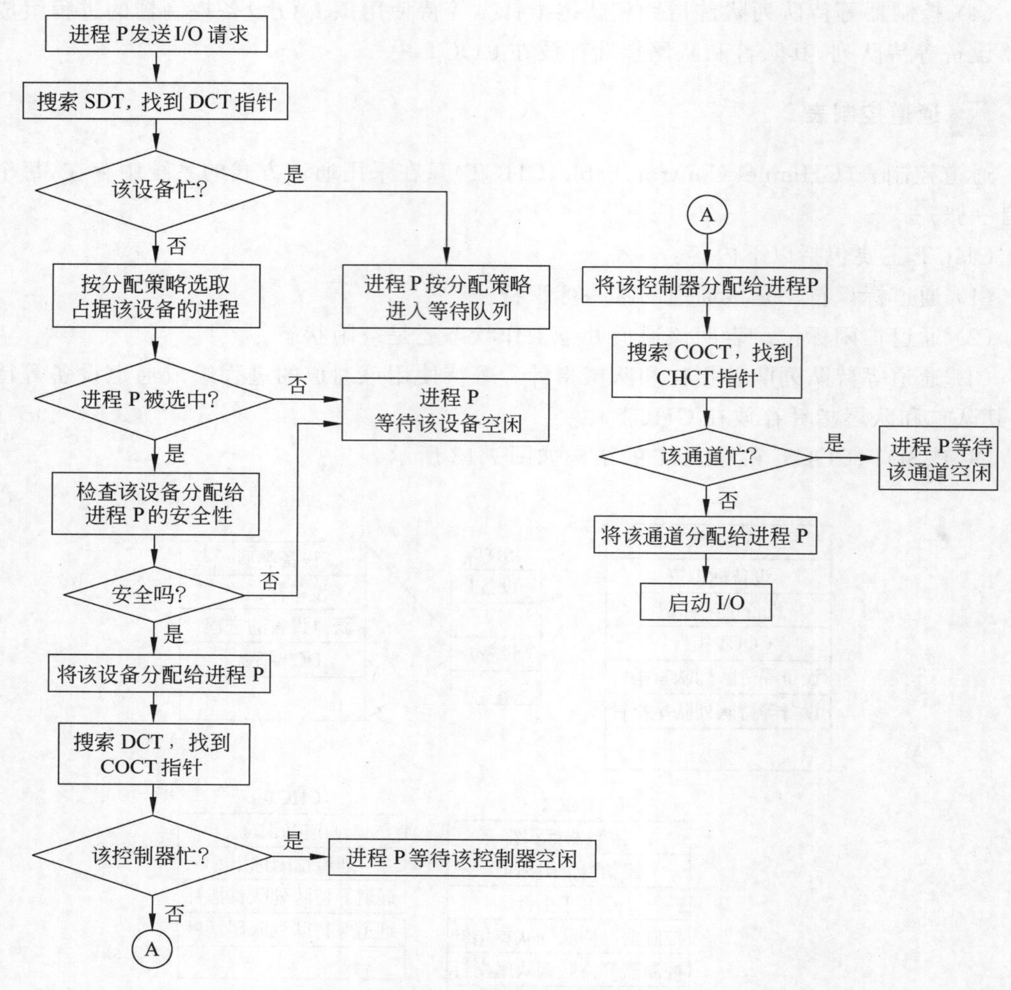

图 7.14 设备分配流程图

设备分配方式有两种，即静态分配和动态分配。

静态分配方式是在用户作业开始执行之前，由系统一次分配该作业要求的全部I/O设备、I/O设备控制器和通道。一旦分配之后，这些I/O设备、I/O设备控制器和通道就一直为该作业所占用，直到该作业被撤销。静态分配方式不会出现死锁，但I/O设备的使用效率低，因此，静态分配方式并不符合设备分配的总原则。

动态分配在进程执行过程中根据执行需要进行。当进程需要I/O设备时，通过系统调用命令向系统提出设备请求，由系统按照事先规定的策略给进程分配I/O设备、I/O设备控制器和通道，一旦用完之后，便立即释放。动态分配方式有利于提高I/O设备的利用率，但如果分配算法使用不当，则有可能造成进程死锁。

2. 设备分配策略

与进程调度相似，动态设备分配也是基于一定的分配策略的。常用的设备分配策略有先请求先分配、优先级高者先分配等。

1）先请求先分配

当有多个进程对某一 I/O 设备提出 I/O 请求时，或者是在同一 I/O 设备上进行多次 I/O 操作时，系统按提出 I/O 请求的先后顺序将进程发出的 I/O 请求排成队列，其队首指向被请求设备的 DCT。当该 I/O 设备空闲时，系统从该 I/O 设备的请求队列的队首取下一个 I/O 请求，将该 I/O 设备分配给提出这个请求的进程。

2）优先级高者先分配

这种策略和进程调度的优先级法是一致的，即进程的优先级高，它的 I/O 请求也优先予以满足。对于相同优先级的进程，则按先请求先分配策略分配。因此，优先级高者先分配策略把请求某一 I/O 设备的 I/O 请求按进程的优先级排成队列，从而保证在该 I/O 设备空闲时，系统能从 I/O 请求队列的队首取下具有最高优先级的进程提出的 I/O 请求，并将 I/O 设备分配给该进程。

7.5.3 设备分配算法

根据设备分配原则和策略，使用系统提供的 DCT、SDT、COCT 及 CHCT 等数据结构，当某个进程提出 I/O 请求之后，就可按图 7.14 所示的流程进行设备分配。

7.6 I/O 控制

7.6.1 I/O 控制的引入

前面各节在描述了 I/O 数据传送控制方式的基础上，讨论了中断、缓冲技术以及进行 I/O 数据传送时的设备分配原则和策略。那么，系统在何时分配 I/O 设备，在何时申请缓冲，由哪个进程进行中断响应呢？另外，当 CPU 向设备或通道发出启动指令时，I/O 设备的启动以及 I/O 设备控制器中有关寄存器的值由谁来设置呢？这些都是前面几节的讨论中没有解决的问题。

从用户进程的 I/O 请求开始，给用户进程分配 I/O 设备和启动有关 I/O 设备进行 I/O 操作，以及在 I/O 操作完成之后响应中断，完成善后处理的整个系统控制过程称为 I/O 控制。

7.6.2 I/O 控制的功能

I/O 控制的功能如图 7.15 所示。

I/O 控制过程首先收集和分析调用 I/O 控制过程的原因：是 I/O 设备发来的中断请求还是进程发来的 I/O 请求？然后，根据不同的请求，分别调用不同的程序模块进行处理。

图 7.15 中各程序模块的功能简单地说明如下：

I/O 请求处理模块是用户进程和设备管理程序接口的一部分，它把用户进程的 I/O 请求转换为设备管理程序能接收的信息。一般来说，用户的 I/O 请求包括申请进行 I/O 操作的逻辑设备名、要求的操作、传送数据的长度和起始地址等。I/O 请求处理模块对用户的 I/O请求进行处理。它首先将 I/O 请求中的逻辑设备名转换为对应的物理设备名，然后检

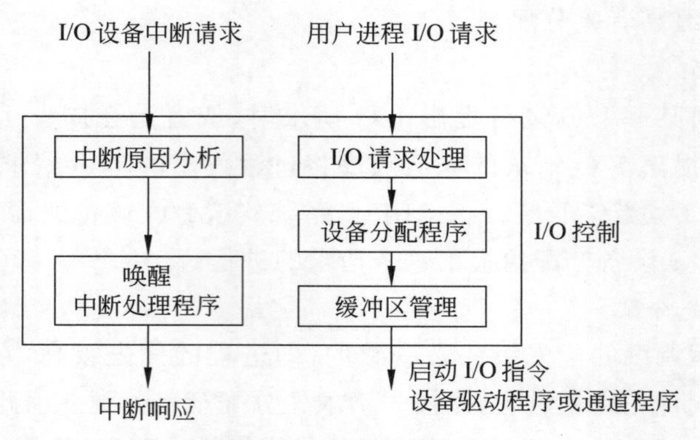

图 7.15 I/O 控制的功能

查 I/O 请求中是否有参数错误，在 I/O 请求参数正确时，它把该 I/O 请求插入指向相应 DCT 的 I/O 请求队列，然后启动设备分配程序。在有通道的系统中，I/O 请求处理模块还将按 I/O 请求的要求创建通道程序。

在设备分配程序为 I/O 请求分配了相应的 I/O 设备、I/O 设备控制器和通道之后，还将启动缓冲区管理模块为此次 I/O 传送申请必要的缓冲区，以保证 I/O 传送的顺利完成。缓冲区的申请也可在设备分配之前进行。例如，UNIX 系统首先申请缓冲区，然后把 I/O 请求写到缓冲区中并将该缓冲区挂到 I/O 设备的 I/O 请求队列上。

在数据传送结束后，I/O 设备发出中断请求，I/O 控制过程将调用中断处理程序并做出中断响应。对于不同的中断，其善后处理也不同。例如，处理结束中断时，要释放相应的 I/O 设备、I/O 设备控制器和通道，并唤醒正在等待该操作完成的进程。另外，还要检查是否还有等待该 I/O 设备的 I/O 请求命令。如有，则要通知 I/O 控制过程进行下一个 I/O 传送。

7.6.3 I/O 控制的实现

I/O 控制过程在系统中可以按 3 种方式实现：

(1) 作为请求 I/O 操作的进程的一部分实现。这种情况下，请求 I/O 操作的进程应具有良好的实时性，且系统应能根据中断信号的内容准确地调度请求 I/O 操作的进程占据 CPU，因为在大多数情况下，当一个进程发出 I/O 请求命令之后都会被阻塞。

(2) 作为当前进程的一部分实现。此时，不要求系统具有很高的实时性。由于当前进程与完成的 I/O 操作无关，所以当前进程不能接收 I/O 请求并启动 I/O 操作。不过，当前进程可以在接收到中断信号后，将中断信号转交给 I/O 控制模块处理。因此，如果让请求 I/O 操作的进程调用 I/O 操作控制部分(I/O 请求处理、设备分配、缓冲区分配等)，而让当前进程负责调用中断处理程序，也是一种可行的 I/O 控制方案。

(3) 由专门的系统进程——I/O 进程完成。在用户进程发出 I/O 请求之后，系统调度 I/O 进程执行，控制 I/O 操作。同样，在 I/O 设备发出中断请求之后，I/O 进程也被调度执行以响应中断。I/O 请求处理、设备分配、缓冲区管理、中断原因分析、中断处理和 7.7 节介绍的设备驱动程序等都是 I/O 进程的一部分。

I/O 进程也可分为 3 种方式实现：

(1) 每类(个)设备设一个专门的 I/O 进程,且该进程只能在系统态下执行。

(2) 整个系统设一个 I/O 进程,全面负责系统的数据传送工作。由于现代计算机系统设备十分复杂,I/O 进程的负担很重,因此,又可把 I/O 进程分为输入进程和输出进程。

(3) 每类(个)设备设一个专门的 I/O 进程,但该进程既可在用户态下执行,也可在系统态下执行。

7.7 设备驱动程序

设备驱动程序是驱动 I/O 设备和 DMA 控制器或 I/O 设备控制器等直接进行 I/O 操作的子程序的集合,负责设置相应 I/O 设备有关寄存器的值、启动 I/O 设备进行 I/O 操作、指定操作的类型和数据流向等。

为了对设备驱动程序进行管理,系统中设置了设备开关表(Device Switch Table, DST)。设备开关表中给出相应设备的各种操作(例如打开、关闭、读、写和启动设备)子程序的入口地址。一般来说,设备开关表是二维结构,其中的行和列分别表示设备类型和驱动程序类型。设备开关表也是 I/O 进程的一个数据结构。I/O 控制过程为进程分配 I/O 设备和缓冲区之后,可以使用设备开关表调用相应的设备驱动程序进行 I/O 操作。

本章小结

设备管理的主要任务是控制 I/O 设备和 CPU 之间进行 I/O 操作。由于现代操作系统的 I/O 设备的复杂性和多样性以及不同的 I/O 设备需要不同的设备处理程序,设备管理成为操作系统中最复杂、最具有多样性的部分。设备管理模块在控制各类 I/O 设备和 CPU 进行 I/O 操作的同时,还要尽可能地提高 I/O 设备之间以及 I/O 设备和 CPU 之间的并行操作度和设备利用率,从而使得整个系统获得最佳效率。另外,设备管理模块还应该为用户提供透明的、易于扩展的接口,以使用户不必了解具体设备的物理特性并且便于设备的追加和更新。

本章从 I/O 设备的分类出发,对 I/O 设备和 CPU 之间的数据传送的控制方式、中断和缓冲技术、设备分配原则和策略、I/O 控制过程以及设备驱动程序进行了介绍和讨论。

常用的 I/O 设备和 CPU 之间的数据传送控制方式有 4 种,它们是轮询方式、中断方式、DMA 方式和通道方式。轮询方式和中断方式都只适用于简单的、I/O 设备很少的计算机系统,因为轮询方式耗费大量的 CPU 时间,而且无法检测 I/O 设备或其他硬件产生的错误,I/O 设备和 CPU 以及 I/O 设备之间只能串行工作。中断方式虽然在某种程度上解决了上述问题,但由于中断次数多,因而 CPU 仍需要花较多的时间处理中断,而且能够并行操作的 I/O 设备台数也受到中断处理时间的限制,中断次数增多会导致数据丢失。DMA 方式和通道方式较好地解决了上述问题。这两种方式采用 I/O 设备和内存直接交换数据的方式。只有在一段数据传送结束时,这两种方式才发出中断信号,要求 CPU 做善后处理,从而大大减轻了 CPU 的工作负担。DMA 方式与通道方式的区别是:DMA 方式要求 CPU 执行设备驱动程序启动 I/O 设备,给出存放数据的内存起始地址、操作方式和传送字节长度等;而通道方式则是在 CPU 发出 I/O 启动指令之后由通道指令完成这些工作。

中断及其处理是设备管理中的一个重要部分。本章在介绍中断基本概念的同时，对陷阱和软中断也做了相应的介绍和比较。另外，还介绍和描述了中断处理的基本过程。

缓冲是为了匹配 I/O 设备和 CPU 的处理速度，进一步减少中断次数并且解决 DMA 方式或通道方式中的瓶颈问题而引入的。缓冲有硬缓冲和软缓冲之分。本章还介绍了对缓冲池的管理和操作。由于缓冲区是临界资源，所以对缓冲区的操作必须互斥。

本章还介绍了设备分配原则和策略。设备分配应保证设备有较高的利用率和避免产生死锁。进程只有在得到了 I/O 设备、I/O 设备控制器和通道(采用通道方式时)之后，才能进行 I/O 操作。另外，用户进程给出的 I/O 请求中包含逻辑设备号，设备管理程序必须将其转换为物理设备。I/O 请求中的其他参数将被用来编制通道指令程序或利用设备开关表选择设备驱动程序。

I/O 控制过程是对整个 I/O 操作的控制，包括对用户进程 I/O 请求的处理、设备分配、缓冲区分配、启动通道指令程序或设备驱动程序进行实际的 I/O 操作以及分析中断原因和响应中断等。

习　题

7.1　设备管理的目标和功能是什么？

7.2　I/O 设备一般由哪两部件组成，它们各自起到什么作用？

7.3　为何需要 I/O 设备控制器？

7.4　专用指令 I/O 和内存映射 I/O 有什么区别？两者各有什么优缺点？

7.5　数据传送控制方式有哪几种？比较它们的优缺点。

7.6　Linux 操作系统使用 NAPI 技术接收网卡数据包。调研 NAPI 技术并结合 7.2 节的内容对数据传送过程进行分析。

7.7　假设某计算机系统上只有一个内存设备。DMA 占用总线访问该内存设备时，CPU 是否可以访问内存？如果不能，DMA 应该工作在哪种模式下以缓解该问题？如果为了让 DMA 尽可能地提高传送效率，DMA 又该工作在哪种模式下？

7.8　什么是通道？画出采用通道方式时的 CPU、通道和 I/O 设备的工作流程图。

7.9　什么叫中断？什么叫中断处理？什么叫中断响应？

7.10　什么是陷阱？什么是软中断？简述中断、陷阱和软中断的异同。

7.11　描述中断控制方式的 CPU 动作过程。

7.12　什么是缓冲？为什么要引入缓冲？

7.13　根据缓冲器的个数，可把缓冲技术分为哪几种？它们解决的问题分别是什么？

7.14　设在对缓冲队列 em、in 和 out 进行管理时，采用最近最少使用算法存取缓冲区，即在一个缓冲区分配给进程之后，只要不是所有其他的缓冲区都在更近的时间内被使用过了，则该缓冲区不再分配出去。描述过程 take_buf(type，number)和 add_buf(type，number)。

7.15　对缓冲队列 em、in 和 out 采用最近最少使用算法对改善 I/O 操作性能有什么好处？

7.16　用于设备分配的数据结构有哪些？它们之间的关系是怎样的？

7.17　设备分配原则是什么？

7.18 设计一个设备分配的安全检查程序，以保证把某台 I/O 设备分配给某个进程时不会出现死锁。

7.19 什么是 I/O 控制？它的主要任务是什么？

7.20 I/O 控制的各模块具有什么功能？

7.21 I/O 控制可用哪几种方式实现？各有什么优缺点？

7.22 设备驱动程序是什么？为什么要有设备驱动程序？用户进程怎样使用设备驱动程序？

7.23 设备驱动程序可以静态链接到内核，也可以以模块的形式动态加载到内核。请参考相关资料，在 Linux 系统中编写一个输出“Hello World”的驱动模块。

第 8 章 Linux 操作系统

8.1 概 述

1991 年，芬兰赫尔辛基大学的学生林纳斯·托瓦兹(Linus Torvalds)在一门课程中接触到一个开放源码、作为大学操作系统设计教学工具的操作系统——Minix。Minix 主要用于教学，在系统设计上几乎完全独立于底层硬件架构，运行效率低下。为了开发一个高效而又功能齐备的 UNIX 内核，托瓦兹开始着手编写自己的操作系统。1991 年 10 月 5 日，托瓦兹发布了一个"很像 Minix"的操作系统内核，并呼吁其他程序员与之一起改进这个内核。许多对操作系统感兴趣、爱"折腾"的极客加入了开发的行列，为其添加了许多新特性，诸如改进型的文件系统、对网络的支持、设备驱动程序以及对多处理器的支持等。1994 年 3 月，这些开发者发布了 Linux 1.0。1995 年 3 月，Linux 1.2 发布。1996 年 6 月，Linux 2.0 发布。2003 年 12 月，Linux 2.6 发布。

Linux 内核只包含最基本的硬件抽象和管理的功能，没有与用户交互的界面或其他系统软件。这样一个单纯的内核是无法提供给普通用户使用的，于是 Linux 开发团队将 Linux 内核与操作界面、编译调试工具等应用软件结合，构成了 Linux 操作系统。Linux 内核是用来支撑上层应用软件的，所以当 Linux 内核诞生后，托瓦兹就尝试解决上层应用软件问题。在 Linux 内核刚诞生时，UNIX 已经发展了很多年，并有了一定的应用软件基础。因此，托瓦兹最初希望能够在 Linux 上运行为 UNIX 系统编写的程序，复用 UNIX 的软件生态。但是，他发现有很多 UNIX 软件无法在 Linux 内核上运行。那么，如何解决解决这一问题呢？摆在托瓦兹面前的是两条路：修改软件以适配 Linux 内核，或者修改 Linux 内核以符合软件的编写规范。为了让所有软件都能够运行在 Linux 内核上，托瓦兹选择了修改 Linux 内核，使其符合 POSIX(Portable Operating System Interface，可移植操作系统接口)规范，Linux 也因此被称为类 UNIX 操作系统。Linux 内核遵循这个规范进行设计就可以兼容 UNIX 的大部分软件，使软件生态问题得到了解决。

Linux 的历史是与 GNU 计划密不可分的。GNU 计划起源于 1983 年，目标是创建一套完全自由的操作系统。在 Linux 内核诞生时，GNU 计划已经完成了各种操作系统必备软件的开发，包括编译器、交互界面、文字排版工具等，但缺乏系统内核。Linux 虽然起初并不是 GNU 计划的一部分，但是两者因共同坚持的开源精神最终走到一起。自 1992 年起，Linux 内核与众多 GNU 计划中的应用软件结合，真正开源、自由的操作系统由此诞生。因此，这个包含了 Linux 内核及 GNU 计划中的应用软件的操作系统全称为 GNU/Linux。

GNU/Linux 操作系统具备了操作系统的基本功能和基本的应用软件，但主要的使用者仍是具有深厚计算机开发功底的工程师，普通用户难以使用。于是，各种商业公司和非营利团体对 GNU/Linux 系统进行完善并加入特色应用软件，打包成易于安装和使用的套件，又称为 Linux 发行版(Linux Distribution)。Linux 发行版由 Linux 内核、来自 GNU 计划的大量功能库以及基于 X Window 的图形界面组成，是一种为普通用户集成的 Linux 操作系统和各种应用程序软件。现在有 300 多个 Linux 发行版，它们的不同之处在于支持的硬件设备和系统或者软件包配置不同。Linux 发行版主要包括 Debian 系和 Red Hat 系两大类。

(1) Debian 系。主流的两个发行版是 Debian GNU/Linux 和 Ubuntu。Debian GNU/Linux 强调开源和自由，是一个由社区志愿者维护的发行版。Debian GNU/Linux 拥有的软件包 29 000 个以上，支持 x86、x86-64 和 ARM 等硬件架构，默认使用 Ext4 作为文件系统。Ubuntu 是基于 Debian 的一个发行版，与 Debian 不同的是，Ubuntu 具有 Gnome、KDE 和 Xfce 等多个桌面系统可供选择，是最适合作为桌面系统的 Linux 发行版。

(2) Red Hat 系。主流的几个发行版是 Fedora、Red Hat Enterprise Linux 和 CentOS。Fedora 是 Red Hat Linux 的社区支持版本，更多地作为新技术的测试平台。CentOS 是一个由社群维护的，旨在与 Red Hat Linux 企业版完全兼容，但不包括 Red Hat 商业软件的发行版。在稳定性方面，CentOS 和 Red Hat Enterprise Linux 都非常好，但 CentOS 是免费的，是作为服务器 Linux 系统的较好选择。

8.2 进程管理

8.2.1 概述

本节介绍 Linux 进程的静态构成，定义进程上下文及其状态转换等。

1. 进程的概念

在 Linux 系统中，进程被赋予下述特定的含义和特性：

(1) 一个进程是对一个程序的执行。

(2) 一个进程的存在意味着存在一个 task_struct 结构，它包含相应的进程控制信息。

(3) 一个进程可以生成或消灭其子进程。

(4) 一个进程是获得和释放各种系统资源的基本单位。

上述第(1) 点是反映进程动态特性的，而第(2) 点又反映了进程的静态特性。第(3) 点与第(4) 点反映了 Linux 系统的进程之间的关系以及 Linux 没有作业概念的特性。事实上，由第 4 章可知，一个进程的静态描述是由 3 部分组成的，即进程状态控制块(PCB)、进程的程序文本(正文)段以及进程的数据段。在第 4 章中，把这 3 部分统称为进程上下文，而进程的动态特性则定义为进程在进程上下文中的执行。

下面首先介绍 Linux 进程的进程控制块。

Linux 的 task_struct 结构相当于第 4 章中介绍的进程控制块。与 UNIX 将进程控制块划分为常驻内存的 proc 和可交换到外存的 user 两个结构不同，Linux 只使用 task_struct 这样一个独立的数据结构表示进程控制块。task_struct 是一个相当庞大的数据结构，下面只讨论其中重要的部分：

(1) 标识进程状态的状态位。Linux 共有 5 种基本状态。有关这些状态的转换和条件，将在本节后面介绍。

(2) 进程标识号。用来唯一标识一个进程。

(3) 描述进程家族关系、组成员关系的一些指针。用来说明进程间的关系。

(4) 若干关于用户的标识号,包括用户 ID(UID)、组 ID(GID)等。这些标识号指出该进程属于哪一个或哪一组用户,进而表明该进程具有何种权限,例如可以访问哪些文件。

(5) 调度参数。包括优先数、调度策略、进程所处的就绪队列、时间片等。

(6) 软中断信号项。记录和软中断信号相关的信息。

(7) 中断及软中断处理的有关参数。依靠这些参数,进程对收到的软中断信号作出不同的反应。

(8) 各种计时项。给出进程执行时间和系统资源的利用情况。这些信息用来为进程计账、计算调度优先权以及发送计时信号等。

(9) 与进程地址空间和内存有关的信息。这是 mm_struct 类型的成员,它描述了进程线性区域、进程数据段、正文段、堆段起始位置、长度、进程页表指针。

(10) 与文件系统有关的若干项。这是 fs_struct 类型的成员,它描述了进程的当前目录、当前根、进程的文件系统环境以及文件设置许可权方式字段的屏蔽模式等。

(11) 用户文件描述符表。记录该进程已打开的文件。

(12) 进程消亡时的返回值和终止信号。父进程通过检查这些参数了解进程的运行状况。

(13) 与上下文切换、现场保护有关的各项。它们保存各种通用寄存器、程序计数器和处理机状态字等的当前值以及用户栈指针和进程的整个内核栈。

(14) 与资源限制有关的各项。它们保存进程对资源的访问上限。

由以上 task_struct 结构的组成可知,task_struct 结构中存放的是系统感知进程存在必需的数据和信息以及进程执行时必需的各种控制数据和信息。

2. 进程的虚拟地址结构

由于 Linux 进程的虚拟地址结构依赖于硬件,因此,如果不作特别说明,本章默认与硬件有关的部分都依赖于 Intel 80x86。在 Intel 80x86 平台上,每个进程拥有一个 4GB 的虚拟地址空间。其中,0～3GB 的地址空间由用户进程使用,用户进程可以对其直接访问;3～4GB 的地址空间称为内核地址空间,由所有的进程共享,存放 Linux 内核的正文和数据,只被 Linux 内核使用,用户进程不能直接访问。

Linux 将用户进程的所有与地址空间有关的信息保存在名为 mm_struct 的数据结构中,该数据结构自身(实际上是它的指针)则保存在进程描述符中。

Linux 的进程由逻辑段组成的,例如存放 CPU 执行指令集合的正文段以及被执行指令所访问的数据段。相应地,一个进程的虚拟地址空间被分成若干虚拟区域,用来存放上述逻辑段。区是进程虚拟地址空间中的一段连续区域,它是被共享、保护以及进行内存分配和地址变换的独立实体。正文、数据和栈分别存放于各自的区中。在 Linux 中,虚拟地址空间中的区被命名为 vm area,在内核代码中通常简写为 VMA。

为了管理每个进程中的区,系统设有一个名为 vm_area_struct 的数据类型,进程的每个区都对应一个 vm_area_struct 结构,它主要包括下列内容:

(1) 区的标志位,指明该区的类型以及是否被锁住、是否可共享等属性。缺页处理程序会根据地址所在区的标志位查找缺页原因,并做相应处理。

(2) 区的起始地址和结束地址。

(3) 共享区指针,给出共享此区的链表。

(4) 文件系统指针,指向外存中与该区对应的数据文件。

(5) 区的操作函数指针。

在系统创建新进程时,Linux内核将从父进程复制相应的表项给新创建的进程。

这里要强调的一点是,对于一个进程,它所有的区的地址范围绝对不会重叠,两个区的虚拟地址不一定连续,而各区之内的虚拟地址是连续的。

为了加快对区的查找、插入和删除操作,Linux使用红黑树组织和管理区。

对于用户进程,它可以通过系统调用mmap()请求创建一个区,并通过系统调用munmap()释放一个区。

Linux中的区和段页式管理中的段非常相似。两者的不同是,段页式管理中的虚拟地址空间是二维的,而Linux的各个进程的虚拟地址空间是一维的。

3. 进程上下文

在第4章中,已简要介绍了Linux进程上下文的概念。Linux的进程上下文是由正文段(也就是CPU执行指令的集合)、核心数据结构、有关寄存器的内容与数据段组成。

1) 进程上下文的基本结构

进程上下文的各部分按照一定的规则分布在进程虚拟地址空间的不同位置上。对于不同的计算机硬件结构,进程上下文的分布规则不同。例如,在Intel 80x86上,其虚拟地址空间划分为进程空间和系统空间两大部分。其寻址范围为232个单元,即4GB。其中,虚拟地址空间的0～3GB是进程空间,其余为所有进程共享的系统空间。进程空间又分为多个区,分别保存程序正文、数据、堆和用户栈。其中,堆空间由低向高动态延伸,而栈空间由高向低动态延伸。

进程空间结构如图8.1所示。内核栈(kernel stack)是供进程在执行内核程序时使用的,内核栈空间(实际上是指向它的指针)保存在进程的进程描述符中。该栈中装有进程调用内核函数时用到的有关参数等,还包括系统调用的调用序列。设置内核栈的目的是使进程在执行了不同调用顺序的内核函数之后,仍能返回原来的用户态下执行。内核栈具有多

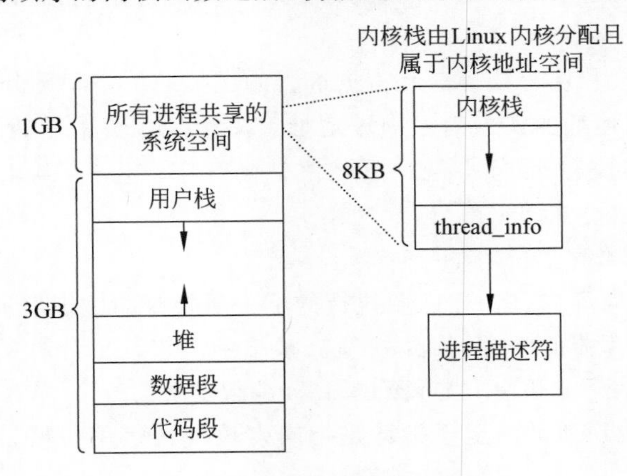

图 8.1 进程空间结构

个层次,其中每一层可保留一次调用或中断处理后返回被中断程序处继续执行所必需的有关寄存器的值。

用户栈含有进程在用户态下执行时函数调用的参数、局部变量及其他数据。图 8.2 给出了执行 copy 程序时用户栈和内核栈的变化。图 8.2 的左侧描述了 main(argc,argv)过程调用 copy(old,new)过程,copy(old,new)进一步调用库函数 write()时用户栈的内部结构。系统调用使用专门的陷阱指令 trap,执行 trap 指令将产生一个中断,使得进程的执行模式由用户态转换为内核态。

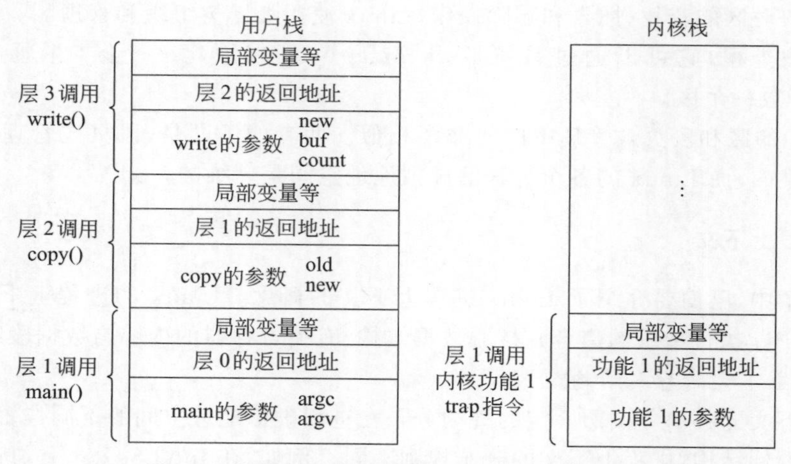

图 8.2 执行 copy 程序时用户栈和内核栈的变化

此时,用户态执行转变为内核程序执行,并使用内核栈。

进程虚拟地址空间的用户进程正文段、数据段、用户栈以及有关的专用代码和数据在进程中是相互独立的,它们根据需要换进换出内存。

2) 进程上下文的组成部分

进程上下文由 task_struct 结构、用户栈和内核栈的内容、用户进程正文段和数据段、寄存器的内容以及页表等组成。

task_struct 结构以及用户栈和内核栈的内容在上面已经进行过介绍,这里介绍后 3 项内容。

进程正文段、数据段和用户栈等一起占据进程的虚拟地址空间部分,由页表组成的分页地址变换机构将其虚拟地址变换为内存物理地址。由于 Linux 采用请求页式虚拟内存,因此,进程虚拟地址空间的许多部分不是一直驻留在内存中,这一点与 UNIX 的早期版本有区别,但它们仍是进程上下文的一部分。

进程上下文包含的寄存器内容如下:

(1) 程序计数器的内容,指出 CPU 要执行的下一条指令的虚拟地址。

(2) 处理机状态寄存器的内容,称为处理机状态字。它给出计算机与该进程关联的硬件状态,例如运算结果的标志位、中断屏蔽位、I/O 特权位等。

(3) 栈指针,指向栈顶地址。至于指针是指向内核栈还是用户栈,则由 CPU 执行方式确定。

(4) 通用寄存器,用来存放进程在执行期间产生的中间结果或参数。例如,通用寄存器

EAX 用于在用户进程与系统进程之间传递参数和返回值。

页表也是进程上下文的内容之一，它定义了进程各部分从虚拟地址到物理地址的映射。每个进程都有自己独立的页表，在进程被调度的时候调度器负责页表的切换。正是页表使各进程拥有相互独立的虚拟地址空间。

4. 进程的状态和状态转换

正如在第 3 章中指出的那样，一个进程的生命周期是由一组状态刻画的。这些状态是进程 task_struct 结构的一部分。

Linux 系统中的进程共有 6 种基本状态：

(1) TASK_RUNNING：运行状态。进程处在执行或就绪状态，表示正在占用 CPU 或者等待调度(只要调度到它，就可投入执行)。Linux 系统中没有就绪队列，已就绪进程和当前运行进程的状态都是 TASK_RUNNING。

(2) TASK_INTERRUPTIBLE：可中断状态。进程正在睡眠，但是可以被软中断信号唤醒。当收到软中断信号时，进程会转换到运行状态，执行信号处理程序。如果其优先级高于正在运行的进程，将抢占 CPU 直接执行。

(3) TASK_UNINTERRUPTIBLE：不可中断状态。进程正在睡眠，且不可以被软中断信号唤醒。

(4) TASK_STOPPED：暂停状态。表示进程的执行被暂停，当一个进程收到 SIGSTOP、SIGTSTP、SIGTTIN、SIGTTOU 软中断信号后会进入这个状态。在调试期间，进程收到任何信号，也会停止运行。

(5) TASK_TRACE：表示进程被 debugger 等进程监视。

(6) TASK_ZOMBIE：僵死状态进程执行了系统调用 exit 后进入该状态。

图 8.3 所示的进程状态转换反映了一个进程从被创建到被释放的整个生命周期内的变化过程。图 8.3 中没有包含调试期间才会出现的 TASK_TRACE 状态。

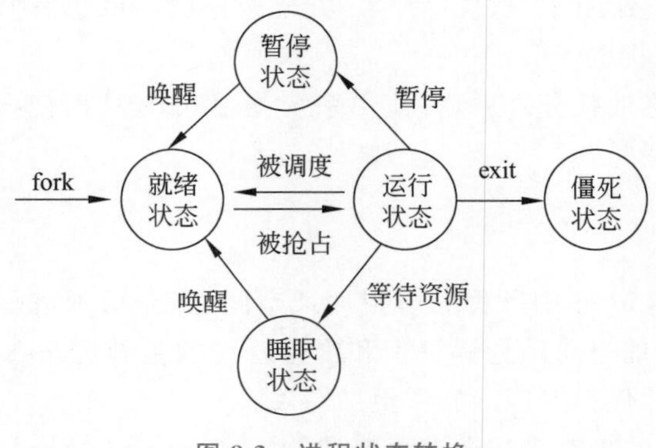

图 8.3 进程状态转换

需要说明的是，如前面所描述的，在 Linux 进程描述符的状态位中并不区分就绪状态和运行状态，它们统一称作 TASK_RUNNING 状态，而图 8.3 中的睡眠状态在 Linux 的状态位中则分为可中断的 TASK_INTERRUPTIBLE 状态和不可中断的 TASK_UNINTERRUPTIBLE 状态。在 Linux 2.6.26 内核版本中，TASK_ZOMBIE 状态分为

EXIT_ZOMBIE 和 EXIT_DEAD 两种,都保存在 exit_state 成员中。EXIT_ZOMBIE 是指进程已终止,正等待其父进程收集关于它的一些统计信息;EXIT_DEAD 是进程的最终状态,是将进程从系统中删除时所处的状态。另外,Linux 2.6.26 以上的内核版本还有 TASK_DEAD 状态和 TASK_KILLABLE 状态。TASK_DEAD 状态是 EXIT_DEAD 状态的一种特殊情况,是在一个进程调用 do_exit()退出时所处的状态,是为了避免混乱而引入的;TASK_KILLABLE 状态是指可终止的进程睡眠状态,是可以响应致命信号(SIGKILL)的睡眠状态。为了在讨论进程状态转换的时候能够更清晰地描述整个状态的转换过程,在图 8.3 中将 Linux 的进程状态做了适当的划分和合并。

首先,当父进程执行系统调用 fork 时,Linux 内核为该进程分配 task_struct 结构并做必要的初始化工作。初始化完成后,该进程进入就绪状态。此时,由于该进程已经分得各种页表、堆栈、正文段和数据段所需的内存空间以及其他系统资源,因此,该进程可以经调度选中后占有 CPU。

当进程进入就绪状态后,进程调度程序会在适当时机选择该进程执行。当进程被分配到 CPU 资源开始执行时,它处于图 8.3 中的运行状态。

处于运行状态的进程在时间片用尽或由于进程调度程序发现有更高优先级的进程时,被剥夺 CPU 资源,回到就绪状态。关于进程调度和调度的时机等问题,在后面的章节中还会详细描述。

当进程处于运行状态时,用户程序由于使用系统调用或由于输入输出数据等操作而等待某事件发生,例如等待输入输出完成,此时进程会调用睡眠原语而置于睡眠状态。处于睡眠状态的进程直到事件发生后被唤醒原语唤醒而进入就绪状态。

还有一种情况,处于运行态的进程如果接收到某些软中断信号,例如 SIGSTOP、SIGTSTP、SIGTTIN、SIGTTOU,系统会将进程置于暂停状态。其中,SIGSTOP 信号是由于调试程序调用 ptrace 系统调用调试目标程序而触发的。用户在终端按 SUSP 键(在 PC 上通常是 Ctrl+Z 组合键)则会向前台进程发送 SIGTSTP 信号。后台进程如果访问控制终端,则会收到 SIGTTIN 或 SIGTTOU 信号。处于暂停状态的进程收到 SIGCONT 信号被唤醒而重新进入到就绪状态。

最后,在进程完成它的任务之后,将使用系统调用 exit,从而使得进程进入僵死状态而释放资源。

5. 小结

在本节中,讨论了 Linux 中进程的虚拟地址空间,并介绍了进程上下文和进程的状态及转换。进程的虚拟地址空间是进程管理和内存管理的基础,Linux 使用红黑树和链表管理虚拟地址空间中的区,使得对区的操作更加高效。

进程上下文是进程的静态描述。进程描述符 task_struct 结构是系统用于感知进程存在的唯一实体。task_struct 结构包含进程调度和运行需要的大量的数据结构,并且常驻内存。进程上下文中的正文段和数据段是进程完成任务的关键部分,通用寄存器、程序计数器、处理机状态寄存器和页表等是为了正文段的顺利执行而完成存放中间结果、传递参数、存放下一条指令的虚拟地址、区别控制 CPU 的访问模式和进行地址变换等功能的。进程上下文各部分构成十分巧妙,缺一不可。

另外，进程可以在用户级对某些状态的转换加以控制。例如，用户可以创建进程，可以利用系统调用从用户态进入系统态。但是，有些状态转换是由系统控制的。例如，被创建进程是转换到运行状态还是就绪状态取决于调度过程。有些状态转换则要依靠外部事件和系统的共同控制。例如，一个处于睡眠状态的进程何时能转换成就绪状态则取决于事件的发生和唤醒原语。

总之，进程上下文和状态转换刻画了 Linux 进程的静态和动态两种特性，它们构成了进程的完整反映。

8.2.2 进程控制

1. Linux 启动及进程树的形成

在计算机启动后，首先得到处理的是 BIOS 或 EFI 等系统固件(firmware)，系统固件从磁盘的引导扇区加载引导加载程序，例如 GRUB 或 ELILO。引导加载程序负责将 Linux 系统的内核装入内存，并转跳到 Linux 内核所在的地址，开始 Linux 内核的初始化工作。第一步执行的是一些和硬件体系结构有关的代码，然后系统开始执行函数 start_kernel()。start_kernel()首先初始化系统内部数据结构，例如，构造空闲缓冲区，初始化区结构和页表项等。然后，系统创建进程 0。进程 0 将根文件系统安装到根(/)下，创建进程 1，随后进程 0 就转变为空闲进程，只有在系统中没有任何进程可以被执行的时候才会得到调度。进程 1 在系统中被称为 init 进程。它是一个既可在内核态运行又可在用户态运行的进程，它的正文代码由调用系统调用 exec()执行程序/sbin/init 的代码组成，init 进程负责初始化所有新的用户进程。

init 进程调用 exec()执行/sbin/init 程序后，为每个终端生成一个子进程，然后等待用户在终端上登录。

用户在终端上输入命令，每个命令都对应一个可执行文件。shell 命令解释程序解释此命令，找到相应的可执行文件，用系统调用 fork()创建子进程，并由此子进程调用系统调用 exec()执行此文件，父进程(也就是 shell 进程)则处于等待状态。子进程执行文件结束后，调用系统调用 exit()自我终止，唤醒父进程做善后处理并显示提示符，准备接收用户的下一条命令。

进程启动及进程树的形成过程如图 8.4 所示。

2. 进程控制

下面主要讨论用户进程的创建、执行和自我终止问题，与此相对应，Linux 系统提供了相应的系统调用 fork()、exec()和 exit()，以便在用户级实现上述功能。

1) 进程的创建

fork()的功能是创建一个子进程。调用 fork()的进程称为父进程。

系统调用 fork()的语法格式是

```
pid = fork();
```

从系统调用 fork()返回时，父进程和子进程除了返回值 pid 与 task_struct 结构中某些

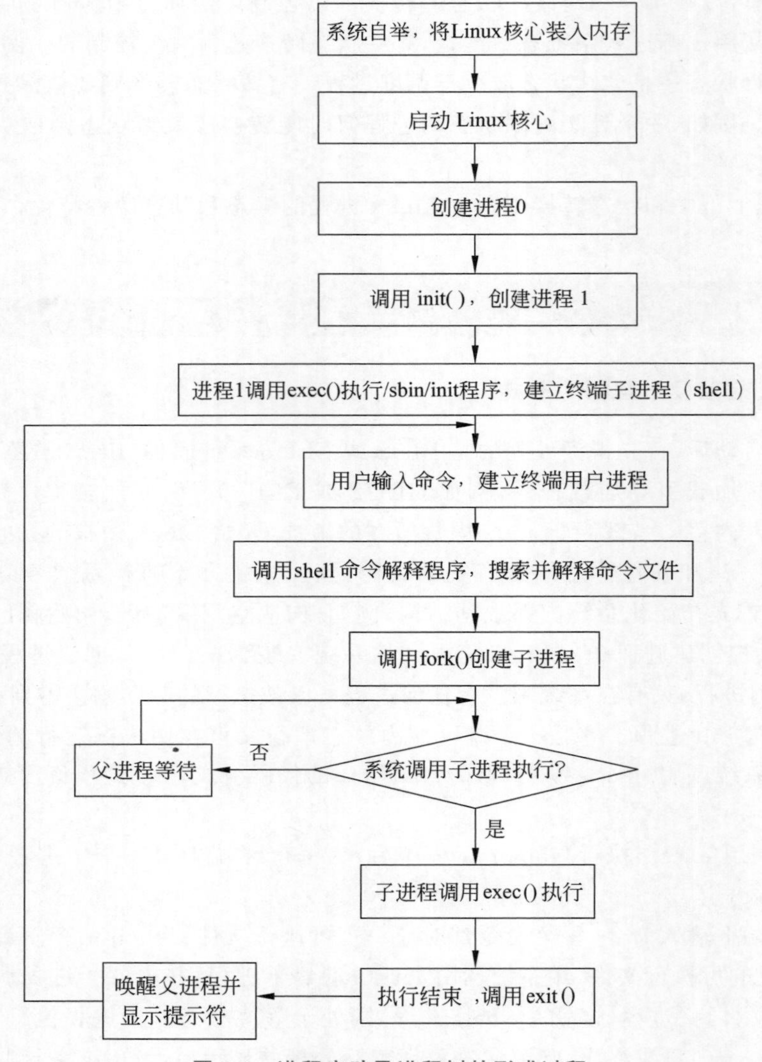

图 8.4　进程启动及进程树的形成过程

特性参数不同之外，其他完全相同。CPU 被父进程占有时，pid 的值为父进程创建的子进程的进程号；CPU 被子进程占有时，pid 的值为 0。

有关 fork()系统调用的例子，已经在第 3 章中作了介绍，这里不再重复。为了便于理解 Linux 系统进程的并发性，下面介绍 fork()的功能与实现过程。

系统调用 fork()通过执行内核程序 fork 过程完成的功能如下：

(1) 为子进程分配进程描述符 task_struct 结构，将父进程的进程描述符的内容复制到新创建的结构中，并重新设置与父进程不同的数据成员。

(2) 为子进程分配一个唯一的进程标识号(pid)。

(3) 将父进程的虚拟地址空间的逻辑副本复制到子进程中。这里的逻辑副本指的是写时复制(copy on write)机制。因为大多数情况下，子进程在创建以后会调用 exec()系统调用执行一个新程序，从而丢弃原有的虚拟地址空间，这样，原来进行的虚拟地址空间复制是一个极大的浪费。Linux 通过写时复制机制使子进程暂时共享父进程的有关数据结构，只在子进程做修改的时候才会为其单独复制一个副本，这样就减少了不必要的复制工作。

(4) 复制与父进程相关的文件系统的数据结构和用户文件描述符表。这样，子进程就继承了父进程的文件系统相关的信息。

(5) 复制与软中断信号有关的数据结构。

(6) 设置子进程的状态为 TASK_RUNNING，把它加入就绪队列，并启动进程调度程序。

(7) 向父进程返回子进程的进程标识号，向子进程返回 0。

下面介绍 fork 算法。其流程图如图 8.5 所示。

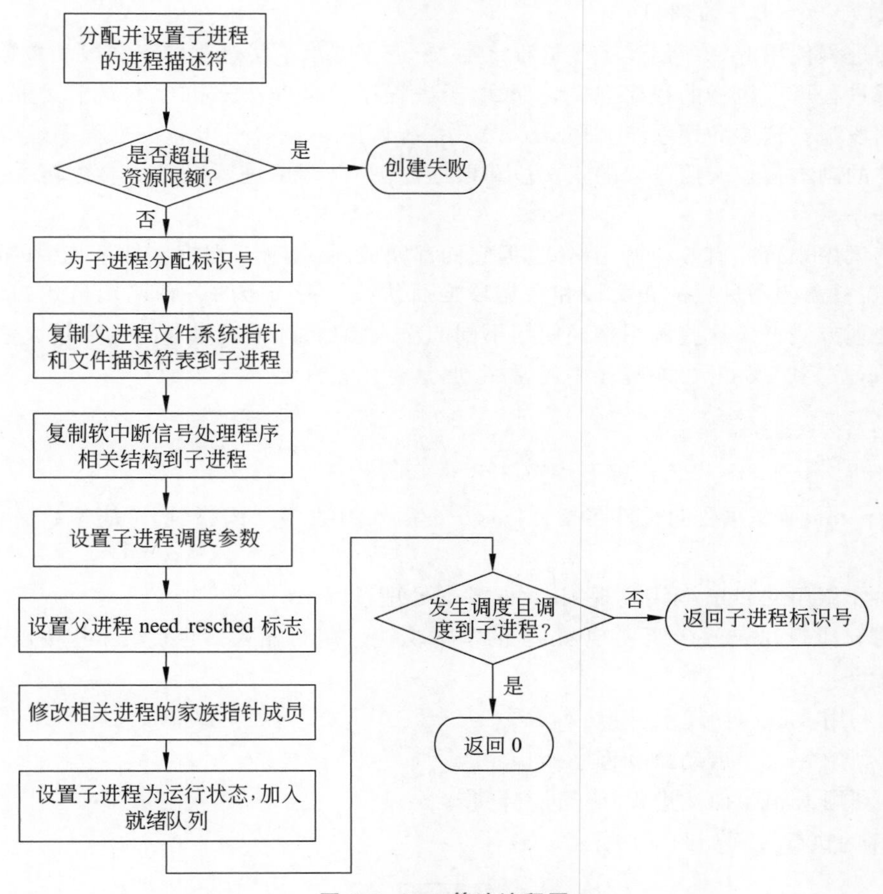

图 8.5　fork 算法流程图

在图 8.5 中，系统首先为子进程分配进程描述符 task_struct 结构，将父进程的进程描述符的内容复制到新创建的结构中，并做必要的修改。

系统对用户同时拥有的进程个数有一定的限制，以免妨碍其他用户创建进程，所以在分配了子进程的进程描述符以后需要对资源限额进行检查。如果超出了进程资源限额，子进程就创建失败。

接下来，系统会为子进程分配一个新的标识号，新创建进程分配的标识号比最近一次分配

的进程标识号大1,按顺序递增。当标识号达到规定的最大值之后,则从0开始重新分配。

紧接着,系统复制父进程的文件系统指针和文件描述符表到子进程,使得子进程自动共享父进程打开的文件,并确定子进程在文件系统中所处的目录位置,同时复制父进程的软中断信号的处理函数指针。

然后,系统设置子进程的各种调度参数,并设置父进程的 need_resched 标志。

到这里子进程初始化基本完毕,系统会修改相关进程的进程描述符的家族指针成员,以反映新的进程家族关系。

最后通过函数 wake_up_process()将子进程设置为运行状态,加入就绪队列,以便新的进程获得运行的机会。

2) 执行一个文件的调用

当父进程使用 fork()创建了子进程之后,子进程继承了父进程的正文段和数据段,从而限制了子进程可以执行的程序规模。那么,子进程用什么办法来执行不属于父进程的正文段和数据段呢?这要利用系统调用 exec()。系统调用 exec()引出另一个程序,它用一个可执行文件的副本覆盖调用进程的正文段和数据段,并以调用进程提供的参数转去执行新的正文段程序。

系统调用 exec()有6种调用格式,但它们都完成同一工作,即把文件系统中的可执行文件调入,在覆盖调用进程的正文段和数据段之后执行。exec()的各种调用格式的区别主要在参数处理方法上。这些调用格式使用不同的输入参数、环境变量和路径变量。这里,系统调用 execvp()和 execlp()在程序中经常用到,其调用格式是

```
execvp(filename, argp);
execlp(filename, arg0, arg1, …, (char * )0);
```

其中,filename 是要执行的文件名指针,argp 是输入参数序列的指针,0是参数序列的结束标志。

下面介绍用 execlp 调用实现 shell 的基本处理过程。

利用 fork()和 exec()可实现 shell 的基本功能。用户输入命令后,shell 按以下步骤执行用户命令:

(1) 利用 fork()创建子进程。

(2) 利用 exec()启动命令程序。

(3) 利用 wait()使父进程和子进程同步。

shell 的执行过程如图8.6所示。

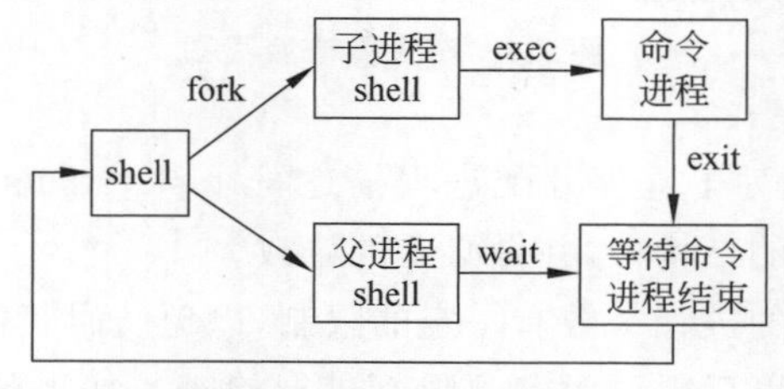

图8.6　shell 的执行过程

用C语言实现的 shell 程序代码如图8.7所示。

```
#include <stdio.h>
main()
{
    char command[32];
    char * prompt = "$";
    while(printf("%s", prompt), get(command) != NULL)
    {
        if(fork() == 0)
            execlp(command, command, (char*)0);
        else
            wait(0);
    }
}
```

图 8.7　用 C 语言实现的 shell 程序代码

在图 8.7 所示的程序代码实现的 shell 中，不包含路径检索功能（即执行有关命令时，必须把从根开始至命令名为止的路径名全部输入），也没有包括参数处理功能。此例只是为了说明 exec()调用的应用以及 fork()与 exec()的关系。

3）进程的终止

当前进程调用系统调用 exit(rv)自我终止，进入僵死状态，等待父进程进行善后处理。

对 exit()的调用将导致释放除 task_struct 结构之外的所有资源，并清除进程上下文。父进程在收到子进程的信息 rv 和有关子进程的时间信息之后，将释放子进程的 task_struct 结构，并将有关的时间信息加到自己的 task_struct 结构的有关项中。

8.2.3　进程调度

Linux 系统的进程调度由内核的调度过程 schedule 实现。Linux 系统中没有三级调度中的高级调度和中级调度。下面介绍进程调度的原理、时机、策略与实现。

1. 调度原理

Linux 系统的进程调度对实时进程和普通进程采用不同的调度算法。对于普通进程采用的是基于时间片的动态优先级调度算法。即系统给进程分配一个时间片，当时间片结束时.动态计算该进程的优先级，若有优先级高于当前进程的内存就绪状态进程时，系统设置调度标志，在由内核态转换到用户态前由 schedule 过程调度优先级高的进程执行，并把被抢先的进程保存到就绪队列中。Linux 的进程调度按时间片计算优先级，并按优先级的高低调度进程抢占 CPU，因此 Linux 系统的进程调度是基于时间片加优先级的。

进程调度涉及的主要问题如下：

(1) 调度的时机。

(2) 调度标志设置。

(3) 调度策略与优先级的计算。

(4) 调度的实现。

下面,分别说明这几个问题。

2. 调度的时机

在 Linux 系统中,为了降低操作系统设计的复杂性并提高系统执行效率,只在 Linux 内核的几个预定的位置进行调度。

一种情况是,当 CPU 从内核态向用户态转换之前的瞬间,Linux 内核检查当前进程的调度标志 need_resched,如果该标志为 1,则运行调度过程,检查各就绪进程的优先级并进行调度。从内核态向用户态转换的机会很多,例如从中断处理、陷阱处理或系统调用等返回。

另一种情况是,当进程状态发生变化时,直接调用调度过程进行调度。例如,当进程因申请系统资源而未得到满足时,调用 sleep()放弃 CPU;进程为了与其他进程保持同步而调用 wait()放弃 CPU;进程执行了 exit()系统调用,终止了当前进程。在上述情况下,由于发生调度的时机是可以预见的,因此,在这些程序执行结束之前都主动调用调度过程调度其他优先级高的进程执行。

综上所述,在 Linux 中发生进程调度的时机实际上有两个:一个是进程自动放弃 CPU 时主动转入调度过程;另一个则是在由内核态转入用户态时,由于系统设置了高优先级就绪进程的强迫调度标识 need_resched 而发生调度。在这两种情况下,调度过程都是指 schedule 过程,后面会详细介绍这个过程。

在 Linux 2.6 内核版本中,为支持嵌入式系统的开发和实时系统的需求,除 Linux 内核的上述两种调度时机之外,还在 Linux 内核中增加了 3 种调度时机,允许调度程序中止当前进程而调用更高优先级的进程。这 3 种调度时机分别是:从中断或系统调用返回用户态;某个进程允许其他进程抢占 CPU;进程主动进入休眠状态。即 Linux 2.6 内核版本的进程调度在一定程度上是可抢占的,但也不是所有的内核代码段都可以被强占。

3. 调度标志设置

UNIX System Ⅴ 中有 3 个关于调度和交换用的调度标志,它们是 runrun、runin 和 runout。runrun 标志是要求调度程序进行调度的标志,后两个标志和交换有关。Linux 只使用一个调度标志——need_resched,该标志保存在进程的进程描述符中。

在下面 3 种情况下 need_resched 标志会被设置为 1:

(1) 当处于运行状态的进程的时间片耗尽时,时钟中断处理程序会将该进程的 need_resched 标志置 1。

(2) 当一个进程被唤醒,而它的优先级比正在运行的当前进程的优先级高的情况下,当前进程的 need_resched 标志会被置 1。

(3) 当一个进程通过系统调用改变调度策略、nice 值等时,该进程的 need_resched 标志被置 1。

4. 调度策略与优先级的计算

Linux 把进程分为实时进程和普通进程,实时进程的优先级比普通进程的优先级高,Linux 总是优先调度实时进程,以满足实时进程对响应时间的要求。相应地,Linux 使用 3

种基本调度策略：动态优先级调度策略(SCHED_OTHER)、先来先服务调度策略(SCHED_FIFO)和轮转法调度策略(SCHED_RR)。其中，动态优先级调度策略用于普通进程，后两种调度策略用于实时进程。进程可以通过 sched_setscheduler()系统调用选择适合自己的调度策略。如果选择了两种实时调度策略中的任何一种，该进程就转变为一个实时进程。进程的调度策略保存在进程描述符中，并且被子进程继承，所以实时进程的子进程仍然是一个实时进程。

1) 动态优先级调度策略

Linux 内核通过 goodness()函数计算进程的优先级。动态优先级调度策略从内存就绪队列中选取优先级最高的进程投入执行。

goodness()采用下式计算各进程的优先级：

$$weight = counter + priority - nice$$

其中，counter 是进程可用的时间片的动态优先级，进程创建时父进程的 counter 值被平分为两部分，一半保留给父进程，另一半则由子进程获得。由此可见，创建子进程后，父子进程拥有的时间片并不会增加，这样避免了用户通过创建子进程耗尽系统的 CPU 资源。在事件中断中，当前进程的 counter 被减少，这样就逐渐降低了正在运行的进程的优先级，使处于就绪队列的低优先级的进程得到运行机会。

如果运行队列中的所有进程的时间片都用完了，则调度程序会重新计算所有进程(不仅是运行状态的进程)的 counter 值，计算公式是

$$counter = counter/2 + nice$$

这样，处于等待或睡眠状态的进程会周期性地得到提升优先级的机会。

priority 值是一个常数，固定为 20。

nice 是系统允许用户设置的进程优先级偏移值。在 Linux 中，nice 值默认为 0，但是进程可以通过系统调用 nice()将 nice 的值设置成－20～19 的一个数。Linux 规定，只有超级用户可以通过 nice()系统调用提高进程的运行优先级，而普通用户只能降低进程的运行优先级。

2) 先来先服务调度策略

先来先服务调度策略调度最早进入就绪队列的进程，正在运行的进程会一直运行，直到具有更高优先级的进程进入就绪队列或者当前进程结束或阻塞。如果此进程被抢占，它将处于优先级队列的首部。如果它被阻塞，当它再次成为就绪进程时，将被添加到它所处的优先级队列的尾部。

3) 轮转法调度策略

轮转法调度策略基本上和先来先服务调度策略相同。两者不同的地方是：在轮转法调度策略中，进程只执行一个时间片，时间片一到，该进程就被加入它所处的优先级队列的尾部。

4) 0/1 调度策略

除了上面 3 种基本调度策略以外，为支持嵌入式系统开发和多处理器并行处理，Linux 系统还提供了一种新的调度策略，即 0/1 调度策略。在系统中设置两个队列，分别为活动队列和过期队列，任务就绪时被放入活动队列，调度程序每隔一定时间从活动队列选取任务，在任务运行时为其分配一个时间片，当时间片结束时，该任务放弃 CPU 并根据其优先级转

入过期队列。当活动队列中的任务全部调度结束后，两个队列的指针互换，过期队列成为活动队列，调度程序继续以 0/1 调度策略调度活动队列中的任务。

5. 调度的实现

进程调度是由 schedule 过程实现的。关于调用 schedule 过程的时机，已在前面做了介绍。这里主要讲述 schedule 的执行过程。调度过程分为两个阶段。

第一阶段是进行进程选择。

首先遍历进程，如果进程采用的是轮转法调度策略，且时间片已用完，则重新为其分配时间片并将其移动到队列的末尾。如果进程的状态是 TASK_INTERRUPTIBLE 且收到了软中断信号，则将其恢复为就绪状态。如果所有的就绪进程的时间片都用完了，则重新计算所有进程的时间片。最重要的工作是按照上述调度策略从所有进程中找到优先级最高的进程。当找到合适的进程后，第一阶段就结束了。

第二阶段是进程的切换过程，主要完成进程的上下文切换，其中用户进程的虚拟地址空间的切换是由 switch_mm()完成的，而进程的堆栈切换过程则由 switch_to()实现。switch_to()和硬件的体系结构有关，在 Intel 80x86 中这一部分是一个很短的汇编语言代码。在切换了堆栈以后，进程从上一次被中断的位置继续执行。

8.2.4 进程通信

Linux 中的进程通信分为 3 部分：低级通信、管道通信和进程间通信。Linux 支持计算机间通信（网络通信）用的 TCP/IP 并提供了相应的系统调用接口。有关 TCP/IP 及相应的系统调用已超出了本书的范围，这里不作介绍。另外，关于管道通信已在 3.7.4 节中作了介绍，这里不再重复。

1. Linux 的低级通信

Linux 的低级通信主要用来传递进程间的控制信号。主要是文件锁和软中断信号机制。软中断信号的用途是通知对方发生了异步事件。Linux 中有 31 个软中断信号和 31 个实时软中断信号。软中断信号如表 8.1 所示。实时软中断信号的中断号为 32～63，它们没有预先定义的含义。它和普通软中断信号的区别在于它可以排队而不会发生丢失的现象。

软中断是对硬件中断的一种模拟，发送软中断信号就是向接收进程的 task_struct 结构中的相应项发送表 8.1 中的一个信号。接收进程在收到软中断信号后，将按照事先的规定执行相应的软中断处理程序。但是，软中断处理程序不像硬中断处理程序那样在收到中断信号后立即被启动，它必须等到接收进程执行时才能生效。另外，一个进程也可以向自己发送软中断信号，以便在某些意外的情况下，进程能转入规定的处理程序。例如，大部分陷阱都是由当前进程自己向自己发送一个软中断信号而立即转入相应处理程序的。

表 8.1 Linux 软中断信号

中断号	符号名	功能	中断号	符号名	功能
1	SIGHUP	用户终端连接结束	17	SIGCHLD	子进程消亡
2	SIGINT	按 Delete 键	18	SIGCONT	继续进程的执行
3	SIGQUIT	按 Quit 键	19	SIGSTOP	停止进程的执行
4	SIGILL	非法指令	20	SIGTSTP	按 Susp 键
5	SIGTRAP	断点或跟踪指令	21	SIGTTIN	后台进程读控制终端
6	SIGABRT	程序中止	22	SIGTTOU	后台进程写控制终端
7	SIGBUS	非法地址	23	SIGURG	套接字收到紧急数据
8	SIGFPE	浮点溢出	24	SIGXCPU	超过 CPU 资源限制
9	SIGKILL	要求终止该进程	25	SIGXFSZ	超过文件资源限制
10	SIGUSR1	由用户定义	26	SIGVTALRM	虚拟时钟定时信号
11	SIGSEGV	段违例	27	SIGPROF	虚拟时钟定时信号 2
12	SIGUSR2	由用户定义	28	SIGWINCH	窗口大小改变
13	SIGPIPE	管道只有写入者无读取者	29	SIGIO	I/O 就绪
14	SIGALRM	时钟定时信号	30	SIGPWR	电源失效
15	SIGTERM	软件终止信号	31	SIGSYS	系统调用出错
16	SIGSTKFLT	协处理器的堆栈异常			

为了给用户进程也提供相应的同步、互斥以及软中断通信功能。Linux 系统提供了几种系统调用或库函数。其中，文件锁库函数 lockf()可以用于互斥。其格式是

```
lockf(fd, function, size)
```

其中，fd 是被锁定文件标识，文件标识必须使用只写权限(O_WRONLY)或读写权限(O_RDWR)打开；function 是控制值，F_LOCK 表示锁定一个文件的某个区域，F_UNLOCK 表示不再锁定，F_TLOCK 表示测试和锁定一个程序段，F_TEST 表示测试待锁定的程序段是否已被其他进程锁定；size 表示要锁定或解锁的连续字节数。如果 size 等于 0，则表示锁定从调用 lockf()后到文件结尾的区域。

lockf()在 Linux 中是通过 fcntl()系统调用实现的，用户进程也可以直接用 fcntl()系统调用使用文件锁。

用于同步的系统调用是 wait()或 sleep(n)。其中，wait()用于父子进程之间的同步，而 sleep(n)则使得当前进程睡眠 n 秒后自动唤醒自己。

系统调用 kill(pid,sig)和 signal(sig,func)用来传递和接收软中断信号。一个用户进程可调用 kill(pid,sig)向另一个标识号为 pid 的用户进程发送软中断信号 sig。根据表 8.1 可知，用户可以定义的软中断号是 10 和 12。另外，标识号为 pid 的进程通过 signal(sig,func)捕捉到信号 sig 之后，执行预先约定的动作 func，从而达到两个进程通信的目的。一个经常用到的例子是 signal(SIGINT,SIG_IGN)，表示当前进程不做任何指定的工作而忽略键盘

中断信号的影响。

2. 进程间通信

UNIX System Ⅴ版本设计了一套进程间通信的机制，后来被称为 System Ⅴ IPC。它解决了 UNIX 早期版本在进程间通信方面的问题。在 UNIX System Ⅴ IPC 机制被开发出来之前，通信能力一直是 UNIX 系统的一个弱点，因为它只能利用管道传递大量数据。而管道又存在着只有调用管道的进程的子孙进程才能使用它进行通信的缺点。虽然有名管道(named pipe)能使非同族进程之间相互通信，但它们不能复用一个有名管道以便为多对通信进程提供私用通道。也就是说有名管道不能识别其通信伙伴，也不能有选择地接收信息。UNIX System Ⅴ IPC 机制解决了这些问题，Linux 则完整地继承了 UNIX System Ⅴ IPC。

UNIX System Ⅴ IPC 包括 3 个机制：

(1) 消息(message)，用于进程之间传递分类的格式化数据。

(2) 共享存储器(shared memory)，可使不同进程通过共享彼此的虚拟地址空间达到对共享区进行操作和数据通信的目的。

(3) 信号量(semaphore)，用于通信进程之间的同步控制。信号量通常与共享内存一起使用。

由于上述 3 个机制是作为一个整体实现的，因此，它们具有下述共同性质：

(1) 每个机制都用两种基本数据结构描述该机制：

① 索引表。一个索引表项由关键字、访问控制结构及操作状态信息组成。每个索引表项描述一个通信实例或通信实例的集合。

② 实例表。一个实例表项描述一个通信实例的有关特征。

例如，在消息机制中，消息队列表相当于索引表，而消息头表则相当于实例表，两个表的关系如图 8.8 所示。

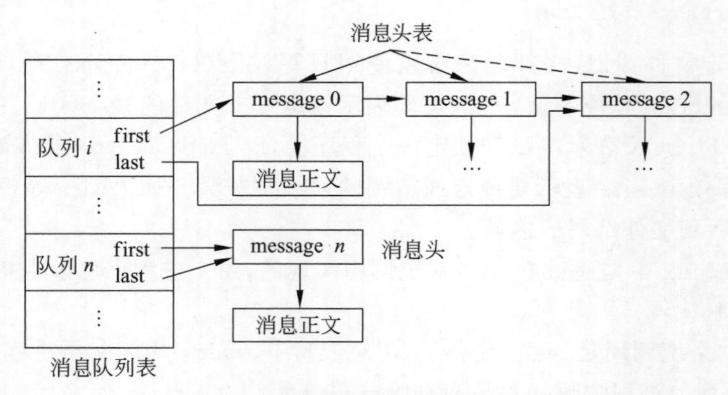

图 8.8　消息队列表与消息头表的关系

(2) 索引表项中的关键字是一个大于 0 的整数，它由用户选择名字。

(3) 索引表的访问控制结构中含有创建该表项进程的用户标识符和用户组标识符。利用后述 control 类系统调用，可为用户和同组用户设置读、写和执行权限，从而起到通信保护的作用。

(4) 每种通信机制的 control 类系统调用都可用来查询索引表项中的状态、控制状态信息或从系统中删除表项。

(5) 除了 control 类系统调用之外，每种通信机制还有 get 类系统调用，以创建一个新的索引表项或者获得已建立的索引表项的描述字。

(6) 每一个索引表项都使用下列公式计算索引表项的描述字：

描述字 = SEQ_MULTIPLIER × 分配序号 + 索引表项下标

其中，SEQ_MULTIPLIER 是索引表长度的上限，目前为 32 768。这样做的好处是，当进程释放了一个旧的索引表项，且该索引表项又分配给另一个进程时，因为分配序号的增加将使得描述字发生改变，从而使原来的进程不可能再次访问该表项，由此可以起到通信保护作用。

其他系统调用访问索引表项时的索引值可以用下列公式计算：

索引值 = 描述字 mod 索引表长度

下面，简单地介绍上述 3 种通信机制提供的系统调用。

1) 消息机制

消息机制提供了以下 4 个系统调用：

```
int msgget(key_t key, int msgflg);
int msgctl(int msgqid, int cmd, struct msqid_ds * buf);
int msgsnd(int msgqid, struct msgbuf * msgp, size_t msgsz, int msgflg);
ssize_t msgrcv(int msgqid, struct msgbuf * msgp, size_t msgsz, long msgtyp, int
msgflg);
```

这些系统调用需要的数据结构和表都放在头文件 sys/types.h、sys/ipc.h 和 sys/msg.h 中。因此，在使用各种通信机制提供的系统调用之前，必须用 include 包含这 3 个头文件。

系统调用 msgget()返回消息描述字 msgqid，msgqid 指定一个消息队列以便其他 3 个系统调用使用。key 和 msgflg 具有获取的语义。key 可以等于关键字 IPC_PRIVATE，以保证返回一个未用的空表项。key 还可以被设置成一个还不存在表项描述字的表项号。这时，只要 msgflg&IPC_CREAT 为真，系统就会生成一个新的表项并返回描述字。例如：

```
msgqid = msgget(MSGKEY, 0777)
```

在 MSGKEY 对应的消息队列表项不存在时，msgget()将创建该表项；在 MSGKEY 对应的表项存在时，msgget()返回该表项的描述字。

系统调用 msgctl()用来设置和返回与 msgqid 关联的参数选择项以及删除消息描述符的选择项。cmd 的取值为 IPC_SET、IPC_STAT 和 IPC_RMID。其中，IPC_SET 表示将指针 buf 中的用户标识符等读入与 msgqid 关联的消息队列表项中，IPC_STAT 表示将与 msgqid 关联的消息队列表项中的所有当前值读入 buf 所指的用户结构中，IPC_RMID 表示 msgctl()系统调用删除 msgqid 对应的消息队列表项。buf 是用户空间中用于设置或读取消息队列状态的索引结构指针。

系统调用 msgsnd()和 msgrcv()分别表示发送和接收一个消息。msgsnd(msgqid, msgp, msgsz, msgflg)中的 msgqid 是 msgget()返回的消息队列描述符；msgp 是用户消息缓冲区指针；msgsz 是消息正文的长度；msgflg 是同步标志，规定 msgsnd()发送消息时，是发送完毕后返回还是不等发送完毕立即返回(此时 msgflg&IPC_NOWAIT 为真)。

系统调用 msgrcv()比 msgsnd()多一个参数 msgtyp,它规定接收消息的类型。msgtyp=0时,表示接收与 msgqid 关联的消息队列中的第一个消息;msgtyp>0 时,表示接收与 msgqid 关联的消息队列中 msgtyp 类型的第一个消息;msgtyp<0 时,表示接收小于或等于 msgtyp 绝对值的最低类型的第一个消息。另外,msgflg 指示当与 msgqid 关联的消息队列无消息时系统应当怎么办。

图 8.9 和图 8.10 分别给出了用 C 语言编写的顾客进程和服务台进程的程序段示例。

```
#include <sys/types.h>
#include <sys/ipc.h>
#include <sys/msg.h>
#define MSGKEY 75
struct msgform
{
    long mtype;
    char mtext[256];
};
main()
{
    struct msgform msg;
    int msgqid, pid, * pint;
    msgqid = msgget(MSGKEY, 0777);              /* 建立消息队列 */
    pid = getpid();
    pint = (int *)msg.mtext;
    * pint = pid;
    msg.mtype = 1;                              /* 指定消息类型 */
    msgsnd(msgqid, &msg, sizeof(int), 0);       /* 向 msgqid 发送消息 msg */
    msgrcv(msgqid, &msg, 256, pid, 0);          /* 接收来自服务台进程的消息 */
    printf("client:receive from pid %n", * pint);
}
```

图 8.9 顾客进程的程序段示例

顾客进程向服务台进程发送一个含有进程标识号 pid 并且类型为 1 的消息,向服务台进程发出服务请求,然后从服务台进程接收相应的回答或接受其服务。

在图 8.9 中,MSGKEY 是用户自定义的关键字,已在前面做了说明。msgform 是用户自定义的发送消息正文和消息类型。这一消息的长度被定义为 256B。紧接着,顾客进程首先使用系统调用 msgget()创建或得到与关键字 MSGKEY 关联的消息队列的描述字 msgqid,并利用库函数 getpid()得到该进程标识号。然后,对消息正文进行类型转换,以便计算消息长度并将进程标识号复制到消息正文中。最后,顾客进程调用 msgsnd()把消息 msg 挂入以 msgqid 为描述字的消息队列,并从该队列接收服务台进程发往该进程的第一个消息(用进程标识号 pid 作为消息类型)。

```
#include <sys/types.h>
#include <sys/ipc.h>
#include <sys/msg.h>
#define MSGKEY 75
struct msgform
{
    long mtype;
    char mtext[256];
}msg;
int msgqid;
main()
{
    int i, pid, *pint;
    extern cleanup();
    for(i=0; i<20; i++)                          /* 软中断处理 */
        signal(i, cleanup);
    msgqid = msgget(MSGKEY, 0777|IPC_CREAT);   /* 建立与顾客进程相同的消息队列 */
    for(;;)
    {
        msgrcv(msgqid, &msg, 256, 1, 0);         /* 接收来自顾客进程的消息 */
        pint = (int *)msg.mtext;
        pid = *pint;
        printf("sever:receive from pid %d\n",pid);
        msg.mtype = pid;
        *pint = getpid();
        msgsnd(msgqid, &msg, sizeof(int), 0);  /* 发送应答消息 */
        }
}
cleanup()
{
    msgctl(msgqid, IPC_RMID, 0);
    exit();
}
```

图 8.10 服务台进程的程序段示例

服务台进程首先检查是否捕捉到由 kill()发来的软中断信号。如果捕捉到该信号，则调用函数 cleanup()从系统中删除以 msgqid 为描述字的消息队列；如果捕捉不到软中断信号或者接收的是不能捕捉的 SIGKILL(9)信号，则该消息队列继续保留在系统中，而且在该消息队列被删除以前试图以该关键字建立新消息队列的尝试都会失败。

然后，服务台进程使用系统调用 msgget()，并在 msgget()中将 IPC_CREAT 置位，以建立一个消息队列结构。紧接着，服务台进程接收所有类型为 1(也就是来自顾客进程)的请求消息。这是由系统调用 msgrcv()完成的。在接收到消息之后，服务台进程从消息中读出顾客进程的标识号，并将返回的消息类型置为顾客进程的标识号。

最后，服务台进程把要发送的消息复制到消息正文域中，并使用 msgsnd()将消息挂入以 msgqid 为描述字的消息队列中。在本例中，由服务台进程发送给顾客进程的消息是服务台进程的标识号。

在消息机制中，消息被格式化为类型与数据对，并且允许不同的进程根据不同的消息类型接收消息，这是使用管道通信无法办到的。

2）共享内存机制

利用共享内存机制，进程能够通过共享虚拟地址空间的若干部分，然后对存储在共享内存中的数据进行读和写，由此实现直接通信。用于操纵共享内存的系统调用共有 4 个：

```
int shmget(key_t key, size_t size, int shmflg);
void * shmat(int shmid, const void * shmaddr, int shmflg);
int shmdt(const void * shmaddr);
int shmctl(int shmid, int cmd, struct shmid_ds * buf);
```

shmget(key, size, shmflg)用于建立新的共享内存或返回一个已存在的共享内存描述字。其中，key 是用户指定的共享区号，size 是共享内存的长度，shmflg 与 msgget()中的 msgflg 含义相同。

shmat(shmid, shmaddr, shmflg)用于将物理内存共享区附接到进程虚拟地址空间。其中，shmid 是 shmget()返回的共享内存描述字；addr 是将共享内存附接到其上的用户虚拟地址，当 addr 等于 0 时，系统自动选择适当的地址进行附接；shmflg 规定此共享内存是否是只读的，以及 Linux 内核是否应对用户规定的地址执行舍入操作。shmat()返回系统附接该共享内存后的虚拟地址。

shmdt(shmaddr)用于将进程的虚拟地址空间与共享内存断接。其中，addr 是 shmat()返回的虚拟地址。

shmctl(shmid, cmd, buf)用于查询及设置共享内存的状态和有关参数。其中，shmid 是共享内存的描述字；cmd 规定操作类型；buf 是用户数据结构的地址，这个用户数据结构中含有该共享内存的状态信息。

用户可以使用上述 4 个系统调用为通信进程建立、附接以及断接共享内存。共享内存的好处在于为通信进程提供了直接通信的手段，使通信进程可以直接访问彼此的某些虚拟地址空间。这既减少了数据流动带来的硬软件开销（例如缓冲区及其管理等），又使得彼此的通信不局限于数据的发送与接收，还可以互相操作对方的某些虚拟内存。

图 8.11 给出了两个进程共享内存的示意图。

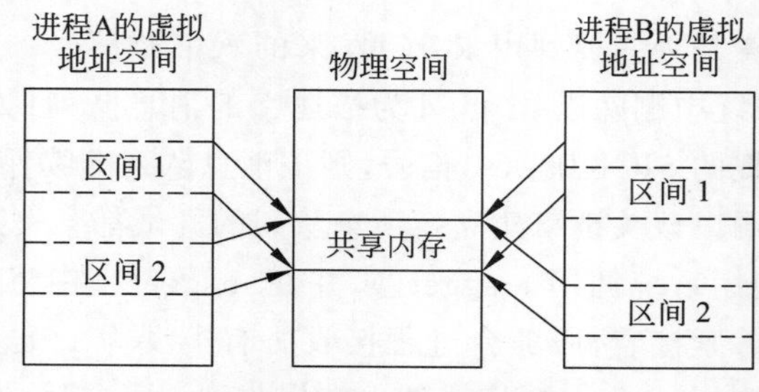

图 8.11 两个进程共享内存

一个共享内存建立后可以被附接到一个进程的多个虚拟地址空间上,而一个进程的虚拟地址空间也可以附接多个共享内存。

需要指出的是,共享内存机制只为通信进程提供了访问共享内存的操作条件,而对通信的同步控制则要依靠后述的信号量机制等才能完成。

图8.12和图8.13分别给出了将进程附接到共享内存以及进程间共享内存的C语言程序示例。

```
#include <sys/types.h>
#include <sys/ipc.h>
#include <sys/shm.h>
#define SHMKEY 75
#define K       1024
int shmid;
main()
{
    int i, *pint;
    char *addr;
    extern char *shmat();
    extern cleanup();
    for(i=0; i<20; i++)         /*软中断处理*/
    signal(i, cleanup);
    shmid = shmget (SHMKEY, 16 * K, 0777|IPC_CREAT);
                                /*建立16KB共享内存 SHMKEY*/
    addr = shmat(shmid, 0, 0); /*共享内存首地址*/
    printf("addr 0x%x\n", addr);
    pint = (int *)addr;
    for(i=0; i<256; i++)
        *pint ++=i;
    pint = (int *)addr;         /*共享内存第一个字中写入长度256,以便接收进程读*/
    *pint = 256;
    pause();
}
cleanup()
{
    shmctl(msgqid, IPC_RMID, 0);
    exit();
}
```

图8.12 将进程附接到共享内存的程序示例

在图8.12中,该进程建立了16KB的共享内存,并将共享内存附接到虚拟地址addr上。然后,从该共享内存的起始单元开始,顺序写入0～255个自然数。如果该进程捕捉到一个软中断信号(SIGKILL除外),则由系统调用shmctl()删除该共享内存。

```
#include <sys/types.h>
#include <sys/ipc.h>
#include <sys/shm.h>
#define SHMKEY 75
#define K      1024
int shmid;
main()
{
    int i, * pint;
    char * addr;
    extern char * shmat();
    shmid = shmget(SHMKEY, 8 * K, 0777);  /* 取共享内存 SHMKEY 的标识符 */
    addr = shmat(shmid, 0, 0);            /* 连接共享内存 */
    pint = (int *)addr;
    while( * pint == 0);                  /* 共享内存的第一字节为 0 时,等待 */
    for(i=0; i<256; * i++)                /* 打印共享内存中的内容 */
        printf("%d\n", * pint ++);
}
```

图 8.13 进程间共享内存的程序示例

在图 8.13 中,另一个进程附接到与关键字 SHMKEY 关联的共享内存上,也就是与图 8.12 所述的同一个共享内存上。为了表明每个进程可以附接一个共享内存的不同总量,图 8.13 中只取该共享内存的 8KB。该进程一直等待到图 8.12 中的进程在共享内存中的第一字节写入一个非零值后读出该共享内存的内容。此时图 8.12 中的进程暂停,以使图 8.13 中的进程执行读出和打印操作。

3) 信号量机制

信号量机制是基于第 3 章所述的 P、V 原语原理设计的。UNIX System Ⅴ中一个信号量由以下几部分组成:

(1) 信号量的值,是一个大于、小于或等于 0 的整数。

(2) 最后一个操纵信号量的进程的进程标识号。

(3) 等待信号量的值增加的进程数。

(4) 等待信号量的值等于 0 的进程数。

信号量机制提供下列系统调用对信号量进行创建、控制以及执行 P、V 操作:

(1) 用于产生一个信号量数组并存取它们的系统调用 semget(semkey, count, flag)。其中,semkey 和 flag 类似于建立消息和共享内存时的同名参数。semkey 是用户指定的关键字,count 规定信号量数组的长度,flag 为操作标志。semget 用来创建信号量数组或查找已创建的信号量数组的描述字。例如:

```
semid = semget(SEMKEY, 2, 0777|IPC_CREAT);
```

创建一个关键字为 SEMKEY 且含有两个元素的信号量数组。

信号量数组如图 8.14 所示。

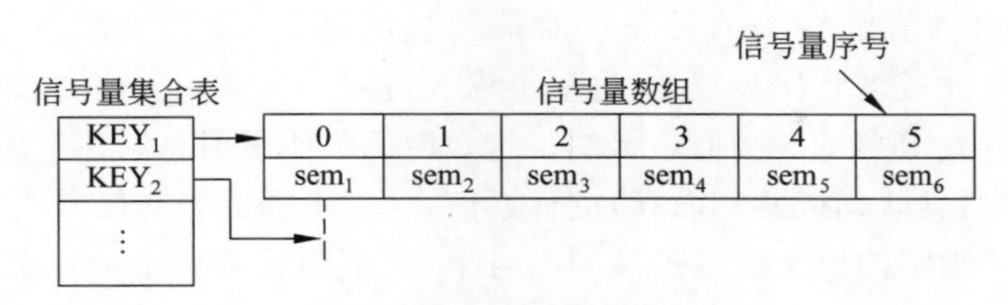

图 8.14　信号量数组

(2) 用于 P、V 操作的系统调用 semop(semid, oplist, count)。其中，semid 是 semget 返回的描述字，oplist 是用户提供的操作数组的指针，count 是该数组的长度。semop()返回在该组操作中最后被操作的信号量在操作完成前的值。

用户定义的信号量数组中的每个元素包含 3 个内容，它们是信号量序号、操作内容(对信号量进行 P 操作或 V 操作的值)和操作标志。一个信号量数组可同时包含对 $n(n>1)$个信号量的操作。

semop 根据信号量数组规定的操作内容改变信号量的值。如果操作内容为正数(V 操作)，则使该信号量增加操作内容的值，并唤醒所有等待此信号量值增加的进程。如果操作内容为 0，则 semop 检查信号量的值。若为 0，semop 执行对同一信号量数组中其他信号量的操作；否则，在废弃本次系统调用所完成的所有信号量操作之后，调用 sleep 使该进程进入睡眠状态。如果操作内容为负数且绝对值小于或等于信号量的值，则 semop 从信号量的值中减去操作内容的值；否则，调用 sleep()让该进程睡眠在等待信号量的值增加的事件上。例如：

```
struct sembuf {
    unsigned short sem_num;
    short sem_op;
    short sem_flg;
} Psembuf;
semid = semget(SEMKEY, 2, 0777);
Psembuf.sem_num = first;
Psembuf.sem_op = -1;
Psembuf.sem_flg = SEM_UNDO;
semop (semid, &Psembuf, 1);
```

定义了一个对二元信号量数组中第一个信号量的 P 操作。其中，SEM_UNDO 是为了保证 P 操作的原子性而设置的标志。

(3) 对信号量进行控制操作的系统调用 semctl(semid, number, cmd, arg)。其中，semid 是 semget 返回的信号量的描述字；number 是对应于 semid 的信号量在信号量数组中的序号；cmd 是控制操作命令；arg 是控制操作参数，是一个 union 结构。

```
union semun {
        int val;
        struct semid_ds * buf;
        unsigned short * array;
}arg
```

系统根据 cmd 的值解释 arg,并完成对信号量的删除、设置或读信号量的值等操作。semctl 的操作命令比较多且比较复杂,这里不深入讨论。

上面介绍了有关 IPC 的 3 种通信机制。这 3 种机制使用消息和共享内存方式使多个进程使用同一介质(消息队列或共享内存)进行通信,这优于管道等通信方式。但是,由于各系统调用中使用的关键字的语义很难扩展到网络上(在不同计算机上同一关键字可以描述不同的对象),因此 IPC 仍是单机环境下的通信机制。

8.3 内存管理

操作系统的内存管理部分还需要对物理内存进行有效的分配和释放。因为内存是一种有限的资源,无法容下全部活动进程,所以内存管理系统必须决定哪个进程的哪部分应该放在内存中,并管理不在内存又属于同一进程虚拟地址空间的部分。因此,Linux 系统必须解决为进程分配内存空间、进行内存扩充以及完成由虚拟内存到物理内存的地址变换和内存信息保护与共享等问题。

Linux 采用请求调页策略进行内存管理。早期的 UNIX 系统只采用交换技术进行内存扩充。交换技术与请求调页策略的主要区别在于:交换技术换进换出整个进程(task_struct 结构和共享正文段除外),因此一个进程的大小受物理内存的限制;而请求调页策略在内存和外存之间来回传递的是页而不是整个进程,从而使得进程的地址映射具有更大的灵活性,并且允许进程的大小比可用物理内存空间大得多。

8.3.1 虚拟内存空间及其管理

内存管理和硬件的体系结构相关。本节以 Intel 80x86 为例,说明 Linux 的地址空间划分和内存管理的基本思想。

Intel 80x86 微处理器内部有一个段页式的内存管理单元。其中,分段单元受到 6 个段寄存器以及由操作系统在内存中构造的段描述符表的共同作用,用于将逻辑地址转换为虚拟地址(在 Linux 中也称为线性地址)。

一个逻辑地址由段描述符和段内地址(偏移量)组成。例如,cs:0x1000 表示处于 cs 段且段内地址为 0x1000 的逻辑地址。

段的详细信息由一个 8B 的段描述符表示,段描述符说明了该段的起始位置、长度、段的类型特征、特权级别和段的属性。所有段描述符保存在两个段描述符表中,一个称为全局描述符表(Global Description Table,GDT),另一个称为局部描述符表(Local Description Table,LDT)。段寄存器的作用是作为一个索引(Intel 公司的描述是段选择符)。Intel 80x86 微处理器的分段单元通过段寄存器的内容可以查找到相应的段描述符,并进行权限验证和地址转换。

Linux 基本上只是为了满足 Intel 80x86 的要求而最低限度地使用了分段机制。这么做的原因有两个:第一个原因是分页机制足以满足 Linux 对内存管理的需求;第二个原因是 Linux 需要工作在众多硬件平台上,而 Intel 80x86 以外的硬件平台对分段机制的支持功能并不像 Intel 80x86 这么强大和完善。所以,忽略 Linux 对分段机制的处理并不会对理解 Linux 的内存管理部分产生太大的影响,下面就不再对分段机制进行详细描述了。

Intel 80x86 的分页单元受到页目录基地址寄存器 CR3 以及由操作系统在内存中构造的页目录表、页表的共同作用，将经过分段单元转换后的虚拟地址转换为相应的物理地址。

Intel 80x86 的地址空间被分页单元划分成以 4KB 为一页的线性数组，页的编码范围为（$0\sim2^{20}-1$）。分页单元总是以页为最小的处理单位。转换过程如下：32 位的虚拟地址被分为 3 部分，分别是页目录地址、页表地址和页内地址。分页单元通过 CR3 找到页目录表的基地址，利用虚拟地址中的页目录部分作为页目录表的偏移量查找到页目录项，其中的内容就是要访问的页表的基地址；再利用虚拟地址中的页表地址作为页表的偏移量查找到页表项，其中的内容就是要访问的页面基地址；最后，将页表的基地址加上虚拟地址中的页内地址就得到了物理地址。虚拟地址的组成如图 8.15 所示。

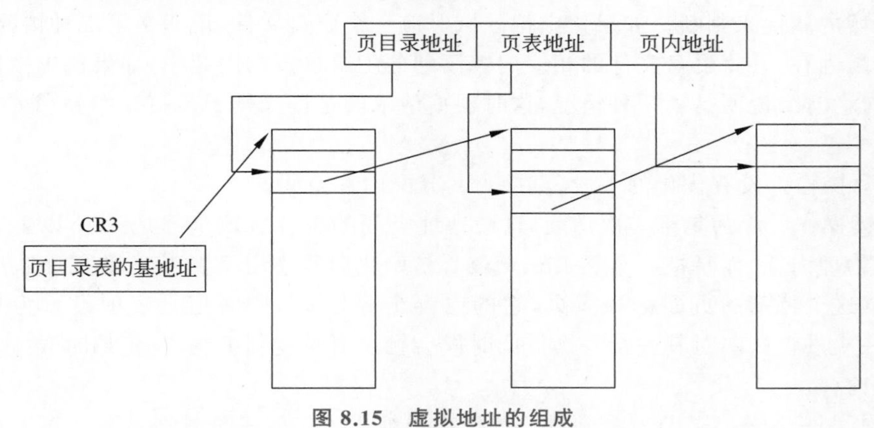

图 8.15　虚拟地址的组成

页表项的内容如图 8.16 所示。

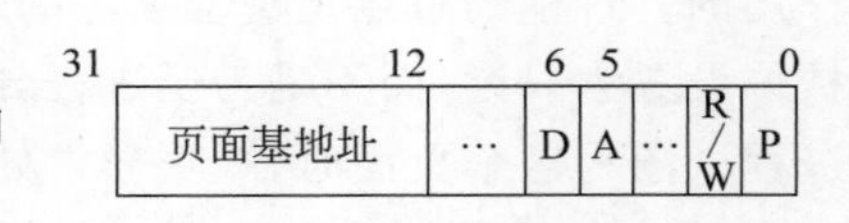

图 8.16　页表项的内容

页表中比较重要的有 P(有效位)、D(修改位)和 A(访问位)。

第 0 位(最低位)是有效位 P。如果 P=1，表示该虚拟页对应的内容在内存中，且第 12～31 位对应的是该虚拟页的页面基地址；如果 P=0，则该虚拟页不在内存中，硬件将产生相应的出错信息并转由操作系统处理。

第 5 位是访问位 A，指示最近是否有进程访问过该页。该位用于请求调页算法，后面将进一步介绍。

第 6 位是修改位 D。在内存中，第一次对该页面进行写操作，修改该页面内容后，要将该位置 1，以便将页面换出时将其写回磁盘以保存最新信息；如果 D=0，则由于磁盘上保存了该页面的副本，从而换出时不必将其写回外存以减少不必要的 I/O 操作。

Linux 中每个进程拥有自己的页目录和页表。在进程调度时，调度过程会将进程的页目录的地址保存到 CR3 中，这样就切换了进程的整个地址空间，所以每个进程都拥有独立的 3GB 虚拟地址空间。

8.3.2　请求调页技术

当出现缺页异常时，Linux 的缺页异常处理过程被调用，它通过检查地址所属的虚拟区域的属性判断是否是非法访问。如果是非法访问，则向进程发送 SIGSEGV 信号终止用户

进程；否则进入请求调页处理过程。

当页表有效位 P=0 时，由有效位的定义可知，进程要访问的页不在内存中。此时该页可能有以下 3 种情况：

(1) 该页是首次被访问，还没有分配过物理页面。

(2) 该页在外存的文件中，例如可执行文件或其他通过 mmap 系统调用的文件。

(3) 该页在外存交换区中。

针对这 3 种情况，系统除了要在内存中分配或淘汰相应的页面以调入这些页之外，还要正确区分这些页所在的位置，以便迅速地将需要的页调入内存。

当整个页表项为空时，说明要访问的页处于前两种情况，这时 Linux 需要通过地址所在的虚拟区域的属性来判断。如果该虚拟区域对应一个磁盘文件，说明是第二种情况，这时会为该页分配内存，并将磁盘文件的相应内容读到分配给该页的内存中；如果该虚拟区域不对应一个磁盘文件，说明是第一种情况，这时根据请求的是读操作还是写操作分别进行不同的处理：

(1) 写操作。没有优化的手段，直接为其分配内存空间。

(2) 读操作。因为是第一次访问，这段地址空间的内容应该全部是 0，所以 Linux 并不为其分配物理内存，而是把一个在 Linux 核心初始化时静态分配的特殊的页面映射到这个页面地址（这个特殊的页面称为零页，它的内容全部是 0），同时把页表项设置为只读。这样，当下一次进程试图对其进行写操作的时候会触发写时复制机制，直到那时候才为其真正分配物理内存。

写时复制机制在 8.2 节就提到过。这里再详细描述一下写时复制是怎么对进程创建起作用的。这里的重点是进程创建的时候父进程的页面被设置为和子进程共享，且将页的保护位设置为只读，而不是为子进程分配新的页面并复制父进程的页面内容。当父进程或子进程试图写这个页面时，缺页异常处理过程会判断出该页面是共享的，将为其重新分配页面并复制内容，并且将页面的保护标志设置为可写，下次再对该页面进行写操作就不会再次触发缺页异常。子进程在创建以后往往马上调用 exec()系统调用运行一个新的程序，而放弃父进程的地址空间。而采用写时复制机制避免了很多不必要的复制工作，从而节省了时间。

当页表项不为空的时候，说明要访问的页在外存交换区中。这时候页表项的内容就是该页在交换区中的索引。Linux 通过这个索引就可以找到保存在外存交换区中的页面内容，并将其复制到新分配的页面。

Linux 可以使用多个交换设备，系统为每个交换设备定义一个 swap_info_struct 结构，该结构描述了此交换设备的设备号、大小、优先级等信息。Linux 按照优先级顺序依次访问交换设备，只有高优先级的交换设备用完了时候才会使用低优先级的交换设备，所以页表项中的外存交换区索引实际上包含了交换设备的索引号和交换设备内的页面索引号两部分。

1. 交换缓冲

因为在某些情况下页面是在进程间共享的，当一个进程的页面被换出到交换设备上的时候，并没有简单的方法可以找到所有共享该页的进程。所以 Linux 把一个共享页面换出的时候并不立刻释放该页面，而是把该页面保存到交换缓冲区中；只有在所有该页面的引用被换出后，才有机会释放该页面。在请求调用的调入过程中，换入过程首先需要检查该页面是否在交换缓冲区中，如果是，就不启动不必要的 I/O 操作进行页面换入了。

请求调页时调入的基本处理过程描述如下。

当页表项标志位 p=0，即发生缺页时，Linux 内核先检查缺页原因。如果是页面已经被换出到外存交换区的情况，则检查交换缓冲区。如果交换缓冲区中存在一个对应的页面，则不必启动交换设备或交换文件，而直接从交换缓冲区中移出该页即可，图 8.17 给出了请求调页时调入的基本处理过程。

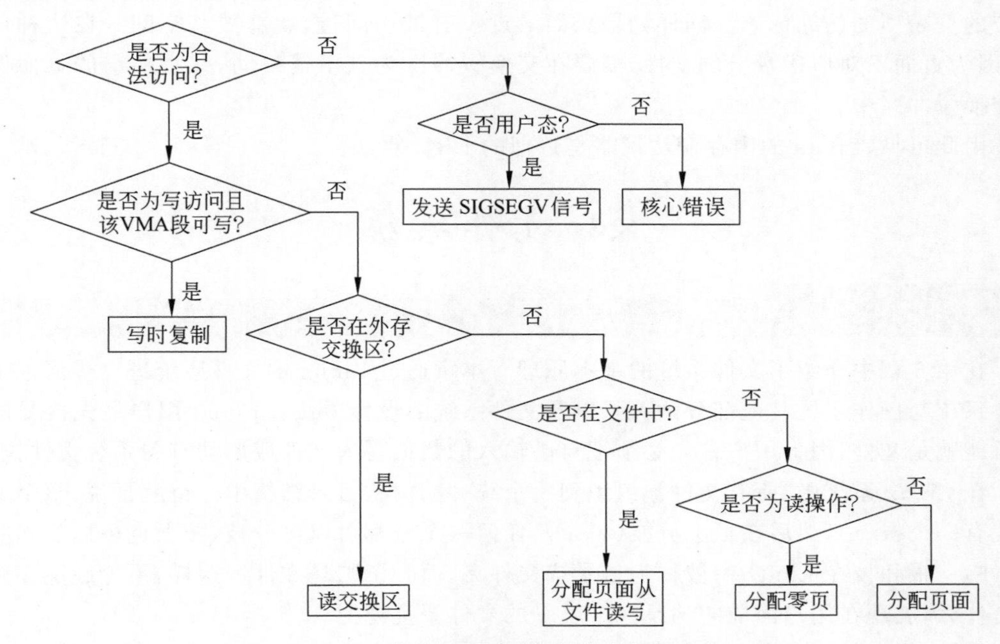

图 8.17 请求调页时调入的基本处理过程

例如，当进程访问虚拟地址 1493K 时，页表项中有效位 P=0，从而发生缺页。此时，由磁盘块描述项得到该虚拟地址对应的外存页面在逻辑设备号为 1、块号为 2743 处，且由页表项可知在该页换出内存前对应的内存页面号为 794。然后，由图 8.17 所示的处理流程，根据页面号 794 检查交换缓冲区，发现该页面中的数据或程序还在交换缓冲区中，此时只需从交换缓冲区中把 794 号页面移到内存中而不必启动交换设备。

2. 页面换出过程

上述过程只是请求调页中的调入过程。Linux 将未被使用的物理页面作为系统的缓冲区和块设备的缓冲区，如果内存中已无足够的页面存放调入的页，Linux 首先通过减小各种缓冲区的大小来满足进程的需要。如果这样仍然不够，系统必须淘汰相应的内存页面以存放刚调入的页。考虑到效率，Linux 在两种情况下进行页面的换出工作：一种情况是在分配内存的时候发现空闲内存低于某个极限值；另一种情况是使用 kswapd 内核线程每 10s 一次周期性地换出内存。

换出操作的统一入口是 try_to_free_pages()函数。在换出时首先检查交换缓冲区。交换缓冲区按照最近是否被访问过分为两个队列：一个是最近被访问过的，称为活动队列；另一个是最近没有被访问过的，称为非活动队列。内核线程从活动队列的队尾向前检查每一个页面。如果该页面的访问标志为真，则将其移动到活动队列的队头；否则将其加入非活动队列的队头。随后从非活动队列的队尾向前检查。如果该页面没有被对象引用，则将其释放；否则将其移动到非活动队列的队头。注意，这里页面的释放不会涉及交换缓冲区的操作，因为页面内容都对应磁盘上的文件，不需要浪费交换缓冲区的空间。

如果通过释放部分交换缓冲区仍然不能满足要求，系统会遍历各进程的空间，检查页面对应的页表项的访问标志。同样如果页面最近没有被访问过，就释放其空间。在这种情况下，因为页面不对应磁盘上的文件，需要在交换缓冲区为其申请空间，并将换出的页面保存到交换缓冲区中。

由此可见，Linux 的内存淘汰策略是近似的 LRU 算法。

8.4 文件系统

8.4.1 概述

在第 6 章中介绍了文件系统的基本原理。本章通过 Linux 的文件系统进一步深入了解文件系统与操作系统其他部分的关系以及文件系统的设计方法。Linux 用户最先接受的概念可能就是文件，因为用户首先必须把自己输入的数据写入文件或启动有关系统文件执行。

在 Linux 系统中，所有文件被组织到一个统一的树状目录结构中。也就是说，整个文件系统有一个根(/)，然后在根上分枝(目录)，任何一个枝都可以再分枝，枝上也可以长出叶子(文件)。根和枝在 Linux 中被称为目录或文件夹，而叶子则是文件。这样，不论底层存储设备是什么，展现在用户面前的均是一个统一的文件系统视图。

在 Linux 系统中，典型的目录结构如下：

/	根目录。
/bin	存放常用的用户命令。
/boot	存放内核及系统启动所需的文件。
/dev	存放设备文件。
/etc	存放配置文件。
/home	用户文件的主目录。
/lib	存放运行库。
/media	其他文件系统的挂载点。
/mnt	与/media 目录相同。
/proc	proc 文件系统的挂载点，用于存放进程和系统信息。
/root	超级用户(root)的主目录。
/sbin	存放系统管理程序。
/sys	用于存放与设备相关的系统信息。
/tmp	存放临时文件。
/usr	存放应用软件包的主目录。
/usr/X11R6	存放 X Window 程序。

/usr/bin　　存放应用程序。
/usr/doc　　存放应用程序文档。
/usr/etc　　存放配置文件。
/usr/games　　存放游戏。
/usr/include　　存放C语言开发工具的头文件。
/usr/lib　　存放运行库。
/usr/local　　存放本地增加的应用程序。
/usr/man　　存放用户帮助文件。
/usr/sbin　　存放系统管理程序。
/usr/share　　存放结构独立的数据。
/usr/src　　存放程序源代码。
/var　　存放系统产生的文件,如日志等。

以上列出的是一个典型的Linux系统目录结构。各个目录下都会有一些文件和子目录。系统在创建每一个目录时都会自动为它设置两个目录文件：一个是"."，代表该目录本身;另一个是".."，代表该目录的父目录。对于根目录，.和..都代表其本身。

文件系统被组织成树状结构之后,文件名由路径名给出。路径名确定一个文件在文件系统中的位置。一个完整的路径名从代表根目录的斜杠开始,到指定的文件为止。例如，/usr/bin/man确定了文件man在文件系统中的位置。另外,路径名也可从正在执行的进程所处的当前目录开始指定。例如,若当前目录是/home/zhang,路径名a.txt与/home/zhang/a.txt具有相同的效果。

一般来说,Linux文件系统除了具有树状结构的特点之外,还具有如下特点：

(1) 文件是无结构的字符流式文件。

(2) 文件可以动态地增加或减少。

(3) 文件数据可由文件拥有者设置相应的访问权限而受到保护。

(4) 外围设备,例如磁盘设备、键盘、鼠标、串口等,都被看作文件。从而,外围设备可通过文件系统隐藏设备特性。在文件系统中,外围设备文件占据了目录结构中相应的位置,用户程序使用相同的系统调用和语法来读写外围设备文件和普通文件。因此,用户程序既没有必要知道外围设备的内部特性,也不必在更换或增加外围设备之后修改自身。

相对于Linux 2.4核心,Linux 2.6核心对文件系统做了一些改进。从本地文件系统看，Linux 2.6核心支持日志文件系统功能、文件的扩展属性及POSIX标准访问控制;从网络文件系统看,Linux 2.6核心支持NFSv4版本在客户端和服务器端的实现,使网络文件系统能够更便捷地管理,并且加强了对Windows类型的网络文件系统的支持。

Linux文件可分为6种类型,它们是普通文件、目录文件、设备文件(包括字符设备文件和块设备文件)、有名管道(FIFO)、软链接和UNIX域套接字。其中最常见的是普通文件、目录文件和设备文件这3类。

普通文件即存储用户和系统的有关数据和程序的文件。它是无结构、非记录式的字符流式文件。

目录文件是由文件系统中的各个目录形成的文件。这种文件在形式上同普通文件一样,由系统将其解释成目录。在Linux系统中,一个目录文件由多个目录项组成,每个目录项则由文件名及指示相应的文件索引节点(inode)的标识符组成。目录文件也是无结构、非记录式的字符流式文件。

设备文件与普通文件和目录文件不同,它除了在目录文件和文件索引节点表中占据相应的位置之外,并不占有实际的物理存储块。因此,对设备文件的读写操作将实际上变为对设备的操作,而对设备文件的保护也将变成对设备的保护。例如:

```
# cp /dev/tty1 terminalread
```

把在虚拟终端 tty1 上用户输入的字符读入,并把它们复制到文件 terminalread 中。

8.4.2 虚拟文件系统

操作系统应该能够支持多种不同的文件系统。为实现这个功能,Linux 核心使用了虚拟文件系统。

虚拟文件系统(Virtual File System 或 Virtual Filesystem Switch,VFS)是 Linux 内核中的一个软件层,用于向用户空间的程序提供文件系统接口。它也提供了内核中的一个抽象功能,允许不同的文件系统共存。虚拟文件系统隐藏了各种硬件的具体细节,为所有的文件系统操作提供了统一的接口。这样,借助虚拟文件系统,在 Linux 系统中就可以使用多个不同的文件系统。不同的文件系统被挂载以后,对它们的使用与传统的单一文件系统没有区别。

虚拟文件系统是由面向对象的思想发展起来的。虚拟文件系统提供了一个抽象基类,由这个基类派生出的子类支持具体的文件系统。虚拟文件系统只代表内核中的一个文件系统,而虚拟文件系统的索引节点(inode)只代表内核中的一个文件。它们只存在于内核中。真正的文件系统,如 Ext4、NFS、XFS 等,必须在虚拟文件系统提供的统一的接口支持下才能工作。虚拟文件系统提供的公共接口对于应用程序而言是透明的。当应用程序进行文件系统操作时,内核的文件子系统将首先调用虚拟文件系统的相应函数,该函数先处理与设备无关的操作,然后根据虚拟文件系统结构及其索引节点提供的信息,调用真正的文件系统中对应的函数,处理与设备相关的操作。

Linux 的虚拟文件系统为多种类型的文件系统提供了支持,包括:

(1) 基于磁盘的文件系统,如 Ext4、Brtfs、XFS、FAT32、NTFS 等。

(2) 基于网络的文件系统,如 NFS、SMB、OCFS 等。

(3) 特殊的文件系统,如 PROC、SYSFS 等。它们并不管理真正的磁盘空间,而是通过它们访问内核数据。

1. VFS 的数据结构

VFS 在文件系统中引入了一个通用文件模型,这个通用文件模型是面向对象的。由于 Linux 不是使用面向对象的程序设计语言开发的,而是使用 C 语言开发的,因此 Linux 中的对象是用数据结构实现的。这个模型由下列主要对象组成:

(1) superblock(超级块):存放已挂载的文件系统的有关信息。

(2) inode(索引节点):存放一个具体文件的一般信息。每个索引节点分配一个索引节点号,用来指示文件系统中的指定文件。

(3) file(文件):存放打开文件与进程之间进行交互的有关信息。

(4) dentry(目录项):保存目录项与相应文件的链接信息。

1) 超级块

Linux 核心为每一个已挂载的文件系统分配一个超级块,所有超级块对象组成一个链表。超级块的数据结构在下面给出,为节省篇幅,只给出主要成员。

```
struct super_block {
    struct list_head            s_list;             /* 指向超级块链表的指针 */
    dev_t                       s_dev;              /* 设备标识符 */
    unsigned long               s_blocksize;        /* 以字节为单位的块大小 */
    unsigned char               s_blocksize_bits;   /* 以位为单位的块大小 */
    unsigned char               s_dirt;             /* 修改(脏)标志 */
    unsigned long long          s_maxbytes;         /* 文件最大字节数 */
    struct file_system_type     *s_type;            /* 文件系统类型 */
    struct super_operations     *s_op;              /* 超级块的方法 */
    struct dquot_operations     *dq_op;             /* 磁盘限额方法 */
    struct quotactl_ops         *s_qcop;            /* 磁盘限额管理方法 */
    struct export_operations    *s_export_op;       /* NFS 的输出方法 */
    unsigned long               s_flags;            /* 挂载标志 */
    unsigned long               s_magic;            /* 文件系统的魔数 */
    struct dentry               *s_root;            /* 文件系统挂载目录的目录项结构 */
    struct rw_semaphore         s_umount;           /* umount 使用的信号 */
    struct mutex                s_lock;             /* 锁标志 */
    int                         s_count;            /* 参考计数器 */
    …
    struct list_head            s_inodes;           /* 所有索引节点链表 */
    struct list_head            s_dirty;            /* 所有已修改(脏)的索引节点链表 */
    struct list_head            s_io;               /* 所有等待写回磁盘的索引节点链表 */
    struct hlist_head           s_anon;             /* 用于处理 NFS 输出的匿名目录项
                                                       链表 */
    struct list_head            s_files;            /* 所有文件对象链表 */
    struct block_device         *s_bdev;            /* 指向块设备描述符的指针 */
    …
    char                        s_id[32];           /* 包含这个超级块的块设备名 */
    void                        *s_fs_info          /* 指向具体文件系统超级块信息数据结
                                                       构的指针 */
    …
};
```

所有的超级块对象以双向循环链表的方式链接在一起。链表的第一个和最后一个元素分别存放在 super_blocks 变量的 slist 域的 next 和 prev 域中。数据结构 struct list_head 只包括指向链表的前一个元素和后一个元素的指针。

域 s_fs_info 是一个指针,指向具体文件系统的超级块信息数据结构。对于 Ext4 文件系统,这个数据结构是 struct ext4_sb_info,其中包括磁盘块大小、每个块组中的块数、磁盘分配位屏蔽等与 VFS 的通用文件模型无关的数据。在挂载磁盘文件系统时,Linux 核心从磁盘的超级块中把相应的数据读入内存的超级块信息数据结构中，然后就对内存中的数据进行操作，以提高效率。

与超级块关联的方法就是超级块操作，这些操作是由数据结构 struct super_operations 描述的，其地址存放在超级块的 s_op 域中。

```
struct super_operations {
    struct inode * ( * alloc_inode) (struct super_block * );
    void( * destroy_inode) (struct inode * );
    void( * read_inode) (struct inode * );
    void( * dirty_inode) (struct inode * );
    int( * write_inode) (struct inode * , int);
    void( * put_inode) (struct inode * );
    void( * drop_inode) (struct inode * );
    void( * delete_inode) (struct inode * );
    void( * put_super) (struct super_block * );
    void( * write_super) (struct super_block * );
    int( * sync_fs) (struct super_block * , int);
    void( * write_super_lockfs) (struct super_block * );
    void( * unlockfs) (struct super_block * );
    int( * statfs) (struct super_block * , struct kstatfs * );
    int( * remount_fs) (struct super_block * , int * , char * );
    void( * clear_inode) (struct inode * );
    void( * umount_begin) (struct super_block * );
    int( * show_options) (struct seq_file * , struct vfsmount * );
    ssize_t( * quota_read) (struct super_block * , int, char * , size_t, loff_t);
    ssize_t( * quota_write) (struct super_block * , int, const char * , size_t, loff_t);
};
```

每个具体的文件系统都应该提供这些超级块操作的具体实现。这些超级块操作可以实现文件系统的挂载、卸载、读写索引节点等。

2) 索引节点

文件系统处理文件所需的所有信息都存放在索引节点数据结构中。下面列出索引节点数据结构的主要成员：

```
struct inode {
    struct hlist_node       i_hash;         /* 指向散列表的指针 */
    struct list_head        i_list;         /* 指向描述索引节点当前状态的链表的
                                               指针 */
    struct list_head        i_sb_list;      /* 指向超级块的索引节点链表的指针 */
    struct list_head        i_dentry;       /* 指向目录项链表的指针 */
    unsigned long           i_ino;          /* 索引节点号 */
    atomic_t                i_count;        /* 引用计数器 */
    umode_t                 i_mode;         /* 文件类型与访问权限 */
    unsigned int            i_nlink;        /* 硬链接数目 */
    uid_t                   i_uid;          /* 所有者标识符 */
```

```
    gid_t                   i_gid;          /* 组标识符 */
    dev_t                   i_rdev;         /* 物理设备标识符 */
    loff_t                  i_size;         /* 文件的字节数 */
    struct timespec         i_atime;        /* 上次访问文件的时间 */
    struct timespec         i_mtime;        /* 上次修改文件的时间 */
    struct timespec         i_ctime;        /* 上次修改索引节点的时间 */
    unsigned int            i_blkbits;      /* 每块的位数 */
    unsigned long           i_blksize;      /* 每块的字节数 */
    unsigned long           i_version;      /* 版本号 */
    unsigned long           i_blocks;       /* 文件的块数 */
    unsigned short          i_bytes;        /* 文件占用的最后一块的字节数 */
    spinlock_t              i_lock;         /* 保护索引节点的某些域的自旋锁 */
    struct mutex            i_mutex;        /* 互斥量 */
    struct rw_semaphore     i_alloc_sem;    /* 读写保护信号量，用于在直接 I/O 访问文
                                               件时避免竞争关系 */
    struct inode_operations *i_op;          /* 索引节点的方法 */
    struct file_operations  *i_fop;         /* 默认的文件操作 */
    struct super_block      *i_sb;          /* 指向超级块对象的指针 */
    struct file_lock        *i_flock;       /* 指向文件锁链表的指针 */
    struct address_space    *i_mapping;     /* 指向地址空间对象的指针 */
    struct address_space    i_data;         /* 文件的地址空间对象 */
#ifdef CONFIG_QUOTA
    struct dquot            *i_dquot[MAXQUOTAS];    /* 索引节点的磁盘限额 */
#endif
    …
    unsigned long           i_state;        /* 索引节点状态标志 */
    unsigned long           dirtied_when;   /* 索引节点修改时间 */
    unsigned int            i_flags;        /* 文件系统挂载标志 */
    atomic_t                i_writecount;   /* 写进程的计数器 */
    void                    *i_security;    /* 指向索引节点安全结构的指针 */
    union {
            void            *generic_ip;    /* 指向文件系统具体数据的指针 */
    } u;
    …
};
```

索引节点的 i_count 域是引用计数器。系统对索引节点进行操作时，Linux 核心的 VFS 子系统中的操作把这个值加 1 或减 1。如果计数器值为 0，则可以把这个内存索引节点删除或分配给其他文件。

联合域 u 用于存放属于具体文件系统的索引节点信息。如果索引节点指向的是一个 Ext4 文件，那么这个联合域就指向 ext4_inode_info 结构。

每个索引节点都要复制磁盘索引节点包含的一些数据，例如文件占用的磁盘块数等。如果索引节点的 i_state 域的值是 I_DIRTY_SYNC、I_DIRTY_DATASYNC 或 I_DIRTY_PAGES，表示该索引节点是“脏”的，说明该索引节点对应的磁盘索引节点必须被更新。

根据索引节点的状态，每个 VFS 索引节点位于下列循环双向链表之一：

(1) 未使用索引节点链表。这个链表中的索引节点反映有效的磁盘索引节点，并且当前没有被任何进程使用。这些节点不是"脏"的，而且 i_count 域的值是 0。这个链表的首尾元素的指针分别保存在 inode_unused 变量的 next 和 prev 域中。这个链表用于磁盘高速缓存。

(2) 正在使用的索引节点链表。这个链表中的索引节点反映有效的磁盘索引节点，并且当前正在被某些进程使用。这些索引节点不是"脏"的，而且 i_count 域的值为正数。这个链表的首尾元素的指针保存在 inode_in_use 变量中。

(3) 脏索引节点链表。由相应超级块对象的 s_dirty 域保存指向这个链表中的首尾元素的指针。

这些链表都通过适当的索引节点列表的 i_list 域链接在一起。

此外，每个挂载的文件系统还有一个双向循环链表。每个索引节点都被包含在对应文件系统的链表中。文件系统超级块对象的 s_inodes 域保存指向该链表的首尾元素的指针，索引节点对象的 i_sb_list 域保存指向该链表中相邻元素的指针。

最后，索引节点对象还被保存在名为 inode_hashtable 的散列表中。散列表可以加速 Linux 核心对索引节点对象的搜索，条件是 Linux 核心知道索引节点号和相应文件所在的文件系统的超级块的地址。由于散列技术可能引起冲突，所以索引节点对象设置了 i_hash 域，指向散列到同一地址的其他索引节点。

与索引节点关联的方法叫索引节点操作，由 inode_operations 结构描述，该结构的地址保存在 i_op 域中。该结构也包括一个指向文件操作方法的指针。该结构的主要成员如下：

```
struct inode_operations {
    int (*create) (struct inode *, struct dentry *, int, struct nameidata *);
    struct dentry * (*lookup) (struct inode *, struct dentry *, struct nameid ata *);
    int (*link) (struct dentry *, struct inode *, struct dentry *);
    int (*unlink) (struct inode *, struct dentry *);
    int (*symlink) (struct inode *, struct dentry *, const char *);
    int (*mkdir) (struct inode *, struct dentry *, int);
    int (*rmdir) (struct inode *, struct dentry *);
    int (*mknod) (struct inode *, struct dentry *, int, dev_t);
    int (*rename) (struct inode *, struct dentry *, struct inode *, struct dentry *);
    int (*readlink) (struct dentry *, char __user *, int);
    void * (*follow_link) (struct dentry *, struct nameidata *);
    void (*put_link) (struct dentry *, struct nameidata *, void *);
    void (*truncate) (struct inode *);
    int (*permission) (struct inode *, int, struct nameidata *);
    int (*setattr) (struct dentry *, struct iattr *);
    int (*getattr) (struct vfsmount *mnt, struct dentry *, struct kstat *);
    int (*setxattr) (struct dentry *, const char *, const void *, size_t, int);
    ssize_t (*getxattr) (struct dentry *, const char *, void *, size_t);
    ssize_t (*listxattr) (struct dentry *, char *, size_t);
    int (*removexattr) (struct dentry *, const char *);
    void (*truncate_range) (struct inode *, loff_t, loff_t);
};
```

这些方法对所有的索引节点和文件系统类型都是可用的。

3）文件

文件对象描述的是进程和一个打开的文件交互的过程。文件对象是在文件被打开的时候创建的，由 file 结构描述。file 结构的主要成员如下：

```
struct file {
    ...
    struct list_head            f_list;         /* 指向文件对象链表的指针 */
    struct dentry               * f_dentry;     /* 指向文件对应的目录项对象的指针 */
    struct vfsmount             * f_vfsmnt;     /* 包含这个文件的已挂载的文件系统 */
    struct file_operations      * f_op;         /* 指向文件操作表的指针 */
    atomic_t                    f_count;        /* 引用计数器 */
    unsigned int                f_flags;        /* 打开文件时指定的标志 */
    mode_t                      f_mode;         /* 进程的访问模式 */
    loff_t                      f_pos;          /* 当前位移量(文件指针) */
    struct fown_struct          f_owner;        /* 通过信号进行 I/O 事件通知的数据 */
    unsigned int                f_uid, f_gid;   /* 用户标识符和组标识符 */
    ...
};
```

注意，文件对象在磁盘上没有相应的映像，因此 file 结构中没有设置“脏”域来表示文件对象是否被修改过。

存放在文件对象中的主要信息是文件指针，即文件的当前位置，对文件的下一次操作从这里开始进行。由于几个进程可能并发访问同一个文件，因此文件指针不能存放在索引节点对象中。

文件对象存放在名为 filp 的 slab 分配器高速缓存中，缓存的描述地址保存在 filp_cachep 变量中。系统能分配的文件对象的总数是有限的，files_stat 变量的 max_files 域指明了能够分配的文件对象总数的最大值，也就是操作系统能同时打开的文件总数的最大值。

每个文件对象位于下列双向循环链表之一：

(1) 未使用的文件对象链表。指向这个链表的首元素的指针存放在 free_list 变量中。

(2) 正在使用，但是没有分配给超级块的文件对象链表。指向这个链表的首元素的指针存放在 anon_list 变量中。

(3) 正在使用而且分配给超级块的文件对象链表。每个超级块对象把指向文件对象链表的首元素的指针保存在它的 s_files 域中，这样，属于不同文件系统的文件对象就包含在不同的链表中。

很明显，由文件对象构成的链表就是 Linux 操作系统打开的文件的列表。

文件对象的 f_count 域是一个参考计数器，记录正在使用这个文件对象的进程数。在父子进程共享同一文件时，它们使用同一个文件对象。

当一个进程需要打开一个文件时，VFS 调用 get_empty_filp()函数分配一个新的文件对象。该函数检测未使用的文件对象链表的元素个数是否多于 NR_RESERVED_FILES。如果是，那么新打开的文件可以使用其中的一个元素；否则，系统分配新的内存。

f_op 域指向一个文件操作表。每个文件系统都有自己的文件操作集合，执行读写文件等操作。当Liunx核心将一个索引节点从磁盘装入内存时,就会把指向这些文件操作的指针存放在file_operations结构中,而该结构的地址存放在索引节点对象的i_fop域中。当进程打开这个文件时,VFS用这个地址初始化新文件对象的f_op域,使对文件操作的后续调用能使用这些函数。

4) 目录项

在Linux系统中,目录也是一类文件。当一个目录文件被读入内存时,VFS就把它转换为基于dentry结构的目录项对象。超级块super_block结构的s_root域记录了文件系统挂载目录的基本信息。进程查找路径名时,对路径名中包含的每个目录,VFS都为其创建一个目录项对象。目录项对象将每个目录与其对应的索引节点相联系。dentry结构的主要成员如下:

```
struct dentry {
    atomic_t        d_count;                    /* 目录项对象引用计数器 */
    unsigned        int d_flags;                /* 目录项标志 */
    spinlock_t      d_lock;                     /* 用于保护目录项对象的自旋锁 */
    struct inode    * d_inode;                  /* 与文件名关联的索引节点 */
    struct dentry   * d_parent;                 /* 父目录的目录项对象 */
    struct          qstr d_name;                /* 文件名 */
    struct          list_head d_lru;            /* 指向未使用链表的指针 */
    struct          list_head d_child;          /* 指向父目录的目录项对象链表的指针 */
    struct          list_head d_subdirs;        /* 指向所有子目录的目录项链表的指针 */
    ...
    struct          dentry_operations d_op;     /* 目录项的方法 */
    struct          super_block * d_sb;         /* 文件的超级块对象 */
    void            * d_fsdata;                 /* 依赖于文件系统的数据 */
    ...
    struct          hlist_node d_hash;          /* 指向散列表的指针 */
    int             d_mounted;                  /* 挂载在这个目录项对象上的文件系统数目 */
    ...
};
```

注意,目录项对象在磁盘上没有对应的映像,所以在dentry结构中不包含"脏"域。

由于从磁盘读入一个目录文件并构造相应的目录项对象要耗费大量的时间,所以,为了提高处理目录项对象的效率,Linux使用目录项高速缓存(dentry cache)。对于所有仍然保存在目录项高速缓存中的目录项对象,与它相关的索引节点也会保存在内存的索引节点高速缓存(inode cache)中,而不会被释放。

2. VFS的系统调用

VFS是应用程序和具体文件系统之间的一层,它实现了与文件系统相关的所有系统调用,为各种文件系统提供了一个通用的接口。应用程序不需要关心文件系统的实现细节,只需要与VFS进行交互。

例如,如果要实现如下一条shell命令:

```
$ cp /mnt/flash/TEST /tmp/test
```

其中,/mnt/flash/是U盘上的FAT32文件系统的挂载目录,而/tmp是Ext4文件系统的一个目录。然而cp程序不需要了解这些,它只需要使用标准的系统调用来实现复制功能即可,代码如下:

```
inf = open("/mnt/flash/TEST", O_RDONLY, 0);
outf = open("/tmp/test", O_WRONLY|O_CREATE|O_TRUNC, 0600);
do {
    l = read(inf, buf, 4096);
    write(outf, buf, l);
} while(l);
close(outf);
close(inf);
```

VFS处理的一些系统调用如下:

mount(),umount()	挂载/卸载文件系统。
sysfs()	获取文件系统信息。
statfs(),fstatfs(),ustat()	获取文件系统统计信息。
chroot()	更改根目录。
chdir(),fchdir(),getcwd()	操纵当前目录。
mkdir(),rmdir()	创建/删除目录。
stat(),fstat(),lstat(),access()	读取文件状态。
open(),close(),creat(),umask()	打开/关闭文件。
dup(),dup2(),fcntl()	对文件描述符进行操作。
select(),poll()	异步I/O通告。
read(),write(),readv(),writev(),sendfile()	进行文件I/O操作。
readlink(),symlink()	对软链接进行操作。
chown(),fchown(),lchown()	更改文件所有者。
chmod(),fchmod(),utime()	更改文件属性。
pipe()	进行通信操作。

关于这些系统调用的具体说明,请参考Linux的用户手册。

8.4.3 注册和挂载

Linux内核通过VFS使用一个具体的文件系统之前,必须首先对这个文件系统进行注册和挂载。只有当完成对某个文件系统的注册后,Linux内核才能使用这个具体文件系统的各种操作函数,将这个文件系统挂载到系统的目录树上。

1. 文件系统注册

所谓注册,就是把某个具体文件系统的操作代码装入Linux内核。对具体文件系统的操作代码或者被包含在Linux内核映像中,或者作为一个模块被动态装载。为了把对VFS超级块和索引节点的操作定向到对应的文件系统上,也就是实现从虚拟文件系统到实际文件系统的转换，Linux 内核必须正确地对系统中的所有文件系统进行跟踪和配置。

在用户空间中，可以从/proc/filesystems 文件读到所有已经在 Linux 内核中注册的文件系统。在 Linux 内核中，每个已经注册的文件系统用一个 file_system_type 数据结构描述。这个数据结构的主要成员如下：

```
struct file_system_type {
    const char * name;                              /* 文件系统名 */
    int fs_flags;                                   /* 文件系统类型标志 */
    struct super_block * (* get_sb) (struct file_system_type *, int,
        const char *, void *);                      /* 读超级块的方法 */
    void (* kill_sb) (struct super_block *);        /* 删除超级块的方法 */
    struct module * owner;                          /* 实现文件系统的模块 */
    struct file_system_type * next;                 /* 指向下一个链表元素的指针 */
    struct list_head fs_supers;                     /* 指向超级块对象链表的头指针 */
};
```

所有已经注册的文件系统类型都装入一个链表中，变量 file_systems 指向链表的第一个元素，而每个元素的 next 域指向链表的下一个元素。Linux 内核通过文件系统类型链表来搜索每个文件系统的接口函数，以便装入该文件的超级块，实现虚拟文件系统到实际文件系统的转换。

上述数据结构的成员 get_sb 指向与文件系统相关的函数，这个函数从磁盘设备读取超级块，并写入相应的 VFS 超级块对象中。kill_sb 域指向的函数执行删除超级块的工作。

Linux 内核在编译时就已经确定了它支持的文件系统类型。这些文件系统在系统引导及初始化时由 Linux 内核调用函数 register_filesystem()进行注册，这个函数把相应的 file_system_type 对象插入文件系统类型链表中。

如果文件系统是 Linux 内核可装载的模块，那么在模块被装入时，也要调用 register_filesystem()函数在文件系统类型链表中注册。要注册的文件系统可能是 FAT32 文件系统，或者是 ISO 9660 文件系统，等等。

一种新的文件系统可以被注册，当然也可以被注销。在相应的模块被卸载时，调用 unregister_filesystem()函数，即从文件系统类型链表中删除该文件系统的数据结构。一旦它被删除，系统将不再支持这种文件系统。

2. 已挂载文件系统描述符链表

每个文件系统都有自己的挂载根目录。如果某个文件系统的根目录是系统文件树的根目录，那么该文件系统被称为根文件系统。其他文件系统可以挂载到根文件系统的目录树上，把这些文件系统要插入的目录称为挂载点(mount point)。新挂载的文件系统就是挂载点所在的根文件系统的孩子。

操作系统内核必须保存已经挂载文件系统的信息，包括挂载点和挂载标志，以及与其他已挂载文件系统之间的关系。这样的信息称为已挂载文件系统描述符，每个描述符是一个 vfsmount 类型的数据结构，其主要成员如下：

```
struct vfsmount
```

```
{
   struct list_head mnt_hash;          /* 指向散列表的指针 */
   struct vfsmount *mnt_parent;        /* 父文件系统描述符。本文件系统挂载在其上 */
   struct dentry *mnt_mountpoint;      /* 指向父文件系统挂载点的目录项 */
   struct dentry *mnt_root;            /* 指向父文件系统根目录的目录项 */
   struct super_block *mnt_sb;         /* 指向父文件系统的超级块 */
   struct list_head mnt_mounts;        /* 挂载在父文件系统上的子文件系统的链表的头指针 */
   struct list_head mnt_child;         /* 指向子文件系统的链表中相邻元素的指针 */
      atomic_t mnt_count;              /* 引用计数器 */
      int mnt_flags;                   /* 标志 */
      char *mnt_devname;               /* 设备文件名,如/dev/hda1 */
      struct list_head mnt_list;       /* 指向描述符全局链表的指针 */
      …
};
```

在 Linux 内核中,vfsmount 数据结构保存在以下几个双向循环链接表中:

(1) 包含所有已安装文件系统描述符的双向循环全局链表,也被称为已挂载文件系统链表。指向这个链表的头指针保存在 vfsmntlist 变量中。描述符的 mnt_list 域包含这个链表中指向相邻元素的指针。

(2) vfsmount 描述符保存在一个散列表中,这个散列表中包括父文件系统的 vfsmount 描述符的地址和挂载点的目录项对象的地址索引。散列表存放在 mount_hashtable 数组中,其大小依赖于系统中 RAM 的容量。描述符的 mnt_hash 指向这个散列表。

(3) 对于每一个安装的文件系统,所有安装在它之上的子文件系统形成了一个双向循环链表。每个链表的头指针存放在安装的文件系统描述符的 mnt_mounts 域中。子文件系统描述符的 mnt_child 域中存放指向链表中相邻元素的指针。

3. 挂载根文件系统

挂载根文件系统是 Linux 操作系统初始化的一个关键部分。

当系统启动时,内核就要从变量 ROOT_DEV 中查找包含根文件系统的磁盘主设备号。这个变量或者在编译 Linux 内核时指定,或者由引导程序向 Linux 内核传递一个 root 参数。

挂载根文件系统的过程分为两个阶段:

(1) Linux 内核安装特殊的 rootfs 文件系统,该文件系统仅提供一个作为初始安装点的空目录。

(2) Linux 内核在空目录上安装一个真正的根目录。

为什么 Linux 内核要在安装实际根目录之前安装 rootfs 文件系统呢?这是因为 rootfs 文件系统允许 Linux 内核非常容易地改变实际根文件系统。事实上,在某些情况下,Linux 内核需要一个接一个地安装和卸载几个根文件系统。例如,一个发布版的启动盘可能把具有一组最小驱动程序的 Linux 内核装入 RAM 中,Linux 内核把存放在 RAM 中的一个最小的文件系统作为初始根文件系统安装。接下来,在这个初始根文件系统中的程序探测系统的硬件,装入所有必需的 Linux 内核模块,并从物理块设备重新安装文件系统。

第一阶段由 init_mount_tree()函数完成，该函数在系统初始化过程中执行。它首先初始化一个 file_system_type 数据结构，将文件系统名(name)字段设为 rootfs。然后将该数据结构传递给 register_filesystem()函数，进行文件系统类型注册。最后调用 do_kern_mount()函数挂载这个特殊的文件系统，并返回新安装的文件系统对象的地址，这个地址保存在 root_vfsmnt 变量中。从现在开始，root_vfsmnt 表示已安装的文件系统的根。

根文件系统安装过程的第二阶段是由 mount_root()函数在系统初始化即将结束时完成的。为了简单起见，只考虑基于磁盘文件系统的情况，在这种情况下，该函数执行下列主要操作：

(1) 检查 ROOT_DEV(根设备)是否存在，是否正常工作。

(2) 扫描文件系统类型链表，对链表中的每个文件系统类型对象，都调用相应的 read_super()函数，试图从 ROOT_DEV 读取超级块。由于每个文件系统的方法都有唯一的魔数，因此除了根文件系统对 read_super()函数的调用会成功之外，其他文件系统对该函数的调用都将失败。read_super()函数还为根目录创建一个索引节点对象和一个目录项对象。

(3) 调用 add_vfsmnt()函数，把第一个描述根文件系统的 vfsmount 结构插入已挂载文件系统链表。

(4) 把 current(init 进程)的根目录和当前目录设为文件系统根目录。

4. 挂载一般文件系统

完成了根文件系统的挂载后，就可以开始挂载其他文件系统。其中的每个文件系统都必须有自己的挂载点。

超级用户可以使用 mount 和 umount 命令显式地安装和卸载一个文件系统。一个典型的挂载命令是

```
$ mount -t ext4 /dev/hda5 /mnt/hda5
```

其中，ext4 指出了要挂载的文件系统类型，/dev/hda5 是文件系统所在的磁盘分区，/mnt/hda5 是文件系统的挂载点。

当对一个文件系统进行 mount 操作时，VFS 需要进行一系列操作来完成文件系统的挂载，具体如下：

(1) 搜索文件系统类型链表 file_systems，从中查找含有该类型名(例如 ext4)的节点。这个节点是 struct file_system_type 结构，其中的 get_sb 域指向的函数用于读出要安装的文件系统所在的磁盘超级块。

(2) Linux 内核必须准备挂载点的索引节点。它搜索索引节点缓存中的散列表，并判断是否可以安装文件系统。只有目录才是合格的挂载点。

(3) 向超级块链表申请一个空闲的元素。

(4) 在完成了上述的必要准备工作之后，Linux 内核调用 get_sb 域指向的函数，读取要安装的文件系统的磁盘超级块，并把内容写入内存的超级块中。

(5) 检查无误后，Linux 内核调用 add_vfsmnt()函数，申请一个 struct vfsmount 数据结构，填充其相应成员的值后，将其插入已挂载文件系统描述符链表 vfsmntlist 的链尾。

VFS 提供了 mount()系统调用，其对应的 Linux 内核响应函数是 sys_mount()，该函数

调用 do_mount()函数完成实际的挂载工作。

5. 卸载文件系统

使用 umount 命令可以卸载已安装的文件系统。卸载前要对该文件系统进行一系列检查。首先检查该文件系统中的文件或目录是否还在使用，并检查其超级块结构的 s_dirty 成员是否置位，即检查该文件系统是否被修改过，如果已修改，则应先将修改过的内容写回物理设备中。当一切检查无误后，Linux 内核才卸载该文件系统，将对应的 VFS 的超级块释放，并将代表它的 vfsmount 结构从文件系统描述符链表 vfsmntlist 中删除。

VFS 的 umount()系统调用的 Linux 内核响应函数是 sys_umount()，该函数调用 umount_dev()函数，后者通过调用 do_umount()函数完成实际的卸载工作。

8.4.4 进程与文件系统的联系

1. 系统打开文件表

在访问文件之前，进程必须首先通过系统调用 open()打开文件，随后返回给用户一个文件描述符，它是一个小整数，充当打开文件的句柄。进程通过该文件描述符才能与相应的文件或物理设备关联。进程必须用该文件描述符作为参数才能调用 read()和 write()等系统调用，因为在文件描述符中含有指向一个系统打开文件对象（file 结构）的指针和其他一些参数。在系统打开的文件对象中含有读写文件的当前位置的偏移量以及指向文件索引节点的指针等。因此，由 file 结构组成的链表称为系统打开文件表。

关于 file 结构和相应的链表，已经在 8.4.2 节中做过介绍，这里就不再重复了。

2. 用户打开文件表

文件只有通过进程才能得到执行、被访问和操作。而对每个进程来说，需要记录这个进程当前打开的所有文件的信息。在进程描述符中，files 域是进程打开文件表，用来记录和控制进程当前打开的文件。该表是 file_struct 结构，它的主要成员如下：

```
struct files_struct {
    atomic_t count;                                  /* 共享该表的进程数目 */
    spinlock_t file_lock;                            /* 用于表中字段的读写自旋锁 */
    int max_fds;                                     /* 文件对象的最大数目 */
    int max_fdset;                                   /* 文件描述符的最大数目 */
    int next_fd;                                     /* 已经分配的文件描述符个数加 1 */
    struct file ** fd;                               /* 指向文件对象的指针数组 */
    …
    struct file * fd_array[NR_OPEN_DEFAULT];         /* 文件对象指针的初始化数组 */
};
```

进程打开文件表中的 fd 字段是一个指向文件对象的指针数组。该数组的长度存放在 max_fds 字段中。

fd 数组中的每个元素对应一个文件对象。对这些文件对象来说，fd 数组的索引就是文件描述符。通常，fd 数组的第一个元素（索引为 0）是进程的标准输入文件，第二个元素（索引为 1）是进程的标准输出文件，第三个元素（索引为 2）是进程的标准错误文件。

Linux 进程将文件描述符作为主文件标识符。需要注意，两个文件描述符可以指向同一个打开的文件，也就是说，fd 数组的两个元素可能指向同一个文件对象。

当进程开始使用一个文件对象时，它调用 Linux 内核提供的 fget() 函数。该函数接收文件描述符 fd 作为参数，返回在 current->files->fd[fd]中的地址，即文件描述符对应的文件对象的地址；如果没有任何文件与 fd 对应，则返回 NULL。在前一种情况下，fget() 把引用计数器 f_count 的值增 1。

当进程完成了对文件对象的使用时，调用 Linux 内核提供的 fput() 函数。该函数将文件对象的地址作为参数，并将文件对象引用计数器 f_count 的值减 1。另外，如果 f_count 的值变为 0，fput() 函数就调用 release 方法释放相关的目录项对象和文件系统描述符，减小索引节点对象的 i_writecount 的值（如果该文件是可写的），最后将文件对象从在使用链表移到未使用链表。

3. 进程的当前目录和根目录

在 UNIX 和 Linux 系统中，每一个进程都有一个当前目录和一个根目录，这是进程状态的一部分，以便用户既可以使用相对路径名也可以使用绝对路径名访问所需的文件。

进程描述符的 fs 域就是用来维护这两个数据的。fs 域是指向 struct fs_struct 数据结构的指针。其中包含指向当前目录和根目录的目录项结构，以及当前目录和根目录的文件系统对象。

8.4.5 Ext4 文件系统

在 Linux 中，Ext4 文件系统是最经典的文件系统，它是一个可扩展的、功能强大的文件系统。Linux 内核使用 Ext4 文件系统作为它的根文件系统。下面主要以 Ext4 文件系统为例，说明 Linux 文件系统的实现。

1. Ext4 文件系统的存储结构

在计算机中，程序和数据以文件的形式在存储设备中保存。存储设备包括磁盘、磁带、光盘等。通常情况下普遍使用的存储设备是磁盘。在 Linux 系统中，一个物理存储器可包含一个或多个文件系统。

文件系统由每块大小为 512B 或 512B 的任意倍数的逻辑块序列组成。在同一个文件系统中，这些逻辑块的大小完全相同。逻辑块的大小将直接影响存储设备与内存之间的数据传输速率和内存的存储能力。较大的逻辑块将使得内存和存储设备之间的数据传输更加容易，但也使得内存页面大小增加，从而影响内存的有效存储能力。

在 Ext4 文件系统中，逻辑块的大小可以是 1024B、2048B 或 4096B，通常使用 4096B。

在传统的 UNIX 文件系统中，索引节点集中存放在文件系统的开始处（也就是磁盘开始的位置），而用后面的磁道存放文件数据块。这样，即使是访问一个很短的文件，也必须两次访问磁盘：首先读索引节点，然后读文件数据块。在两次磁盘操作中需要花费较长的寻道时间，这就形成了文件系统性能的瓶颈。为解决这个问题，需要对文件系统的存储结构进行改造。在Ext4文件系统中,磁盘分区进一步被分成多个块组,每个块组由一个或多个连续的柱面组成。每个柱面组都有描述本组磁盘块状态信息的超级块,同时还有各自的索引节点表和空闲块表。这样,文件系统就可以把与索引节点相关的文件数据和索引节点存放在同一柱面组内,从而减少磁盘寻道时间,提高效率。在文件被创建时,先任选一个索引节点,并优先在该索引节点所在的柱面组中分配数据块。如果该柱面组不存在空闲的数据块,就在与其相邻的柱面组中分配数据块。

此外,在传统的UNIX文件系统中,超级块只存放在磁盘分区开始的位置,也就是引导块的后面。为增强文件系统的可靠性,即在磁盘发生错误的时候系统能够恢复正常,应该在每个柱面组中都有一个超级块的备份。显然,增强文件系统的可靠性是以浪费磁盘空间为代价的。

Ext4文件系统的磁盘逻辑结构如图8.18所示。其中块组0的前面是引导块,引导块中装有引导或初启操作系统的引导代码。在有多个文件系统的计算机系统中,至少有一个文件系统的引导块中装有引导代码。

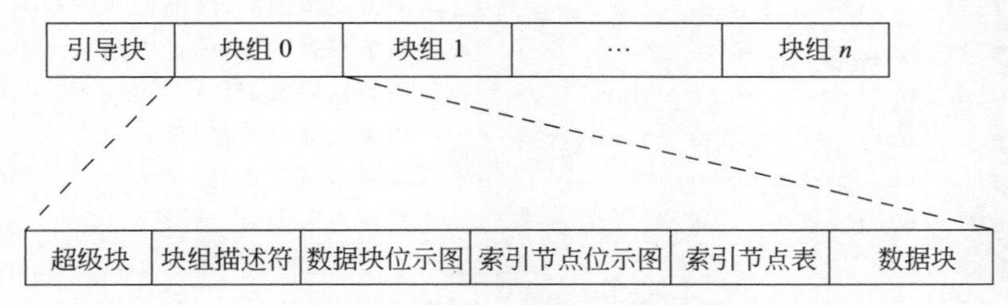

图8.18 Ext4文件系统的逻辑磁盘结构

从图8.18可以看到,Ext4文件系统将一个逻辑分区分为若干块组。每个块组中都包含该文件系统的综合信息,即超级块和块组描述符表。此外,还有该块组的数据块位示图、索引节点位示图、索引节点表以及数据块。

在加载文件系统时,实际上只有块组0的超级块和块组描述符被Linux内核引用,而其他块组中的超级块和块组描述符只作为备份。

2. Ext4文件系统主要的磁盘数据结构

1) Ext4文件系统的磁盘超级块

在Ext4文件系统的每个块组中都保存了一个超级块。在将块设备作为文件卷安装时,Linux内核将块组0的超级块的内容读到内存超级块中,以使得对文件系统的操作能在内存中进行。描述磁盘上Ext4超级块的数据结构是ext4_super_block。这个结构的主要成员如下:

```
struct ext4_super_block {
    __le32    s_inode_count;            /* 索引节点总数 */
    __le32    s_blocks_count_lo;        /* 以块为单位的文件系统大小 */
    __le32    s_free_blocks_count_lo;   /* 空闲块计数 */
    __le32    s_free_inode_count;       /* 空闲索引节点计数 */
    __le32    s_log_block_size;         /* 块的大小 */
    __le32    s_mtime;                  /* 文件系统最后一次启动的时间 */
```

```
    __le32   s_wtime;                    /* 上一次写操作的时间 */
    __le32   s_creator_os;               /* 创建文件系统的操作系统 */
    __le16   s_magic;                    /* 文件系统魔数,代表其类型 */
    __le16   s_state;                    /* 文件系统状态 */
    ...
}
```

s_inode_count 存放索引节点总数,而 s_blocks_count_lo 表示以块为单位的文件系统大小。

2) Ext4 的块组描述符

每个块组有自己的描述符,用来描述块组的使用情况。

块组描述符的数据结构是 struct ext4_group_desc,其主要成员如下:

```
struct ext4_group_desc{
    __le32  bg_block_bitmap_lo;        /* 数据位图的地址(低 32 位) */
    __le32  bg_inode_bitmap_lo;        /* 索引节点位图的地址(低 32 位) */
    __le32  bg_inode_table_lo;         /* 索引节点表的地址(低 32 位) */
    __le16  bg_free_blocks_count_lo;   /* 可用数据块数(低 32 位) */
    __le16  bg_free_inodes_count_lo;   /* 可用索引节点数量(低 32 位) */
    __le16  bg_used_dirs_count_lo;     /* 目录数量(低 32 位) */
    __le16  bg_flags;                  /* 块组标志 */
    ...
    __le16  bg_itable_unused_lo;       /* 未使用索引节点表数(低 32 位) */
    __le32  bg_block_bitmap_hi;        /* 数据位图的地址(高 32 位) */
    __le32  bg_inode_bitmap_hi;        /* 索引节点位图的地址(高 32 位) */
    __le32  bg_inode_table_hi;         /* 索引节点表的地址(高 32 位) */
    __le16  bg_free_blocks_count_hi;   /* 可用数据块数(高 32 位) */
    __le16  bg_free_inodes_count_hi;   /* 可用索引节点数量(高 32 位) */
    __le16  bg_used_dirs_count_hi;     /* 目录数量(高 32 位) */
    __le16  bg_itable_unused_hi;       /* 未使用索引节点表数(高 32 位) */
};
```

3) Ext4 的位图

文件数据与索引节点都会占用磁盘块。为了创建新文件或者给新文件分配存储空间,文件系统需要知道磁盘中所有块的使用状态,如被占用或空闲。空闲块的管理有多种方法。例如,UNIX 最初的文件系统采用空闲列表(free list)进行管理,SGI(Silicon Graphics Inc.)公司开发的 XFS 文件系统采用 B+树进行管理。Ext4 文件系统采用位图对空闲块进行管理,在此将详细介绍位图。

位图是具有一定长度的位(比特)串的集合,其每一位对应磁盘上的一个块,位的状态表示一个磁盘块的占用状态。如果位的状态为 0,表示其映射的对象(数据块或索引节点)为空闲;如果位的状态为 1,表示其映射的对象已被占用。Ext4 文件系统中的位图分为数据位图(data bitmap)和索引节点位图(inode bitmap)。数据位图用来表示数据块(即保存文件数据的磁盘块)的使用情况,索引节点位图用来表示索引节点表中索引节点的使用情况。

假定一个磁盘块的大小是 4KB,一个索引节点块的大小是 256B,那么在一个磁盘块中可以存放16个索引节点项。因此,为了映射这16个索引节点项的使用情况,索引节点位图需要设置为16位。即使只需要16位的空间,但位图至少会使用一个磁盘块,也就是4KB。4KB大小的位图最多可以记录4×1024×8个索引节点块的使用情况。

在Ext4文件系统中,数据位图与索引节点位图保存在块组描述符中。

4) Ext4文件系统的磁盘索引节点

为了帮助用户找到在磁盘中存储的文件内容并进行访问控制,文件系统采用一个名为索引节点的数据结构记录文件的信息。每一个文件都对应一个索引节点。需要注意的是,索引节点中并不包含文件名。索引节点记录了存储文件的数据块、文件的所有者和访问权限等关键信息。磁盘上的索引节点也可称为索引节点项(inode entry)。内核中也有一个表示索引节点的数据结构,可以称为索引节点结构。一般可用索引节点指代二者其一,具体含义根据上下文确定。磁盘索引节点的数据结构是struct ext4_inode,其主要成员如下:

```
struct ext4_indoe{
    __le16    i_mode;                        /* 文件类型和访问权限 */
    __le16    i_uid;                         /* 文件所有者的标识符 */
    __le32    i_size_lo;                     /* 以字节为单位的文件大小 */
    __le32    i_atime;                       /* 上一次访问时间 */
    __le32    i_ctime;                       /* 上一次索引节点改动时间 */
    __le32    i_mtime;                       /* 上一次文件修改时间 */
    __le32    i_dtime;                       /* 文件删除的时间 */
    __le16    i_links_count;                 /* 链接数 */
    __le32    i_block[EXT4_N_BLOCKS];        /* 指向数据块 */
    ...
    __le32    i_size_high                    /* 以字节为单位的文件大小 */
};
```

其中,i_mode表示文件类型(普通文件、目录文件、块设备文件、字符设备文件等)和访问权限,i_uid定义对该文件具有存取权的用户集合,i_links_count表示有多少个不同的文件名指向该索引节点。另外,i_block[EXT4_N_BLOCKS]是一个数组,它指明文件数据块在逻辑盘上的位置。有关文件数据块的寻址方法将在后面介绍。

值得注意的是,在索引节点中并不包含文件名,文件名的存在只是为了方便用户记忆和使用文件。在磁盘上,文件以索引节点编号作为其唯一标识。实际上,文件名保存在父目录的数据中。一个目录的数据是目录下所有的文件名及其索引节点编号的映射关系。当文件路径需要在文件系统中变动时,文件的物理位置不需要改变,只需要将父目录中的目标文件的映射关系移动到新目录下即可。在文件需要重命名时,只需要修改父目录中的目标文件对应的映射中的文件名部分即可。所以,使用索引节点编号记录文件,能够有效简化文件的移动、修改和重命名等操作。

在磁盘上,操作系统划分了一块称为索引节点表(inode table)的区域,专门用来存储索引节点。图8.19给出了某个Ext4文件系统的索引节点表与数据块的关系。当需要存取某个文件的数据块时,文件系统在获取文件的索引节点编号后,根据索引节点编号计算出索引节点的位置,进而读取该索引节点,最后再通过索引节点中的i_block数组找到相应的数据块。具体步骤如下:如果要读取编号为2的索引节点,文件系统将先计算该索引节点在索引节点表中的偏移值,其大小为 2 乘以索引节点的编号;再将这个偏移值加上索引节点表的起始地址(在图 8.19 中为 12KB),得到该索引节点在磁盘上的地址。然后,从该索引节点的 i_block 数组找到相应的数据块。

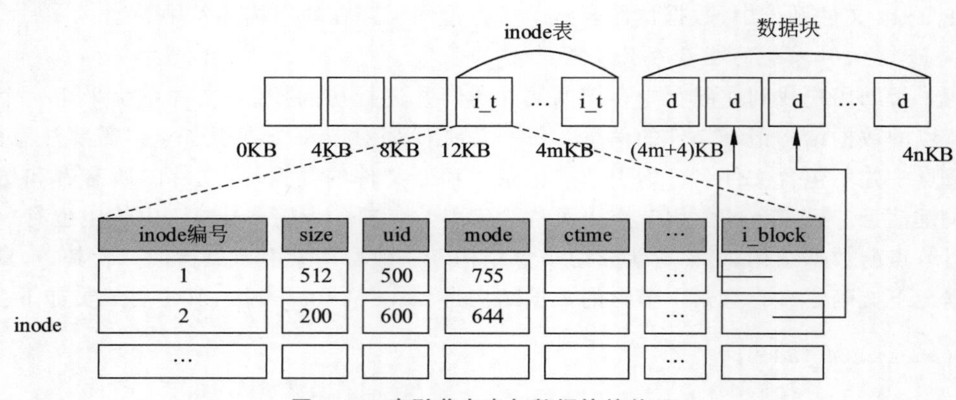

图 8.19 索引节点表与数据块的关系

3. Ext4 文件系统的内存数据结构

Ext4 文件系统的磁盘组织和内存组织并不完全相同。这主要是因为使用磁盘和内存的考虑角度不同。对于磁盘中存储的数据结构来说,主要是考虑如何节省磁盘空间;而对于内存中存储的数据结构来说,主要是考虑系统运行的效率和性能。因此,Ext4 文件系统的内存索引节点和磁盘索引节点的数据结构不完全相同。Ext4 文件系统的磁盘数据结构 ext4_super_block 和 ext4_inode 分别对应 Ext4 文件系统的内存数据结构 ext4_sb_info 和 ext4_inode_info。

在 Linux 内核挂载 Ext4 文件系统时,Ext4 分区上的磁盘数据结构中的大部分信息被读入,填写到内存中相应的数据结构中。然后,Linux 内核通过对位于内存中的超级块和索引节点的操作实现文件系统的各种功能。

1) Ext4 的内存超级块

当 Linux 内核安装 Ext4 文件系统时,首先从磁盘上读取磁盘超级块 ext4_super_block 结构的内容,填充类型为 ext4_sb_info 的内存超级块,并将后者的指针写入磁盘超级块的 s_fs_info 域,完成从虚拟文件系统到 Ext4 文件系统的转换。磁盘超级块内容一旦被读入内存,将一直保留,直到该文件系统被卸载。

为了保证 Linux 内核能够找出挂载的 Ext4 文件系统的相关内容,内存超级块 ext4_sb_info 包含下列信息:

(1) 磁盘超级块字段的大部分内容。

(2) 块位示图高速缓存。

(3) 索引节点位示图高速缓存。

(4) s_sbh 指针,指向磁盘超级块缓冲区的首部。

(5) s_cs 指针,指向 s_sbh 指针指向的缓冲区中磁盘超级块的偏移地址。

(6) 组描述符的个数。

(7) s_group_desc 指针,指向组描述符缓冲区的首部。

(8) 其他与安装状态、安装选项等相关的数据。

2) Ext4 的内存索引节点

同样,当 VFS 要处理属于 Ext4 文件的索引节点时,从磁盘上读取 ext4_inode 结构,填充到索引节点描述符 ext4_inode_info 结构中。该结构包含下列信息:

(1) 整个 VFS 的索引节点。

(2) 在磁盘索引节点结构中而不在一般的 VFS 索引节点对象中的大部分域。

(3) 片的大小和片数。

(4) 索引节点所在块组的 i_block_group 块组索引。

(5) i_prealloc_block 和 i_prealloc_count 域,在为数据块进行预分配中使用。

(6) i_osync 字段,是一个标志,表示是否同步地更新磁盘索引节点。

4. Ext4 的多级索引与 Extent

文件系统使用索引节点索引文件。早期的文件系统在 inode 数据结构中包含一个或多个直接指针,指向数据块的磁盘地址。这种指引数据块位置的方式称为一级索引。但是,一级索引能支持的文件大小十分有限,通常只支持 KB 级的文件。例如,当块大小为 4KB 时,一个具有 12 个直接指针的索引节点最多只能支持大小为 48KB 的文件。在实际的应用场景中,这样的文件大小是远远不够的,因此其扩展性较低。

为了支持更大的文件,现代文件系统通常采用多级间接指针支持多级索引。间接指针不会直接指向包含用户数据的数据块,而是指向一些间接块(indirect block)。在间接块中,存储着指向包含用户数据的数据块的指针(即数据块的块号)。例如,当块大小为 4KB、指针大小为 4B 时,如果索引节点中包含 10 个直接指针、两个间接指针,那么支持的文件大小可增长为(10+1024×2)×4KB,即 8232KB。如果想支持更大的文件,可以采用二级间接指针或三级间接指针。二级间接指针指向一级间接块,而三级间接指针指向二级间接块。通过这种扩展方式,可以构建多级索引。

Ext3 文件系统采用三级索引,最大可支持 2TB 大小的文件。Ext3 中数据块的组织方式如图 8.20 所示。在 Ext3 的索引节点中,i_block 数组记录了直接块或间接块的地址。i_block 数组包含 15 个成员,其中前 12 个成员分别为 12 个直接指针,第 13 个成员是一个间接指针,第 14 个成员是一个二级间接指针,第 15 个成员是一个三级间接指针。

尽管多级索引有效地扩展了文件系统能支持的文件大小,但是该方案主要对稀疏文件或小型文件有效,而对于大型文件则具有较高的开销。当数据块的大小为 4KB 时,为了索引一个大小为 100MB 的文件,Ext3 需要创建 2.56 万个数据块的索引。在 Ext3 中,一个文件的每一个数据块都需要在索引节点中记录,即使这些数据块在磁盘上被连续地存储。对于大型文件,如果进行删除[delete()]和截断[truncate()]操作,文件系统需要修改大量的索引映射,导致文件系统的性能较差。

为了解决上述问题,Ext4 文件系统引入 Extent 方式以组织文件,即索引节点的 i_block 成员中保存的不再是存储直接块或间接块地址的数组,而是一个描述 B+树的数据结构,即 Extent 树。在 Extent 树中,一个文件的多个连续物理块构成一个逻辑块(logical block)。在此基础上,为了实现对数据块的索引,Extent 树中不使用间接指针,而是使用一个指针加

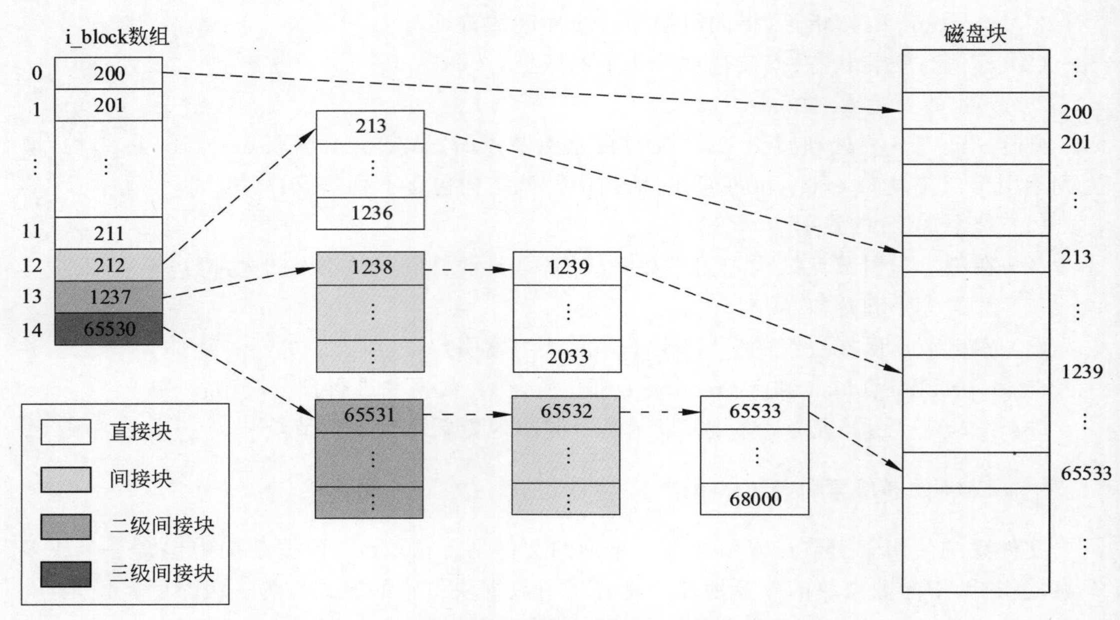

图 8.20 Ext3 中数据块的组织方式

上一个以块为单位的长度以指定数据块的磁盘位置。

在 Extent 树中，有 3 种重要的数据结构，分别是 Extent 头(ext4_extent_header)、Extent 索引(ext4_extent_idx)和 Extent 项(ext4_extent)。在 Extent 树中，Extent 索引和 Extent 项可统称为 Extent 节点。

Extent 头位于 Extent 树中每个磁盘逻辑块的起始位置，它描述该磁盘逻辑块 B+树的属性，也就是该逻辑块中数据的类型和数量。当树的深度(eh_depth)为 0 时，该逻辑块中的数据项为 B+树的叶子节点，其中存储的是 Extent 项；当树的深度大于 0 时，该逻辑块中的数据项为 B+树的非叶子节点，其中存储的是 Extent 索引，指向树的下一级结构。当对该功能进行扩充(例如增加到 64 位块号)时，魔数(eh_magic)可用于区分 Extent 树的不同版本。Extent 头的数据结构是 ext4_extent_header，如下所示：

```
struct ext4_extent_header {
    __le16    eh_magic;          /* 用于支持不同的版本 */
    __le16    eh_entries;        /* 可用项的数量 */
    __le16    eh_max;            /* 本区域支持的最大项容量 */
    __le16    eh_depth;          /* 当前树的深度 */
    __le32    eh_generation;     /* 第几代树 */
};
```

Extent 索引是 B+树中的索引节点，该数据结构用于指向下一级逻辑块，下一级逻辑块既可以是索引节点(保存着 Extent 索引)，也可以是叶子节点(保存着 Extent 项)。其数据结构如下：

```
struct ext4_extent_idx {
    __le32  ei_block;            /* 下一级 Extent 节点覆盖的第一个逻辑块的块号 */
```

```
    __le32  ei_leaf_lo;          /* 下一级 Extent 节点的物理块块号(低 32 位) */
    __le16  ei_leaf_hi;          /* 下一级 Extent 节点的物理块块号(高 16 位) */
    __u16  ei_unused;            /* 保留字段 */
};
```

Extent 项是 Extent 树中最基本的单元，它描述了逻辑块号与物理块号之间的关系，其物理结构如图 8.21 所示。在 Extent 结构中，第 0～31 位表示当前 Extent 项覆盖的第一个逻辑块的块号(即在文件中的起始块号)，第 32～46 位表示当前 Extent 项覆盖的连续物理块个数，第 47 位用于预分配，第 48～95 位表示当前 Extent 项覆盖的第一个物理块号。也就是说，一个逻辑块可以包含 2^{15} 个连续物理块。当物理块大小为 4KB 时，逻辑块的最大大小为 128MB。

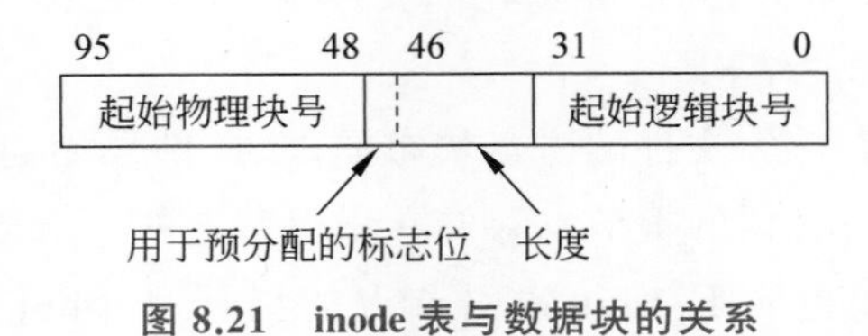

图 8.21　inode 表与数据块的关系

Extent 项代表的逻辑块到物理块的映射过程如图 8.22 所示。在 Extent 叶子节点中保存着一个 Extent 头和多个 Extent 项。第一个 Extent 项表示逻辑块 0 对应的物理块的起始块号为 200，长度为 1000。也就是说，该逻辑块代表块号为 200～1199 的连续物理块。类似地，第二个 Extent 项表示逻辑块 1001 代表块号为 6000～7999 的连续物理块。如果磁盘上有足够的连续块以保存文件，那么 Extent 项能够有效地节省保存索引文件所带来的空间和性能上的开销。

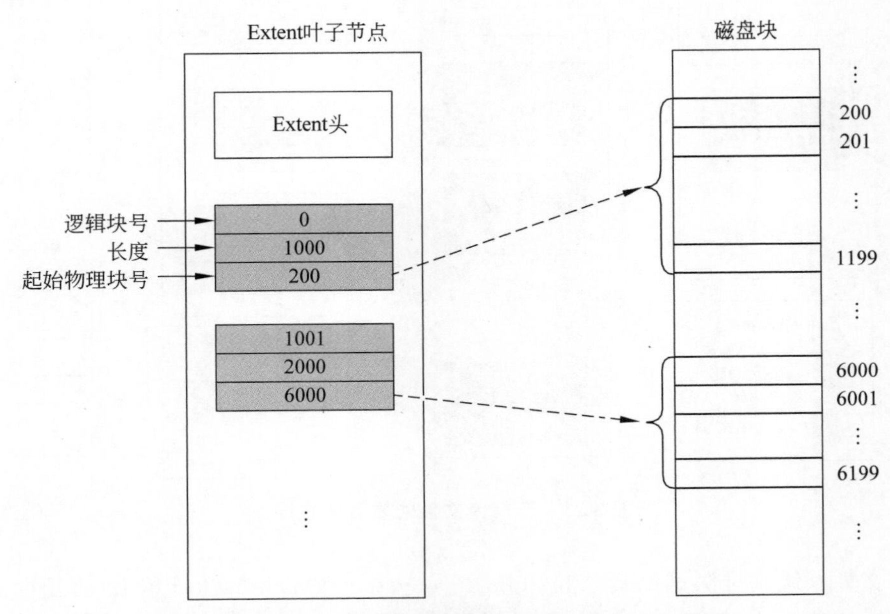

图 8.22　Extent 项代表的逻辑块到物理块的映射过程

Extent 项的数据结构 ext4_extent 如下：

```
struct ext4_extent {
    __le32  ee_block;          /* 起始逻辑块号 */
    __le16  ee_len;            /* 连续物理块的长度 */
    __le16  ee_start_hi;       /* 起始物理块号的高 16 位 */
    __le32  ee_start_lo;       /* 起始物理块号的低 32 位 */
};
```

Extent 树的根节点存储于索引节点的 i_block 结构中。Ext4 中的索引节点被设计成可以直接存储 4 个 Extent 项。一般来说，这只能用于索引较小的文件或能够在物理上连续存储的大文件。然而，对于非常大、高度碎片化的文件，则需要更多的 Extent 项来存储。为了提高性能，此时便可采用树的结构。

例如，图 8.23 给出了存储大文件的磁盘块布局，该文件采用起始逻辑块号为 0、深度为 3 的 Extent 树。此时，Extent 树的根节点存储在索引节点的 i_block 结构中，Extent 根节点中存储着一个 Extent 头和指向 Extent 索引节点的指针；Extent 索引节点中存储着一个 Extent 头和许多指向叶子节点的指针；叶子节点中则包含一个 Extent 头和很多 Extent 项，这些项则分别指向连续的物理块。索引节点和叶子节点都存储于磁盘上，它们都是磁盘的一个逻辑块。

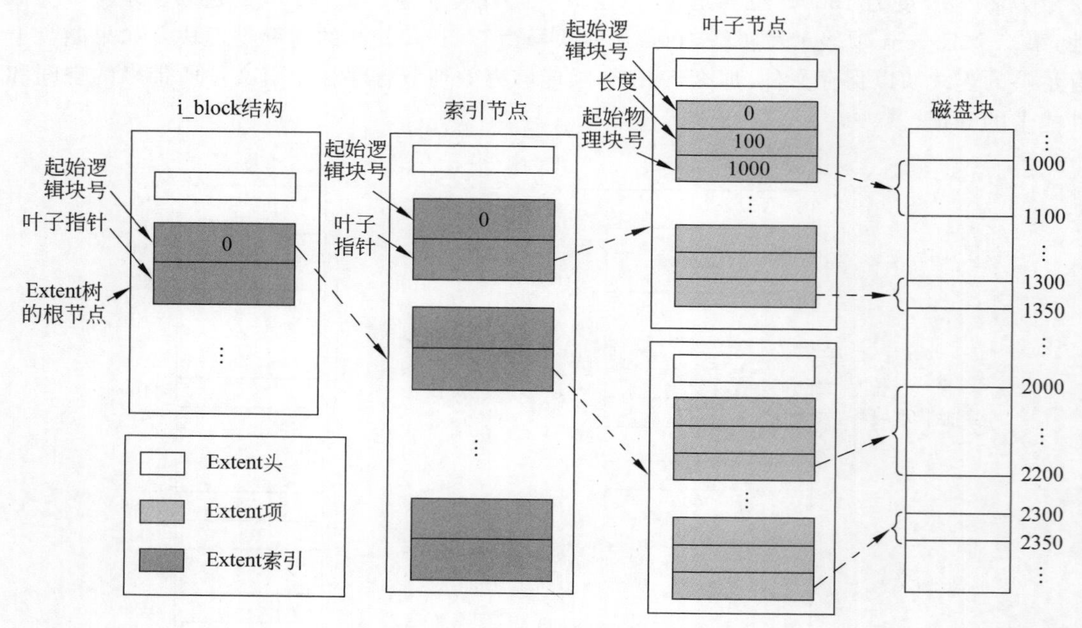

图 8.23 存储大文件的磁盘块布局

根据文件系统基准测试工具(Flexible File System Benchmark，FFSB)的基准测试，与 Ext3 相比，引入 Extent 树后，Ext4 的吞吐量提高了约 35%，CPU 利用率降低了 40%。

8.5 设备管理

8.5.1 块设备

Linux系统中的设备可分为两类，即块设备和字符设备。管理这些设备的程序模块被称为I/O子系统。I/O子系统控制完成进程与外设之间的通信任务。I/O子系统的核心部分是控制外设的设备驱动程序。本节主要介绍Linux系统的块设备驱动原理。

虽然设备文件也在系统的目录树中，但是它们和普通文件以及目录文件有根本的不同。当进程访问普通文件和目录文件时，它会通过文件系统访问磁盘分区中的一些数据块；而在进程访问设备文件时，它只要驱动硬件设备就可以了。VFS的任务之一是为应用程序隐藏设备文件与普通文件和目录文件之间的差异。

为了做到这一点，VFS在设备文件打开时改变其默认文件操作。因此，VFS把设备文件的每个系统调用都转换成与设备相关的函数的调用，而不是对文件系统相应函数的调用。

1. 设备配置

在Linux系统中，每一类设备都有自己的驱动程序。而且，每一个设备都有自己唯一的设备名，并能像文件那样对其进行存取操作。因此，每一个设备都作为特殊文件在文件系统目录树中占据一个节点，只是其索引节点的类型与普通文件不同而已。不过，当在文件系统中增加一个普通文件时，可以用系统调用creat()函数创建该文件。那么，怎么样创建一个设备文件呢？

进入Linux目录树的/dev目录，可以看到在里面已经有了常用的设备文件。目前，越来越多的Linux发行版开始使用udev技术，当Linux内核增加一个新的设备驱动模块时，会自动在/dev目录中创建相应的设备文件。

如果有一个新设备和系统连接，就要由系统管理员使用相应的命令（例如mknod）建立设备文件。

mknod命令要求管理员提供文件名、文件类型（块设备或字符设备）、主设备号和次设备号。例如：

```
mknod /dev/tty1 c 4 1
```

创建一个设备名为/dev/tty1的虚拟终端设备，c代表字符设备文件，该设备的主设备号是4，次设备号是1。在Linux系统中，主设备号表示一种设备类型，而次设备号则表示该类设备的一个单元。

2. 设备驱动程序的接口

绝大部分设备是块设备。块设备驱动程序把一个由逻辑设备号和块号组成的文件系统地址转换成物理设备上特定的物理块号，并启动物理设备和控制器进行I/O传输工作。驱动程序有两个接口：与文件系统的接口以及与硬件的接口。

在设备文件上发出的每个系统调用都由Linux核心转换为相应设备驱动程序的对应函数的调用。为了完成这个操作，设备驱动程序必须在系统中注册。如果设备驱动程序被静态地编译进 Linux 核心，则它的注册在 Linux 核心初始化阶段进行；如果设备驱动程序作为一个核心模块来编译，则它的注册在模块装入时进行。在后一种情况下，设备驱动程序也可以在模块卸载时注销自己。已经注册的设备驱动程序存放在一个散列表中。

用于块设备文件的默认操作方法如表 8.2 所示。

表 8.2 用于块设备文件的默认操作方法

方　法	用于块设备文件的函数	方　法	用于块设备文件的函数
open	blkdev_open()	write	generic_file_write()
release	blkdev_close()	mmap	generic_file_mmap()
llseek	block_llseek()	fsync	block_fsync()
read	generic_file_read()	ioctl	blkdev_ioctl()

另外，硬件与设备驱动程序的接口是由计算机的有关控制寄存器或操纵设备的 I/O 指令以及中断向量组成的。对硬件 I/O 的监控可以采用轮询模式或中断模式。当一个设备控制器发出中断请求时，系统识别发出中断请求的设备，并调用适当的中断处理程序。

设备驱动程序与文件系统和硬件的接口如图 8.24 所示。

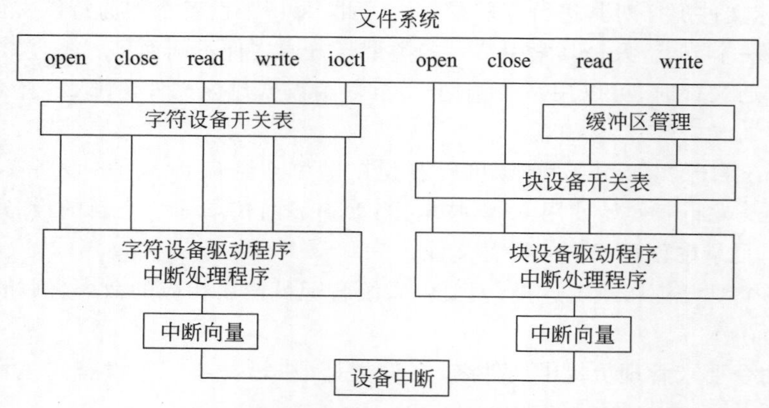

图 8.24 设备驱动程序与文件系统和硬件的接口

对于块设备，当文件系统调用有关系统调用时，系统从文件描述符 fd 找到对应的 VFS 内存索引节点。从索引节点信息中可以检查文件类型，抽取主设备号和次设备号。使用主设备号和次设备号，可以从散列表中查找设备驱动程序。

接着，系统调用设备驱动程序提供的 open 方法打开对应设备。设备驱动程序使调用进程和被打开设备之间建立联系，并初始化其他设备驱动程序使用的数据结构。open 方法在返回之前当然还要检查打开的合法化，例如，不能同时有几个进程打开同一个打印机设备进行读写操作等。

打开一个设备相当于为一个进程分配一个设备。显然，在使用缓冲池的文件系统中，除了刚开始时需要打开磁盘设备之外，在缓冲区和磁盘块之间进行 I/O 传输时不必打开设备。

系统调用 close 方法断开用户进程与一个设备的连接。注意,只有当没有其他进程打开此设备时才可以调用关闭方法,否则会引起混乱。

关闭一个设备文件相当于释放一个进程占有的设备。

块设备有两种基本的 I/O 数据传送方式,分别是块 I/O 操作和页 I/O 操作。bread()函数从块设备中读取一个单独的块,并存放在缓冲区 s 中。它首先检查缓冲区中是否已经有需要的数据,如果没有,调用 ll_rw_block()函数开始读操作,同时调用 wait_on_buffer()函数开始等待,这个函数把 current 进程插入 b_wait 等待队列并挂起,直到缓冲区开锁。

设备与设备驱动程序的通信方法依赖于硬件。计算机中大都设置了状态控制寄存器和数据缓冲寄存器。在数据缓冲寄存器的数据发送完毕之后,状态控制寄存器会通过总线发出传输完成中断信号,从而引起系统执行一个中断处理程序。至于执行哪个中断处理程序,则要根据发出中断信号的设备和中断向量决定的。一般来说,中断向量对应的中断处理程序都是针对一类设备的,系统在调用中断处理程序时必须将设备号和其他有关参数传递给它,以便识别引起中断的特定设备单元。

总之,块设备驱动程序必须把由逻辑设备号和块号组成的文件逻辑地址转换成块设备上的特定物理地址,并启动块设备和相应的控制器进行 I/O 传输工作。在传输完成时还要接受中断信号并完成相应的中断处理。

8.5.2 字符设备

字符设备是指在 I/O 传输过程中以字符为单位进行传输的设备,例如键盘、打印机等。在 UNIX/Linux 系统中,字符设备以字符文件的方式在文件目录中占据一个席位并拥有相应的索引节点。与块设备一样,字符设备的索引节点中的文件类型指明该索引节点描述的是一个字符文件,用户可以用与块设备相同的方式打开、关闭和读写字符文件。

字符设备是 Linux 设备中最简单的一种,应用程序可以利用和存取文件相同的系统调用打开、读写及关闭它。与块设备相似,字符设备的驱动程序也需要在 Linux 内核中注册。Linux 内核使用字符设备的主设备号和次设备号来索引设备驱动程序的散列表。

用于字符设备的文件操作只有一个,即 chrdev_open()。这个函数使用字符设备的设备号在散列表中查找对应元素,重写文件对象的 f_op 域。然后,这个函数调用相应驱动程序的 open 方法初始化驱动程序。

一旦字符设备文件被打开,则通常对其进行读写操作。为了做到这一点,文件对象的 read 和 write 方法执行设备驱动程序的适当函数。大多数字符设备驱动程序也通过 ioctl 方法支持 ioctl()调用,该调用允许把特殊的命令发往基本的硬件设备。

本章小结

Linux 内核是林纳斯·托瓦兹和全世界操作系统开源贡献者共同努力的结晶。基于 Linux 而开发的发行版为用户提供了丰富多彩的功能。例如,Ubuntu 发行版以其优雅的桌面系统而深受个人用户喜爱,而 CentOS 发行版则以其出色的稳定性而在服务器上得到广泛应用。

经过多年的迭代和更新,Linux 内核的各个子系统均得到了长足的发展和优化。在进程管理子系统中，其使用写时复制技术创建进程以提高效率，使用包括 0/1 调度在内的调度算法调度进程，以提高 CPU 的性能指标，使用低级通信、管道通信和进程间通信支持高效的进程通信；在存储管理子系统中，Linux 为每个进程构建一个虚拟地址空间，提供虚实地址的高效转换，并为内存不足的情况提供高效的请求调页技术；在文件系统方面，Linux 为了兼容多个文件系统而集成了虚拟文件系统抽象，并支持文件系统的注册和挂载，其中 Linux 默认的文件系统为性能和功能均较为优秀的 Ext4。在设备管理方面，Linux 支持块设备和字符设备。

总的来说，Linux 是极为优秀的操作系统内核，在 Linux 内核上衍生了多个版本，在众多场景中有广泛应用，包括 PC 端、服务器、嵌入式系统等。众多的开发者不断地为 Linux 添砖加瓦，增加新的特性。相信 Linux 将在今后的操作系统内核演进过程中继续扮演着引领者的角色。

习 题

8.1 Linux 内核和发行版有什么区别和联系？Linux 发行版有哪两个大类？它们各有什么特色？

8.2 Linux 系统中进程被赋予的含义和特性是什么？

8.3 Linux 系统的进程间通信有消息、共享内存和信号量 3 种方式。这 3 种方式各有什么优缺点？

8.4 Linux 的内存管理需要完成哪些最基本的任务？

8.5 为何能够认为 Linux 的不同进程都独占内存？

8.6 Linux 系统的内存淘汰策略算法是什么？简述该算法在 Linux 系统中实现的基本思想。

8.7 Linux 文件系统的特点是什么？简述一个典型的 Linux 系统目录结构。

8.8 VFS 包括哪些系统调用？分别简述它们的功能。

8.9 简述文件系统的注册、挂载以及卸载过程。

8.10 Linux 进程使用系统调用 open()打开文件时可以得到一个文件描述符，请结合 Ext4 文件系统说明进程如何根据文件描述符找到文件所在的磁盘存储区。

8.11 Windows 系统使用基于 FAT 的文件系统，而 Linux 使用基于索引节点的文件系统。这两个文件组织方式各有何优缺点？

8.12 Linux 系统中的设备分为哪几种？它们各自的特点及相应例子是什么？

8.13 阅读 Linux 系统的鼠标驱动程序源码，整理出驱动程序的工作流程。

第9章　虚拟化技术

在计算机发展早期，计算机通常是昂贵的大型机，为多个用户共同使用。然而，不同用户的应用程序可能是基于不同的操作系统开发的，用户希望在同一台计算机上使用不同的操作系统。在这样的背景下，虚拟化技术应运而生。早期出现的虚拟技术有虚拟内存、虚拟CPU等。程序的并发执行实际上是虚拟技术的一种体现。当前，部件的虚拟化已发展成为系统的虚拟化技术。系统虚拟化技术通过引入一个新的虚拟化层，在一台物理计算机上模拟多台虚拟计算机。这个新增加的虚拟化层为操作系统及其应用提供对计算机硬件的复用，为每个操作系统制造其独占整个物理计算机或者在使用不同计算机的假象。本章将通过讲述系统虚拟化的概念、历史和基本任务探索以下3个问题：什么是系统虚拟化技术？为什么需要系统虚拟化技术？如何实现系统虚拟化技术？最后介绍容器技术。

9.1　概　　述

9.1.1　系统虚拟化的基本概念

系统虚拟化是指在一台物理计算机上提供多台虚拟计算机的逻辑复用，这些虚拟计算机简称为虚拟机。虚拟机是通过软件模拟的、具有完整且独立的硬件功能的计算机系统，可以提供物理计算机几乎所有的功能。物理计算机一般被称为宿主机，而虚拟机则被称为客户机。宿主机的各种物理资源（如CPU、内存、磁盘空间、网络适配器等）经过虚拟化抽象后，可分割为多个计算环境或组合为一个计算环境，由此打破物理资源间不可分割的障碍，提高物理资源的利用率。此外，虚拟化屏蔽了物理资源的构成细节，使得资源可以被更便捷、更安全地使用。例如，可在Intel 80x86架构的计算平台上通过虚拟化软件部署Android操作系统，虚拟化软件将自动实现所有Android操作系统指令与Intel 80x86指令间的转化，从而提供虚拟化的执行环境。客户机在宿主机上可以并行运行或串行运行。并行运行是指不同的客户机可以使用不同的操作系统，通过共享宿主机物理资源提升并行性；串行运行是指一个宿主机上只运行一个客户机，通过虚拟化技术解决客户机操作系统与宿主机硬件的兼容性问题。

提供并行虚拟化技术的软件被称为虚拟机监视器（Virtual Machine Monitor，VMM，又称hypervisor）。下面的讨论都是基于并行虚拟化的。

VMM一般运行在最高特权级，向下管理所有硬件资源，向上为客户机操作系统提供虚拟化的硬件接口。计算机硬件资源主要可分为CPU、内存和I/O设备3部分，因此VMM的基础功能也有3项，分别是CPU虚拟化、内存虚拟化和I/O虚拟化。

（1）CPU虚拟化。在Linux系统中，操作系统通过给每个线程分配时间片，使得线程获得被调度运行的机会；对应VMM与虚拟机，则是VMM通过给vCPU分配运行时间，使得vCPU所属虚拟机得以运行。VMM与虚拟机、vCPU的关系可以类比为操作系统与进程、线程的关系。当然，CPU 虚拟化还要额外考虑指令集兼容等虚拟化技术特有的问题。例如，VMM 上运行的客户机操作系统使用的指令集可能与 VMM 使用的指令集不同，这就涉及指令翻译等问题。

(2) 内存虚拟化。操作系统为进程提供虚拟地址空间，以保障进程间的隔离性。与此类似，VMM 需要为虚拟机提供相互隔离的虚拟地址空间。从客户机操作系统的角度来看，由 VMM 提供的虚拟内存就是物理内存，因此该地址空间被称为客户机物理地址空间；而客户机操作系统为运行在其中的进程提供的虚拟地址空间被称为客户机虚拟地址空间。内存虚拟化的目标是从软件和硬件的角度缓和多层地址转换带来的额外开销。

(3) I/O 虚拟化。每个虚拟机都拥有一套独立的 I/O 设备，而虚拟机的个数往往比物理设备数量多。因此，VMM 需要复用 I/O 设备，为每个虚拟机提供虚拟的 I/O 设备。为保障虚拟 I/O 设备之间的隔离性，虚拟机与虚拟 I/O 设备的交互需要在 VMM 的监督下进行。例如，一个虚拟机可能向某个设备发送休眠指令，若该设备如实执行，则其他正在使用该设备的虚拟机就会受到影响。因此需要 VMM 对 I/O 相关指令进行拦截检查后再执行不影响其他虚拟机的操作。I/O 指令的截获、模拟和转发是 I/O 虚拟化的主要内容。

有关 VMM 上述 3 项基础功能的详细内容，将在 9.2 节～9.4 节中展开描述。

9.1.2 虚拟化的实现方式

根据实现机制的不同，系统虚拟化技术可分为全虚拟化(full virtualization)和半虚拟化(para virtualization)两大类。

在全虚拟化技术环境下，虚拟机无法感知自己运行在虚拟化环境中。VMM 为虚拟机提供的虚拟硬件环境是与物理机同质的，因此客户机操作系统不会感知虚拟硬件环境有任何异常，硬件环境无须修改即可应用于虚拟化环境。而基于半虚拟化技术实现的 VMM 所提供的硬件接口与真实硬件接口是不同的，虚拟机可感知自身处于虚拟化环境中。因此，应用在半虚拟化环境中的客户机操作系统需要进行一些修改，适配 VMM 的硬件接口后才能正常运行。

使用纯软件方式实现全虚拟化，最直接的模拟方法就是解释执行。将虚拟机的每一条指令解码为对应的执行函数，由 VMM 负责执行。这种方式的优点是兼容性好，可以在一种体系结构下运行为另一种体系结构开发的操作系统，例如在 Intel 80x86 架构的计算机中运行基于 ARM 架构的 Android 系统和应用。其缺点是性能低下，每一条指令都需要被翻译成多条指令，耗时增多。后来又出现了扫描与修补等技术，使同体系结构的非敏感指令(不会影响其他虚拟机的指令)直接运行在物理 CPU 上，提高了性能。随着虚拟化技术的发展，计算机硬件在设计时也开始考虑虚拟化的需求，硬件辅助虚拟化(hardware-assisted virtualization)技术应运而生。这使得一些纯软件虚拟化技术难以解决的效率问题得到了改善。例如，在 CPU 中加入为虚拟化定制的指令集和运行模式，减少需要解释执行的指令，缓解了纯软件虚拟化造成的性能低下、实现复杂等问题。硬件辅助虚拟化技术的典型代表有 Intel VT 和 AMD-V。

半虚拟化的实现机制是修改供虚拟机使用的硬件抽象，并在客户机操作系统中加入调用指令，使得客户机操作系统可以通过 VMM 调用硬件。硬件抽象与真实硬件差别越大，则需要对客户机操作系统做出的修改越多。这样做的好处是减少了 VMM 因模拟指令导致的开销，提高了 CPU 的利用效率；坏处是用于半虚拟化的操作系统都需要修改，增加了工作量。因此，半虚拟化技术也被称为协同虚拟化技术，即客户机操作系统需要与 VMM 协同设计。另外，半虚拟化技术同样可以受惠于硬件辅助虚拟化技术，简化 VMM 的开发管理并提高其执行效率。

9.1.3 虚拟机监视器的类型

VMM 是系统虚拟化技术的核心。从软件架构角度来看，VMM 可分为两种类型：第一类虚拟机监视器（Type 1 VMM），其架构被称为裸金属（bare-metal）架构；第二类虚拟机监视器（Type 2 VMM），其架构被称为宿主（hosted）架构。

第一类虚拟机监视器常用于提供云服务的服务器。这类 VMM 直接控制底层硬件，并管理上层虚拟机。第一类虚拟机监视器的架构如图 9.1 所示。第一类较第二类虚拟机监视器在性能、安全性、隔离性等方面得到了提升。以内存管理为例，在第一类虚拟机监视器中，虚拟机的虚拟地址到物理地址只需要经过两次转换，减少了从虚拟机的物理地址到宿主机的虚拟地址转换的开销。影子页表、硬件辅助地址转换等软硬件技术的出现将内存地址转换次数降低至一次，进一步提升了第一类虚拟机监视器的性能。在安全方面，第一类虚拟机监视器也更具优势。一般情况下，安全漏洞随软件体积的增大而增多。现代操作系统功能繁多，代码量巨大；而 VMM 与之相比提供的功能较少，代码更为精简，因此安全性也就更强。

典型的第一类虚拟机监视器有微软公司的 Hyper-V、VMware vSphere 虚拟化平台的 ESXi 和 Citrix 公司的 XenServer。还有一个较为特殊的虚拟计算软件 KVM（Kernel-based Virtual Machine，基于内核的虚拟机），将它作为一个内核模块装载在 Linux 内核中以后，Linux 内核就可以作为第一类虚拟机监视器。由于复用了 Linux 内核的诸多功能，使得 KVM 非常精巧，如今广泛地应用于各种 Linux 发行版。

第二类虚拟机监视器是 PC 上常用的软件。它作为一个应用程序运行在宿主机操作系统上，因此这种架构也被称为寄居架构。第二类虚拟机监视器的架构如图 9.2 所示。在这种架构下，宿主机操作系统管理和分配硬件资源，VMM 无法直接控制硬件。然而，VMM 实际上通过宿主机操作系统间接控制硬件，因此导致系统性能和安全性下降。以内存虚拟化为例，虚拟机中用到的地址空间需要经过三次转换。第一次是将客户机的虚拟地址转换为客户机的物理地址；第二次是将客户机的物理地址转换为宿主机的虚拟地址；第三次将宿

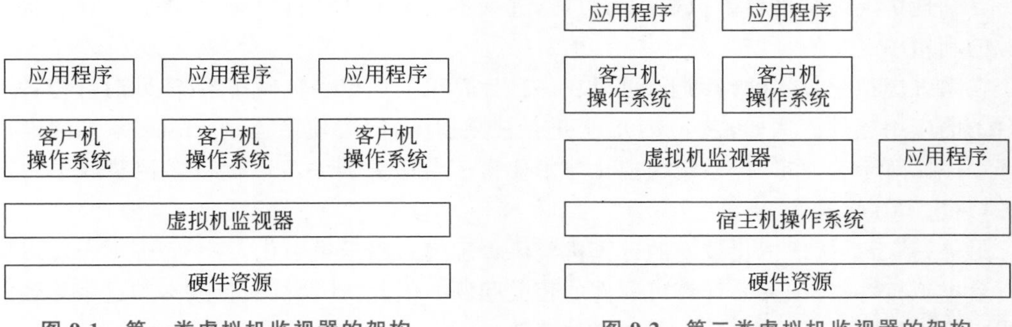

图 9.1 第一类虚拟机监视器的架构

图 9.2 第二类虚拟机监视器的架构

主机的虚拟地址转换为宿主机的物理地址。每次转换都会导致额外的性能开销。这种架构的优点是使用方便，安装、使用和卸载都不会影响宿主机操作系统的正常运行。这种架构的典型化代表有 VMware Workstion、VirtualBox 和 Virtual PC 等。

通过分析两种架构类型的 VMM，可以发现两者本质的区别是 VMM 对硬件的控制能力和承担的虚拟化任务不同。VMM 的 3 项基本任务是 CPU 虚拟化、内存虚拟化和 I/O 虚拟化。而 I/O 虚拟化又可以进一步分解为驱动硬件设备和创建设备模型。第一类虚拟机监视器直接控制所有硬件，因此需要完成所有虚拟化任务。而第二类虚拟机监视器则可以将 CPU 虚拟化和内存虚拟化的任务交给宿主机操作系统，调用其接口。I/O 虚拟化的实现则可以复用宿主机操作系统的设备驱动，VMM 只负责为虚拟机创建设备模型，模拟硬件环境，并通过调用宿主机操作系统的接口完成 I/O 虚拟化的工作。当然，以上描述的只是典型的第一类虚拟机监视器和第二类虚拟机监视器的架构设计，还有少数出于个性化需求而设计的 VMM 不完全符合以上模型。例如，出于性能的考虑，VMM 将设备控制权交给某个特权虚拟机，使其承担全部的 I/O 虚拟化任务，该特权虚拟机可以利用自身的驱动程序控制该设备，并为上层应用提供应用模型。与第二类虚拟机监视器模型相比，这种模型减少了上下文切换和设备命令转译导致的系统开销。

了解了两种 VMM 架构类型的本质区别之后，就可以从底层出发，分析它们的优缺点和适用的场景。总体上来讲，第一类虚拟机监视器的效率更高，更加安全可靠，适合在企业服务器中使用；第二类虚拟机监视器的使用方便快捷，对现有系统环境影响小，更适用于个人计算机。

9.1.4 虚拟化的优势

通过前面关于系统虚拟化技术的概述，可以大致了解什么是虚拟化技术。接下来要探究的问题是为什么需要虚拟化技术。经过几十年的发展，虚拟化技术不仅提高了硬件资源利用率和可靠性，还在计算机的使用便捷性、可维护性、安全性等方面超越了传统的非虚拟化计算机管理模式。其优势可以总结为以下几点。

1. 高效性

现代操作系统大多拥有多用户、多任务的功能，其对硬件资源的利用率与不采用操作系统，使某个任务独占计算机硬件的方式相比有很大提升。系统虚拟化技术则更进一步，使得在一台物理机上运行多台虚拟机成为可能，进一步挖掘了计算机的潜力，提高了计算机硬件资源的利用率。

在系统虚拟化技术的帮助下，可以在一台计算机上运行多种操作系统，同时运行各系统平台下的应用软件。例如，在 macOS 上进行视频剪辑，同时使用运行 Linux 系统的虚拟机编译程序。对于企业来说，系统虚拟化技术使得一台服务器中可以运行多台装载不同业务的虚拟机。

另外，基于系统虚拟化技术的计算机资源管理模式趋于集中化，一个管理平台可以控制上万台虚拟机，而无须关心计算机硬件的相关问题。因此，计算机购置成本和运维导致的人力成本都得到降低，同时也减少了能源的消耗。

2. 可靠性

计算机系统的可靠性可以体现在隔离性、稳定性、安全性等方面。现代操作系统实现了进程之间的隔离，即软件间的隔离，减少了进程间的不良影响。VMM在提供软件之间隔离性的同时，实现了软件与硬件之间的隔离。

软硬件之间的隔离体现在：VMM可根据虚拟机计算负载的大小，动态地对其虚拟硬件环境进行调整，而无须考虑物理上的硬件结构的约束。例如，当一台虚拟机的计算负载过高时，VMM可动态地增加该虚拟机的虚拟CPU数量，甚至可以超过一台物理机的CPU总数。虚拟硬件资源的提供者也是可变的，因此计算任务可在不同服务器上迁移。即使某台服务器损坏，计算任务依旧可以正常进行，减少了因服务器导致的业务暂停或崩溃，提高了稳定性。

同时，VMM相较操作系统提高了软件之间的隔离性。主要体现在虚拟机之间的隔离上。各虚拟机在执行影响CPU、内存等资源的敏感指令时，受到VMM的监督，无法操作属于其他虚拟机的关键资源。运行在同一宿主机上的某台虚拟机感染病毒导致系统崩溃时，不会影响到处于同一宿主机的其他虚拟机，业务的安全性得到了提升。

3. 便捷性

便捷性体现在对于计算机系统的管理、维护等方面，相较于传统的管理模式更加灵活、方便。从资源管理角度看，VMM打破了硬件资源不可分割的障碍，使得资源的分配从面向硬件转变成由软件定义。这一转变使得基于虚拟化技术的计算机系统具有了弹性。管理人员可以方便地通过配置软件减少或增加资源，而无须在物理上更换CPU或硬盘等。

此外，便捷性还体现在对于虚拟机的控制和监视方面：基于CPU虚拟化、内存虚拟化和I/O虚拟化这3项基础技术，VMM可实现更多高级功能，例如虚拟机的克隆、状态监控、快照恢复、动态迁移等。这些功能使得运维工作变得简单、高效，还提高了系统的安全性，减少了生产事故的发生。

例如，某台虚拟机在执行计算任务时，为其提供存储空间的硬盘突然损坏，则VMM会调用存储在其他宿主机上的备份数据，并从正常运行的硬盘中为该虚拟机划分新空间。当服务器出现暂时无法解决的故障时，VMM可将整个虚拟机迁移到其他宿主机，即在不同的计算机硬件环境之间迁移，而计算任务不会中断。

9.1.5 虚拟化的发展历程

在计算机发展初期，大多数计算机是昂贵的大型机，不同的用户在大型机上运行各自的应用程序。由于不同用户的应用程序可能是基于不同的操作系统开发的，人们希望在计算机上运行不同的操作系统。在这样的背景下，虚拟化技术应运而生。

在1959年的国际信息处理大会上，Christopher Strachey在一篇名为*Time Sharing in Large Fast Computers*的学术报告中提出了虚拟化的基本概念，这被认为是对虚拟化技术最早的论述。

1962年诞生的Atlas 1超级计算机首次实现了虚拟内存机制并实现了名为Supervisor的底层资源管理组件的计算机。Supervisor可以通过特殊的指令或代码管理物理主机的硬件资源，是 VMM 的雏形。

1965 年，IBM 公司发布的 IBM 7044 是第一个支持虚拟机的系统，首次实现了包括部分硬件共享（partial hardware sharing）、时间共享（time sharing）、内存分页（memory paging）和虚拟内存管理功能的 VMM。

在此后近 20 年中，虚拟化技术都主要应用在大型机上，使用场景主要是将一台大型机通过虚拟化技术分割为多台性能较弱的虚拟机，供多个用户使用。

20 世纪 90 年代，采用 x86 架构的微型计算机经过多年发展终于具备了在一台物理机上运行多台虚拟机的性能，采用 x86 架构平台的虚拟化技术也如雨后春笋般出现。从此，虚拟化技术的发展平台逐渐从大型机转到以 x86 平台为代表的微型机。

1999 年，VMware 公司发布的 VMware Workstation 是第一个在 x86 架构平台上通过纯软件方式实现的全虚拟化技术。同时，它也是第一款能在宿主机上流畅运行多个装有不同操作系统的虚拟机的商业化软件。

2001 年，Fabrice Bellard 发布了采用动态二进制翻译（binary translation）技术的开源虚拟化软件 QEMU（Quick EMUlator）。QEMU 具有跨平台特性，可以使在特定架构上编译的程序能够在不同的架构上运行。

而全虚拟化带来的主要问题是性能损耗较大，于是紧接着又出现了以 Xen、Denali 为代表的半虚拟化技术。该技术通过修改客户机操作系统适配 VMM，不仅解决了 x86 架构的虚拟化漏洞问题，还能达到比全虚拟化更高的性能。但其缺点也很明显，即增加了客户机操作系统修改、调试的成本。

2005 年，Intel 公司率先公布了硬件辅助虚拟化技术 Intel-VT，添加了对虚拟化技术的硬件支持，填补了自身体系结构存在的虚拟化漏洞。此后，AMD 等硬件公司也纷纷跟进，在自己生产的硬件中加入了对虚拟化的支持。硬件辅助虚拟化技术完善了硬件体系结构对于虚拟化层的支持，使得虚拟化软件的性能和兼容性问题得到解决。

虚拟化技术的长足发展促进了云计算技术的诞生。虚拟化技术作为云计算的基础核心技术，至今仍是计算机科学领域的研究热点，并且具有光明的发展前景。

9.2 CPU 虚拟化

本节介绍 CPU 虚拟化的基本思想、虚拟机受限执行和上下文切换。

9.2.1 基本思想

VMM 控制物理 CPU（physical CPU，pCPU），并向虚拟机提供虚拟 CPU（virtual CPU，vCPU），使得虚拟机的指令可以在独立的环境中得到执行。CPU 虚拟化实现的形式之一是模拟器，它是可以模拟 CPU 行为的应用软件，其输入输出与 CPU 完全一致。但是，模拟的过程复杂而且耗时，效率极低。提高效率的方法是：在不影响隔离性的前提下，尽可能使 pCPU 直接运行虚拟机的指令。

使虚拟机的指令尽可能多地直接运行于 pCPU 可以减少指令模拟导致的开销，但是一台物理机上往往运行多台虚拟机，vCPU 数量超过 pCPU 数量。此时 VMM 就需要使用时分复用技术，为每个 vCPU 分配时间片，以共享 pCPU。为使得 vCPU 再次运行时可以继续之前的任务，且保障 vCPU 之间相互隔离，每个时间片结束后都需要进行上下文切换，类似于进程调度时发生的进程上下文切换。

这里主要存在两个挑战：

(1) 如何使得虚拟机指令直接运行在物理 CPU 上，同时保证 VMM 对硬件的控制，而且虚拟机不会破坏隔离？

(2) 为了使得多台虚拟机共享 pCPU，如何实现上下文切换？

在介绍 CPU 虚拟化技术细节之前，首先回顾 CPU 和指令的相关概念。CPU 的主要职责是获取、解释和执行指令。现代 CPU 被设计为具有多个特权级别，更高的级别意味着可以执行更多对计算机影响更大的指令。这里将 CPU 的执行级别分为系统态(最高特权级别)和用户态(非最高特权级别)，将指令分为特权指令和非特权指令。特权指令是指只能在系统态下运行的指令；若其在用户态执行，则会下陷到系统态进行处理。指令还可以依据其对计算机的影响分为敏感指令和非敏感指令。敏感指令包括两类：①控制敏感指令，即改变系统中资源配置的指令，如内存地址映射、与设备通信、更改 CPU 配置寄存器等；②行为敏感指令，即根据资源配置表现出不同行为的指令，如虚拟内存的存取，其结果受虚拟地址与物理地址映射配置的影响。

当体系结构的设计满足所有敏感指令同时也是特权指令这一要求时，就是可虚拟化架构；反之则是不可虚拟化架构。通过上述对于敏感指令的定义，可以发现，敏感指令正是有可能影响其他虚拟机、破坏隔离性的指令。在可虚拟化架构下，只要将 VMM 运行在最高特权级别，将虚拟机运行在非最高特权级别，则当虚拟机执行任意敏感指令时都会下陷至 VMM 进行处理，这保障了 VMM 可以拦截任意可能改变计算机状态或影响其他虚拟机的指令，并使用软件模拟指令的执行效果。这符合尽可能将虚拟机指令直接运行在 pCPU 上的思想，安全而且高效。

在不可虚拟化架构下，某些敏感指令并非特权指令，上述方法就不再适用了。由于无法依靠硬件设计的特权级别对敏感指令进行区分处理，就需要通过软件的方式识别和模拟敏感指令。

综上所述，CPU 虚拟化的基本思想是：使用纯软件或硬件辅助的方式，通过时分复用 pCPU，直接运行虚拟机的非敏感指令，并由 VMM 模拟执行敏感指令。这样既保证了 VMM 对计算机硬件资源的控制权和虚拟机间的隔离性，又保证了虚拟机的执行效率。此外，现代计算机硬件在设计时也对虚拟化进行了充分的考虑，降低 VMM 的复杂性，提高其效率。具体采用的方法包括将不可虚拟化架构改善为可虚拟化架构、由硬件自动执行虚拟机的上下文切换等操作。

9.2.2 受限执行

如何在保证 VMM 对硬件完全控制的同时使得虚拟机正确、快速地运转？其本质是如何使虚拟机受限执行。

1. 指令执行

解决上述挑战的基本思想是：非敏感指令直接执行，以保证效率；敏感指令由 VMM 模拟执行，以保证安全。对于不可虚拟化架构，VMM 通过扫描得到虚拟机需要执行的敏感指令，模拟指令执行的效果；对于可虚拟化架构，由硬件完成敏感指令的截获，并通过软件配置敏感指令的处理流程。

1）不可虚拟化架构

在不可虚拟化的芯片平台上，VMM 通过纯软件方式模拟虚拟机需要执行的指令，主要有 3 种技术：解释执行、扫描与修补以及二进制翻译。

(1) 解释执行。将虚拟机需要执行的每一条指令都由 VMM 实时解释执行。以开源模拟器 Bochs 为例，它对虚拟机的每一条指令进行解码，通过运行指令对应的解释函数，模拟虚拟机的执行效果。其优点是所有指令都在 VMM 的监控之下，而且可以模拟与物理机体系结构不同的虚拟机。其不足之处是没有直接执行非敏感指令，效率低下。

(2) 扫描与修补。扫描虚拟机需要执行的指令，保留非敏感指令并修补敏感指令。修补过程是：将其中的敏感指令替换成一个外跳转，跳转到 VMM 的空间里，执行可以模拟敏感指令效果的安全代码块，再返回虚拟机继续执行下一条指令。与解释执行技术相比，这样做减少了对非敏感指令进行模拟而导致的开销；但每次遇到敏感指令时都需要跳转，导致代码的局部性较差，无法充分利用缓存带来的性能提升。

(3) 二进制翻译。在虚拟机启动时，VMM 预先对后面可能用到的代码进行翻译并存储在缓冲区中。翻译过程中保留非敏感指令，并将敏感指令替换为模拟执行的指令块，最后形成一个可直接按顺序执行的代码。与扫描及修补技术相比，缓冲区中翻译好的代码局部性高，可以充分利用缓存的优势，性能更高。其缺点是内存空间占用大，且在面对自修改和自参考的程序时，原本需要修改和参考的代码是原始代码，而 CPU 运行的却是经过 VMM 翻译的代码，解决这一问题也会带来额外的系统开销。

2）可虚拟化架构

当前大部分桌面级、服务器级的 CPU 都提供了对虚拟化技术的支持。以 Intel VT 技术为例，其不仅修补了虚拟化漏洞，而且加入了新的虚拟化专用指令以加速虚拟化过程。

VMM 引入的操作模式修补了虚拟化漏洞。操作模式分为根操作模式和非根操作模式。VMM 运行在根操作模式，拥有硬件资源控制权；虚拟机运行在非根操作模式，该模式下所有敏感指令触发的行为可由软件定义，可以选择下陷至 VMM 模拟执行，也可以选择直接执行。引入新的模式，而不是将所有虚拟化指令都变为特权指令，目的是保障已有程序的兼容性。

增加的虚拟化指令(如 VMLAUNCH 和 VMRESUME)可用于根操作模式与非根操作模式的切换。这些专用指令通过硬件电路实现，在简化了 VMM 的设计和开发的同时提高了其性能。

2. 中断和异常

除了指令的执行，虚拟机在运行过程中还会遇到中断和异常。为使虚拟机能够正常地响应中断和异常，VMM 应为虚拟机提供与物理硬件一致的中断和异常的触发条件和处理过程。

中断的模拟分为以下两类：

(1) 中断源的模拟。CPU 本身产生的核间中断等中断请求由 VMM 模拟，当 vCPU 满足中断条件时就模拟产生一个中断请求；网卡等外围设备引起的中断则先由 VMM 接管，经分析后分配给对应的虚拟机。

(2) 中断控制器的模拟。在硬件设备和CPU之间有一个中断控制器,用来统一管理中断。虚拟机也需要一个虚拟中断控制器。中断控制器虽然性质特殊,但仍属于设备,因此VMM只要根据其数据手册模拟相应接口即可。

异常的模拟是由运行在非最高特权级别的虚拟机运行特权指令导致的异常,通过陷入VMM模拟的方式进行处理。对于因虚拟机执行了存在问题的程序而导致的异常,VMM只需要严格按照CPU数据手册定义的异常产生条件和处理规则响应虚拟机即可。

中断和异常的模拟与计算机硬件设计密切相关。随着CPU、内存、网卡等设备对虚拟化技术的支持不断增强,中断的处理、转发等操作从一开始的纯软件实现逐步走向软硬件协同、软件配置硬件的实现方式。

9.2.3 上下文切换

虚拟机之间、虚拟机与VMM之间采用时分复用的方式共享CPU,每次切换都需要保存当前的CPU运行环境,将即将运行的VMM或虚拟机的运行环境加载到CPU上。这个运行环境被称为上下文,这个过程称为上下文切换。

从CPU角度来看,虚拟机的上下文指虚拟机运行时用到的CPU各寄存器的状态。前面介绍的进程上下文指与某个进程运行相关的部分CPU寄存器的状态。虚拟机运行涉及的寄存器更多,因此进程上下文一般是虚拟机上下文的一个子集。接下来重点介绍纯软件的上下文切换和硬件辅助的上下文切换过程。

1. 软切换

在无法利用硬件特性的情况下,虚拟机上下文的保存靠纯软件方法进行。VMM维护一片内存,用于保存各虚拟机的上下文。当时间片用尽时,当前CPU所有寄存器的值存入相应内存块作为该虚拟机的上下文,然后切换为VMM的上下文,执行调度逻辑,再从另一块内存中读取即将运行的虚拟机在挂起前保存的CPU寄存器值,并加载到对应寄存器中。

以上过程可以理解为单核CPU条件下的上下文切换情况。事实上,现代CPU往往有多个核,虚拟机也会被分配多个vCPU。很多情况下,VMM调度的单位不是虚拟机,而是vCPU。vCPU可以理解为记录了虚拟机上下文、状态信息和操作策略的一片内存,通常表现为一个结构体。当虚拟机被挂起时,pCPU的信息被记录在这片内存中;当虚拟机被唤醒时,则将vCPU的信息映射至pCPU。

虚拟机与vCPU的关系可以类比为进程与线程的关系。前者是资源分配的基本单位,后者是任务调度和执行的单位。在许多流行的虚拟化软件中,vCPU的运行是通过将其作为一个线程运行在pCPU上完成的,如图9.3所示。

2. 硬件辅助切换

在硬件辅助虚拟化技术出现后,硬件提供了便于上下文切换的专用数据结构和指令。以Intel公司的硬件辅助虚拟化技术Intel VT为例,它提供了VMCS(Virtual-Machine Control Structure,虚拟机控制结构)作为记录vCPU的各种状态参数和操作策略的容器。其实体是一片4KB的内存块,可通过专用指令进行控制。

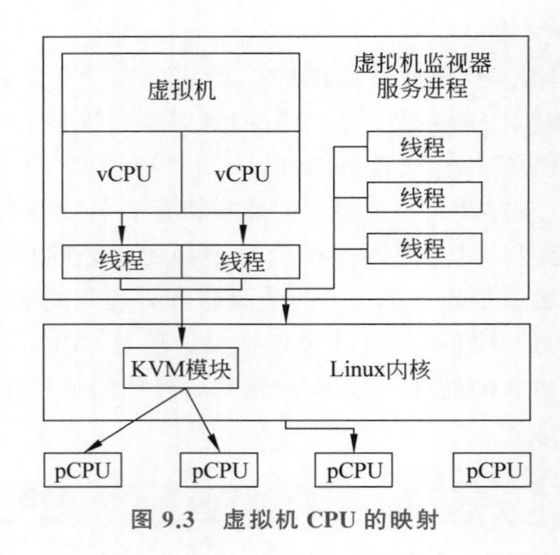

图 9.3 虚拟机 CPU 的映射

例如，VMCS 的 Guest State Area（客户机状态区）存储了虚拟机运行时的寄存器状态和中断状态，Host State Area（宿主机状态区）存储了虚拟机被中断后转到 VMM 处理时需要恢复的环境。当 vCPU 被挂起时，硬件自动保存上下文到相应 VMCS 的内存块，VMM 可通过 VMLAUNCH/VMRESUME 指令再次唤醒该 vCPU，使硬件自动恢复之前保存的上下文。

需要特别说明的是，部分寄存器（如浮点寄存器）的信息并未存储在 VMCS 中，因此也不能通过硬件直接保存或恢复。VMM 通过软件管理这些寄存器，以便优化上下文切换过程。这些由 VMM 单独管理的寄存器并非在每一次上下文切换时都需要更新，更新与否由 VMM 根据实际情况选择最优策略来确定。因此上下文切换也被分为两部分：VMCS 部分（硬件自动执行）和非 VMCS 部分（VMM 通过软件执行）。除保存上下文之外，VMCS 还记录了用于控制 vCPU 的各种配置信息，例如 vCPU 运行敏感指令时的应对策略。有专用的指令（如 VMREAD 和 VMWRITE）可对 VMCS 进行操作，因此可屏蔽各版本 VMCS 的区别，安全地访问和修改 VMCS。

类似的硬件辅助虚拟化技术还有很多，其共性是将高频使用的数据结构和操作过程封装成硬件，并提供软件配置接口。VMM 可通过软件配置虚拟机执行敏感指令时的策略和上下文切换的策略等。当软件配置完毕后，专用的硬件模块就会按照预先配置的策略自动执行，解放了 CPU 资源，提高了虚拟化效率。

9.3 内存虚拟化

在没有使用虚拟化技术的系统中，操作系统管理整个物理内存，拥有从零地址开始增长的全部地址空间。然则，在虚拟化环境中，物理内存不再由某个客户机操作系统独占，而是由多个客户机操作系统共享。为此，VMM 引入了内存虚拟化技术，让每个客户机操作系统认为自己仍然独占并管理整个物理内存，同时限制客户机操作系统访问或修改其他虚拟机在物理内存中的数据。本节先阐述内存虚拟化的基本思想，然后介绍实现内存虚拟化时面临的主要挑战，并简要分析现有解决方案。

9.3.1 客户机物理地址空间

在不支持系统虚拟化的环境中，操作系统拥有最高的特权级别，负责物理内存的管理。此时，操作系统感受到的是一个地址从 0 开始且连续增长的线性物理空间。在此基础上，操作系统为每个进程提供一致的线性虚拟空间，以简化内存管理。

在启用了系统虚拟化的环境中，一台主机可支持多台虚拟机的运行。VMM 拥有比客户机操作系统更高的特权级别，管理物理内存空间。因此，VMM 也需要为每台虚拟机提供一个地址从 0 开始且连续增长的线性虚拟空间，否则多台虚拟机无法同时启动。为此，内存虚拟化引入了新的一层地址空间——客户机物理地址空间。这样即可将不真实的客户机物理地址交由虚拟机管理，而在实际访存时再由 VMM 将其翻译为真实的宿主机物理地址。由此，在内存虚拟化中存在 3 类地址：

(1) 客户机虚拟地址(Guest Virtual Address,GVA)，在虚拟机内供进程和客户机操作系统使用的地址。

(2) 客户机物理地址(Guest Physical Address,GPA)，也是虚拟地址，但“伪装”为物理地址，由客户机操作系统管理。

(3) 宿主机物理地址(Host Physical Address,HPA)，在访存操作中通过总线实际访问的物理内存地址。

引入客户机物理地址空间后，带来了以下 3 个好处：

(1) 为多台虚拟机同时运行带来了可能性。每台虚拟机都可“独占式”地管理一个地址从 0 开始且连续增长的客户机物理地址空间。

(2) 避免同时运行的多个虚拟机互相影响。客户机操作系统只能管理客户机物理地址，而不能决定该地址实际映射在哪片物理内存上。VMM 掌握决定权，保护了每个虚拟机的客户机物理地址空间不被其他虚拟机破坏，实现了虚拟机之间的内存隔离。

(3) 提高内存资源的利用率。相比单个操作系统独占整个物理内存，内存虚拟化中 VMM 能以更灵活的方式为多个虚拟机分配物理内存。此外，虚拟机希望连续存储的内容在物理上可以不连续，有效减少了内存碎片。

如何配合客户机物理地址空间，保证所有虚拟机高效地运行？这涉及两个问题。第一个问题是如何在 3 类地址之间建立映射关系。如图 9.4 所示，增加了客户机物理地址空间后，虚拟机正常运行过程中，CPU 的访存请求将给出一个客户机虚拟地址，然后由客户机操作系统翻译成客户机物理地址。接下来，在客户机物理地址被送到内存之前，需要由 VMM 及时截获并翻译成宿主机物理地址。相对于前一级地址翻译而言，这里将后者称为第二级地址翻译。这就出现了第二个问题：VMM 如何截获访存操作并完成第二级地址翻译。下

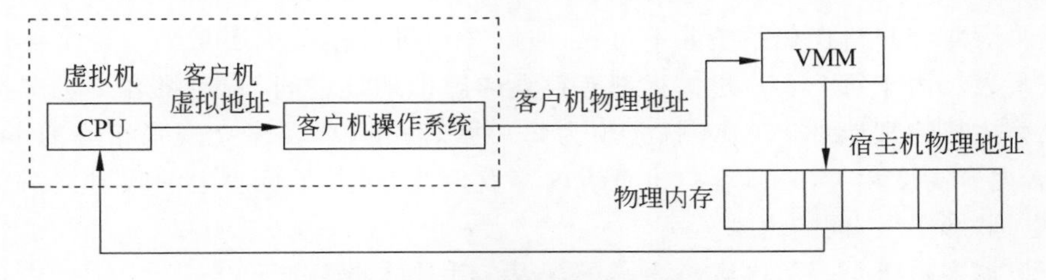

图 9.4 内存虚拟化的地址映射过程

面对一些相应的解决思路和主流技术展开介绍。

9.3.2 地址映射

客户机虚拟地址与客户机物理地址的映射关系可由虚拟机内的页表(又称为客户机页表)维护,因此,建立3类地址映射关系的核心在于如何完成第二级地址翻译。

VMM可选择以纯软件的方式直接维护一个保持客户机物理地址到宿主机物理地址映射关系的页表(可称为宿主机页表)。但是,这会带来巨大的访存开销。每一级页表的读写都是对主存的一次访问,而访存操作的开销相对较大。假设VMM维护的是4级页表,那么,获得每一级客户机页表的宿主机物理地址之前,都需要遍历一次宿主机页表,即访问主存4次。当客户机页表也是4级或5级,若TLB未命中,虚拟机内进程的一次指令或数据读写就需要访存20次以上,这与系统虚拟化希望支撑虚拟机高效运行的目标是相悖的。

1. 影子页表

宿主机页表维护客户机物理地址到宿主机物理地址映射关系会带来频繁的访存操作。但如果宿主机页表维护的是客户机虚拟地址到宿主机物理地址映射关系,那么虚拟机内进程的一次内存读写总共只需遍历一次宿主机页表,就能有效减少访存次数,加快地址翻译过程。这样的页表被称为影子页表(Shadow Page Table,SPT),由VMM配置与管理。如图9.5所示,原本CPU给出客户机虚拟地址后,应由客户机操作系统将客户机页表的基地址写入页表基地址寄存器(Page Table Base Register,PTBR),然后借助MMU完成第一级地址翻译。启用影子页表后,只要让客户机操作系统写页表基地址寄存器时发生虚拟机下陷(VM-Exit),接着由VMM将相应的影子页表的基地址写入页表基地址寄存器,就能借助MMU得到相应的宿主机物理地址。为此,VMM还为虚拟机提供了虚拟页表基地址寄存器(Virtual PTBR),一方面使客户机操作系统写虚拟页表基地址寄存器时引起虚拟机下陷,另一方面也可保存客户机操作系统写入的值,以便在其读取时返回。

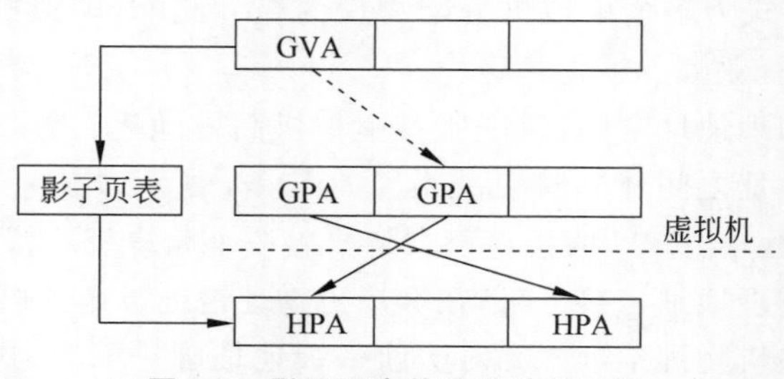

图9.5 影子页表的地址映射过程

影子页表对客户机操作系统并不可见,所以客户机操作系统还是会为每个客户机进程维护一张页表。由于每个客户机进程都有独立的虚拟地址空间,若想将客户机虚拟地址直接映射到宿主机物理地址,VMM就必须为每一张客户机页表建立一张相应的影子页表。并且,两者内容高度相关,一旦客户机页表内容发生改变,影子页表中的映射关系也要随之改变,这也是“影子”一词的由来。

如何根据客户机页表的内容建立影子页表?其具体步骤如下:

(1) 客户机操作系统写虚拟页表基地址寄存器。客户机操作系统只能感知客户机物理地址，会将客户机页表的客户机物理基地址写到虚拟页表基地址寄存器中，这将导致虚拟机下陷。

(2) VMM 创建影子页表。为了将客户机物理地址与宿主机物理地址对应起来，VMM 也为每台虚拟机维护了一张地址转换表。从虚拟页表基地址寄存器中获得客户机物理地址后，VMM 通过地址转换表在物理内存中找到客户机页表。VMM 创建一个新的影子页表，通过遍历客户机页表的内容，在影子页表中建立一一对应的页表项。两者的区别在于：前者保存的是客户机物理地址，后者保存的是宿主机物理地址。

(3) VMM 写物理基地址寄存器。VMM 将构建好的影子页表的宿主机物理地址写入真实的页表基地址寄存器中。由此，MMU 实际访问的是影子页表，而客户机进程运行时给出的客户机虚拟地址可借助 MMU 直接翻译为宿主机物理地址，进而访问正确的物理内存。

(4) VMM 恢复虚拟机的运行。VMM 处理结束，恢复虚拟机发生陷入时的状态，允许其继续执行，这个过程被称为虚拟机进入(VM-Entry)。

影子页表在实现中需要注意的是应与其对应的客户机页表保持同步。当客户机页表被修改时，也应触发虚拟机陷入，方便 VMM 及时将修改结果同步到影子页表中。一种简单的方案是将客户机页表所在内存设为只读权限，当虚拟机尝试执行修改操作时，将触发缺页异常，进而被 VMM 获知。为了保持语义上的同步，两张表中页表项的访问位和修改位也都应该保持一致。

影子页表的功能与 TLB 有相似之处，可以减少主存访问次数，有效加快地址翻译过程。但是，影子页表的性能依旧不佳。首先，不论是在建立过程中还是在与客户机页表的同步过程中都会引发大量虚拟机陷入，而虚拟机陷入会导致虚拟机与 VMM 间的上下文切换，带来系统开销。其次，影子页表还会带来较大的内存开销。VMM 需要为每个客户机进程维护一张影子页表，同时运行的虚拟机越多，虚拟机内启动的应用越多，带来的内存开销就越大。最后，影子页表的复杂性也会增加 VMM 的实现难度。

2. 扩展页表

影子页表以纯软件的方式减少访存次数。扩展页表(Extended Page Table，EPT)则以硬件辅助的方式加快每一次访存速度，同样能达到提升系统虚拟化性能的目的。

客户机页表依旧交由客户机操作系统维护，而 VMM 再为每个虚拟机维护一张扩展页表，负责保持客户机物理地址到宿主机物理地址的映射关系。扩展页表实际上是对 MMU 的一种扩展，使得 MMU 能交叉地完成客户机页表和扩展页表的查找。在虚拟机运行过程中，CPU 发出访存请求。从物理基地址寄存器中获得整个客户机页表的起始客户机物理地址开始，每一个客户机页表页的宿主机物理地址都需要先去硬件扩展页表 TLB 中查找；若扩展页表 TLB 未命中，再由 MMU 查找扩展页表得到。找到当前客户机页表项所在的实际物理页后，继续根据偏移从页表项中得到下级客户机页表项的客户机物理地址，再重复上述过程获得其宿主机物理地址。

在虚拟机运行之前，VMM 只需将扩展页表的宿主机物理基地址写入扩展页表指针(Extended Page Table Pointer，EPTP)寄存器。此后，在虚拟机运行过程中，无须 VMM 的介入，MMU 就能通过查找扩展页表，自动将任何客户机物理地址翻译成宿主机物理地址。

下面详细介绍客户机页表与扩展页表共同参与的完整地址翻译过程。如图 9.6 所示，假设在 32 位系统上，客户机页表和扩展页表均为 2 级，包括页目录页和页表页，分别用 gL2、gL1 和 nL2、nL1 表示。待翻译的 32 位客户机虚拟地址可分为 3 段，22～31 位是页目录索引，12～21 位是页表索引，0～11 位是页内偏移。

(1) 客户机操作系统写基地址寄存器。gL2 的客户机物理地址被写入基地址寄存器中。

(2) 找到保存 gL2 内容的物理页。VMM 先去扩展页表 TLB 中查找。若扩展页表 TLB 命中，返回该物理页的宿主机物理地址；若查找失败，MMU 再依次访问 nL2、nL1，找到正确的宿主机物理地址。

(3) 得到 gL1 的客户机物理地址。gL2 所在物理页中的有效页表项内保存的是 gL1 的客户机物理地址。gL2 的宿主机物理地址加上页目录索引后，会指向保存正确 gL1 客户机物理地址的页表项。

(4) 找到保存 gL1 内容的物理页，与第(2)步相同。

(5) 得到待访问数据所在内存页的客户机物理地址。利用 gL1 的宿主机物理地址加上页表索引，可从页表项中得到内存页的客户机物理地址。

(6) 找到最终内存页，与第(2)步相同。

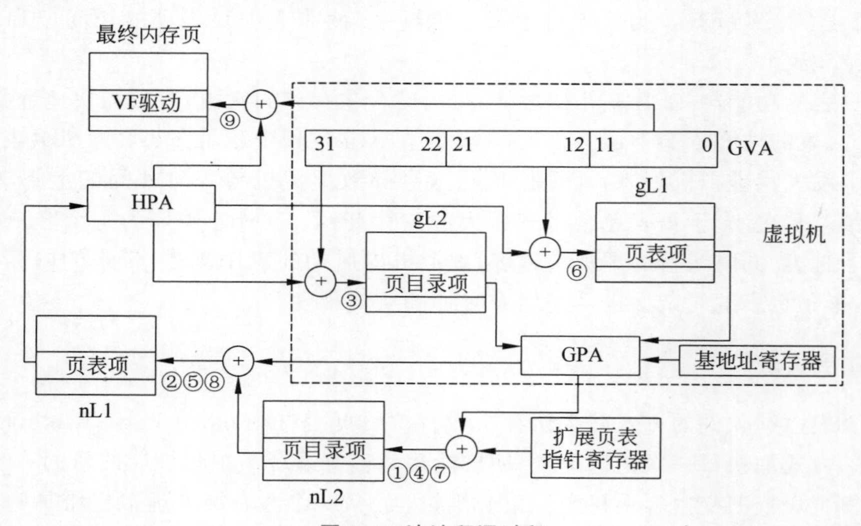

图 9.6 地址翻译过程

每次在进行客户机物理地址到宿主机物理地址转换时都需要遍历扩展页表一次。在上述地址翻译过程中，MMU 遍历了 3 次扩展页表，访问了 gL2 和 gL1 所在物理页，所以，一共进行了 9 次地址访问。图 9.6 中的数字①～⑨代表访问顺序。这会给内存虚拟化带来不小的性能损失，如果是拥有 4 级页表的 64 位系统，性能损失则更大。但不论如何，通过硬件方式，扩展页表机制加速了客户机物理地址到宿主机物理地址的翻译过程。所有处理都由硬件完成，也能极大地简化 VMM 的设计。与影子页表相比，扩展页表并不会为了维持与客户机页表的同步而频繁触发虚拟机下陷，也不需要为每个客户机进程单独维护一张页表，内存开销较小。

9.3.3 访存请求截获与处理

影子页表与扩展页表机制都将客户机页表的维护交由客户机操作系统完成,而VMM要做的是及时截获虚拟机对客户机物理地址的访问,并将其翻译为客户机物理地址。实际上,如何及时截获与处理虚拟机的访存请求是衡量VMM性能的一个重要方面,从实现上更具挑战。

任何试图修改客户机页表或刷新TLB的指令都应被截获,例如写基地址寄存器的指令或使TLB条目失效的INVLPG指令,这些指令大多属于敏感指令。当虚拟机执行敏感指令时会触发异常,引起虚拟机下陷,从而被VMM截获。但是并不是所有访存操作都会触发异常。例如,将某个页面的访问权限改为可写并不涉及敏感指令,VMM无法察觉并截获,这可能导致影子页表不能同步修改权限。

影子页表机制提供了两种解决方案。最简单、直接的办法是将客户机页表都设为只读。这会导致每次客户机物理地址空间的修改都触发缺页异常,然后,VMM通过分析指令流相应地修改影子页表。另一种方法是在客户机页表内添加或删除映射时不触发异常,仅在虚拟机试图访问该映射时再同步影子页表,这可以有效减少虚拟机下陷的次数。

扩展页表机制中的处理都由硬件提供支持,仅在发现扩展页表内缺少映射时,才会由CPU抛出EPT violation异常,再由VMM截获该异常并添加相应的页表项。

影子页表和扩展页表机制都是全虚拟化的实现方案。VMM截获访存请求并做二级翻译,使客户机操作系统不知道自己处于虚拟化的环境中。实际上,如果使用半虚拟化思想,修改客户机操作系统内核,替换操作内存的部分指令,使其通过超级调用(hypercall)主动将访存请求告知VMM,就能免去截获、多级地址翻译等过程,性能损失将非常小。

直接页表映射机制是半虚拟化的一种典型实现方案。VMM不再"费力"地为虚拟机提供客户机物理地址空间这一抽象层,而是允许虚拟机使用指定范围内的宿主机物理地址。此时,客户机页表维护的是客户机虚拟地址到宿主机物理地址的映射,将直接被MMU用于地址翻译。然而,若是让虚拟机直接操作宿主机物理地址,很可能会往页表内添加一些非法映射,给宿主机系统与其他虚拟机带来严重的安全威胁。因此,直接页表映射机制选择将客户机页表都设为只读。虚拟机必须通过VMM提供的超级调用接口请求修改客户机页表页。VMM接到请求后,会先检查此次修改涉及的宿主机物理地址是否合法,若该地址未落在分配给当前虚拟机的地址范围中,VMM将拒绝此次操作。

直接页表映射机制等半虚拟化方案资源开销小,性能好。但是其缺点也十分明显:不支持未修改过的客户机操作系统。影子页表和扩展页表等全虚拟化方案则没有这样的限制。但是,由于影子页表机制中存在大量的虚拟机下陷,因而系统开销大;而扩展页表机制虽然在性能上更接近物理机,但需要相应的硬件支持。

9.4 I/O 虚拟化

设备管理是操作系统的重要功能之一。在非虚拟化环境下,操作系统有能力发现和管理主机上的物理设备。在虚拟化的环境下,出于安全的考虑,不能让客户机操作系统不加限制地直接管理物理设备。但是,出于提高资源利用率的考虑,需要对硬件资源进行抽象,满足 VMM 和多个客户机操作系统对物理设备的访问需求。VMM 通过 I/O 虚拟化管理和复用所有设备资源。本节将对 I/O 虚拟化的基本思想和实现方法作简要阐述。

9.4.1 基本思想

在 I/O 虚拟化中,物理设备多指外围设备,如网卡、显卡、磁盘、USB 设备等。每个虚拟机都认为自己拥有一套完整的外设资源。由于每一种类型的物理设备数目往往少于同时运行的虚拟机数,I/O 虚拟化需要抽象硬件资源,为每台虚拟机模拟出真实设备的效果。

I/O 虚拟化在系统虚拟化中作用显著,但在实现上较为复杂,有 3 个基本要求:

(1) 为了确保安全,应该限制虚拟机对物理设备的直接访问。一方面防止虚拟机无意或有意破坏设备的正常使用,例如卸载全部网卡驱动;另一方面防止虚拟机恶意影响其他虚拟机访问外设,例如删除或篡改其他虚拟机保存在磁盘中的数据。

(2) 对于虚拟机发出的任何 I/O 请求,都应该能模拟真实设备的反应,并将访问结果返回虚拟机。

(3) 在性能上,虚拟机发出的 I/O 访问请求应该接近非虚拟化环境下的 I/O 访问请求。

I/O 虚拟化同样可以依靠纯软件或硬件辅助两种方式实现。纯软件 I/O 虚拟化又包括全虚拟化方案和半虚拟化方案。全虚拟化方案会以软件方式对物理设备进行完全模拟,所以虚拟机实际访问的是虚拟设备。半虚拟化方案需要为客户机系统安装前端驱动程序,使其能借助特权级系统中的后端驱动程序访问物理设备。其中,特权级系统可以是宿主机系统、VMM 或拥有特权的某个客户机系统。硬件辅助 I/O 虚拟化的典型是设备直接分配技术,也就是将物理设备直接分配给某虚拟机使用,这种方式的性能损失非常低。

9.4.2 软件模拟的 I/O 全虚拟化

在系统虚拟化起步阶段,并没有专门的虚拟化硬件支持,只能依靠软件的方式对物理设备的功能进行模拟,提供虚拟设备。VMM 还需向虚拟机提供虚拟设备的调用接口,然后可以通过分析接口被调用的指令流去模拟设备行为。

在非虚拟化环境下,进程通过系统调用发出 I/O 请求,陷入内核。内核分析系统调用及其参数,然后调用相应的设备驱动程序,访问正确的物理设备。

在虚拟化环境下,客户机进程的 I/O 请求仅能到达虚拟机上的驱动程序,再由虚拟机调用虚拟设备接口。VMM 必须截获通过虚拟设备接口发起的 I/O 请求,并调用专门的逻辑模块模拟物理设备的行为,为虚拟机提供 I/O 服务。这个专门的逻辑模块可称为设备模型,该模块会根据自身维护的物理设备信息进行功能模拟,或者借助于宿主机上的设备驱动程序访问物理设备,完成 I/O 处理。

在设备模型工作之前,最关键的是截获虚拟机与设备的所有交互,这可以通过软件方式或借助相关硬件做到。这既包括虚拟机发起的 I/O 请求,也包括设备主动向虚拟机传输数据,例如网卡不停地接收数据包,写入虚拟机管理的内存中。操作系统与设备交互的方法主要有 3 种:内存映射 I/O(Memory Mapped I/O,MMIO)、直接存储器访问(Direct Memory Access,DMA)和中断。VMM 必须分别提供相应的截获方法。

(1) 设备访问实际上是通过读写设备上的寄存器来完成的,这些寄存器又称为 I/O 端口。MMIO 技术将 I/O 端口映射到内存空间,使 CPU 能像访问内存一样访问设备。映射到内存空间就说明在页表内建立了映射关系。VMM 只需将对应的页表项设置为虚拟机不可访问,就能在虚拟机发起 I/O 请求时触发缺页异常,进而实现 I/O 请求截获。

(2) DMA 机制允许设备绕过 CPU,在 DMA 控制器的监管下直接读写系统内存中的数据。VMM 会为每个虚拟机维护一个 DMA 重映射数据结构。在 I/O 设备发起 DMA 操作时,原本请求的地址是客户机物理地址。DMA 重映射硬件自动截获该 DMA 操作,并根据 Request ID(请求标识符,指设备分配到的 Bus/Device/Function 号),找到对应虚拟机的 DMA 重映射数据结构基址,然后将请求中的 DMA 地址翻译成宿主机物理地址。最后,虚拟机依旧以正常访问内存的方式访问设备的 DMA 映射区域。

(3) 对于能产生中断的设备,其发起的中断请求将由中断重映射硬件自动截获。VMM 负责配置中断重映射表,并将该表的宿主机物理地址写入相关寄存器中。然后,中断重映射硬件就能通过查询中断重映射表来决定如何为对应的虚拟机重新生成中断请求并完成转发。

软件模拟有诸多好处。一是可移植性与兼容性较好,不需要特殊的硬件支持,也不需要修改客户机操作系统与主机系统上的驱动程序,能直接支持绝大多数系统的运行。二是虚拟设备的功能丰富。软件模拟可以模拟特定设备或者特定的设备类型,甚至虚拟出与底层物理设备类型不同的设备。例如,底层设备是一个 SATA 磁盘,但让虚拟机感知的却是 IDE 磁盘。何时模拟哪种功能,由物理设备、VMM 策略以及客户机操作系统的需求共同决定。但是,以软件方式模拟硬件功能,本身性能会很差。而且,虚拟机的一次 I/O 请求中通常包含多次 I/O 操作,这些 I/O 操作都需要由 VMM 截获,频繁导致虚拟机下陷,引发多次上下文切换,也会带来严重的性能损失。

9.4.3 软件模拟的 I/O 半虚拟化

为了提升 I/O 虚拟化的性能,需要改变虚拟机与 VMM 的交互方式,以减少在虚拟机与 VMM 之间频繁的上下文切换。半虚拟化方法提供了一种新的机制,让虚拟机与 VMM 建立连接,主动通信,不再需要 VMM 截获模拟。在这种新机制中,虚拟机中安装的不再是与物理设备对应的原生驱动程序,而是能与特权级系统上的后端驱动程序交互的前端驱动程序。前端驱动与后端驱动程序通常以共享内存的方式完成数据交互。

QEMU-KVM 架构是当前主流的一种虚拟化实现方案。其中,QEMU 运行在用户空间,主要负责模拟与管理虚拟设备;KVM 是 Linux 内核中的可加载模块,主要负责提供接口、管理虚拟设备的驱动程序。图 9.7 展示了基于 QEMU-KVM 架构实现的半虚拟化模型。

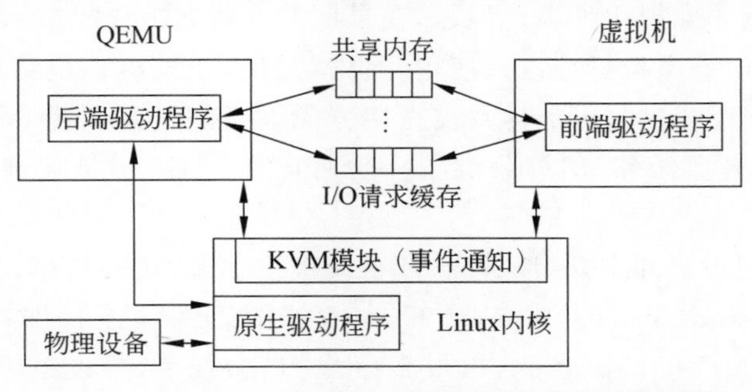

图 9.7 基于 QEMU-KVM 架构实现的半虚拟化模型

当虚拟机向I/O设备(例如网卡)发起I/O请求时,虚拟机通过前端驱动程序多次向共享缓存区写I/O操作,然后通过超级调用或者触发异常下陷到宿主机内核中,将控制流交给KVM模块。KVM通知QEMU进程去提取请求。接着,QEMU中的后端驱动程序解析描述信息,将请求所在位置的客户机物理地址转换为宿主机物理地址,并从中取出请求。最后,QEMU借助宿主机内核中的驱动程序将请求传到I/O设备。

当I/O设备向虚拟机发送数据时,KVM模块通过中断或事件等方式通知QEMU进程。然后,由后端驱动程序将数据存入共享内存中。最后,再由KVM通知虚拟机去共享内存中获取数据。

半虚拟化方法也由QEMU进行设备模拟,只是让虚拟机中的前端驱动程序和QEMU中的后端驱动程序直接通信,省去了KVM或VMM截获的过程,大大减小了虚拟机下陷与虚拟机进入的开销,因此效率较高。并且,前后端通信机制中的共享内存通常实现为可存放大量数据的环形缓冲队列。因此,前端驱动程序可将大量I/O操作一起存入环形缓冲队列中,等待后端驱动程序处理完毕,一次性将结果返回。这种批量处理I/O操作的方式也减少了在虚拟机与VMM间上下文切换的次数,提高了I/O虚拟化性能。另外,在半虚拟化方法中,一组前后端驱动程序通常由一类设备共享。也就是说,不再需要为每台设备维护一套驱动程序,减少了客户机操作系统中需要安装的驱动程序数目,更具安全性。但是,为了安装前端驱动程序,不得不对客户机操作系统进行修改,无法直接兼容标准的操作系统,这也是半虚拟化方法的通病。

9.4.4 硬件辅助的I/O虚拟化

软件模拟的全虚拟化方法通用性强,支持标准的操作系统直接运行,但性能不理想。而前后端通信的半虚拟化方法在性能上有所提升,但要求修改客户机操作系统的源码,对不开源操作系统不友好。如果能让虚拟机在一定限制下直接使用物理设备,就能在不修改客户机操作系统源码的情况下获得高I/O性能,这也是系统虚拟化期望达到的目标。而且,有一些设备,例如网络摄像头、串行和并行端口等,并不适合进行设备模拟。因此,硬件辅助虚拟化方法选择将这些物理设备直接分配给某台虚拟机使用,这样的技术被称为设备直接分配(device assignment)或设备透传(device pass-through)。

在设备直接分配技术中,一台物理设备分配给虚拟机后,其I/O过程不再需要VMM的介入,降低了VMM实现的复杂度。虚拟机通过驱动程序与设备交互时,也不会造成虚拟机下陷,不存在前两种方法中虚拟机下陷和虚拟机进入的开销。因此,这种I/O虚拟化技术在性能上最接近非虚拟化环境。但是,在早期的设备直接分配技术中,一个物理设备被分配给虚拟机后,将由该虚拟机独占式使用。也就是说,在该虚拟机终止运行之前,其他虚拟机无法与该设备交互。这就可能导致被直接分配设备的资源利用率非常低。例如,虚拟机执行的是CPU密集型任务,却被分配了一台打印机设备,于是大部分时间打印机是空闲的。

为了让一台物理设备能以直接分配的方式被多台虚拟机共享,PCI-SIG(Peripheral Component Interconnect Special Interest Group,外围组件互连特殊兴趣组)发布了SR-IOV(Single Root I/O Virtualization,单根I/O虚拟化)规范,为设备原生共享制定了软硬件支持的规范。例如,在硬件上,需要芯片组能识别SR-IOV设备(指支持SR-IOV规范的设备)，主机启动时 BIOS 能为 SR-IOV 设备分配资源等；在软件上，负责驱动程序管理的操作系统必须支持 SR-IOV 功能。几乎所有的 PCI 和 PCI-E 设备(显卡除外)都符合 SR-IOV 规范，支持直接分配，而 SR-IOV 最广泛的应用是在网卡上。图 9.8 展示了 SR-IOV 的实现模型，在此模型中，Domain 0 是特权域，拥有物理设备的驱动程序管理权限。SR-IOV 模型有 3 个主要部分：物理功能(Physical Function，PF)驱动模块、虚拟功能(Virtual Function，VF)设备以及 PF 与 VF 的通信机制。PF 驱动模块负责管理设备驱动程序，为 Domain 0 提供设备访问以及物理资源管理等功能。通过 PF 驱动模块，Domain 0 将 SR-IOV 设备等物理资源划分为多个子集并由此创建 VF 设备，例如，将物理适配器端口划分为多个逻辑端口。每台 VF 设备仅拥有一个资源子集的使用权限，对其他资源的访问或修改全局状态的操作都需要经过通信机制向 PF 驱动模块请求完成。VF 设备才是最终直通虚拟机的设备。

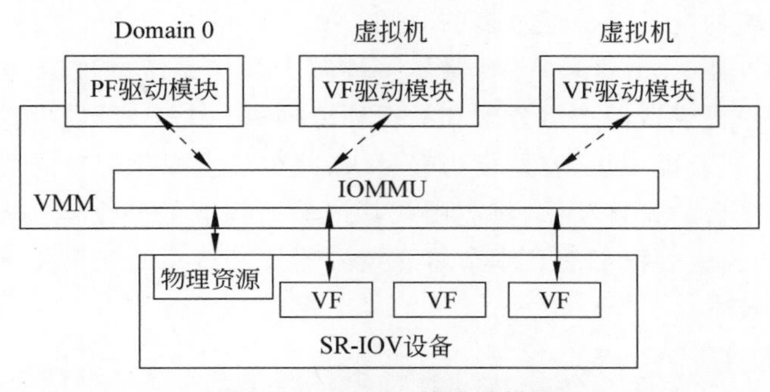

图 9.8 SR-IOV 的实现模型

不论如何，不经过 VMM 的模拟与转换，让虚拟机与设备直接交互，就需要将配置给设备的 I/O 地址空间直接暴露给虚拟机的驱动程序，相当于让虚拟机直接访问宿主机物理地址。显然，这存在严重的安全隐患。若恶意的虚拟机借助这种方式访问不属于自己的内存范围，将威胁整个系统的运行。图 9.8 中的 IOMMU(I/O Memory Management，I/O 内存管理)为此提供了解决方案。IOMMU 拥有与 MMU 类似的地址翻译功能，但主要负责将设备使用的客户机物理地址翻译为宿主机物理地址，并提供翻译过程中的权限检查。在设备直接分配技术中，IOMMU 用于为物理设备的内存映射区域提供访问保护，确保虚拟机能独享分配到的 VF 设备的访问控制权限，而不被其他虚拟机干扰。Intel 公司的 Intel VT-d(Intel Virtualization Technology for Direct I/O，Intel 直接 I/O 访问虚拟化技术)、ARM 公司的 SMMU(System Memory Management Unit，系统内存管理单元)中都有对 IOMMU 的实现，其他厂商也都陆续提供了相应的支持。

设备直接分配技术无须 VMM 的介入即可完成 I/O 操作，具有较高的 I/O 性能。但是，很多外围设备(如 USB 鼠标、键盘、网卡等)本身在正常运转中就会产生大量中断。一般来说，VMM 不允许物理设备将中断直接发给虚拟机，一方面是出于安全考虑，另一方面也是因为设备的中断目标不一定唯一。例如，网卡收到的数据不一定全是传给某台虚拟机的。在接到设备中断后，正在执行的虚拟机会被强制切出，VMM 获得 CPU 控制权，转去执行中断处理程序，这也会带来一定的 I/O 性能损失。

9.5 容　器

基于虚拟机的虚拟化手段将用户从计算机硬件管理中解脱出来，同时满足了多租户(multi-tenant)环境中资源的按需分配和隔离的需求，支撑了云计算的蓬勃发展。然而，在同一台物理机上运行的多个虚拟机中完整地包含硬件虚拟层、客户机操作系统、公共库和应用程序等构件，在当今操作系统高度同构的云计算环境中，这种虚拟化手段显得过于冗余，造成了严重的资源浪费。此外，用户在基于虚拟机部署应用时，需要关心从操作系统、依赖库到应用程序的整个环境及每个环节，整个部署过程漫长且容易出错。而且，在将应用从开发场景部署到生产场景时，可能需要重新配置环境。用户希望专注于应用业务逻辑的开发，而不希望在基础环境的配置上消耗过多的时间。在这样的背景下，产生了一种更为轻量级的虚拟化技术——容器(container)。容器是一种基于操作系统的虚拟化技术，它利用操作系统内核机制为用户提供资源按需分配和运行环境隔离。由于容器共用操作系统内核甚至公共库等系统资源，比起虚拟机，容器更为轻量级，减少了虚拟化带来的资源开销。同时，容器技术隔离应用与平台的直接联系，将应用及其依赖所构成的整个运行环境打包进单个镜像中，支持应用的快速大规模部署。本节将介绍容器技术涉及的3个关键方面：容器镜像、命令空间和控制组技术。

9.5.1 镜像与容器

容器技术中的镜像(image)由文件系统以及元数据组成。其中，文件系统内包含了应用程序及其依赖的所有库文件、二进制文件和数据，但是不包含内核文件。元数据则是指这个镜像的相关信息，例如镜像的维护者信息。需要注意的是，镜像中的文件系统是一种层次结构，由许多层文件系统组合而成，每一层文件系统又被称为镜像层。这种分层设计的好处在于可以使共同镜像层被共享，从而降低镜像的存储开销。

镜像一般都始于一个基础镜像层，当进行修改或者增加新的内容时，就会在当前镜像层的基础上创建新的镜像层。此时，镜像始终保持当前所有镜像层的组合，即所有镜像层堆叠之后的结果。例如，在图9.9中，镜像1是一个Ubuntu的镜像，它只有一个镜像层；当在镜像1的基础上安装了Fio之后，就会创建一个新的镜像层，成为镜像2；当在镜像2的基础上安装了Nginx之后，又会创建一个新的镜像层，成为镜像3。此时，镜像1、2、3会共享Ubuntu这一镜像层。

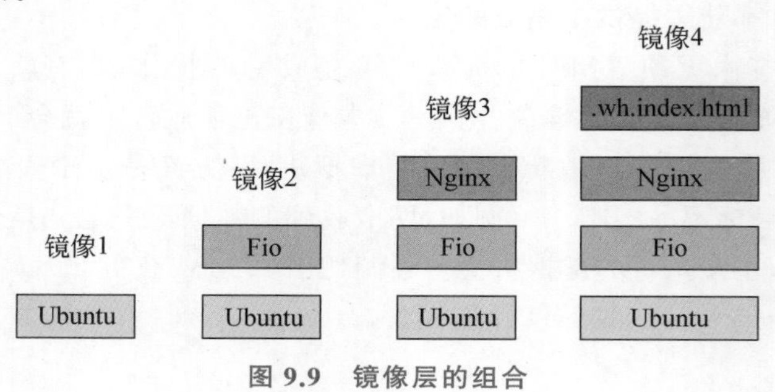

图9.9　镜像层的组合

镜像是从下往上逐层构建的，每一层都在下一层的基础上构建，在构建完成后该镜像层就变成了只读形式。如果要删除或修改只读镜像层中的文件，只能在该镜像基础上再新建一个镜像层来实现。例如，如图 9.9 所示，要删除镜像 3 的 Nginx 镜像层中的 index.html，那么就需要在镜像 3 的基础上再构建一个镜像层，这个镜像层包含了.wh.index.html 文件，用于表示 index.html 文件被删除了。但是，实际上 index.html 文件并没有从镜像 3 中被删除。最终镜像的文件系统是所有镜像层对应的文件系统以联合文件方式堆叠的效果。例如，如图 9.10 所示，镜像 4 的镜像层 Ubuntu 中有 file1、file2、file3 这 3 个文件，镜像层 Fio 中有 file4、file5 这两个文件，镜像层 Nginx 中有 index.html、file4 这两个文件，新增的镜像层中有.wh.index.html 文件，那么最终的文件系统中将只包含 file1、file2、file3、file4、file5 这几个文件，而 file4 这个文件其实是镜像层 Nginx 中的 file4。

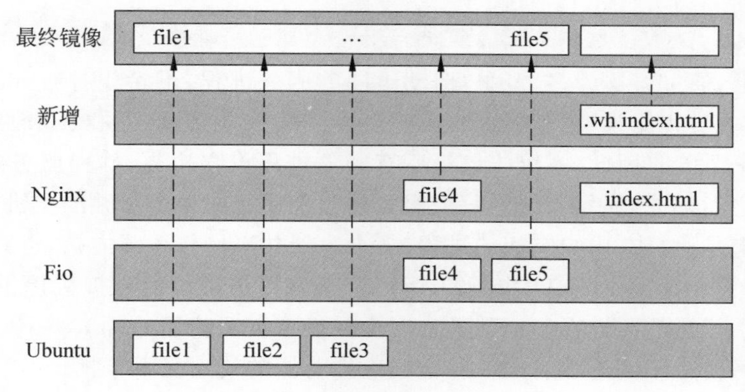

图 9.10　联合文件系统

容器是用来运行应用或者服务的，而容器运行时需要镜像的内容，也就是镜像中包含的应用程序及其需要的依赖。镜像和容器的关系类似于程序和进程的关系。程序保存在磁盘中，用户基于程序产生进程，一个程序可以被多次运行，从而产生多个进程。同理，镜像也保存在磁盘中，用户基于镜像运行容器，一个镜像也可以用来生成多个容器。

当从某个镜像启动一个或多个容器之后，容器和镜像就建立了依赖关系。在镜像启动的容器全部停止之前，镜像是无法删除的。基于镜像启动的容器会在镜像上再添加一层可读可写的容器层，添加的可读可写的容器层由各容器私有，但基于同一镜像启动的容器会共享所有的只读镜像层。因此，容器运行过程中所有关于文件的操作其实都是在可读可写容器层进行的，不会对下面的镜像产生任何影响。

虚拟机和容器的对比如图 9.11 所示，虚拟机内运行的是一个完整的操作系统，而同一主机上的所有容器共享一个操作系统。虚拟机基于 VMM 对硬件资源进行虚拟化来创建隔离环境；而容器使用内核提供的机制创建隔离环境，这种方式免去了硬件虚拟化和客户机操作系统等软件栈带来的开销，从而有更高的启动和运行效率。容器的本质是进程，但它有自己独立的隔离环境。容器在启动之后，通过命名空间（namespace）和控制组（control group，cgroup）机制创建隔离环境。

图 9.11 虚拟机和容器的对比

9.5.2 命名空间

单一主机上，通过容器为多个用户启动不同的服务进程，不希望各服务进程相互影响。例如，若一个服务进程能觉察到其他服务进程的存在，或能访问宿主机上的所有文件，就会具有潜在的攻击风险。因此，系统应该为所有服务进程设立边界，确保服务进程之间、服务进程与宿主机之间都彼此隔离，就像每个服务进程都运行在一个单独的主机上一样。

容器实际上是运行在用户空间的进程，多个容器共享操作系统内核，也共享系统内的所有资源。所以，为容器提供隔离环境比为运行着完整操作系统的虚拟机提供隔离环境更有挑战性。容器虚拟化的关键在于增强进程对全局虚拟资源使用的隔离性。Linux 内核中的命名空间机制可使得不同进程对同一种全局虚拟资源的使用互不干扰。

命名空间在操作系统层面提供轻量级虚拟化服务。它实现的是对全局资源的抽象。全局资源包括进程号、用户号、主机名和域名、文件系统、网络、进程间通信 6 种。具体来说，系统内的资源划分成若干份，每个命名空间占有一份独立的资源。命名空间具有如下 3 个特点：

(1) 同一命名空间的资源由其内部运行的进程共享，但不被其他命名空间内部运行的进程所见。

(2) 命名空间可以组织为层级结构。父命名空间可以看到子命名空间的所有进程，子命名空间并不知道父命名空间的存在。

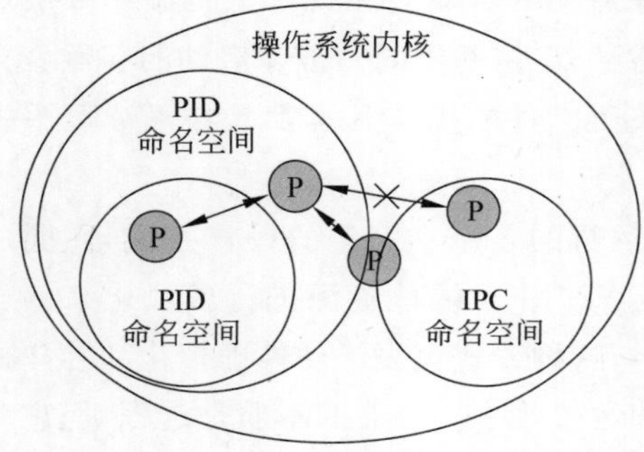

图 9.12 命名空间与进程的关系

(3) 一个进程可以同时被多个命名空间包含，如图 9.12 所示，其中，灰色圆圈 P 代表进程。命名空间保证容器之间相互隔离、互不干扰，使得每个容器都像拥有完整资源的宿主机一样。

下面简要介绍 Linux 系统中命名空间的实现细节。命名空间用于对进程的资源进行隔离，因此，进程描述符应该能保存命名空间的信息。Linux 系统的 task_struct 结构体(保存进程信息)中就有指向 Namespace 结构体的指针 nsproxy，而 nsproxy 结构体内又包含指向上述几种命名空间的结构体指针。因此，系统对进程的所有命名空间的操作实际上是访问和修改 nsproxy 的内容。此外，Linux 系统也提供了一些接口来完成命名空间创建、加入、离开等操作：

(1) clone()系统调用用于创建命名空间。通过参数可以传入不同的标志(如CLONE_NEWPID)以创建对应类型的命名空间。并且，用户可以选择为子进程创建新的命名空间还是共享父进程的命名空间。

(2) setns()系统调用让当前进程加入一个命名空间。

(3) unshare()系统调用分离进程与其所属命名空间，并为该进程创建新的命名空间。

(4) 命名空间的销毁自行完成。进程对命名空间的引用会增加命名空间的引用计数，系统会自动删除引用计数为0的命名空间。

1. 进程命名空间

操作系统根据进程号(Process ID，PID)来唯一地标识进程，所以进程命名空间(PID namespace)提供独立的PID环境来实现进程隔离。每个进程命名空间内的PID都从1开始分配，在PID Namespace结构体中有位示图，用于记录分配情况。PID为1的进程是进程命名空间内所有孤儿进程的父进程，当它结束时，该命名空间内的所有进程都会被结束。另外，进程命名空间具有层次性，子空间是由父空间内的一个进程创建的。子空间中的进程可被父空间所见，非父子关系的进程之间互不可见。也就是说，一个进程不再只有一个PID，在其所属空间和所有直系祖先空间中可以有不同的PID。系统初始化时，内核会默认创建一个进程命名空间，它是此后创建的所有进程命名空间的祖先，即系统内所有进程在该命名空间都可见。由此确保了宿主机系统可以管理所有容器进程，而容器进程却无法感知其他容器或宿主机上的进程。

2. 用户命名空间

用户命名空间(user namespace)主要负责UID(User ID)、GID(Group ID)等安全相关的标识符和属性的隔离。每个容器可以有自己的UID和GID，其目的之一是让应用程序只能由容器内的特定用户执行，而不能由宿主机系统上的用户执行。同时，用户命名空间允许进程在容器内外拥有不同的权限。例如，容器内拥有最高权限的root用户在容器外就只是普通用户，即特权操作不能影响其他容器和宿主机。换句话说，用户命名空间能在不影响该用户在容器内的root权限的情况下，撤销其在容器外的root权限。这样可避免容器内的进程得到额外的权限，增强了安全性。

3. UTS命名空间

UTS(UNIX Time-sharing System，UNIX分时系统)命名空间(UTS namespace)允许每个容器有独立的主机名(hostname)和域名(domainname)。通常，用户可以通过uname()、gethostname()和getdomainname()函数获取全局的主机名和域名。在命名空间机制中，这几个函数获取的是nsproxy中UTS Namespace结构体的信息，且这些信息可以通过sethostname()和setdomainname()函数修改，所以不同命名空间内的进程得到的主机名和域名不一样。网络上的计算机可以通过主机名被访问，因此，每个容器都可被视为网络上的一个独立节点，而不再是宿主机系统上的一个进程。

4. 挂载命名空间

挂载命名空间(mount namespace)通过控制文件系统挂载点进行文件系统隔离,阻止容器内的进程访问和修改宿主机上的任意目录。每个容器都需要一个根文件系统保存数据和二进制可执行文件,而挂载命名空间可以将一个特定的目录挂载为容器的根文件系统。不同挂载命名空间内的进程看到的文件是彼此隔离的,对应的本地文件实际上位于宿主机的不同路径下。因此,一个挂载命名空间内的文件变化并不会影响到宿主机内的其他路径。需要特别指出的是,并不是所有目录都可以被挂载命名空间限制。为了保证所有进程正常运行,宿主机上的一些特殊目录可以被容器内的进程直接访问,例如/proc/sys、/proc/fs、/proc/bus 等,这可能导致宿主机的某些敏感信息泄露。

5. 网络命名空间

网络命名空间(network namespace)主要提供网络资源的隔离功能。这里的隔离并非网络隔离,而是每个网络命名空间拥有一份独立的网络环境(包括网络设备、TCP/IP 协议栈、路由表、端口号等)。这种情况下,可以在多个网络命名空间中运行同一个 Web 应用,而不会存在端口冲突问题。Docker 是现在主流的容器技术之一,默认采用网桥模式进行网络通信。Docker 安装成功后,宿主机会为其创建一个虚拟以太网网桥 docker0,它与宿主机的网卡相连。然后,Docker 为每个容器创建一对虚拟网卡,可以构成数据通道。一个虚拟网卡加入 docker0 网桥;另一个虚拟网卡名为 eth0,放在容器中。容器因为网络命名空间而有了独立的 IP 地址,所以发向该地址的符合条件的数据包会由 docker0 网桥分发到正确的容器中。由此可知,容器可以借助网络命名空间作为独立的网络实体与整个互联网相连。

6. IPC 命名空间

IPC 命名空间(IPC namespace)主要用于确保不同空间内的进程无法交互。容器内的进程交互还是基于 Linux 常见的进程间通信(Inter Process Communication,IPC),包括信号量、消息队列和共享内存等方式。Linux 系统通过 IPC 对象标识符识别消息队列。IPC 命名空间使相同的标识符在不同命名空间中代表的消息队列不同。由此,不同容器内的进程不能进行通信。

容器共享底层的操作系统内核,以命名空间提供的 6 种隔离能力确保服务之间互不影响,带来的额外资源开销比传统虚拟机小很多。但也正因为如此,命名空间也存在一些安全问题:

(1) 隔离不彻底。以命名空间为进程组提供增强的隔离性,隔离仍不如虚拟机彻底,容易成为攻击漏洞。

(2) 许多资源和对象是不能被命名空间划分的。例如,时间不能被划分,宿主机的时间会因某个容器对时间的修改而改变。

9.5.3 控制组

命名空间为容器提供的是 6 种虚拟资源的隔离,它不能提供 CPU、内存、磁盘 I/O 和网络带宽等物理资源的隔离。为了使得容器只能使用分配给它的物理资源份额,在解决进程虚拟资源隔离问题之后，还需要对容器物理资源的使用进行限制。

容器通过控制组(cgroup)分配、审计、限制各进程组使用的物理资源，避免容器因使用不属于自己的物理资源而导致性能串扰问题。控制组主要提供如下4个功能：

(1) 资源限制。限制每个进程组可分配的资源总量。

(2) 优先级设定。为进程组设置不同的优先级。当各组进程抢占资源时，让一些组拥有优先分配权。

(3) 资源审计。测量、统计各进程组对物理资源的使用情况。

(4) 进程组控制。对进程组执行挂起、恢复、重启等操作。

从实现上看，控制组是一套通用的进程分组框架，以控制组为最小单位，通过改变内核参数影响分组中进程资源的分配。每一个控制组是一组按照某种标准划分的进程，不同控制组之间具有层级结构，子控制组会继承其父控制组的所有控制属性。每一种资源都由与之对应的子系统控制管理。同时，每一个子系统必须附加到某一层级上才有效，该层级上的所有控制组都受其控制。更重要的是，控制组为不同的系统资源提供统一的接口。当资源被使用时，会触发控制组各个子系统中的检测程序，从而决定资源控制方式。

在Linux中，所有控制组行为都通过文件系统操作(包括增删目录、读写文件、挂载等)来实现。例如，创建一个新的控制组只需要在管理相应资源的子系统下面新建一个目录，许多配置文件会自动填入该目录中。每个控制组都有一个tasks文件，存储着当前控制组下所有进程的PID。控制组使用的是虚拟文件系统，所有的项目(目录及文件)在系统重启后都会被删除。

下面以CPU子系统为例，简要介绍控制组子系统如何管理物理资源。

CPU子系统主要限制当前控制组的CPU使用上限以及相对于其他控制组的使用份额。配置文件cpu.cfs_period_us保存周期长度，文件cpu.cfs_quota_us保存当前控制组在一个周期内能使用的CPU时间配额(都以微秒为单位，在图9.13中以μs表示)，两者配合使用，给控制组设定CPU使用上限。图9.13中设置的值表示，每1s内，3个容器分别最多使用0.15s、0.4s、0.5s的CPU时间。另外，cpu.shares文件给各控制组设定权重，由此可计算出各控制组可分配到的CPU份额，相当于给出使用下限。

在图9.13中，容器一可以占用307.2/(307.2＋716.8＋1024)＝15％的CPU时间，同理，容器二与容器三分别可以占用35％和50％的CPU时间。可以看到，1s内容器二至少可以占用0.35s的CPU时间，但还未达到其上限，所以，当CPU空闲时，容器二即使份额用完，仍可继续运行。

前面是在全局层面(以控制组为单位)分配份额，之后需要在本地层面(组内任务为单位)进行合理的调度，确保各任务有序运行，其中，任务指的就是进程。Linux中通常由CFS(Completely Fair Scheduler，完全公平调度器)维护任务调度顺序：目标是在调度周期内运行每个任务至少一次。在一个周期内，CFS会为全局份额有剩余且累计运行最少的本地任务分配时间片。如图9.13所示，容器二内的任务会获得时间片。当时间片用完，该任务会再次通过CFS从容器二的配额中申请时间片，如果成功，就能继续运行。另外，容器一因为达到CPU使用上限，所有任务被抑制，在下个周期到来前不会再获得运行时间。还有一种实时调度器(real-time scheduler)模式，它只负责实时任务的调度。实时任务指同样存在运行周期的进程，在每个周期开始时必须及时运行，不可因其他进程正占用CPU而延迟运

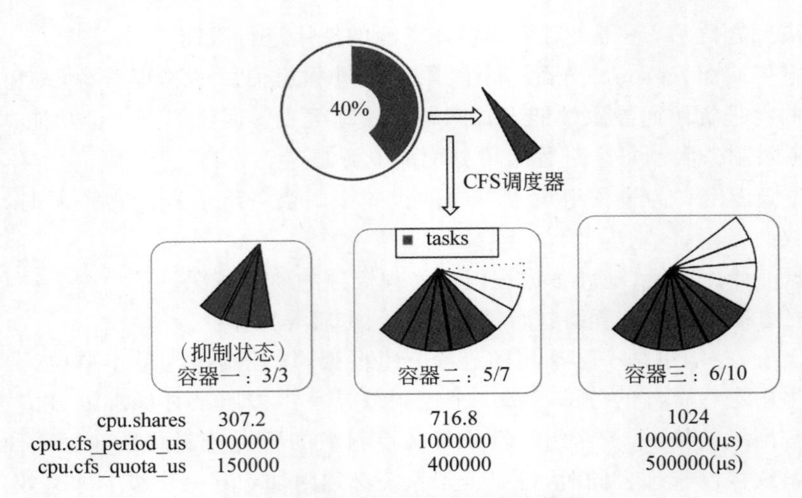

图 9.13 CPU 子系统物理资源管理

行。与之相关的配置文件有 cpu.rt_period_us 和 cpu.rt_runtime_us，同样用于给定 CPU 使用上限。

整个过程中，CPU 使用的统计数据记录在 cpu.stat 文件中。它有 3 个成员：nr_periods，表示已完成的时间周期数；nr_throttled，表示控制组中的任务因达到 CPU 使用上限而被抑制运行的总次数；throttled_time，表示控制组中的任务处于抑制状态的总时间。

由此可知，控制组控制物理资源主要是通过对相应子系统下配置文件内容的查看、修改来实现的。当然，也可以在使用容器时直接通过命令配置。

本章小结

本章概要地介绍了系统虚拟化的概念、优势、类型以及发展历史，然后详细介绍了系统虚拟化的 3 个关键部分：CPU 虚拟化、内存虚拟化和 I/O 虚拟化，并分别结合主流实现技术的特点进行说明。最后，还对近年来虚拟化技术潮流中的新秀——容器技术的原理与特点做了详细阐述。

在实现上，系统虚拟化有 3 个要求：第一，在物理机器上运行应用程序能够透明地在虚拟机上运行；第二，制造虚拟机"独占"地使用物理机器的假象；第三，虚拟机不能使用不属于它的资源。目前，系统虚拟化主要有两个实现方向：一是引入一个虚拟化层（即虚拟机监视器），将一台物理机抽象为一个或多个虚拟机；二是借助容器技术为用户提供"独立"主机的视图。

虚拟机监视器希望为虚拟机提供仿真的硬件环境，其实现包含 CPU 虚拟化、内存虚拟化和 I/O 虚拟化 3 部分。CPU 虚拟化可抽象出虚拟 CPU。普通指令由虚拟 CPU 直接运行，以此保证基本执行速度。那些影响全局状态、操作核心资源的敏感指令则需由虚拟机监视器截获再翻译，以此保证系统安全。因此，虚拟机可以在一种安全受控的环境下快速完成计算任务。内存虚拟化提供从零开始、连续的客户机物理地址空间，作为虚拟机能识别的"物理"空间。该地址空间不仅能保证各虚拟机在内存使用上的隔离，还能较大地提高内存资源利用率。I/O 虚拟化帮助虚拟机复用有限的外设资源，通过监管虚拟机与物理设备之间的所有交互，模拟或转发 I/O 操作的过程，从而满足虚拟机的所有 I/O 请求。虚拟机监视器给虚拟机营造了拥有独立 CPU、内存和多种外设的假象，支持标准操作系统以较少的改动甚至不加修改运行。

容器更为契合目前持续火热的云计算场景的需求。在云计算环境中，一台服务器通常需要为大量用户提供服务，并且需要确保不同用户部署的应用彼此隔离，不产生干扰。过去将应用部署在虚拟机中，但虚拟机开销过重，难以同时大量运行。容器是更为轻量级的虚拟化方案。无须对硬件进行模拟，也不需要借助虚拟机监视器，多个容器共享同一个宿主机系统内核，依靠其提供的系统调用接口获得服务。因此，容器具有开销小、启动快的特点，且同一台物理机可支持上千个容器的运行。除此之外，容器技术还支持将应用及其依赖的环境分层封装在镜像中，这可以免去应用迁移后烦琐的环境配置操作，降低开发和部署成本。但是，容器由于共享同一内核等机制，存在隔离不彻底的问题。因此，建立统一的资源隔离机制或软硬件协同的资源隔离机制将是容器技术目前的一个重要方向。

习 题

9.1 系统虚拟化技术主要包含哪几方面？有哪几种实现方式？

9.2 系统虚拟化技术的核心是什么？它分为哪两种类型？两种类型的主要区别是什么？

9.3 特权指令和敏感指令有什么区别？满足什么特征的架构属于可虚拟化架构？

9.4 如果处理器是不可虚拟化架构，即执行敏感指令可能不触发异常，简述动态二进制翻译的过程。

9.5 虚拟机的上下文与进程的上下文有什么联系和区别？

9.6 内存虚拟化中的 3 种内存地址分别是什么？有什么作用？

9.7 假设开启了 7 台虚拟机，每台虚拟机内运行着 8 个进程，通过影子页表实现的内存虚拟化中总共有多少份影子页表？若通过扩展页表实现内存虚拟化，需要多少份扩展页表？

9.8 如果客户机页表和扩展页表都是 4 级，TLB 一直未命中，那么，在访问到最终物理页之前，翻译一次客户机虚拟地址最多需要经过多少次访存操作？

9.9 结合对操作系统的理解和本章对虚拟机监视器的描述，阐述操作系统和虚拟机监视器在设备中断处理方面的区别。

9.10 本章对 I/O 虚拟化的阐述中介绍了 3 种实现方式，简要分析它们的优缺点。

9.11 简述 IOMMU 的功能以及为什么 IOMMU 对于设备直接分配的 I/O 虚拟化至关重要。

9.12 什么是容器技术？命名空间与控制组在容器中的功能是什么？

9.13 容器虚拟化和传统虚拟化相比有什么优势？又有什么缺陷？

第 10 章 操作系统结构演进趋势

操作系统作为上层应用程序与下层硬件的中间层，应用需求和硬件体系结构的变化驱动着操作系统不断向前演进。在无人驾驶、航空航天等生产环境中，安全性及可靠性往往是设计操作系统时比性能更重要的考量。在高性能网卡及存储设备等新型硬件方面，由于设计工艺及半导体技术的不断发展，其性能与互联性越来越高。在带宽上，网络(200Gb/s)、PCIe 总线(Gen5，16x，503Gb/s)及 DRAM 总线(DDR4，204.8Gb/s)已经相差不远了；在延时上，RDMA 可以把网络延时从几百微秒降到几微秒，SSD 的延迟比机械硬盘低了两个数量级(100μs 量级)；在硬件互联上，RDMA/RoCE 网卡、GPU-Direct、NVMe Over Fabrics 等新技术及标准摆脱了旧时代的冗余，使设备间的互联更加高效。经典操作系统的抽象背后隐藏着很多不符合现代硬件架构的功能及设计，其外设访问、多核管理及同步等机制已无法适应硬件设备的高速发展。因此，在操作系统设计中，如何更容易地支持这些新硬件、更充分地利用这些硬件新特征成为系统研究领域新的挑战。近年来，以微内核、外核、库操作系统为代表的新型操作系统结构也受到越来越多的关注，本章针对这些操作系统领域的新兴热点，介绍操作系统结构演进的趋势。

10.1 微内核操作系统

10.1.1 引言

经典操作系统的所有功能模块，诸如进程管理、内存管理、文件系统等都工作在内核空间中，这样的操作系统架构被称为单内核(monolithic kernel)，也称宏内核，其中的代表是 Linux。单内核架构的好处是各模块之间的交互通过函数调用进行，其开销较小。但单内核的体积会随着新功能的添加而日益增大，从而带来潜在的系统漏洞，其中任何一个模块的漏洞都可能导致整个系统崩溃。因此单内核架构的操作系统会随着代码量增加而形成错误累积，从而降低单内核的可靠性。

与单内核将所有服务置于内核空间不同，微内核(micro kernel)架构的操作系统只将必要的模块放到内核空间，例如 IPC、内存管理及 CPU 调度等；而文件系统、网络子系统等模块则放在用户空间。这些位于用户空间的系统模块作为独立的进程运行，它们可以被看作提供系统服务的服务器(server)。单内核与微内核架构对比如图 10.1 所示。与单内核架构对比可知，微内核较为精简，有方便管理、内核代码出错概率低、内核可靠性高等优点。此外，微内核提供了较强的灵活性和可扩展性。在微内核操作系统中，非必要的操作系统功能作为用户态进程运行。若要扩展当前系统的功能，则只需增加或扩展相关的进程即可，而无须修改位于内核空间的内核。

在单内核操作系统中，所有的服务功能都在内核之中，处于同一个地址空间，用户进程直接通过系统调用的方式向内核请求服务，内核中的进程则可以直接调用内核的其他进程。

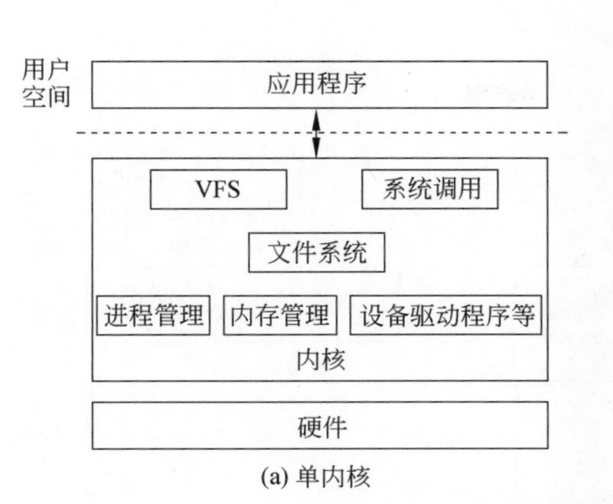

(a) 单内核

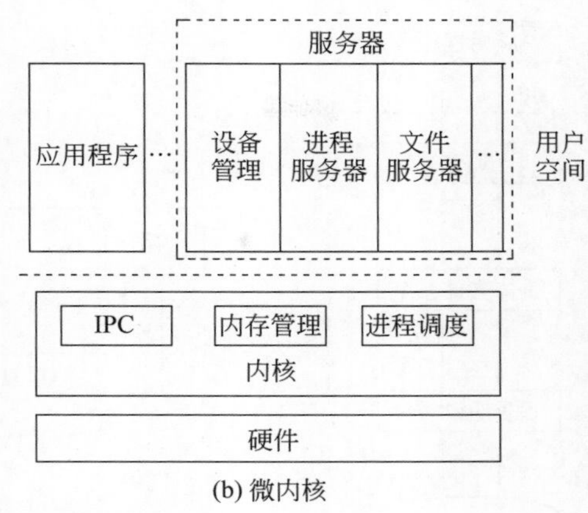

(b) 微内核

图 10.1　单内核与微内核架构对比

而微内核架构将大部分单内核的功能移到内核外，以服务器的方式实现，所有的服务器都拥有自己独立的地址空间。在这种结构下，无论是用户进程向服务器请求服务还是服务器间的通信，都不是像单内核那样直接使用系统调用或者函数调用，而是通过 IPC 实现进程间的通信。但是，进程间频繁执行 IPC 时过多的上下文切换会给系统运行带来较大的性能开销，所以 IPC 效率优化是微内核操作系统设计的关键挑战之一。10.1.2 节将介绍现有的微内核 IPC 机制以及 IPC 优化技术。此外，在微内核架构下，对于进程发送的消息的安全性确认一般都在服务进程里进行，这使得恶意进程可能直接将虚假的消息传输给服务器，从而影响服务器有效工作，甚至造成安全威胁。因此，微内核操作系统必须使用合适的访问控制机制，以认证用户进程对服务器的访问权限，从而消除安全隐患。资源访问控制机制也是微内核操作系统的关键挑战之一，此部分内容将在 10.1.3 节进行介绍。

10.1.2　进程间通信机制

微内核用户态进程间以 IPC 的方式进行通信。在微内核 IPC 中，消息的发送方为客户端，消息的接收方为服务器端。微内核消息机制传递的一般过程为：客户端向内核发送消息以请求服务器端的服务，内核则将接收到的消息复制给服务器。服务器在接收到消息后，便会处理请求并进行应答。例如，一个用户进程要向磁盘设备写入数据，此过程若发生在 Linux 系统中，首先用户进程会使用文件系统的系统调用 sys_write()陷入内核，文件系统会将待写入的数据转化为 Block I/O 调用，最后 Block I/O 调用通过调用同处于内核地址空间的硬件设备驱动程序完成数据的写入；而在微内核操作系统中，用户进程首先将封装了数据的消息通过内核发送给文件服务器，文件服务器再通过内核将消息转发给磁盘设备驱动程序，通知磁盘设备驱动程序将数据写入磁盘块中。Linux 和微内核的请求磁盘服务过程如图 10.2 所示。

IPC 分为同步和异步两种类型。由于异步 IPC 需要维护一个消息缓冲区，同时在单向消息传递的过程中需要进行两次消息复制，它的性能较差，因而有的微内核操作系统主要采用同步 IPC。本节主要对同步 IPC 带来的系统开销进行讨论。IPC 的实现需要内核的参与，一次消息传递至少需要以下操作：用户态陷入内核态、复制消息体、地址空间切换和内

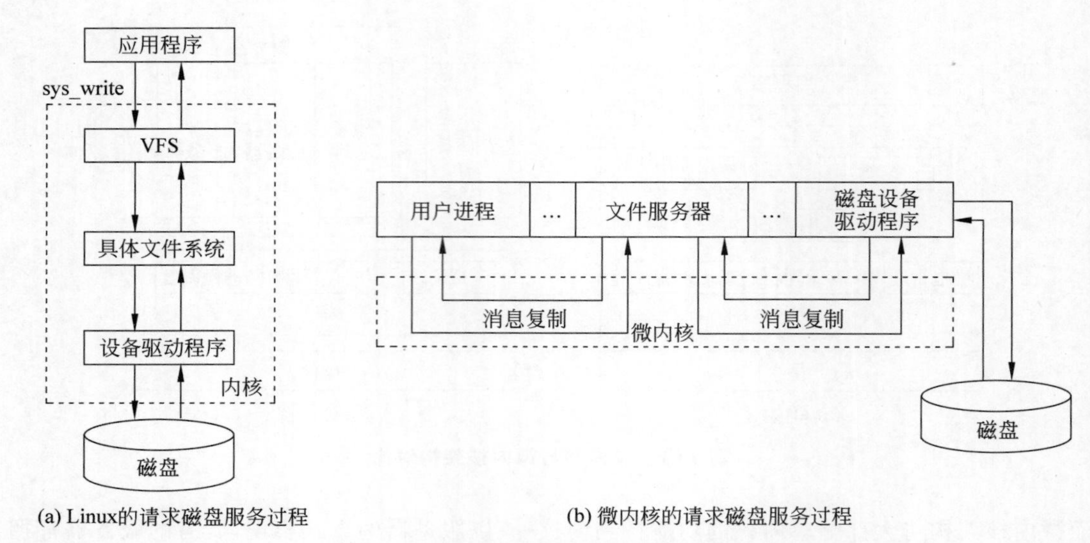

图 10.2 Linux 和微内核的请求磁盘服务过程

核态返回到用户态。当消息返回时,仍要重复以上操作。过多的消息传递使得这些操作开销不断累积,从而导致系统运行效率降低。这个过程带来的系统开销分为 CPU 模式切换开销、消息复制开销、进程调度开销、处理器体系结构污染导致的间接开销 4 类。

(1) CPU 模式切换开销。在 IPC 发起时,发送进程向内核发送请求特定服务的消息,CPU 从用户态陷入内核态;当内核将消息传递给接收进程时,CPU 将从内核态返回用户态。类似地,接收进程返回消息也需要经过两次模式切换。

(2) 消息复制开销。消息发送时,内核会将发送进程的消息从用户态复制到内核态地址中;接收进程同意接收消息后,内核再将消息复制到接收线程用户地址空间中。特别是当存在大量的 IPC 通信时,消息复制将耗费大量 CPU 周期,同时占用较多的内存空间。

(3) 进程调度开销。发送进程在发出消息后,若接收进程还未准备好,发送进程将会被阻塞,等待接收进程的应答。这个过程伴随着移出就绪队列与移入阻塞队列的操作。接收进程在准备接收消息时,将会被移出阻塞队列,移入就绪队列。同时,在发送进程被阻塞时,调度器选择运行的下一个进程可能并不是目标进程,发送进程可能继续被阻塞。这些调度操作增加了 IPC 的时间开销。

(4) 处理器缓存被污染导致的间接开销。在陷入内核期间,缓存在处理器体系结构中的用户模式状态(例如 L1 指令和数据缓存、L2/L3 共享缓存以及 TLB)将会被驱逐。在重返用户模式后,这将触发缓存失效和 TLB 失效,进一步影响系统性能。

优化微内核 IPC 机制的基本思路是:尽可能减少 IPC 的非必要操作以及小消息的复制代价,并尽可能缩短消息传递路径。下面介绍 3 种有代表性的微内核 IPC 优化工作。

1. 惰性调度

在 IPC 的关键路径中,进程的状态可能需要在就绪和阻塞之间反复切换,导致队列操作开销。惰性调度(lazy scheduling)通过缩短消息传递路径、减少频繁的队列操作来提高 IPC 通信效率。

在客户端发送消息后，惰性调度不是将该进程移出就绪队列，而只是将进程控制块中的nonrunnable状态更新为1，把该进程从就绪状态推入阻塞状态。在下一次调度前，若收到目标进程响应，该阻塞进程被唤醒，它的nonrunnable状态被更新为0，恢复为就绪进程。通过这种方式，可以节省IPC期间的队列插入和删除操作。在进行调度时，调度器遍历就绪队列，查询TCB中进程的状态，直到找到可运行的进程，同时将仍被阻塞的进程放入阻塞队列。

惰性调度确保了这样一种情况：当IPC仅导致发送方阻塞而接收方运行时，避免就绪队列和阻塞队列的短暂更新，尽可能地推迟队列的维护。在惰性调度中，调度器不仅要负责调度决策，还要负责对位于就绪队列中的阻塞进程进行出队操作。由于阻塞进程的数量难以预测，因此导致调度操作的延迟难以预测。

2. 直接进程切换

若进程在IPC路径中被阻塞，调度器将根据其实现的特定调度策略选择下一个运行进程。进程直接切换技术避免在进程通信期间运行调度器，减少进程间通信开销。

当发送进程在IPC期间被阻塞时，调度器不会在就绪队列中根据调度策略查找下一个运行的进程，而是直接切换到接收进程，并将CPU执行权交给它。进程切换之后，接收进程在发送进程未用完的时间片上继续运行。在当时间片使用完后，调度器才调度下一个运行的进程。以上是针对在IPC操作后发送进程阻塞、接收线程就绪的情况进行的优化。直接进程切换还对IPC操作后有两个进程准备好运行的情况进行了优化，即对比两个进程的优先级，切换到优先级高的进程运行。例如，进程A正在运行，进程A发送消息给进程B的同时又接收到进程C的消息并进行回复。此时，进程B与进程C都是进程A的消息接收方，调度器对比进程B与进程C的优先级，直接切换到优先级更高的进程中。

直接进程切换技术避免了调度决策带来的开销，同时通过延迟更新就绪队列减少了队列操作。

3. SkyBridge

CPU模式切换是导致IPC系统开销的主要原因。将内核从IPC路径中剔除，也是改善IPC性能的途径之一。在没有内核参与的情况下，IPC机制面临的主要挑战是如何进行进程的地址空间切换。

SkyBridge是一个专为微内核设计及优化的IPC通信机制，它无须内核参与，并且能够集成到现有微内核操作系统中。其结构如图10.3所示。SkyBridge为了利用扩展页表(EPT)与扩展页表切换(VMFUNC指令)硬件功能，增加了一个虚拟化层，并通过配置接收者的EPT，将发送进程的页表映射到接收进程的页表，实现了基于用户态的虚拟地址空间切换。

1）高效的虚拟化

SkyBridge引入了微型虚拟化层Rootkernel以实现高效的虚拟化。Rootkernel仅包含EPT管理、自我虚拟化模块以及基本的虚拟机退出处理程序。为了避免EPT失效带来的开销并且减少地址转换开销，Rootkernel通过1GB的大页面把主机的大部分物理内存映射到微内核中。考虑到虚拟机退出操作可能会带来昂贵的运行开销，Rootkernel通过硬件设

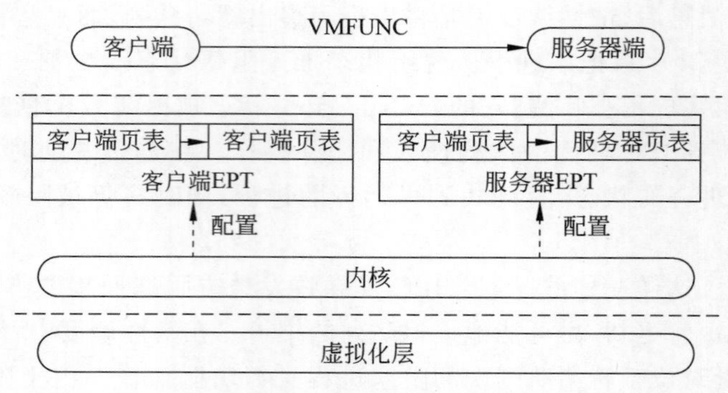

图 10.3　SkyBridge 的结构

置允许大多数虚拟机行为不会触发任何虚拟机退出操作，并且绝大部分外部中断或特权指令都由内核处理。

2）轻量级虚拟地址切换

SkyBridge 通过 VMFUNC 指令将客户端 EPT 切换到服务器 EPT，以达到虚拟空间切换的目的。在客户端进行注册时，SkyBridge 会从基本 EPT 中复制两个新的 EPT，并且在服务器 EPT 中将客户端的页表基址（CR3）映射到服务器的 CR3 中。SkyBridge 还会新建一个 EPT 指针（EPT Pointer，EPTP）列表，其中包括客户端 EPT 指针（EPTP-C）以及该客户端可调用的服务器 EPT 指针（EPTP-S），并且初始化当前 EPT 指针为 EPTP-C，如图 10.4 中的①和②所示。在调用 VMFUNC 指令后，当前 EPT 指针的值更改为 EPTE-S，如图 10.4 中的④和⑤所示。切换 EPT 后，意味着所有的后续虚拟地址将由服务器页表转换，客户端可以访问服务器的虚拟地址空间中的任何虚拟地址。

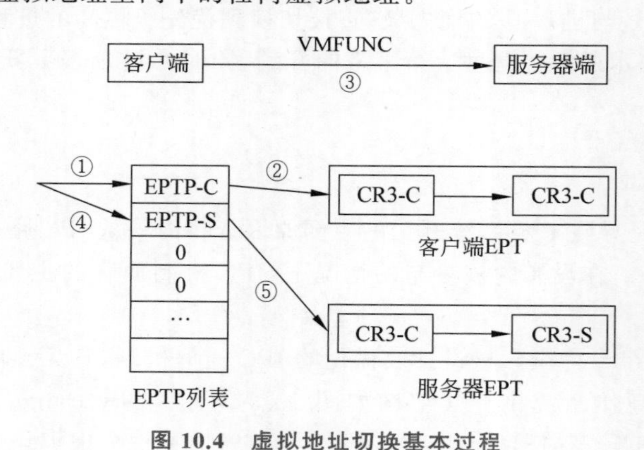

图 10.4　虚拟地址切换基本过程

然而，SkyBridge 的设计在应用时也存在一定的问题。若要在云环境中使用 SkyBridge，必须对相关的程序进行修改，以支持 Rootkernel。同时，SkyBridge 限制了代码页的权限，可能会影响动态软件更新和操作系统的实时更新等。

10.1.3　资源访问控制

进程在 IPC 期间可能会遭受非法进程的攻击，即非法进程通过发送假消息获取服务器的数据或其他信息，这给系统带来了极大的安全威胁。起初，微内核操作系统通过使用内核传递客户端的不可伪造ID给服务器，服务器忽略虚假消息来避免信息泄露。但是，这种方式也给系统带来新的安全威胁。当恶意客户端频繁向服务器发送虚假的体积较大的消息时，服务器需要花费大量时间接收、检查与丢弃此类消息，从而减少了服务器有效工作的时间。这种攻击也被称为拒绝服务(Denial of Service，DoS)攻击。要防止DoS攻击的安全威胁，需要有一种方法禁止进程对某些未经授权的对象进行访问，实现资源的安全管理。

seL4微内核操作系统中引入权能字(capability)来限制系统资源的访问。进程拥有的资源访问权限都存储在权能字中。权能字权限管理所有内核对象，例如进程、虚拟内存对象等。权能字为这些内核对象的访问权限授予不可伪造的标记。若用户进程要对某内核对象进行访问或者要与其他进程通信，那么该用户程序必须有相应的权限。通过使用权能字，能够实现对资源细粒度的访问控制。当恶意进程要向服务器发送消息时，内核在检查其拥有的权能字中并无相关权限后，便会直接拒绝恶意进程的访问。引入权能字使得微内核本身具备了安全控制能力，用户可以合理配置初始访问权限，有效防御DoS等攻击。

权能字从以下两方面进行安全控制。

(1) 权限分配。如何给进程分配权限，才能保证进程在对资源进行访问时安全性达到最高。

(2) 结构管理。如何高效管理进程的权能字以方便内核进行权限确认。

1. 最小权限原则

如何分配权限给对象，这是由最基本的需求决定的。权能字权限管理机制使用了最小权限原则。由于许多不必要的访问权限都可能使得进程干扰或者损害系统的其他部分功能，所以应该仅向进程提供其操作所需的最小系统访问权限。每个进程，甚至设备驱动程序，都只能访问微内核操作系统中的一小部分硬件或内核资源。例如，音频驱动程序仅需要控制音频设备的功能，不应该允许它访问图形卡或系统中的任何其他硬件。

权能字还为进程提供了执行消息传递的权限。最小权限原则使得每个进程拥有其完成工作所需的最小权限，达到了最佳的安全保障。

除了与特定对象相关的权限，如读、写、执行操作权限，权能字中通常还会包括一些普通权限。这些普通权限有以下4个：

(1) 授权。对象可通过消息传递机制将自身的部分权能字授权给另一对象。

(2) 复制权能字。在同一对象上创建不同的权能字，虽然它们指向一个对象，但具有不同功能。

(3) 移除权能字。从权能字列表中删去表项，但是不影响对象。

(4) 销毁对象。将对象与权能字一并删除。

2. 权能字结构管理

一般情况下，权能字中至少包括两种信息：内核对象的信息和权限信息。最初，资源的管理以权能字列表实现。但在微内核操作系统中，由于权能字列表本身也是一个内核对象，所以列表中的权能字可能为空，可能是权限权能字，也可能是指向另一张权能字列表的权能字。保存权能字的表项被称为槽(slot)。当表项中记录的是指向另一个权能字列表的权能字时,权能字列表之间的关系可以看作有向图。如果将权能字列表看作权能节点(CNode),这种有向图类似于 UNIX 系统中的文件描述符。在实际系统中,为保证内核查找的高效性,权能字结构中应尽量避免出现环,所以全能字的管理结构有时也可看作树。

在 seL4 微内核操作系统中,所有的 CNode 都被存储在权能域(CSpace)中。每一个用户空间线程都与一个 CSpace 关联,并且每个 CSpace 都存在一个根 CNode 以连通所有的节点,线程将根 CNode 存储在线程控制块(TCB)中。CSpace 与 CNode 的关系如图 10.5 所示。

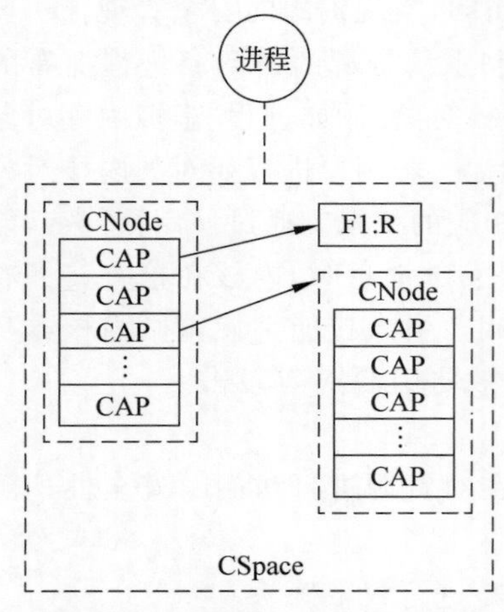

图 10.5 CSpace 与 CNode 的关系

考虑到 CSpace 的安全性,它被设计为受保护的页表(guarded page table),所以一个 CNode 还包括两个值:守卫值(guard)和索引值(index)。

(1) 守卫值是指用于保护页表的一个固定位的地址。例如,若当前页表的守卫值为 0x000,那么要访问该页表的权能字地址的前 12 位也必须相同,否则将无法访问该页表。这减少了许多额外的查找操作,同时也保证了页表的安全。

(2) 索引值是指当前页表的可寻址位数,即槽的数量。

如何在内核中对进程使用资源的权限进行确认呢?当进行系统调用时,进程会向内核提供相关权能字地址,内核会从线程的 TCB 中存储的根 CNode 开始解析地址,找到对应的权能字,从而检查其访问权限。其具体地址查找过程如下:

(1) 内核会从 TCB 中找到 CSpace 的根节点,即根 CNode。

(2) 内核会检查要查找的权能字地址中的高位地址(与守卫值相同位数)与 CNode 的守卫值是否匹配。若不匹配,则查找失败。

(3) 若匹配,则使用权能字中的索引值进行索引。若对应的表项存储的是权能字,并且此时寻址的权能字地址其余位为 0,则为找到权能字;否则,寻址失败。

(4) 若表项存储的是一个 CNode 权能字,则继续在下一个 CNode 中寻找,而且地址的剩余部分就是下一个 CNode 的索引值。

图 10.6 给出了权能字寻址示例。守卫值为 0x0,则所给地址高 4 位必须为 0x0,才能对该页表进行查询。若所给地址为 0x001E200000000000,则进入下一个 CNode 进行查找。此时,CNode 的守卫值为 0x7,大小为 3 位,该地址在此列表中的索引值为 1,最终查到 CAP-A。

权能字中与 IPC 相关的权能是端点(endpoint)。端点同样也被存储在全能字中,但其确认的方式与系统调用不同。当进行 IPC 时,不论是消息的发送者还是消息的接收者都需要指定一个端点。如果它们的端点的地址相同,则两者可以进行 IPC;否则通信失败。微内核 IPC 通过对端点的确定来保障通信安全。

10.1.4 现有的微内核操作系统

20 世纪 80 年代,首个微内核操作系统 Mach OS 由卡内基·梅隆大学的 Richard

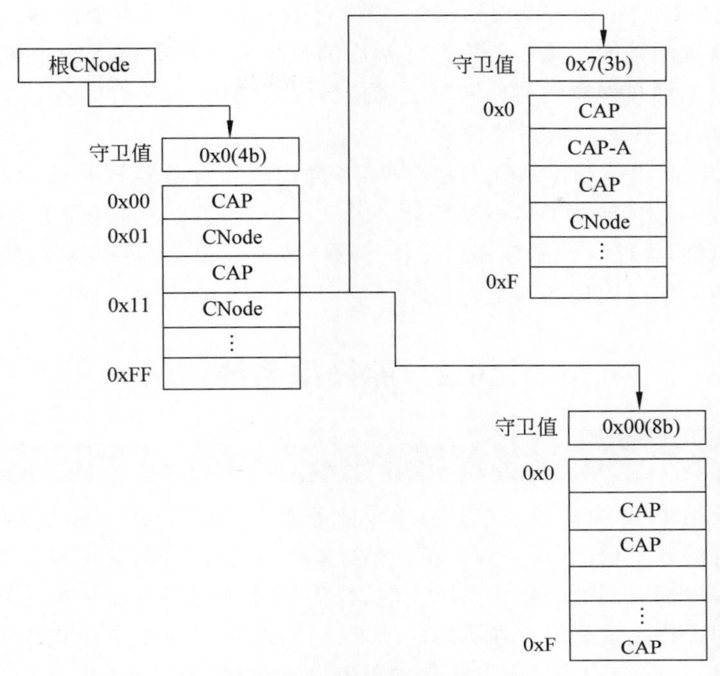

图 10.6 权能字寻址示例

Rashid 提出,其目的主要是用来解决单内核操作系统在扩展性、可靠性等方面遇到的问题。但第一代微内核操作系统只是验证了微内核技术的可行性,由于消息机制导致的巨大系统开销问题,并没有大规模应用。

针对微内核操作系统在性能上的劣势,研究人员对微内核的消息传递机制进行了优化,第二代微内核操作系统也因此诞生。第二代微内核操作系统使用了优化同步 IPC 的技术,并且丢弃了使用内存复制消息的原始方法,改用寄存器传递消息,大大提高了消息传递机制的性能。第二代微内核操作系统的主要代表是 L4、Neutrino 等。此时,微内核技术已经较为成熟了,并且应用到工业中。

如今,由于漏洞攻击导致的信息泄露造成的损失越来越大,安全性成为操作系统最重要的功能之一。为了进一步保障内核的安全性,第三代微内核操作系统引入了权能字访问控制机制来管理内核资源。

目前,具有代表性的微内核操作系统包括 seL4、MINIX 3、Fuchsia。由于微内核操作系统具有高可靠性的特点,其应用领域主要是工业与军事。这些微内核操作系统有不同的设计重点。例如,seL4 重在 IPC 机制的改进,具备基于端点的 IPC 机制。MINIX 3 的设计则重在操作系统模块化,采用分层设计,能够隔离故障,自动重启失败服务。随着微内核操作系统的发展,其应用领域也在不断扩大。例如,Fuchsia 是由 Google 公司开发的一款面向手机、笔记本计算机等电子产品的微内核操作系统。

10.1.5 小结

微内核设计的主要关注点如下:

(1) 容量与性能的平衡。微内核越小,就意味着它提供的基本功能越少,而频繁的组件间通信会使得系统的性能下降。若将一些常用的操作系统功能移入微内核中,又会使得微内核容量增大。怎样在保持性能的同时又维持微内核的优点,是设计者考量的重点之一。

(2) 频繁的消息传递降低系统性能。

(3) 在第二代微内核操作系统发展时期,各微内核设计者就针对微内核的消息传递机制进行了优化。但这又导致了另一个问题:由于服务器的接口直接暴露,无法保证微内核操作系统的安全性,可能导致服务器遭受拒绝服务攻击。因此,微内核的设计方向逐渐从提高内核的效率转向增强内核的安全性。

10.2 库操作系统

10.2.1 引言

在云计算环境中,单个用户往往只有单个业务需求,因而只在一台虚拟机上部署单个应用程序。在传统的云平台上,这些虚拟机一般运行着未经裁剪的通用操作系统镜像。当用户将单个应用程序部署到通用操作系统上时,仅需部分特定服务的单个应用程序与提供多样化服务的通用操作系统之间存在不匹配问题。例如,网络服务应用程序可能仅需要网卡驱动程序,但虚拟机操作系统镜像可能包含了串口驱动程序或USB驱动程序等不必要的服务。云环境中"臃肿"的通用操作系统会带来启动速度慢、受攻击面大等问题。为此,人们尝试使用库操作系统来解决这一问题。其基本思想是:将原本属于内核空间的内核服务以库的形式提供给应用程序,应用程序根据自身需求链接所需的内核服务库。这使得最终生成的操作系统镜像仅包含应用程序及其所需的内核服务等必要的代码,实现了在最精简的操作系统上运行特定的应用程序。云平台应用程序部署的变迁如图10.7所示。

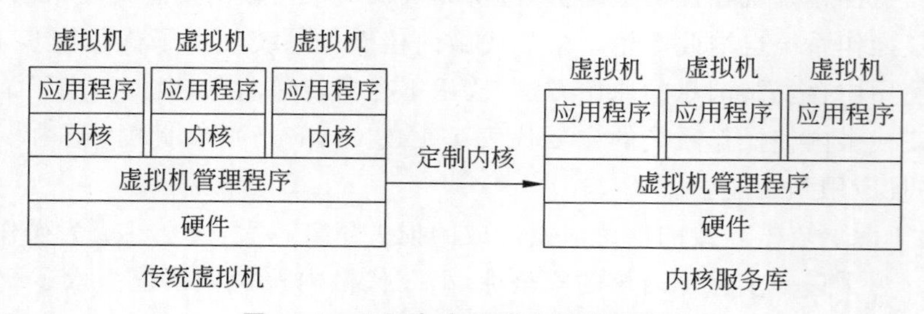

图10.7 云平台应用程序部署的变迁

库操作系统(Library Operating System,LibOS)最初是由麻省理工学院的研究员与外核(在10.3节详细介绍)这一概念一同提出的,与外核配套使用。外核通过库操作系统的库将底层硬件资源暴露给应用程序,使得应用程序能够通过库操作系统的库直接管理底层硬件资源。开发者开发的应用程序链接了库操作系统的库后,构建成封闭的、特定用途的、可以直接在虚拟机管理程序或裸机上运行的镜像。

库操作系统带来了以下好处:

(1) 模块化。由于原本属于操作系统内核的每个功能都抽象为模块化、独立的库,使得它更容易进行定制化重构。

(2) 定制化。操作系统内核的功能以库的形式提供给应用程序，使得应用程序能够根据自身需要链接指定功能的库，这不仅可以减少冗余抽象及组件，以构建高效的应用程序，还能减小应用程序的受攻击面，提高应用程序的安全性。

(3) 单地址空间。由于在构建 LibOS 镜像时应用程序代码直接链接系统功能库，这使得应用程序与功能库的服务可共用内存页表。这意味着两者存在于同一地址空间，没有用户态和内核态之分。这种结构消除了运行时上下文切换的开销，进而提升了应用程序的性能。

库操作系统设计路线主要有两条：

(1) 面向特定场景，从零开始进行定制化设计。

(2) 为了兼容已有应用程序，对现有内核进行裁剪，将所需的内核功能制作成库以开放服务接口。

根据上述两种 LibOS 设计路线，有以下 3 个关键问题：

(1) 上述两种设计路线的共性之一是如何构建镜像。

(2) 对于第二种设计路线，为了兼容基于传统操作系统接口(如 POSIX 接口或 Win32 接口)而设计的应用程序，库操作系统需支持传统操作系统数量庞大的 API。所以，在尽可能去臃肿的同时，如何提供对现有 API 的兼容是设计这类库操作系统的关键所在。

(3) 由于库操作系统的内核与应用程序共用地址空间，因此如何保证其安全性也尤为重要。

10.2.2 镜像的构建

库操作系统通常面向高性能特定服务场景。所以，一个库操作系统实例往往只运行一个应用程序。为了尽可能提高应用程序的性能，需要对库操作系统进行“量体裁衣”式的设计。例如，通过减小镜像尺寸来降低镜像对内存和磁盘的占用并提高镜像启动速度。

传统应用程序的构建流程如下。首先，编译器将源代码编译成目标文件；其次，连接器将目标文件及其所依赖的库连接成可执行的二进制文件。当二进制文件被操作系统复制到内存中并开始运行时，它对编程语言运行时(runtime)的需要(如 Java 虚拟机等)和对内核服务的调用都需要通过 IPC 或者系统调用实现。在库操作系统中，传统的内核模块被重构成用户可连接的库。在构建基于库操作系统的应用程序时，当编译器将源代码编译成目标文件后，连接器负责分析应用程序对库操作系统内核服务库的依赖关系，进而链接该内核服务库中应用程序所依赖的服务。最后，连接器连接语言运行时等应用程序所需的运行环境，生成一个目标平台的镜像。通过这种方式构建的镜像，其连接的代码都是该应用程序可能用到的。因此，该镜像也会远小于传统操作系统镜像。例如，包含域名服务的传统 Linux 虚拟机镜像超过 450MB，而基于库操作系统实现的域名服务虚拟机镜像不到 200KB。

10.2.3 现有应用的兼容

主流商业操作系统(如 Linux、Windows)经过了多年发展，有丰富的应用程序生态。因此，库操作系统要想吸引开发者以扩大市场占有率，很重要的工作就是兼容现有应用程序。

1. API 兼容

API,即应用程序编程接口,是用来将操作系统内部功能暴露给开发者用于开发应用程序的接口。库操作系统兼容现有应用程序的做法之一是提供与现有操作系统相同的 API。但该做法的缺点是主流操作系统的 API 数目较为庞大,例如,Windows 的 Win32 API 的数目超过 10 万个,兼容这么多的 API 将使得库操作系统体积过于庞大。一个通用的方法是让库操作系统兼容使用频率较高的 API。

Drawbridge 是 Windows7 库操作系统的原型,它能够运行微软公司开发的应用程序,如 Excel 和 PowerPoint 等。它其兼容现有的 Windows API 的方案是:首先,选择有代表性的应用程序集合,如 Excel、PowerPoint、Internet Explorer 等;其次,通过对这些应用程序的目标代码进行静态分析,以对 API 计数等方式粗略估计可能频繁使用的 API 集合。但是,静态分析只能得到 API 在代码中的使用频率,而并不能反映该 API 在实际运行时的使用频率。因此,Drawbridge 作了进一步优化:在应用程序运行时监控 API 的实际调用情况,以此获得最终的 API 集合。虽然这个方法能够支持大多数典型的应用程序,但其缺点也较为明显,即无法兼容所有的应用程序。如果某些应用程序调用了 Drawbridge 未支持的 API,那么 Drawbridge 将返回一个较为友好的错误给用户。

2. 二进制兼容

程序源码在编译成可执行文件的过程中,不同的编译器会遵照特定的约定(convention)将源码编译成特定格式。例如,GCC 编译器可以将源码编译成 Linux 系统下可执行的 ELF 格式,而 Visual Studio 可以将源码编译成 Windows 系统下可执行的 PE 格式。当可执行文件被复制到内存中并开始运行时,也需要遵守特定的约定,例如,函数调用时参数传递使用栈还是寄存器,函数参数及返回值的类型等。这些约定形成了可执行(链接)文件之间的函数能够相互调用的接口,也称为应用程序二进制接口(Application Binary Interface,ABI)。不同编译器编译生成的可执行(链接)文件格式不同,或同一类型的可执行(链接)文件格式的不同文件之间的接口会发生改变,例如某应用程序调用的库函数的参数列表顺序会发生改变或者参数类型会发生改变,使得两者的 ABI 存在不匹配的情况,也可以说存在二进制不兼容的情况。反之,如果两个可执行(链接)文件遵循同一套 ABI 约定,那么这两个文件则是二进制兼容的。

与语言级别的 API 兼容类似,只要不同的操作系统为各个可执行(连接)文件之间提供 ABI 兼容的环境,那么已编译好的应用程序就可以在不重新编译的情况下运行在不同的操作系统上。具体来说,应用程序在编译好后,除了自身运行的代码,还需要操作系统提供的服务以实现应用程序自身要完成的功能。只要操作系统能够提供与应用程序 ABI 兼容的接口,即系统调用,即可实现两者之间的二进制兼容,让该应用程序使用该操作系统的服务。基于这个思想,HermiTux 被提出,它是第一个能提供与 Linux 程序二进制兼容的库操作系统。

由于系统调用是应用程序与内核交互的接口,而应用程序在实际运行时会产生系统调用,因此,要提供二进制兼容,HermiTux 需要在库操作系统运行时实现对系统调用的截获与模拟。其兼容性方案如下:

(1) 在内核中实现一个兼容 Linux 的系统调用集合，以提供模拟 Linux 系统调用的功能。

(2) 监控应用程序在执行过程中发生的系统调用指令 syscall。

(3) 当 HermiTux 拦截到系统调用指令时，由一个系统调用处理模块（system call handler）将当前系统调用派发至第(1)步模拟实现的系统调用，在这个模拟实现的系统调用中提供 Linux 实现的功能。

由于在 Linux 中系统调用的数目超过 300 个，为了避免支持过多的系统调用而导致系统臃肿，HermiTux 从两方面进行了优化：一方面，类似于 API 兼容方案，HermiTux 仅持 80 多个使用频率较高的系统调用；另一方面，HermiTux 使用轻量级功能组件替代标准组件。例如，使用具有基本功能的 MiniFS 文件系统替代 Linux 的文件系统。由于 HermiTux 的基本思想与 Drawbridge 类似，也是通过提供接口来兼容应用程序，因此其缺点也是无法兼容所有的应用程序。

10.2.4 增强的安全性

1. 编程语言的类型安全

传统的系统编程语言（如 C、C++）属于非类型安全编程语言，即代码能够访问自己非授权的内存区域。非类型安全编程语言容易给系统带来缓冲区溢出等安全漏洞，而使用类型安全语言能够避免这些缺点。例如，第一个部署在云平台上的库操作系统的原型系统 Mirage(Unikernel)是基于类型安全的 OCaml 语言开发的。但这类使用非 C、C++ 语言的方案的缺点在于需要对网络栈等模块使用新语言重新开发，带来了非常大的工程量。

2. 镜像的封装

在库操作系统的编译及连接阶段，编译器仅将可能用到的代码连接起来，即系统不会用到的功能模块没有被连接到镜像。镜像的封装是指虚拟机管理程序设置虚拟机镜像在内存中的访问权限，以限制外部的非法访问，防止代码注入攻击。例如，Mirage 实现封装的做法是：建立包含代码段的页表集合，将该页表集合访问标记设为可读和可执行，随后调用封装命令的超调用（hypercall）通知虚拟机管理程序。虚拟机管理程序接收到该超调用后会对该镜像内存页的非法访问进行拦截，从而抵御恶意程序对封装镜像的代码注入攻击。

10.2.5 小结

库操作系统这一概念在 20 世纪 90 年代就已被提出，但由于当时定制化的库操作系统难以兼容已有的设备驱动程序，使其发展受到了限制。随着虚拟化技术的发展，硬件细节被抽象封装到虚拟机管理程序中，库操作系统借助于这一发展摆脱了兼容硬件设备的束缚。近几年，随着以 Serverless 为代表的下一代云计算模式的兴起，库操作系统有望成为下一代云平台软件部署的主要手段。原因主要有以下两点：

(1) 体积小。较小的体积带来了启动快的好处，而 Serverless 需要通过快速启动实现敏捷伸缩，以适应云环境中不断变化的算力需求。

(2) 单应用。一般用户的业务需求比较简单，其往往部署单一功能的应用程序到云平台上，该需求特别符合库操作系统与单应用绑定的特点。

库操作系统有模块化、定制化以及单地址空间等特点，这些特点使得库操作系统在以下场景中能够发挥较大优势：

(1) 云平台。基于库操作系统的虚拟机镜像能为云平台带来诸多好处。其较小的镜像体积能让单台计算机运行较多实例，其较快的镜像启动速度能支持云平台的快速伸缩，其较强的隔离性能提供比容器更好的安全性。

(2) 边缘计算。库操作系统将应用程序部署在边缘节点，其较小的镜像体积能够满足资源受限的边缘节点(嵌入式 ARM 设备)的要求，其较快的启动速度能够快速响应终端的请求。例如智能手表、智能眼镜等可穿戴设备能够从中受益。

库操作系统虽然有诸多优点，但由于其特殊结构也带来了很多不足之处：

(1) 实现成本高。由于需要用高级语言将原本属于内核的功能重新以库的形式实现，重构这些复杂的内核功能工程量巨大。

(2) 扩展性不好。现有的库操作系统主要考虑单进程应用场景，缺少支持多进程应用的技术。

(3) 调试困难。由于库操作系统去除了很多操作系统组件，如 netstat、tcpdump，使得开发者调试库操作系统的手段比较受限。

10.3 基于外核的操作系统

10.3.1 引言

在传统操作系统中，只有内核才可以管理硬件资源，应用程序通过内核暴露的接口与硬件交互。但由于各类应用程序需求不一，这种对硬件资源的接口抽象会限制应用程序的灵活性和功能。此外，用户的需求会不断改变，操作系统只能尽可能地变得通用来满足尽可能多的需求。因此，传统操作系统难以适应不同应用程序的个性化需求。

麻省理工学院的研究人员于 1994 年提出了外核(exokernel)操作系统架构，它与微内核类似，在内核空间保留了非常小的内核负责保护系统资源，即审查应用程序访问系统资源的合法性，而把资源使用权下放给应用程序，使得应用程序能够获得对资源使用的最大灵活度，以满足不同应用程序对资源的个性化需求。由于外核与内核的概念不容易区分，现特别声明：外核是指一种操作系统架构，而内核则是指该架构下位于内核空间的系统模块。

与传统内核提供进程、虚拟内存等抽象不同，外核仅专注于物理资源的隔离(保护)与复用。从现在的观点来看，外核与 XEN、KVM 这样的虚拟机监视器有些类似，特别是在内存管理上。

传统内核与外核访问硬件方式的对比如图 10.8 所示。传统的内核设计(包括单内核和微内核)都对硬件作了抽象，把硬件资源或设备驱动程序隐藏在硬件抽象层下。在传统操作系统的保护模式下，应用程序并不知道自己的实际物理地址，它只能凭借虚拟地址通过操作系统的内存管理模块访问物理内存。而在外核的架构下，则允许应用程序直接请求并直接访问一块特定的物理地址，它只保证被请求的物理地址当前是空闲的。从图 10.8 可以看出，由于外核中消除了大多数抽象，所以应用程序能直接访问硬件。但是，也因为外核系统只提供了比较底层的硬件操作，而没有像其他系统一样提供高级的硬件抽象，所以外核系统需要增加额外的运行库以支持进程、虚拟内存等抽象，从而支持应用程序的运行。这种运行库和应用程序的结合就是前面介绍的库操作系统。

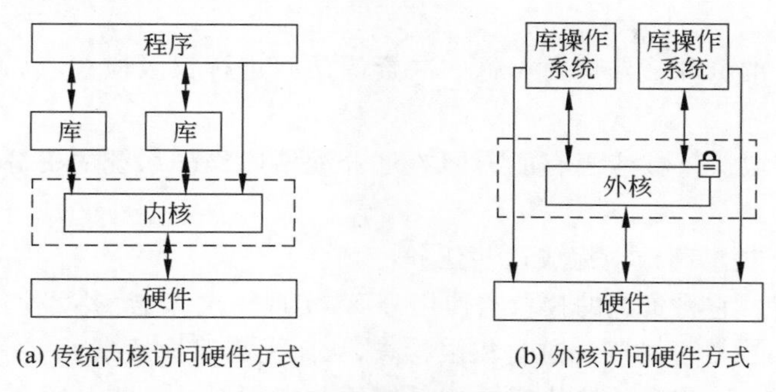

图 10.8 传统内核与外核访问硬件方式的对比

麻省理工学院实现的外核原型系统 Aegis 如图 10.9 所示。该系统由一个提供底层的硬件隔离的轻量级内核和在内核接口之上暴露更高级抽象的库操作系统组成。在外核架构中，库操作系统部署在内核之上，其中每个库操作系统都是完整的应用程序。大部分原本属于内核的服务被移到库操作系统中，这正是外核这一名称的由来。

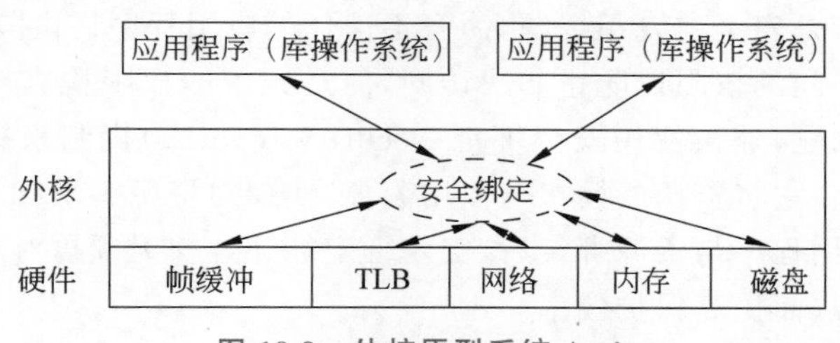

图 10.9 外核原型系统 Aegis

与内核中的实现相比，库操作系统不需要为需求差异很大的多个应用程序复用资源，其抽象实现可以更加简单、灵活、高效。此外，外核本身并不信任库操作系统，所有库操作系统的操作都将受到外核的检查，因此运行库可以信任任何应用程序。例如，应用程序有可能传递错误的参数给运行库，导致运行库崩溃，这是由于外核已经将该应用程序的内存空间与其他应用隔离，崩溃只会影响该应用程序。最后，由于大多数操作系统功能都在应用程序的地址空间中运行，减少了上下文切换，因此外核与内核的交互次数可能会更少，提高了系统整体的性能。

由外核的特点及其优势可知，它适用于下面的若干场景：

(1) 外核适用于需要直接与硬件交互的应用场景，如大型数据库。因为数据库需要与存储设备频繁交互，外核可以让数据库应用程序直接访问存储设备。例如，应用程序可以直接索引文件在磁盘中的物理位置，以避免额外的软件层带来的开销。

(2) 外核还适用于需要动态调整用户硬件资源的大型数据中心。这样，外核只提供硬件隔离层，将一整块硬件资源细分，从而为在其上运行的系统根据数据中心的不同集群的需求实现资源的按需供给。

外核面临的挑战是：如何在为运行在外核之上的各库操作系统提供隔离的同时，给予它们最大的自主权来管理物理资源。具体来说有以下3个任务：

(1) 资源所有权的跟踪。外核需要掌握它分配的资源的所有权，以实现对资源的回收及访问权限的检查。

(2) 保护所有的资源。外核会对每一次资源访问进行权限检查，以确保资源不会被非法访问。

(3) 资源的回收。外核应当有能力回收已分配给库操作系统的资源，以维护自身正常运行。

外核使用若干技术高效地完成这些任务：

(1) 安全绑定。它将资源的授权与使用分离，实现一次绑定、多次使用。这样就能安全地避免外核对每一次资源访问都进行权限检查，从而提高保护效率。

(2) 资源的可见回收。外核从库操作系统回收资源时让库操作系统参与其中，这能让库操作系统根据自身需求对资源实现灵活的管理。

(3) 中止协议。当外核无法正常从库操作系统回收资源时，中止协议能让外核强制对库操作系统和其占有的资源进行解绑，从而实现资源的回收。

10.3.2 安全绑定

外核的核心职责是安全地复用资源，为互不信任的应用程序提供隔离保护。为此，外核会检查每一次资源访问的权限以防止非法访问，但是频繁的权限检查会给系统带来过大的开销。为解决这一问题，外核使用安全绑定(security binding)机制来提高保护效率。安全绑定是一种保护机制，它将资源的授权与使用分离，实现对资源一次绑定、多次使用的效果。具体来说，外核将应用程序与资源绑定后，安全绑定能让外核无须再对应用程序访问资源的操作进行权限检查，从而提高保护效率。

就操作层面而言，实现安全绑定需要外核提供一组供应用程序用来进行保护检查的原语。此类原语既可以用硬件实现，也可以用软件实现。

外核采用3种不同的策略实现安全绑定：硬件机制、软件实现和应用代码的下载。

(1) 硬件机制。适当的硬件支持能让外核在硬件级别实现安全绑定，这样可以高效地对绑定资源进行权限检查而无须获得软件层面的授权信息。例如，某文件服务在内存页中缓存了数据，可供应用进程访问，内核可将内存页的访问权限分配给应用进程。当应用程序对内存页进行访问时，由内核执行权限检查。这样，外核无须文件系统的授权信息(如某文件的读权限、写权限)就能实现对应用程序的访问权限进行检查。又如，当发生TLB未命中时，库操作系统将会遍历自身页表，以查找虚拟地址到物理地址的映射，随后将结果送往内核以添加TLB条目(绑定)，以后该条目即可被多次使用(访问)。

(2) 软件实现。安全绑定可以通过软件缓存机制实现。例如，外核使用软件TLB来缓存不适合硬件TLB的地址转换，如软件管理TLB的处理器架构。软件TLB在此实现了两个功能。第一是为此架构在TLB条目缺失时提供了快速遍历页表的路径，使其能在TLB条目缺失时直接由软件TLB的代码实现页表遍历，而无须调用系统异常，以避免上下文切换带来的开销。第二是能够保存更多的TLB条目。软件TLB能够保存L3高速缓存的TLB条目，能比硬件TLB提供更多的地址转换。软件TLB也被看作安全绑定的高速缓存。

(3) 应用代码的下载。安全绑定可以通过将应用代码下载到外核中实现,下载的代码实现了资源的所有权检查以及确定内核应该执行的操作。例如用于复用网络功能的 Packet Filters 就可以看作安全绑定下载到内核里的实现。Packet Filters 分为两部分:一部分是驻留在内核里的数据包解复用器,其功能是将内核从网卡收到的数据包根据其所有权解复用地发送到各个进程,从而实现资源(数据包)的授权;另一部分是用户态的网络协议库,它能够对内核发送来的数据包进行解析,从而实现资源(数据包)的使用。

10.3.3 资源的可见回收

一旦资源与应用程序绑定,应当有某种方法回收它们并解除绑定。回收的过程对应用程序来说可以是可见的,也可以是不可见的。传统操作系统一般不可见地回收资源而不告知应用程序,如内存不足时物理页的换出。不可见的资源回收的优点是无须通知应用程序从而降低延时;缺点是应用程序无法获悉资源的具体使用信息,这使得应用程序无法高效地使用资源。

外核对大部分物理资源选择可见回收的策略,从对资源管理有特殊需求的库操作系统来说,这能让其在应用程序级别对资源实现高效管理。例如,当外核通知库操作系统回收物理页时,库操作系统能够有选择地释放某物理页,这能让库操作系统根据自身需要作出最恰当的选择。

10.3.4 中止协议

当外核向库操作系统发出资源回收请求时,库操作系统可能无法在指定时间内释放资源,此时外核需要执行某些操作强制回收资源。为此,外核定义了中止协议(abort protocol)来描述回收流程。中止协议最简单的实现可以是中止所有无法及时响应请求的库操作系统及其应用。但是要求所有库操作系统都要保证如此严苛的硬实时响应不太现实。基于该考虑,外核选择另一种方法来实现中止协议。

当库操作系统无法响应资源回收请求时,外核的做法是解除与该库操作系统相关的所有资源的绑定并通知库操作系统。此时,库操作系统相当于处于挂起状态。当资源充足时,库操作系统可以再恢复运行。为实现此功能,中止协议包括以下部分:

(1) 记录强制回收的资源。当外核回收资源时,使用回收向量(repossession vector)记录回收的资源信息。

(2) 回收资源的选择。外核不能随意回收库操作系统的资源,因为库操作系统的某些资源可能包含一些关键信息,例如保存中断向量表的内存页等。因此,外核为库操作系统保留了若干足够小的内存页,并保证其不会被回收。

10.3.5 小结

总体来说,外核架构的动机是:提供低级别的原语以高效地保护物理资源,并将资源交由应用程序自由地管理。在外核架构中,外核安全地在应用程序之间复用可用的硬件资源;库操作系统工作在外核接口上方,实现较高级别的抽象,并且可以定义最能满足应用程序的性能和功能目标的抽象实现。外核采用了 3 种技术:

(1) 安全绑定,使库操作系统可以安全地绑定到物理资源。

(2) 资源的可见回收,允许库操作系统参与资源回收协议。

(3) 中止协议,强制解除不响应回收资源请求的库操作系统的安全绑定。

由外核的特点及其优势可知,它主要适用于下面的场景:

(1) 外核适用于需要直接与硬件交互的应用程序,如大型数据库。因为数据库需要与存储设备频繁交互,外核可以让数据库应用程序直接访问存储设备,例如应用程序可以直接索引文件在磁盘中的物理位置,以避免额外的软件层带来的开销。

(2) 外核还适用于需要动态调整用户硬件资源的大型数据中心。这样外核只提供硬件隔离层,将一整块硬件资源细分,为在其上运行的系统根据数据中心的不同集群的需求实现资源的按需供给。

外核架构的一个显著缺陷就是开发者需要为应用程序实现自己的库操作系统。这对于大多数应用程序开发者极其困难,因为他们大多不掌握硬件相关的知识。这也是外核没有被广泛使用的重要原因之一。尽管外核架构没有应用于任何商业操作系统中,但是它将硬件资源隔离与复用的思想启发了许多内核和虚拟化方面的研究。

参考文献[9]和[10]中提出了一种网络化操作系统的设计方法——TransOS。TransOS 分别部署于客户端和服务器端,通过网络相互通信。客户端类似于一台裸机,TransOS 部署于 BIOS 之上,通过与服务器端 TransOS 的网络通信,加载实例化操作系统(如 Windows、Linux 等)至客户端运行。客户端利用 TransOS 与 BIOS 提供的标准化接口(如 UEFI)实现不同实例化操作系统在异构客户端平台上的虚拟化运行。服务器端统一维护实例化操作系统的精简化镜像、动态扩展系统组件等资源,可根据客户端的需求,动态扩展客户端的实例化操作系统功能。此外,基于服务器端与客户端的专属通信协议,客户端可通过 TransOS 捕获其系统中断,向服务器端请求其本地缺失的操作系统及上层应用资源。TransOS 为异构轻量化终端动态加载不同操作系统及跨平台应用提供了一种可行的解决方案,在某些思想上与外核架构不谋而合,但能一定程度上规避外核方案的弊端。

10.4 面向离散化数据中心的操作系统

10.4.1 离散化数据中心

现有的数据中心是以单台计算机为粒度组织的,这种架构有方便管理、易于部署等优点。但是,由于其组织粒度过大,因此存在以下问题:

(1) 资源的利用率低。通过对业界的服务器集群进行实时跟踪可以发现,服务器集群在跟踪时间内的 CPU 利用率和内存使用率大约只有 50%,如图 10.10 和图 10.11 所示。

(2) 硬件可扩展差。数据中心有成千上万台计算机。当硬件设备安装到服务器上以后,通过人工操作对硬件设备进行重新添加、移动、移除或重新配置的速度很难跟上快速变化的计算需求。

(3) 粗粒度的故障域。单台服务器内部设备的故障(如主板、内存、CPU 和电源故障)占服务器总硬件故障的 50%~82%。当单台服务器中的任一硬件设备发生故障时,通常整台服务器都将无法正常工作。

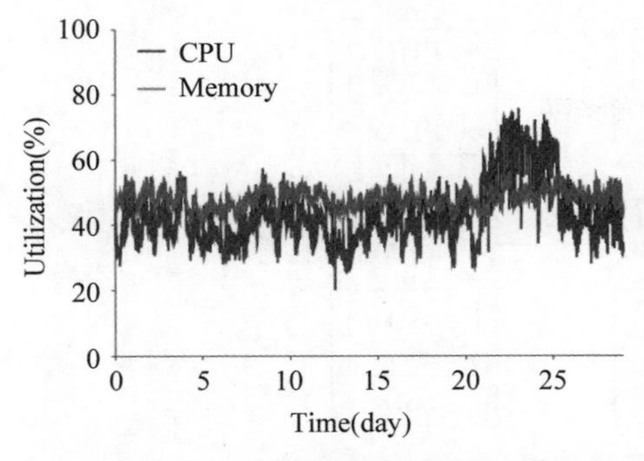

图 10.10 谷歌云服务器集群使用情况

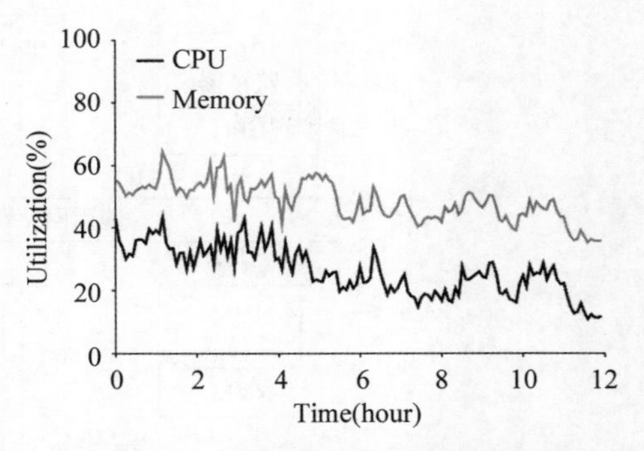

图 10.11 阿里云服务器集群使用情况

(4) 异构性支持差。越来越多异构硬件(如 GPU、xPU、FPGA、NVM 等)被部署到数据中心,然而,通过人工方式在成千上万台计算机上部署这些异构硬件是一个耗时且容易出错的过程。

为解决上述问题,学术界近期提出一种离散化的数据中心架构,称为 LegoOS,它是一种新型的分内核(splitkernel)操作系统。它的基本思想是:将单台服务器里的硬件设备拆分成独立、故障隔离、以网络连接的组件。每个组件都有一个私有控制器来管理本组件的硬件。以组件为单位(粒度)构建数据中心的硬件分解架构如图 10.12 所示。

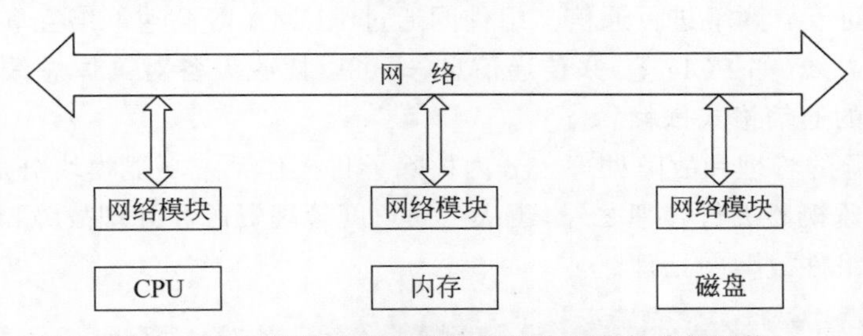

图 10.12 以组件为单位构建数据中心硬件分解架构

离散化的数据中心带来了以下好处:

(1) 硬件可扩展性好。不同类型的硬件资源可独立部署、转移或者配置;

(2) 独立故障域。某一个组件发生故障时,其影响不会扩散到其他组件,避免干扰整个系统正常工作;

(3) 细粒度硬件资源的使用。应用程序可以按需使用所需硬件组件,这使得硬件资源的分配更加简单高效。

10.4.2 系统架构

现有的分布式操作系统管理的单位是服务器而不是更细粒度的硬件组件。若简单地对现有操作系统进行改写以支持新的体系结构,会对 CPU、RAM 和存储等子系统造成侵略性的影响。因此,需要面向新的数据中心架构构建新的操作系统抽象。它的基本理念是:针对已拆分的硬件模块,操作系统也应该相应地被拆分成若干子系统,部署到硬件模块上。其系统架构如图 10.13 所示。

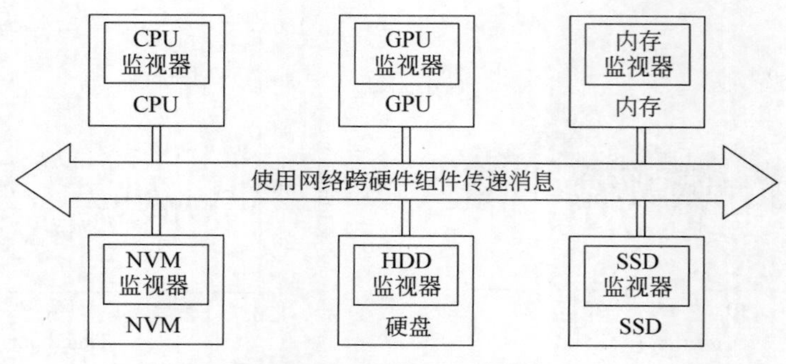

图 10.13 LegoOS 系统架构

分内核模型涉及 4 个关键概念：

(1) 分散的操作系统功能。传统操作系统的功能被分割成低耦合的硬件组件，每个硬件组件由一个监视器(monitor)管理。各监视器彼此独立运行，管理其私有的硬件组件，当其需要访问其他资源时才通过网络与其他监视器通信。

(2) 硬件组件之上的监视器。每个监视器都运行在一个硬件组件之上，它可以根据硬件组件特性，通过定制化管理策略来管理硬件组件。这种设计使得数据中心更易于管理或集成异构的硬件组件。

(3) 组件之间依靠网络进行通信。组件间通过 RDMA 等高速网络互联，使用网络消息而不是具体物理总线(如 PCIe 等)来传递信息，既可以摆脱设备对具体总线的限制，也能够解耦异构硬件间的通信格式依赖。

(4) 全局资源的管理和故障处理。分内核除了将操作系统功能模块分成低耦合的硬件组件并由独立的监视器进行管理之外，还从全局角度管理资源和处理故障，具体来说即跨组件的资源分配及组件故障的处理。

10.4.3 监视器

在分内核模型中，传统操作系统的功能被分割成低耦合的硬件组件，主要包括处理器组件、内存组件、存储组件。这些硬件组件使用的监视器分别是处理器监视器、内存监视器、持久存储监视器。

1. 处理器监视器

处理器监视器运行在处理器组件之上。处理器组件的组成如图 10.14 所示，它主要由 CPU 和多级高速缓存组成。

处理器监视器运行在处理器组件的内核空间，负责管理 L3 虚拟高速缓存(L1 和 L2 虚拟高速缓存由 CPU 管理)和运行在 CPU 上的进程。而用户程序则运行在处理器组件的用户空间。因此，处理器监视器主要负责 L3 虚拟高速缓存及进程的管理，具体如下：

(1) L3 虚拟高速缓存的管理。L3 虚拟高速缓存是分内核为了提高访存效率而基于内存设置的虚拟缓存。当 L3 虚拟高速缓存未命中时，后续的高速缓存替换操作就交由处理器监视器来执行。该管理过程为：处理器监视器首先从由内存监视器管理的内存组件获取相应未命中的数据，并放到 L3 虚拟高速缓存中。如果 L3 虚拟高速缓存的缓存行需要被替

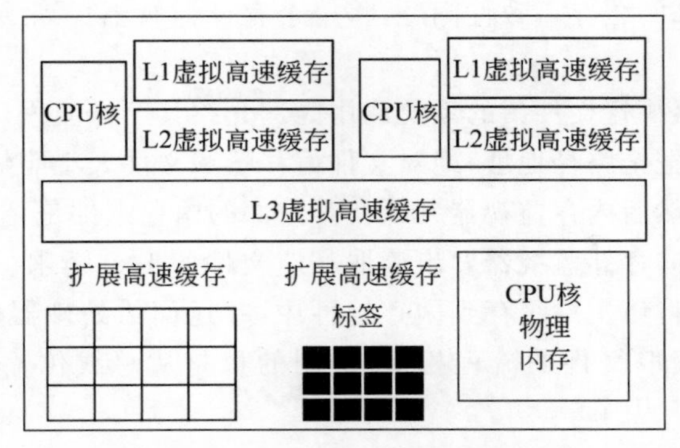

图 10.14 处理器组件的组成

换，那么处理器监视器将使用 FIFO 或者 LRU 等算法选择要替换的缓存行。如果被替换的缓存行是脏的，那么将其写回内存组件中。

(2) 进程的管理。当一个新的进程启动之后，处理器监视器从众多处理器组件上选择负载最少的 CPU 核运行新进程。当处理器组件管理的线程数(一个进程含有一个或多个线程)小于处理器组件 CPU 核的总数时，进程在获得 CPU 核的控制权后会占有该 CPU 核直至生命周期结束；反之，处理器监视器则会执行线程的抢占操作。

2. 内存监视器

内存监视器运行在内存组件之上。内存组件的组成如图 10.15 所示。

内存监视器与传统操作系统中的内存管理模块类似，它们的主要功能都是物理内存页的分配与回收、虚拟地址和物理地址的映射等。但是，在分内核模型中，一个进程的地址空间可以分散在多个内存组件中，因此每一个进程可能会使用一个或者多个内存组件存储它的数据，从而避免内存总线的竞争，以并行访问内存设备的方式高效地执行访存操作。分配给单个进程的多个内存组件会有一个主内存组件，它除了能够存储数据，还负责接收所有与虚拟内存地址管理相关的系统调用。

图 10.15 内存组件的组成

3. 存储监视器

与传统操作系统的文件系统类似，存储监视器负责提供文件操作相关的功能，其特点主要有以下 3 点：

(1) 不支持相对路径。为了将存储功能隔离开，LegoOS 的存储服务器不保存状态，即每个 I/O 请求都需要包含操作所需的完整信息，如全路径地址和绝对文件偏移量等。

(2) 使用非层级的文件系统。存储监视器将目录视作一个文件，一个存储监视器的所有文件都存储在同一个目录下，对这些文件进行定位时则查找一个以保存路径为键、以具体存储位置为值的哈希表，这样可以简化避免层级文件系统的复杂实现。

(3) 文件缓存放在内存监视器中。这是因为存储监视器的内部存储空间较小，将文件缓存放在内存监视器中可以无须考虑内存存储空间。此外，LegoOS 为了避免文件缓存放在不同内存监视器带来的缓存一致性问题，将一个存储监视器的所有文件都存储到一个内存监视器上。

下面以存储监视器执行文件读的系统调用为例介绍其工作流程。当处理器监视器收到文件读系统调用时，它把全路径地址、绝对文件偏移量和文件大小等信息通过高速网络传输给相应的内存监视器，然后内存监视器判断在其内部的内存组件是否保存了要访问的文件，如果不存在该文件，则向存储监视器发出读取相应文件的I/O请求。当存储监视器返回该文件之后，内存监视器将该文件缓存到内存组件中，并返回给处理器监视器。总体来说，该过程与传统操作系统读取文件的流程相似，不同的只是从总线传输数据变成了网络传输数据。

10.4.4 小结

随着云计算技术的发展和用户数量的增加，如何提升资源利用率成为云计算必须解决的紧迫问题。这也对操作系统的演进提出了新的方向和挑战。LegoOS将单台计算机打散成独立的硬件组件，为实现高效的细粒度计算提供了可行性。但其进一步发展面临着以下几个挑战：

（1）组件间的通信，特别是CPU和内存间的通信，从以前通过总线传输数据变成了通过网络传输数据。而在生产环境中，网络可能会成为制约性能的瓶颈。

（2）如何为真正独立运行的新硬件组件提供支持。在分内核模型中，每个组件可以运行部分内核功能，但现实中不存在此类硬件组件。分内核模型中的组件是通过在一台普通计算机上运行受限的内核服务，利用模拟限制其可使用的硬件资源来实现的。

本章小结

本章首先介绍了操作系统架构演进的驱动力，即应用需求和硬件体系结构变化不断推进操作系统向前发展。随后介绍了在驱动力变化的前提下衍生的4个有别于传统单内核架构操作系统的新型架构，即微内核、库操作系统、外核及分内核。

微内核架构的特点是：只保留必要的模块到内核空间，例如IPC、内存管理及CPU调度等；而文件系统、网络子系统等模块则放在用户空间。微内核架构带来了方便管理、降低内核代码出错概率、提高内核的可靠性等优点，但同时频繁的IPC产生的上下文切换会给系统运行带来较大的性能开销。库操作系统将原本属于内核空间的内核服务以库的形式提供给应用程序，应用程序可根据自身需求连接所需的内核服务库，最终生成仅包含必要代码的操作系统镜像，以最精简的操作系统运行特定的应用程序，从而解决了云计算环境中仅需部分特定服务的单应用与面向多样化服务的通用操作系统之间的不匹配问题。外核架构与微内核类似，在内核空间保留了一个非常小的内核负责保护系统资源，而把资源管理权下放给应用程序，使得应用程序能够获得对资源使用的最大灵活度，以满足不同应用程序对资源的个性化需求。针对现有服务器集群的部署方式带来的资源利用率低、硬件可扩展差和粗粒度的故障域等缺点，学术界提出了离散化的数据中心架构，与之对应提出了分内核操作系统LegoOS。LegoOS将内核模块分散到各个监视器中，通过管理监视器即可达到管理系统组件及设备的目的。

通过本章的学习可以了解当今操作系统架构的演进方向。虽然各个架构形态各异，解决的问题及应用场景各不相同，但是只要认清操作系统的本质及操作系统在整个计算机系统中的位置，即可把握操作系统架构的演进方向。

习　题

10.1　操作系统结构的发展没有如某些人预想的那样停滞，而是继续不断向前演进。其演进的驱动力是什么？

10.2　单内核和微内核架构的区别是什么？它们各自的优缺点是什么？

10.3　微内核各用户态进程之间以 IPC 的方式进行通信。简述其通信过程，并分析这个过程带来的开销。

10.4　为了限制用户态进程对系统资源的访问，seL4 微内核操作系统引入了权能字机制。权能字如何实现限制系统资源的访问？

10.5　调研现有微内核操作系统，分析各个微内核操作系统的优缺点及应用场合。

10.6　现有云环境中部署的通用操作系统有何弊端？库操作系统如何解决通用操作系统带来的问题？

10.7　简述库操作系统打包镜像的流程以及库操作系统镜像和通用操作系统镜像的区别。

10.8　库操作系统要实现对现有应用程序的兼容有哪些方法？请分析这些方法的异同。

10.9　库操作系统为了实现较高的安全性采取了哪些举措？

10.10　简述外核架构及其优缺点。

10.11　简述微内核架构和外核架构的异同。

10.12　简述外核安全绑定的概念、作用以及相应的实现技术。

10.13　资源的可见回收及不可见回收的优缺点是什么？为什么外核要使用资源不可见回收？

10.14　外核操作系统中的中止协议是指什么？它包含哪些部分？

10.15　离散化的数据中心架构是指什么？简述其诞生的背景。

10.16　简述 LegoOS 的基本思想及关键概念。

10.17　监视器是实现 LegoOS 的基本组件。LegoOS 中有哪几种监视器？它们分别有什么作用？

参考文献

[1] Zhang Y, Zhou Y. Separating computation and storage with storage virtualization[J]. Computer Communications, 2011, 34(13): 1539-1548.

[2] Mi Z, Li D, Yang Z, et al. Skybridge: fast and secure inter-process communication for microkernels [C]//Proceedings of the Fourteenth EuroSys Conference, 2019: 1-15.

[3] Rashid R, Baron R, Forin A, et al. Mach: a foundation for open systems(operating systems)[C]// Proceedings of the Second Workshop on Workstation Operating Systems. IEEE, 1989: 109-113.

[4] Madhavapeddy A, Mortier R, Rotsos C, et al. Unikernels: library operating systems for the cloud[J]. ACM SIGARCH Computer Architecture News, 2013, 41(1): 461-472.

[5] Olivier P, Chiba D, Lankes S, et al. A Binary-Compatible Unikernel[C]//Proceedings of the 15th ACM SIGPLAN/SIGOPS International Conference on Virtual Execution Environments, 2019: 59-73.

[6] Porter D E, Boyd-Wickizer S, Howell J, et al. Rethinking the library OS from the top down[C]// Proceedings of the Sixteenth International Conference on Architectural Support for Programming Languages and Operating Systems, 2011: 291-304.

[7] Engler D R, Kaashoek M F, O'Toole Jr J. Exokernel: an operating system architecture for application-level resource management[J]. ACM SIGOPS Operating Systems Review, 1995, 29(5): 251-266.

[8] Zhang Y X, Zhou Y Z. TransOS: a transparent computing-based operating system for the cloud[J]. International Journal of Cloud Computing, 2012, 1(4): 287-301.

[9] Zhang Y X, Zhou Y Z. Transparent computing: a new paradigm for pervasive computing[M]. Lecture Notes in Computer Science (LNCS), vol. 4159. Berlin: Springer, 2006.

[10] Schroeder B, Gibson G A. Disk Failures in the Real World: What Does an MTTF of 1,000,000 Hours Mean to You? [R]. CMN-PDL-06-111, 2006.

[11] Shan Y, Huang Y, Chen Y, et al. Legoos: a disseminated, distributed OS for hardware resource disaggregation[C]//13th USENIX Symposium on Operating Systems Design and Implementation, 2018: 69-87.

[12] 张尧学,任炬,彭许红. openEuler 操作系统[M]. 北京: 清华大学出版社, 2020.

图书资源支持

感谢您一直以来对清华版图书的支持和爱护。为了配合本书的使用，本书提供配套的资源，有需求的读者请扫描下方的“书圈”微信公众号二维码，在图书专区下载，也可以拨打电话或发送电子邮件咨询。

如果您在使用本书的过程中遇到了什么问题，或者有相关图书出版计划，也请您发邮件告诉我们，以便我们更好地为您服务。

我们的联系方式：

地　　址：北京市海淀区双清路学研大厦 A 座 714

邮　　编：100084

电　　话：010-83470236　010-83470237

客服邮箱：2301891038@qq.com

QQ：2301891038（请写明您的单位和姓名）

资源下载：关注公众号“书圈”下载配套资源。

资源下载、样书申请

书圈

图书案例

清华计算机学堂

观看课程直播